普通高等院校基础力学系列教材

材料力学

（土木、水利类）

范钦珊 蔡 新 主编

范钦珊 祝 瑛 梁小燕 蔡 新 编著

清华大学出版社

北京

内 容 简 介

本书是适用于土木工程和水利工程专业以及其他相关专业的材料力学教材。全书分为基础篇和专题篇，共 14 章。基础篇（第 1～10 章）包括反映材料力学基本要求的材料力学概论、拉伸与压缩杆件的应力变形分析与强度计算、连接件强度的工程假定计算、圆轴扭转时的强度与刚度计算、梁的弯曲问题（包括：剪力图和弯矩图、截面的几何性质、应力分析与强度计算、位移分析与刚度计算）、应力状态与强度理论及其工程应用、压杆的稳定问题等教学内容；专题篇（第 11～14 章）包括材料力学中的能量法、简单的静不定系统以及动荷载与疲劳强度、新材料的材料力学等概述性的内容，供不同院校选用。本书注重基本概念，而不追求冗长的理论推导与繁琐的数字运算。与以往的同类教材相比，难度有所下降，工程概念有所加强，引入了大量涉及广泛领域的工程实例以及与工程有关的例题和习题。根据不同院校的实际情况，基础篇所需教学时数约为 48 学时左右（不含实验教学时数）；专题篇所需教学时数约为 16～24 学时。

版权所有，侵权必究。举报：010-62782989，beiqinquan@tup.tsinghua.edu.cn。

图书在版编目（CIP）数据

材料力学（土木类）/范钦珊，蔡新主编．—北京：清华大学出版社，2006.8（2023.7 重印）
（普通高等院校基础力学系列教材）
ISBN 978-7-302-13269-1

Ⅰ．材…　Ⅱ．①范…②蔡…　Ⅲ．材料力学－高等学校－教材　Ⅳ．TB301

中国版本图书馆 CIP 数据核字（2006）第 070712 号

责任编辑：杨　倩
责任印制：刘海龙

出版发行：	清华大学出版社
网　　址：	http://www.tup.com.cn, http://www.wqbook.com
地　　址：	北京清华大学学研大厦 A 座　邮　编：100084
社 总 机：	010-83470000　邮　购：010-62786544
投稿与读者服务：	010-62776969, c-service@tup.tsinghua.edu.cn
质 量 反 馈：	010-62772015, zhiliang@tup.tsinghua.edu.cn
印 装 者：	三河市天利华印刷装订有限公司
经　　销：	全国新华书店
开　　本：	170mm×230mm　印　张：27.25　字　数：498 千字
版　　次：	2006 年 8 月第 1 版　印　次：2023 年 7 月第 14 次印刷
定　　价：	77.00 元

产品编号：022008-03

普通高等院校基础力学系列教材

编委会名单

主 任：范钦珊

编 委：王焕定　　王 琪

　　　　刘 燕　　殷雅俊

PREFACE 序

普通高等院校基础力学系列教材

普通高等院校基础力学系列教材包括"理论力学"、"材料力学"、"结构力学"、"工程力学(静力学+材料力学)"。这套教材是根据我国高等教育改革的形势和教学第一线的实际需求,由清华大学出版社组织编写的。

从2002年秋季学期开始,全国普通高等学校新一轮培养计划进入实施阶段。新一轮培养计划的特点是:加强素质教育、培养创新精神。根据新一轮培养计划,课程的教学总学时数大幅度减少,学生自主学习的空间将进一步增大。相应地,课程的教学时数都要压缩,基础力学课程也不例外。

怎样在有限的教学时数内,使学生既能掌握力学的基本知识,又能了解一些力学的最新进展;既能培养和提高学生力学学习的能力,又能加强学生的工程概念? 这是很多力学教育工作者所共同关心的问题。

现有的基础力学教材大部分都是根据在比较多的学时内进行教学而编写的,因而篇幅都比较大。教学第一线迫切需要适用于学时压缩后教学要求的小篇幅的教材。

根据"有所为、有所不为"的原则,这套教材更注重基本概念,而不追求冗长的理论推导与繁琐的数字运算。这样做不仅可以满足一些专业对于力学基础知识的要求,而且可以切实保证教育部颁布的基础力学课程教学基本要求的教学质量。

为了让学生更快地掌握最基本的知识,本套教材在概念、原理的叙述方面作了一些改进。一方面从提出问题、分析问题和解决问题等方面作了比较详尽的论述与讨论;另一方面通过较多的例题分析,特别是新增加了关于一些重要概念的例题分析。著者相信这将有助于读者加深对于基本内容的了解和掌握。

此外,为了帮助学生学习和加深理解以及方便教师备课和授课,与每门课程主教材配套出版了学习指导、教师用书(习题详细解答)和供课堂教学使用的电子教案。

本套教材内容的选取以教育部颁布的相关课程的"教学基本要求"为依据,同时根据各院校的具体情况,作了灵活的安排,绝大部分为必修内容,少部分为选修内容。

范钦珊

2004 年 7 月于清华大学

FOREWORD 前言

"普通高等院校基础力学系列教材"自2004年出版以来受到很多教学第一线的教师和同学以及业余读者的厚爱,其中《材料力学》一书在1年的时间内连续印刷了5次。同时,广大读者也提出了一些宝贵的修改要求和具体意见。

著者最近两年在全国7个大区(东北:哈尔滨工业大学;西北:西北工业大学;华北:北京交通大学;中南:华中科技大学;西南:重庆大学;华南:华南理工大学;华东:南京航空航天大学)讲学的同时,对我国高等学校"材料力学"的教学状况和对"材料力学"教材的需求进行了大量调研,与全国500多名基础力学教师以及近2000名同学交换了关于"材料力学"教材使用和修改的意见。

通过上述调研,我们进一步认识到,当初我们编写"普通高等院校基础力学系列教材"的理念基本上是正确的,这就是:在面向21世纪课程教学内容与体系改革的基础上,进一步对教学内容加以精选,下大力气压缩教材篇幅,同时进行包括主教材、教学参考书——教师用书和学生用书,电子教材——电子教案与电子书等在内的教学资源一体化的设计,努力为教学第一线的教师和同学提供高水平、全方位的服务。

调研过程中,广大教学第一线的教师和同学普遍反映,根据新的培养计划,很需要一部土木和水利工程类专业的"材料力学"教材,以适应课程学时大幅度减少的要求。大家普遍认为现行的土木和水利工程类专业的"材料力学"教材大都是上、下两册,篇幅过大。有的教师反映:上册的内容讲不完,下册的内容又要讲一点,不仅造成资源浪费,而且也造成学生不必要的经济负担。还有的教师认为,现行的土木和水利工程类专业的"材料力学"教材,成书时间已经很久,没有反映最近10年来材料力学课程教学改革成果,大多数作者长期不在教学第一线从事教学工作,因而缺乏教学第一线的新鲜经验。

本书是在上述调研的基础上,根据新的培养计划和教学基本要求,从一般院校的实际情况出发,删去大部分院校不需要的教学内容。在面向21世纪课程教学内容与体系改革的基础上,对于传统内容进一步加以精选,大大压缩教材篇幅,以满足 60~80 学时左右"材料力学"课程教学要求。

在教学体系上,我们根据土木和水利工程等专业的特点,同时贯穿两条主要线索:一条是用杆、轴、梁、柱以及连接件等基本构件贯穿的线索;另一条是以构件的拉、压、剪、扭、弯等基本受力与变形形式的线索。这样的体系不仅保持了"材料力学"理论体系的完整性,而且具有很强的工程应用意义。

在内容的处理上,我们将梁的弯曲问题作为重点,分成 4 章,内容包括:剪力图与弯矩图;截面的几何性质;应力分析与强度计算;位移分析与刚度计算。这一部分应该说是课程的重点,同时也是课程的精华所在。

为了压缩教材的篇幅,适应教学时数减少的要求,一般"材料力学"中常见的"组合受力与变形"的内容没有单独成章。"斜弯曲"的内容放在弯曲问题中是很自然的事情;"偏心荷载"的内容,对于土木和水利工程专业而言,除了应力计算外,还有"截面核心"这样的特殊问题,而"截面核心"的计算与中性轴有关,所以将这部分内容放在"弯曲问题"中作为梁的弯曲问题的延伸,不仅可以使读者通过中性轴的概念比较好地掌握与"截面核心"有关的内容,而且还将使读者加深对"中性轴"这个基本概念的认识。关于"弯曲与扭转组合受力与变形"则作为"应力状态与强度理论"的工程应用放在第 9 章中,凸现了应力状态与强度理论的工程应用价值。

此外,关于"梁强度的全面校核"以及"圆柱形薄壁容器的应力状态与强度计算"部分放在第 9 章中,也是基于同样的考虑。

"材料力学"与很多领域的工程密切相关。材料力学教学不仅可以培养学生的力学素质,而且可以加强学生的工程概念。这对于他们向其他学科或其他工程领域扩展是很有利的。基于此,本书与以往的同类教材相比,难度有所下降,工程概念有所加强,引入了大量涉及广泛领域的工程实例以及与工程有关的例题和习题。

为了让学生更快地掌握最基本的知识,在概念、原理的叙述方面作了一些改进。一方面从提出问题、分析问题和解决问题等方面作了比较详尽的论述与讨论;另一方面通过较多的例题分析,特别是新增加了关于一些重要概念的例题分析,著者相信这将有助于读者加深对于基本内容的了解和掌握。

全书分为基础篇和专题篇,共 14 章。基础篇共 10 章,包括反映材料力学基本要求的材料力学概论、拉伸与压缩杆件的应力变形分析与强度计算、连接件强度的工程假定计算、圆轴扭转时的强度与刚度计算、梁的弯曲问题(共 4 章)、应力状态与强度理论及其工程应用、压杆的稳定问题等教学内容;专题篇包括材料力学中的能量法、简单的静不定系统、动荷载与疲劳强度概述、新材料的材料力学概述共4章,供不同院校选用。书中带*号的内容及习题供各院校选用。根据不同院校的实际情况,基础篇所需教学时数约为48学时左右;专题篇所需教学时数约为16~24学时。

本书由范钦珊、蔡新主编,范钦珊、祝瑛、梁小燕、蔡新编著。

本书于2005年10月在南京完成初稿,2006年1月在美国加州定稿。定稿期间,得到清华大学校友吴擎虹、范心洋的大力支持和协助,在本书出版之际,著者谨表诚挚谢意。

承蒙河海大学吴胜兴教授、北京交通大学黄海明教授对本书稿进行了详细的审阅,提出了宝贵的修改意见,谨致谢忱。

书中的缺点和错误,恳请读者批评指正。

范钦珊

2005年10月初稿于南京

2006年1月定稿于美国加州

主要符号表

符号	量的含义
A	横截面面积
a	间距
b	宽度
d	直径、距离、力偶臂
D	直径
e	偏心距
E	弹性模量、杨氏模量
f_s	静摩擦因数
F	力
$\boldsymbol{F}_{Ax}, \boldsymbol{F}_{Ay}$	A 处铰约束力
$\boldsymbol{F}_N$	法向约束力、轴力
$\boldsymbol{F}_P$	荷载
$\boldsymbol{F}_{Pcr}$	临界荷载、分叉荷载
$\boldsymbol{F}_Q$	剪力
$\boldsymbol{F}_R$	合力、主矢
$\boldsymbol{F}_S$	牵引力、拉力
$\boldsymbol{F}_T$	拉力
$\boldsymbol{F}_x, \boldsymbol{F}_y, \boldsymbol{F}_z$	力在 x、y、z 轴上的分量
G	切变模量、剪切弹性模量
h	高度
I	惯性矩
I_p	极惯性矩
I_{yz}	惯性积
k	弹簧刚度系数
l	长度、跨度

M、M_y、M_z	弯矩
M_e	外力偶的力偶矩
M_x	扭矩
m	质量
$\boldsymbol{M}$	力偶矩
n	转速
$[n]_{st}$	稳定安全因数
p	内压力
P	功率
q	均布荷载集度
R,r	半径
s	路程、弧长
u	水平位移、轴向位移
$[u]$	许用轴向位移
v_d	畸变能密度
v_V	体积改变能密度
v_ε	应变能密度
V_ε	应变能
W	功、重量、弯曲截面模量
W_p	扭转截面模量
α	倾角、线膨胀系数
β	角、表面加工质量系数
θ	梁横截面的转角、单位长度相对扭转角
φ	相对扭转角
γ	剪应变
Δ	变形、位移
δ	厚度、单位力引起的位移
ε	线应变,尺寸系数
ε_e	弹性应变
ε_p	塑性应变
ε_V	体积应变
λ	长细比
μ	长度系数

ν	泊松比
ρ	密度、曲率半径
σ	正应力
σ^+	拉应力
σ^-	压应力
$\bar{\sigma}$	平均应力
σ^0	极限应力,危险应力
σ_b	强度极限
σ_c	挤压应力
$[\sigma]$	许用应力
$[\sigma]^+$	许用拉应力
$[\sigma]^-$	许用压应力
σ_{cr}	临界应力
σ_e	弹性极限
σ_p	比例极限
$\sigma_{0.2}$	条件屈服应力
σ_s	屈服应力
τ	剪应力
$[\tau]$	许用剪应力
w	挠度
σ_f	纤维中的实际应力、轴向应力、纵向应力
σ_m	基体中的实际应力
σ_{-1}	对称循环时的疲劳极限
$\dot{\varepsilon}$	应变速率
η	粘度
K_f	有效应力集中系数
K_t	理论应力集中系数

CONTENTS 目录

基 础 篇

第1章 概论 ·············· 3
  1.1 "材料力学"的研究内容 ·············· 3
  1.2 杆件的受力与变形形式 ·············· 4
  1.3 工程构件静力学设计的主要内容 ·············· 5
  1.4 关于材料的基本假定 ·············· 7
  1.5 弹性体受力与变形特征 ·············· 7
  1.6 材料力学的分析方法 ·············· 9
  1.7 应力、应变及其相互关系 ·············· 10
  1.8 结论与讨论 ·············· 12
  习题 ·············· 13

第2章 拉伸与压缩杆件的应力变形分析与强度计算 ·············· 17
  2.1 轴力与轴力图 ·············· 17
  2.2 拉伸与压缩杆件横截面上的应力 ·············· 19
  2.3 最简单的强度问题 ·············· 22
  2.4 拉伸与压缩杆件的变形分析 ·············· 30
  2.5 材料的力学性能 ·············· 35
  2.6 结论与讨论 ·············· 40
  习题 ·············· 44

第3章 连接件强度的工程假定计算 ·············· 49
  3.1 铆接件的强度失效形式及相应的强度计算方法 ·············· 49
  3.2 焊缝强度的剪切假定计算 ·············· 53
  3.3 结论与讨论 ·············· 57

习题 …… 57

第 4 章　圆轴扭转时的强度与刚度计算 …… 61
4.1　外加扭力矩、扭矩与扭矩图 …… 61
4.2　剪应力互等定理　剪切胡克定律 …… 63
4.3　圆轴扭转时横截面上的剪应力分析与强度计算 …… 64
4.4　圆轴扭转时的变形分析及刚度条件 …… 72
4.5　结论与讨论 …… 75
习题 …… 79

第 5 章　梁的弯曲问题(1)——剪力图与弯矩图 …… 83
5.1　工程中的弯曲构件 …… 83
5.2　梁的内力及其与外力的相互关系 …… 84
5.3　剪力方程与弯矩方程 …… 87
5.4　剪力图与弯矩图 …… 90
5.5　荷载集度、剪力、弯矩之间的微分关系及其应用 …… 93
5.6　刚架的内力与内力图 …… 99
5.7　结论与讨论 …… 104
习题 …… 106

第 6 章　梁的弯曲问题(2)——截面的几何性质 …… 111
6.1　为什么要研究截面的几何性质 …… 111
6.2　静矩、形心及其相互关系 …… 112
6.3　惯性矩、惯性积、惯性半径 …… 114
6.4　惯性矩与惯性积的移轴定理 …… 116
6.5　惯性矩与惯性积的转轴定理 …… 118
6.6　主轴与形心主轴、主惯性矩与形心主惯性矩的概念 …… 119
6.7　组合图形的形心主轴与形心主惯性矩 …… 121
6.8　结论与讨论 …… 123
习题 …… 124

第 7 章　梁的弯曲问题(3)——应力分析与强度计算 …… 127
7.1　平面弯曲时梁横截面上的正应力 …… 127
7.2　斜弯曲的应力计算 …… 137
7.3　弯矩与轴力同时作用时横截面上的正应力 …… 140
7.4　弯曲剪应力分析 …… 143
7.5　弯曲强度计算 …… 151

7.6　结论与讨论 …………………………………………… 164
习题 …………………………………………………………… 174

第8章　梁的弯曲问题(4)——位移分析与刚度计算 ………… 185
8.1　梁的变形与梁的位移 …………………………………… 185
8.2　梁的小挠度微分方程及其积分 ………………………… 187
8.3　叠加法确定梁的挠度与转角 …………………………… 192
8.4　梁的刚度计算 …………………………………………… 200
8.5　简单的静不定梁 ………………………………………… 204
8.6　结论与讨论 ……………………………………………… 208
习题 …………………………………………………………… 213

第9章　应力状态与强度理论及其工程应用 ………………… 217
9.1　应力状态的基本概念 …………………………………… 217
9.2　平面应力状态任意方向面上的应力 …………………… 219
9.3　应力状态中的主应力与最大剪应力 …………………… 222
9.4　应力圆及其应用 ………………………………………… 226
9.5　广义胡克定律 …………………………………………… 230
9.6　应变能与应变能密度 …………………………………… 231
9.7　强度理论概述 …………………………………………… 233
9.8　关于脆性断裂的强度理论 ……………………………… 233
9.9　关于屈服的强度理论 …………………………………… 235
9.10　工程应用之一——组合截面梁的强度全面校核 …… 238
9.11　工程应用之二——圆轴承受弯曲与扭转共同作用时的
　　　强度计算 ……………………………………………… 241
9.12　工程应用之三——圆柱形薄壁容器的应力状态与强度
　　　计算 …………………………………………………… 246
9.13　结论与讨论 …………………………………………… 248
习题 …………………………………………………………… 252

第10章　压杆的稳定问题 …………………………………… 257
10.1　压杆稳定的基本概念 ………………………………… 257
10.2　两端铰支压杆的临界荷载　欧拉公式 ……………… 259
10.3　不同刚性支承对压杆临界荷载的影响 ……………… 261
10.4　临界应力与临界应力总图 …………………………… 262
10.5　压杆稳定性设计 ……………………………………… 268

10.6 其他形式的屈曲问题 …… 275
10.7 结论与讨论 …… 276
习题 …… 280

专 题 篇

第 11 章 材料力学中的能量法 …… 289
11.1 基本概念 …… 289
11.2 互等定理 …… 292
11.3 应用于弹性杆件的虚位移原理 …… 296
11.4 计算位移的莫尔积分 …… 298
11.5 计算莫尔积分的图乘法 …… 301
11.6 卡氏定理 …… 305
11.7 结论与讨论 …… 309
习题 …… 310

第 12 章 简单的静不定系统 …… 315
12.1 静不定系统的几个基本概念 …… 315
12.2 力法与正则方程 …… 317
12.3 对称性与反对称性在求解静不定问题中的应用 …… 319
12.4 空间静不定结构的特殊情形 …… 322
12.5 能量法在求解静不定问题中的应用 …… 323
12.6 结论与讨论 …… 332
习题 …… 333

第 13 章 动荷载与疲劳强度概述 …… 337
13.1 等加速度直线运动时构件上的惯性力与动应力 …… 337
13.2 旋转构件的受力分析与动应力计算 …… 339
13.3 构件上的冲击荷载与冲击应力计算 …… 342
13.4 疲劳强度概述 …… 346
13.5 疲劳极限与应力-寿命曲线 …… 351
13.6 影响疲劳寿命的因素 …… 352
13.7 基于无限寿命设计方法的疲劳强度 …… 354
13.8 结论与讨论 …… 356
习题 …… 358

第 14 章　新材料的材料力学概述 …… 361
　14.1　复合材料概述 …… 361
　14.2　单层纤维复合材料的弹性模量 …… 363
　14.3　纤维增强效应 …… 366
　14.4　高分子材料概述 …… 368
　14.5　聚合物的粘弹性行为 …… 369
　14.6　非线性粘弹性构件设计的工程方法 …… 374
　14.7　结论与讨论 …… 376
　习题 …… 378

附录 …… 381
　附录 A　型钢规格表 …… 383
　附录 B　习题答案 …… 397
　附录 C　索引 …… 407

参考文献 …… 415

基　础　篇

第 1 章　概论
第 2 章　拉伸与压缩杆件的应力变形分析与强度计算
第 3 章　连接件强度的工程假定计算
第 4 章　圆轴扭转时的强度与刚度计算
第 5 章　梁的弯曲问题(1)——剪力图与弯矩图
第 6 章　梁的弯曲问题(2)——截面的几何性质
第 7 章　梁的弯曲问题(3)——应力分析与强度计算
第 8 章　梁的弯曲问题(4)——位移分析与刚度计算
第 9 章　应力状态与强度理论及其工程应用
第 10 章　压杆的稳定问题

第1章 概论

材料力学主要研究固体受力后发生的变形、由于变形而产生的附加内力、由此而产生的失效以及控制失效的准则。在此基础上导出工程构件静力学设计的基本方法。

材料力学与理论力学在分析方法上不同。材料力学的分析方法是在实验基础上，对于问题作一些科学的假定，将复杂的问题加以简化，从而得到便于工程应用的理论与数学公式。

本章介绍材料力学的基础知识、研究方法以及材料力学对于工程设计的重要意义。

1.1 "材料力学"的研究内容

材料力学(strength of materials)的研究内容分属于两个学科。第一个学科是**固体力学**(solid mechanics)，即研究物体在外力作用下的应力、变形和能量，统称为**应力分析**(stress analysis)。但是，材料力学所研究的仅限于杆、轴、梁等物体，其几何特征是纵向尺寸(长度)远大于横向(横截面)尺寸，这类物体统称为**杆或杆件**(bars 或 rods)。大多数工程结构的构件或机器的零部件都可以简化为杆件。第二个学科是**材料科学**(materials science)中的**材料的力学行为**(behaviours of materials)，即研究材料在外力和温度作用下所表现出的**力学性能**(mechanical properties)和**失效**(failure)行为。但是，材料力学所研究的仅限于材料的宏观力学行为，不涉及材料的微观机理。

以上两方面的结合使材料力学成为**工程设计**(engineering design)的重要组成部分，即设计出杆状构件或零部件的合理形状和尺寸，以保证它们具有足够的**强度**(strength)、**刚度**(stiffness)和**稳定性**(stability)。

1.2 杆件的受力与变形形式

实际杆件的受力可以是各式各样的,但都可以归纳为 4 种基本受力和变形形式:轴向拉伸(或压缩)、剪切、扭转和弯曲,以及由两种或两种以上基本受力和变形形式叠加而成的组合受力与变形形式。

拉伸或**压缩**(tension or compression)——当杆件两端承受沿轴线方向的拉力或压力荷载时,杆件将产生轴向伸长或压缩变形,分别如图 1-1(a)、(b)所示。图中实线为变形前的位置;虚线为变形后的位置。

剪切(shearing)——在平行于杆横截面的两个相距很近的平面内,方向相对地作用着两个横向力,当这两个力相互错动并保持二者之间的距离不变时,杆件将产生剪切变形,如图 1-2 所示。

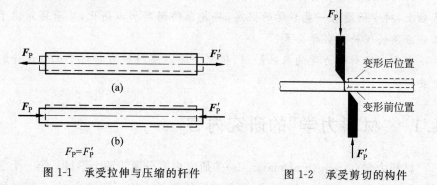

图 1-1 承受拉伸与压缩的杆件　　图 1-2 承受剪切的构件

扭转(torsion)——当作用在杆件上的力组成作用在垂直于杆轴平面内的力偶 M_e 时,杆件将产生扭转变形,即杆件的横截面绕其轴相互转动,如图 1-3 所示。

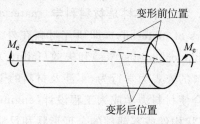

图 1-3 承受扭转的圆轴

弯曲(bend)——当外加力偶 M(图 1-4(a))或横向外力作用于杆件的纵向平面内(图 1-4(b))时,杆件将发生弯曲变形,其轴线将变成曲线。

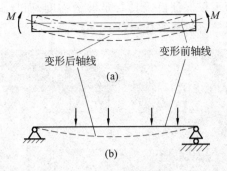

图 1-4 承受弯曲的梁

组合受力与变形(complex loads and deformation)——由上述基本受力形式中的两种或两种以上所共同形成的受力与变形形式即为组合受力与变形,例如图 1-5 中所示之杆件的变形,即为拉伸与弯曲的组合(其中力偶 M 作用在纸平面内)。组合受力形式中,杆件将产生两种或两种以上的基本变形。

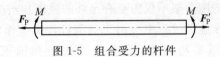

图 1-5 组合受力的杆件

实际杆件的受力不管多么复杂,在一定的条件下,都可以简化为基本受力形式的组合。

工程上将承受拉伸的杆件统称为**拉杆**,简称杆;受压杆件称为**压杆**或**柱**(column);承受扭转或主要承受扭转的杆件统称为**轴**(shaft);承受弯曲的杆件统称为**梁**(beam)。

1.3 工程构件静力学设计的主要内容

工程设计的任务之一就是保证结构和构件具有足够的强度、刚度和稳定性。

强度(strength)是指构件或零部件在确定的外力作用下,不发生破坏或过量塑性变形的能力。

刚度(rigidity)是指构件或零部件在确定的外力作用下,其弹性变形或位移不超过工程允许范围的能力。

稳定性(stability)是指构件或零部件在某些受力形式(例如轴向压力)下其平衡形式不会发生突然转变的能力。

例如,各种桥的桥面结构,采取什么形式才能保证不发生破坏,也不发生过大的弹性变形,即不仅保证桥梁具有足够的强度,而且具有足够的刚度,同时还要具有重量轻、节省材料等优点(图 1-6)。

图 1-6　大型桥梁

又如,建筑施工的脚手架不仅需要有足够的强度和刚度,而且还要保证有足够的稳定性,否则在施工过程中会由于局部杆件或整体结构的不稳定性而导致整个脚手架的倾覆与坍塌,造成人民生命和国家财产的巨大损失(图 1-7)。

图 1-7　建筑施工中的脚手架

此外,各种大型水利设施、核反应堆容器、计算机硬盘驱动器以及航空航天器及其发射装置等也都有大量的强度、刚度和稳定性问题。

1.4 关于材料的基本假定

1.4.1 各向同性假定

在所有方向上均具有相同的物理和力学性能的材料,称为**各向同性**(isotropy)材料。

如果材料在不同方向上具有不同的物理和力学性能,则称这种材料为**各向异性**(anisotropy)材料。

大多数工程材料虽然微观上不是各向同性的,例如金属材料,其单个晶粒呈**结晶各向异性**(anisotropy of crystallographic),但当它们形成多晶聚集体的金属时,呈随机取向,因而在宏观上表现为各向同性。"材料力学"中所涉及的金属材料都假定为各向同性材料。该假定称为**各向同性假定**(isotropy assumption)。就总体的力学性能而言,这一假定也适用于混凝土材料。

1.4.2 各向同性材料的均匀连续性假定

实际材料的微观结构并不是处处都是均匀连续的,但是,当所考察的物体几何尺度足够大,而且所考察的物体上的点都是宏观尺度上的点,则可以假定所考察的物体的全部体积内,材料在各处是均匀、连续分布的。这一假定称为**均匀连续性假定**(homogenization and continuity assumption)。

根据这一假定,物体内因受力和变形而产生的内力和位移都将是连续的,因而可以表示为各点坐标的连续函数,从而有利于建立相应的数学模型。所得到的理论结果便于应用于工程设计。

1.5 弹性体受力与变形特征

弹性体受力后,由于变形,其内部将产生相互作用的内力。这种内力不同于物体固有的内力,而是一种由于变形而产生的附加内力,利用一假想截面将弹性体截开,这种附加内力即可显示出来,如图 1-8 所示。

根据连续性假定,一般情形下,杆件横截面上的内力组成一分布力系。

由于整体平衡的要求,对于截开的每一部分也必须是平衡的。因此,作用在每一部分上的外力必须与截面上分布内力相平衡。这表明,弹性体由变形引起的内力不能是任意的。这是弹性体受力、变形的第一个特征。

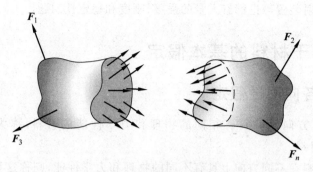

图 1-8 弹性体的分布内力

应用假想截面将弹性体截开,分成两部分,考虑其中任意一部分平衡,从而确定横截面上内力的方法,称为**截面法**。

在外力作用下,弹性体的变形应使弹性体各相邻部分既不能断开,也不能发生重叠的现象,图 1-9 中为从一弹性体中取出的两相邻部分的三种变形状况,其中图 1-9(a)、(b)所示的两种情形是不正确的,只有图 1-9(c)中所示的情形是正确的。这表明,弹性体受力后发生的变形也不是任意的,必须满足**协调**(compatibility)一致的要求。这是弹性体受力、变形的第二个特征。

(a) 变形后两部分相互重叠　　(b) 变形后两部分相互分离　　(c) 变形后两部分协调一致

图 1-9 弹性体变形后各相邻部分之间的相互关系

此外,弹性体受力后发生的变形还与物性有关,这表明,受力与变形之间存在确定的关系,称为**物性关系**。

例题 1-1 等截面直杆 AB 两端固定,C 截面处承受沿杆件轴线方向的力 F_P,如图 1-10 所示。关于 A、B 两端的约束力有(A)、(B)、(C)、(D)四种答案,请判断哪一种是正确的。

解:根据约束的性质,以及外力 F_P 作用线沿着杆件轴线方向的特点,A、B 两端只有沿杆件轴线方向的约束力,分别用 F_A 和 F_B 表示,如图 1-11 所示。

根据平衡条件 $\sum F_x = 0$,有

$$F_A + F_B = F_P$$

其中 F_A 和 F_B 都是未知量,仅由一个平衡方程不可能求出两个未知量。对于刚体模型,这个问题是无法求解的。但是,对于弹性体,这个问题是有

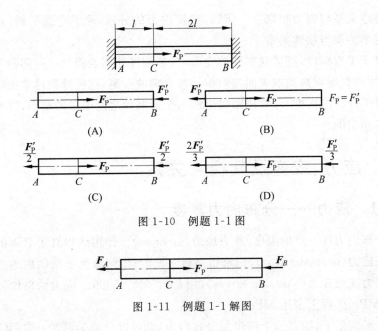

图 1-10　例题 1-1 图

图 1-11　例题 1-1 解图

解的。

作用在弹性体上的力除了满足平衡条件外,还必须使其所产生的变形满足变形协调的要求。本例中,AC 段杆将发生伸长变形,CB 段杆则发生缩短变形,由于 AB 杆两端固定,杆件的总变形量必须等于零。

显然,图 1-10 中的答案(A)和(B)都不能满足上述条件,因而是不正确的。

对于满足胡克定律的材料,其弹性变形,都与杆件受力以及杆件的长度成正比。在答案(C)中,平衡条件虽然满足,但 CB 段杆的缩短量大于 AC 段杆的伸长量,因而不能满足总变形量等于零的变形协调要求,所以也是不正确的。答案(D)的约束力,既满足平衡条件,也满足变形协调的要求,因此,答案(D)是正确的。

1.6　材料力学的分析方法

分析构件受力后发生的变形,以及由于变形而产生的内力,需要采用平衡的方法。但是,采用平衡的方法,只能确定横截面上内力的合力,并不能确定横截面上各点内力的大小。研究构件的强度、刚度与稳定性,不仅需要确定内力的合力,还需要知道内力的分布。

内力是不可见的,而变形却是可见的,并且各部分的变形相互协调,变形通过物性关系与内力相联系。所以,确定内力的分布,除了考虑平衡,还需要考虑变形协调与物性关系。

对于工程构件,所能观察到的变形,只是构件外部表面的。内部的变形状况,必须根据所观察到的表面变形作一些合理的推测,这种推测通常也称为假定。对于杆状的构件,考察相距很近的两个横截面之间微段的变形,这种假定是不难作出的。

1.7 应力、应变及其相互关系

1.7.1 应力——分布内力集度

分布内力在一点的集度,称为**应力**(stresses)。作用线垂直于截面的应力称为**正应力**(normal stress),用希腊字母 σ 表示;作用线位于截面内的应力称为**剪应力**或**切应力**(shearing stress),用希腊字母 τ 表示。应力的单位记号为 Pa 或 MPa,工程上多用 MPa。

一般情形下,横截面上的附加分布内力,总可以分解为两种:作用线垂直于截面的;作用线位于横截面内的。图 1-12 中所示为作用在微元面积 ΔA 上的总内力 ΔF_R 及其分量,其中 ΔF_N 和 ΔF_Q 的作用线分别垂直和作用于横截面内。于是上述正应力和剪应力的定义可以表示为下列极限表达式:

$$\sigma = \lim_{\Delta A \to 0} \frac{\Delta F_N}{\Delta A} \tag{1-1}$$

$$\tau = \lim_{\Delta A \to 0} \frac{\Delta F_Q}{\Delta A} \tag{1-2}$$

需要指出的是,上述极限表达式的引入只是为了说明应力的一点概念,二

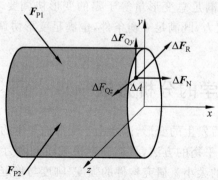

图 1-12 作用在微元面积上的内力及其分量

者在应力计算中没有实际意义。

1.7.2 应力与内力分量之间的关系

截面上应力与其作用的微面积乘积,称为应力作用点的微内力。通过积分可以建立微内力与内力之间的关系。例如,正应力在其作用面积上的积分组成横截面上沿杆件轴线方向的合力:

$$\int_A \sigma \mathrm{d}A = F_\mathrm{N}$$

其中 $\mathrm{d}A$ 为微面积;A 为横截面面积;$\sigma \mathrm{d}A$ 为微面积上的内力。

1.7.3 应变——各点变形程度的度量

如果将弹性体看作由许多微单元体(简称微元体或微元)所组成,弹性体整体的变形则是所有微元体变形累加的结果。而单元体的变形则与作用在其上的应力有关。

围绕受力弹性体中的任意点截取微元体(通常为正六面体),一般情形下微元体的各个面上均有应力作用。下面考察两种最简单的情形,分别如图 1-13(a)、(b) 所示。

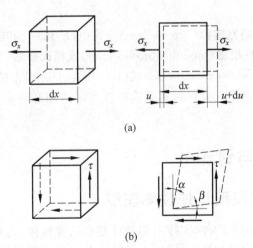

图 1-13 正应变与剪应变

对于正应力作用下的微元体(图 1-13(a)),沿着正应力方向和垂直于正应力方向将产生伸长和缩短,这种变形称为线变形。描述弹性体在各点处线变形程度的量,称为**正应变**或**线应变**(normal strain),用 ε_x 表示。根据微元体变形前后 x 方向长度 $\mathrm{d}x$ 的相对改变量,有

$$\varepsilon_x = \frac{\mathrm{d}u}{\mathrm{d}x} \tag{1-3}$$

式中 $\mathrm{d}x$ 为变形前微元体在正应力作用方向的长度；$\mathrm{d}u$ 为微元体变形后相距 $\mathrm{d}x$ 的两截面沿正应力方向的相对位移；ε_x 的下标 x 表示应变方向。

剪应力作用下的微元体将发生剪切变形，剪切变形程度用微元体直角的改变量度量。微元直角改变量称为**剪应变**或**切应变**(shearing strain)，用 γ 表示。在图 1-13(b) 中，$\gamma = \alpha + \beta$，γ 的单位为 rad。

关于正应力和正应变的正负号，一般约定：拉应变为正；压应变为负。产生拉应变的应力(拉应力)为正；产生压应变的应力(压应力)为负。关于剪应力和剪应变的正负号将在以后介绍。

1.7.4 应力与应变之间的物性关系

对于工程中常用材料，实验结果表明：若在弹性范围内加载(应力小于某一极限值)，对于只承受单方向正应力或承受剪应力的微元体，正应力与正应变以及剪应力与剪应变之间存在着线性关系：

$$\sigma_x = E\varepsilon_x \quad \text{或} \quad \varepsilon_x = \frac{\sigma_x}{E} \tag{1-4}$$

$$\tau_x = G\gamma_x \quad \text{或} \quad \gamma_x = \frac{\tau_x}{G} \tag{1-5}$$

上述二式统称为**胡克定律**(Hooke law)。式中，E 和 G 为与材料有关的弹性常数：E 称为**弹性模量**(modulus of elasticity)或**杨氏模量**(Young modulus)；G 称为**切变模量**(shear modulus)。式(1-4)和式(1-5)即为描述线弹性材料物性关系的方程。所谓线弹性材料是指弹性范围内加载时应力-应变满足线性关系的材料。

1.8 结论与讨论

1.8.1 刚体模型与弹性体模型

所有工程结构的构件，实际上都是可变形的弹性体，当变形很小时，变形对物体运动效应的影响甚小，因而在研究运动和平衡问题时一般可将变形略去，从而将弹性体抽象为刚体。从这一意义上讲，刚体和弹性体都是工程构件在确定条件下的简化力学模型。

1.8.2 弹性体受力与变形特点

弹性体在荷载作用下，将产生连续分布的内力。弹性体内力应满足：与外力的平衡关系;弹性体自身变形协调关系;力与变形之间的物性关系。这是材料力学与理论力学的重要区别。

1.8.3　刚体静力学概念与原理在材料力学中的应用

工程中绝大多数构件受力后所产生的变形相对于构件的尺寸都是很小的,这种变形通常称为"小变形"。在小变形条件下,刚体静力学中关于平衡的理论和方法能否应用于材料力学,下列问题的讨论对于回答这一问题是有益的:

(1) 若将作用在弹性杆上的力(图 1-14(a)),沿其作用线方向移动(图 1-14(b))。

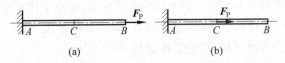

图 1-14　力沿作用线移动的结果

(2) 若将作用在弹性杆上的力(图 1-15(a)),向另一点平移(图 1-15(b))。请读者分析:上述两种情形下对弹性杆的平衡和变形将会产生什么影响?

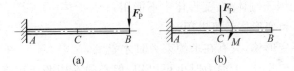

图 1-15　力向一点平移的结果

习题

1-1　关于内力和应力的定义,有以下几种论述,请判断哪一种是正确的:
(A) 应力是单位面积上的内力,内力等于横截面面积与应力的乘积;
(B) 应力是单位面积上的内力,内力是横截面面积应力的合力;
(C) 应力是分布内力在一点的集度,内力是物体受力后产生变形而产生的各部分之间的相互作用力;
(D) 应力是分布内力在一点的集度,内力是物体内部各部分之间的相互作用力。

1-2　关于内力和内力分量之间的关系,有下列几种论述,请判断哪一种是正确的:

(A) 内力分量是分布内力的合力在 3 个任意坐标轴上的投影；
(B) 内力分量是分布内力的合力在 3 个特定坐标轴上的投影；
(C) 内力分量是分布内力的主矢和主矩在 3 个任意坐标轴上的投影；
(D) 内力分量是分布内力的主矢和主矩在 3 个特定坐标轴上的投影。

1-3 关于应变的定义有以下几种论述，请判断哪一种是正确的：
(A) 应变是物体的相对变形量；
(B) 应变是物体受力后在一点处变形程度的量度；
(C) 对于线变形，应变是物体的相对变形量；
(D) 对于线变形，应变是物体单位长度上的变形量。

1-4 描述应力与应变关系的胡克定律成立的前提是：
(A) 不管是什么材料，只要在弹性范围加载，胡克定律总成立；
(B) 只有线性材料，在弹性范围加载，胡克定律才成立；
(C) 只要是线性材料，胡克定律总成立；
(D) 不管是什么材料，无论荷载加多大，胡克定律总成立。
请判断哪一种是正确的。

1-5 关于"力的可传性"以及"力向一点平移"在弹性体中的应用有以下几种论述，请判断哪一种是正确的：
(A) 只能用于刚体，在变形体中不能用；
(B) 刚体和变形体都可以用；
(C) 对于变形体，只有在求约束力时才能用；
(D) 对于变形体，求内力时也可以用，但必须在用截面法将物体截开后，考虑截开部分的平衡时才能用。

1-6 图示矩形截面直杆，右端固定，左端在杆的对称平面内作用有集中力偶，数值为 M。关于固定端处横截面 A-A 上的内力分布，有四种答案，根据弹性体的特点，试分析哪一种答案比较合理。

1-7 一等截面直杆其支承和受力如图所示。关于其轴线在变形后的位置（图中虚线所示），有四种答案，根据弹性体的特点，试分析哪一种是合理的。

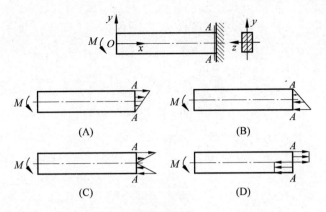

习题 1-6 图

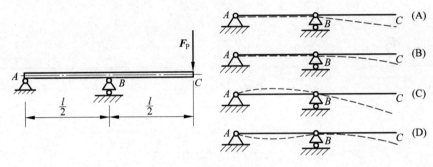

习题 1-7 图

第 2 章 拉伸与压缩杆件的应力变形分析与强度计算

工程结构中的桅杆、旗杆、活塞杆、悬索桥、斜拉桥、网架式结构中的杆件或缆索，以及桥梁结构桁架中的杆件大都承受沿杆件轴线方向荷载，这种荷载简称为轴向荷载。

承受轴向荷载的杆件将产生拉伸或压缩变形。

承受轴向荷载杆件的材料力学问题包括：杆件横截面上的内力、应力、变形分析与计算；材料的力学行为的实验结果；强度计算以及应变能计算。

这些问题虽然比较简单，但其中的基本概念与基本分析方法则具有普遍意义。

2.1 轴力与轴力图

当所有外力均沿杆的轴线方向作用时，杆的横截面上只有轴力 F_N 一种内力分量。表示轴力沿杆轴线方向变化的图形，称为**轴力图**（diagram of normal forces）。

为了绘制轴力图，杆件上同一处两侧横截面上的轴力必须具有相同的正负号。因此约定使杆件受拉的轴力为正；受压的轴力为负。

绘制轴力图的方法与步骤如下：

（1）确定作用在杆件上的外荷载与约束力；

（2）根据杆件上作用的荷载以及约束力，确定轴力图的分段点：有集中力作用处即为轴力图的分段点；

（3）应用截面法，用假想截面从控制面处将杆件截开，在截开的截面上，画出未知轴力，并假设为正方向；对截开的部分杆件建立平衡方程，确定轴力的大小与正负；产生拉伸变形的轴力为正，产生压缩变形的轴力为负；

（4）建立 F_N-x 坐标系，将所求得的轴力值标在坐标系中，画出轴力图。

例题 2-1 已知阶梯形直杆受力如图 2-1 所示。试画出其轴力图。

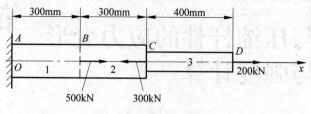

图 2-1 例题 2-1 图

解：因为在 A、B、C、D 四处都有集中力作用，所以 AB、BC 和 CD 三段杆的轴力各不相同。

应用截面法，在 AB、BC 和 CD 三段中任意截面处，分别将杆件截开，并且假设截开的横截面上的轴力均为正方向，即为拉力，如图 2-2（a）所示。

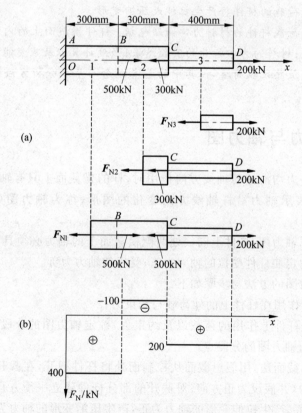

图 2-2 例题 2-1 的解答

然后分别对截开的三部分应用平衡方程

$$\sum F_x = 0$$

即可确定 AB、BC 和 CD 段杆横截面上的轴力，分别为

$$F_N(CD) = 200\text{kN}$$
$$F_N(BC) = -(300-200) = -100\text{kN}$$
$$F_N(AB) = 500 + 200 - 300 = 400\text{kN}$$

于是，在 $F_N\text{-}x$ 坐标系画出轴力图，如图 2-2(b)所示。

2.2 拉伸与压缩杆件横截面上的应力

轴力 F_N 是截面上轴向分布内力的合力。确定了轴力，根据

$$F_N = \int_A \sigma \mathrm{d}A \tag{2-1}$$

如果知道内力在横截面上是怎样分布的，就可以确定横截面上各点的应力。

应力是看不见的，但是变形是可见的，应力与变形有关，因此，根据两相邻横截面之间的变形，以及应力与应变之间的关系，即可知道横截面上的应力分布状况。

实验结果表明，对于细长杆，除端部附近外，其余大部分区域的横截面在杆件变形后仍保持平面，两相邻截面只在拉、压力作用下刚性地相互平行地离开或相互靠近，因此可以假设两相邻截面间材料的变形是相同的，这表明截面上正应力均匀分布，如图 2-3 所示。

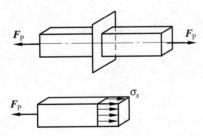

图 2-3 轴向荷载作用下杆件横截面上的应力分布

于是，根据式(2-1)，得到应力与轴力之间的关系为

$$F_N = \int_A \sigma \mathrm{d}A = \sigma A$$

或写成

$$\sigma = \frac{F_N}{A} \tag{2-2}$$

这就是计算轴向荷载作用下杆件横截面上正应力的表达式,其中 F_N 是横截面上的轴力,A 为横截面面积。σ 为横截面上的正应力。

例题 2-2 一桁架的受力及各部分尺寸如图 2-4(a)所示,若 $F_P = 25$kN,各杆的横截面积均为 $A = 250$mm²。

求:AB 杆横截面上的应力。

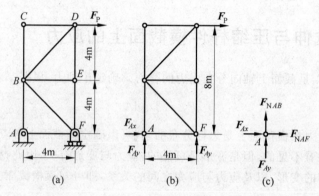

图 2-4 例题 2-2 图

解:为求 AB 杆的应力,必须先根据约束的性质分析约束力,然后考察整体桁架平衡,求得 A 处的约束力,再用节点法或截面法求得 AB 杆的轴向力。

根据 A、F 两处的约束性质,桁架整体受力如图 2-4(b)所示。由平衡方程

$$\sum F_x = F_P + F_{Ax} = 0$$

$$\sum M_F(\boldsymbol{F}) = -F_P \times 8 - F_{Ay} \times 4 = 0$$

求得

$$F_{Ax} = -F_P = -25 \text{kN}$$

$$F_{Ay} = -2F_P = -50 \text{kN}$$

其中负号表示实际的约束力方向与所假设的约束力方向相反。

再应用节点法,考察节点 A 的受力如图 2-4(c)所示。
根据平衡条件

$$\sum F_y = F_{NAB} + F_{Ay} = 0$$

求得 AB 杆的轴向力

$$F_{NAB} = -F_{Ay} = 50 \text{kN} \quad \text{(拉力)}$$

于是，AB 杆横截面上的正应力为

$$\sigma_{AB} = \frac{F_{NAB}}{A} = \frac{50 \times 10^3}{250 \times 10^{-6}} = 200 \times 10^6 \text{Pa} = 200 \text{MPa}$$

例题 2-3　一零件的尺寸与受力如图 2-5 所示，其中 $F_P = 38 \text{kN}$。

求：零件横截面的最大正应力，并指出发生在哪一段横截面上。

解：由于零件各横截面上的轴向力都是相同的，即

$$F_N = F_P$$

又因为开孔使截面积减小，所以最大正应力可能发生在孔径比较大的两个横截面Ⅰ-Ⅰ上或Ⅱ-Ⅱ上。

对于Ⅰ-Ⅰ截面，其横截面积

$$A_1 = (50 - 22) \times 20 = 560 \text{mm}^2$$
$$= 5.60 \times 10^{-4} \text{m}^2$$

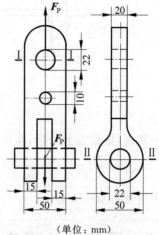

图 2-5　例题 2-3 图
（单位：mm）

对于Ⅱ-Ⅱ截面，其横截面积

$$A_2 = (50 - 22) \times 15 \times 2 = 840 \text{mm}^2 = 8.40 \times 10^{-4} \text{m}^2$$

于是，最大正应力发生在Ⅰ-Ⅰ截面，其上之正应力

$$\sigma_{\max} = \frac{F_N}{A_1} = \frac{F_P}{A_1} = \frac{3.8 \times 10^4}{5.60 \times 10^{-4}} = 67.88 \times 10^6 \text{Pa} = 67.88 \text{MPa}$$

必须指出的是，由于开孔，在孔边形成应力集中，因而横截面上的正应力并不是均匀分布的。严格地讲，不能采用上述方法计算应力。上述方法只是不考虑应力集中时的应力，称为"名义应力"。如果将名义应力乘上一个应力集中因数就可以得到开孔附近的最大应力。应力集中因数可由有关材料力学手册中查得。

例题 2-4　立柱支承着承载的横梁，如图 2-6(a)所示。横梁将其所承受的荷载的一半传递到每一根立柱上，于是立柱受力简图如图 2-6(b)所示。已知立柱横截面的尺寸为 200mm × 200mm，传递到立柱上的荷载为 $F_P = 100 \text{kN}$。

求：立柱横截面上的最大正应力。

解：首先，需要确定最大正应力发生在立柱的哪一段横截面上。为此，应用截面法计算上、下段内的轴向力并画出立柱的轴力图，如图 2-6(c)所示。

从轴力图上可以看出，轴力绝对值最大者发生在下段。显然立柱内的最大正应力亦发生在这一段内。

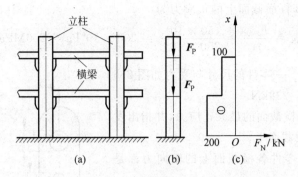

图 2-6 例题 2-4 图

其次,根据以上分析,即可计算出立柱横截面上的最大正应力

$$\sigma_{\max} = \frac{F_{N\max}}{A} = -\frac{2 \times 100 \times 10^3}{200 \times 200 \times 10^{-6}} = -5.0 \times 10^6 \text{Pa} = -5.0 \text{MPa}$$

式中负号表示压应力。

2.3 最简单的强度问题

上面分析了轴向荷载作用下杆件横截面上的应力,但这不是我们的最终目标。应力分析只是工程师借助于完成下列任务的中间过程:

(1) 分析已有的或设想中的机器或结构,确定它们在特定荷载条件下的性态;

(2) 设计新的机器或新的结构,使之安全而经济地实现特定的功能。

例如,对于图 2-4(a)中所示之三角架结构,2.2 节中已经计算出拉杆 BD 和压杆 CD 横截面上的正应力。现在可能有以下几方面的问题:

(1) 在给定荷载和材料的情形下,怎样判断三角架结构能否安全可靠的工作?

(2) 如果材料是未知的,在所得到的应力水平下,二杆分别选用什么材料,才能保证三角架结构可以安全可靠地工作?

(3) 如果荷载是未知的,在给定杆件截面尺寸和材料的情形下,怎样确定三角架结构所能承受的最大荷载?

这些问题都是强度设计所涉及的内容。

2.3.1 强度条件、安全因数与许用应力

所谓**强度设计**(strength design)是指将杆件中的最大应力限制在允许的

范围内，以保证杆件正常工作，不仅不发生强度失效，而且还要具有一定的安全裕度。对于拉伸与压缩杆件，也就是杆件中的最大正应力满足：

$$\sigma_{\max} \leqslant [\sigma] \qquad (2\text{-}3)$$

这一表达式称为轴向荷载作用下杆件的**强度条件**，又称为**强度设计准则**(criterion for strength design)。其中[σ]称为**许用应力**(allowable stress)，与杆件的材料力学性能以及工程对杆件安全裕度的要求有关，由下式确定：

$$[\sigma] = \frac{\sigma^0}{n} \qquad (2\text{-}4)$$

式中 σ^0 为材料的**极限应力**或**危险应力**(critical stress)，由材料的拉伸实验确定；n 为安全因数，对于不同的机器或结构，在相应的设计规范中都有不同的规定。

2.3.2 三类强度计算问题

应用强度设计准则，可以解决 3 类强度问题：

(1) 强度校核——已知杆件的几何尺寸、受力大小以及许用应力，校核杆件或结构的强度是否安全，也就是验证设计准则式(2-3)是否满足。如果满足，则杆件或结构的强度是安全的；否则，是不安全的。

(2) 尺寸设计——已知杆件的受力大小以及许用应力，根据设计准则，计算所需要的杆件横截面面积，进而设计出合理的横截面尺寸。根据式(2-3)，有

$$\sigma_{\max} \leqslant [\sigma] \Rightarrow \frac{F_N}{A} \leqslant [\sigma] \Rightarrow A \geqslant \frac{F_N}{[\sigma]} \qquad (2\text{-}5)$$

式中 F_N 和 A 分别为产生最大正应力的横截面上的轴力和面积。

(3) 确定杆件或结构所能承受的**许用荷载**(allowable load)——根据设计准则式(2-3)，确定杆件或结构所能承受的最大轴力，进而求得所能承受的外加荷载。

$$\sigma_{\max} \leqslant [\sigma] \Rightarrow \frac{F_N}{A} \leqslant [\sigma] \Rightarrow F_N \leqslant [\sigma]A \Rightarrow [F_P] \qquad (2\text{-}6)$$

式中 $[F_P]$ 为许用荷载。

2.3.3 强度条件应用举例

例题 2-5 螺纹内径 $d=15\text{mm}$ 的螺栓，紧固时所承受的预紧力为 $F_P=20\text{kN}$。若已知螺栓的许用应力 $[\sigma]=150\text{MPa}$，试校核螺栓的强度是否安全。

解：1. 确定螺栓所受轴力

应用截面法，很容易求得螺栓所受的轴力即为预紧力：

$$F_N = F_P = 20 \text{kN}$$

2. 计算螺栓横截面上的正应力

根据拉伸与压缩杆件横截面上的正应力公式(2-2),螺栓在预紧力作用下,横截面上的正应力为

$$\sigma = \frac{F_N}{A} = \frac{F_P}{\frac{\pi d^2}{4}} = \frac{4F_P}{\pi d^2} = \frac{4 \times 20 \times 10^3}{\pi \times (15 \times 10^{-3})^2}$$

$$= 113.2 \times 10^6 \text{Pa} = 113.2 \text{MPa}$$

3. 应用强度条件进行强度校核

已知许用应力

$$[\sigma] = 150 \text{MPa}$$

上述计算结构表明螺栓横截面上的实际应力

$$\sigma = 113.2 \text{MPa} < [\sigma] = 150 \text{MPa}$$

所以,螺栓的强度是安全的。

例题 2-6 图 2-7(a)所示为可以绕铅垂轴 OO_1 旋转的吊车简图,其中斜拉杆 AC 由两根 50mm×50mm×5mm 的等边角钢组成,水平横梁 AB 由两根 10 号槽钢组成。AC 杆和 AB 梁的材料都是 Q235 钢,许用应力$[\sigma]=$

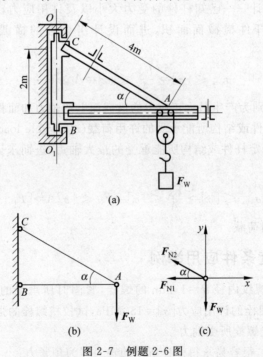

图 2-7 例题 2-6 图

120MPa。当行走小车位于 A 点时(小车的两个轮子之间的距离很小,小车作用在横梁上的力可以看作是作用在 A 点的集中力),求允许的最大起吊重量 F_W(包括行走小车和电动机的自重)。杆和梁的自重忽略不计。

解:1. 受力分析

因为所要求的是小车在 A 点时所能起吊的最大重量,这种情形下,AB 梁与 AC 杆的两端都可以简化为铰链连接。所以,吊车的计算模型可以简化为图 2-7(b)中所示。于是 AB 和 AC 都是二力杆,二者分别承受压缩和拉伸。

2. 确定二杆的轴力

以节点 A 为研究对象,并设 AB 和 AC 杆的轴力均为正方向,分别为 F_{N1} 和 F_{N2}。于是节点 A 的受力如图 2-7(c)所示。由平衡条件

$$\sum F_x = 0, \quad -F_{N1} - F_{N2}\cos\alpha = 0$$

$$\sum F_y = 0, \quad -F_W + F_{N2}\sin\alpha = 0$$

由图 2-7(a)中的几何尺寸,有

$$\sin\alpha = \frac{1}{2}, \quad \cos\alpha = \frac{\sqrt{3}}{2}$$

于是,由平衡方程解得

$$F_{N1} = -1.73F_W, \quad F_{N2} = 2F_W$$

3. 确定最大起吊重量

对于 AB 杆,由型钢表查得单根 10 号槽钢的横截面面积为 12.74cm^2,注意到 AB 杆由两根槽钢组成,因此,杆横截面上的正应力

$$\sigma(AB) = \frac{|F_{N1}|}{A_1} = \frac{1.73F_W}{2 \times 12.74 \times 10^{-4}}$$

将其代入强度设计准则,得到

$$\sigma(AB) = \frac{|F_{N1}|}{A_1} = \frac{1.73F_W}{2 \times 12.74 \times 10^{-4}} \leqslant [\sigma]$$

由此解出保证 AB 杆强度安全所能承受的最大起吊重量

$$F_{W1} \leqslant \frac{2 \times [\sigma] \times 12.74 \times 10^{-4}}{1.73} = \frac{2 \times 120 \times 10^6 \times 12.74 \times 10^{-4}}{1.73}$$

$$= 176.7 \times 10^3 \text{N} = 176.7 \text{kN}$$

对于 AC 杆,由型钢表查得单根 $50\text{mm} \times 50\text{mm} \times 5\text{mm}$ 等边角钢的横截面面积为 4.803cm^2,注意到 AC 杆由两根角钢组成,杆横截面上的正应力

$$\sigma(AC) = \frac{F_{N2}}{A_2} = \frac{2F_W}{2 \times 4.803 \times 10^{-4}}$$

将其代入强度设计准则,得到

$$\sigma(AC) = \frac{F_{N2}}{A_2} = \frac{F_W}{4.803 \times 10^{-4}} \leqslant [\sigma]$$

由此解出保证 AC 杆强度安全所能承受的最大起吊重量

$$F_{W2} \leqslant [\sigma] \times 4.803 \times 10^{-4} = 120 \times 10^6 \times 4.803 \times 10^{-4}$$
$$= 57.6 \times 10^3 \mathrm{N} = 57.6 \mathrm{kN}$$

为保证整个吊车结构的强度安全,吊车所能起吊的最大重量应取上述 F_{W1} 和 F_{W2} 中较小者。于是,吊车的最大起吊重量

$$[F_W] = F_{W2} = 57.6 \mathrm{kN}$$

4. 本例讨论

根据以上分析,在最大起吊重量 $F_W=57.6\mathrm{kN}$ 的情形下,显然 AB 杆的强度尚有富裕。因此,为了节省材料,同时也减轻吊车结构的重量,可以重新设计 AB 杆的横截面尺寸。

根据强度设计准则,有

$$\sigma(AB) = \frac{|F_{N1}|}{A_1} = \frac{1.73 F_W}{2 \times A_1'} \leqslant [\sigma]$$

其中 A_1' 为单根槽钢的横截面面积。于是,有

$$A_1' \geqslant \frac{1.73 F_W}{2[\sigma]} = \frac{1.73 \times 57.6 \times 10^3}{2 \times 120 \times 10^6} = 4.2 \times 10^{-4} \mathrm{m}^2$$
$$= 4.2 \times 10^2 \mathrm{mm}^2 = 4.2 \mathrm{cm}^2$$

由型钢表可以查得,5号槽钢即可满足这一要求。

这种设计实际上是一种等强度的设计,是保证构件与结构安全的前提下,最经济合理的设计。

另外,本例中只分析了外荷载施加在 A 点的情形。如果,牵引荷载的小车可以在横梁上移动,上述设计将会发生什么变化?这个问题留给读者思考。

例题 2-7 跨度 $l=18\mathrm{m}$ 的三铰拱屋架的结构简图如图 2-8(a)所示,屋架上承受均布荷载按水平单位长度计算,其荷载集度 $q=16.90\mathrm{kN/m}$。C 处为铰链;A、B 两处用拉杆连接。若拉杆为 Q235 钢制成的圆截面杆,材料的许用应力 $[\sigma]=160\mathrm{MPa}$。

试设计:1. 拉杆 AB 的直径 d;

2. 拉杆材料改用 16Mn 钢,其许用应力为 $[\sigma]=240\mathrm{MPa}$,拉杆直径应为多大?

解:1. 受力分析,确定 AB 杆所受的拉力

首先根据约束性质分析约束力。在 D 处和 E 处分别有两个和一个约束

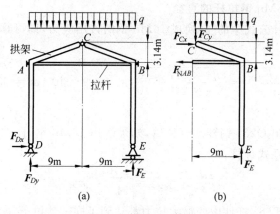

图 2-8 例题 2-7 图

力如图 2-8(a)所示。考虑屋架整体平衡,很容易确定 E 处的约束力

$$\sum M_D = F_E \times 18 - q \times 18 \times 9 = 0$$

$$F_E = q \times 9 = 16.90 \times 9 = 152.1 \text{kN}$$

再从 C 处截开,C 处有两个约束力,AB 为拉杆只有一个轴力,考察右边部分的平衡,其受力如图 2-8(b)所示。根据平衡条件

$$\sum M_C = F_E \times 9 - q \times 9 \times 4.5 - F_{NAB} \times 3.14 = 0$$

由此解得

$$F_{NAB} = \frac{F_E \times 9 - q \times 9 \times 4.5}{3.14}$$

$$= \frac{152.1 \times 10^3 \times 9 - 16.9 \times 10^3 \times 9 \times 4.5}{3.14}$$

$$= 217 \times 10^3 \text{N}$$

2. 设计 Q235 钢拉杆的直径

AB 杆的材料为 Q235 钢,其许用应力 $[\sigma] = 240 \text{MPa}$,将其代入强度条件得

$$\frac{F_{NAB}}{A} \leqslant [\sigma]$$

其中

$$A = \frac{\pi d^2}{4}$$

拉杆的直径

$$d \geqslant \sqrt{\frac{4F_{NAB}}{\pi[\sigma]}} = \sqrt{\frac{4 \times 217 \times 10^3}{\pi \times 160 \times 10^6}} = 41.55 \times 10^{-3} \text{m} = 41.55 \text{mm}$$

3. 设计 16Mn 钢拉杆的直径

将上述设计公式中的 $[\sigma]$ 换成 16Mn 钢的许用应力，即可算得 16Mn 钢拉杆的直径

$$d \geqslant \sqrt{\frac{4F_{NAB}}{\pi[\sigma]}} = \sqrt{\frac{4 \times 217 \times 10^3}{\pi \times 240 \times 10^6}} = 33.9 \times 10^{-3}\text{m} = 33.9\text{mm}$$

4. 讨论

已经设计出 Q235 钢杆的直径后，如果改用 16Mn 钢，杆件的直径也可以利用下面的关系式计算：

$$\frac{\pi d_1^2}{4} \times [\sigma]_1 = \frac{\pi d_2^2}{4} \times [\sigma]_2$$

这表明两种情形下，杆件中的最大拉力都达到了同一数值 F_{NAB}。

于是，由上述关系式得到

$$d_2 = d_1\sqrt{\frac{[\sigma]_1}{[\sigma]_2}} = 41.55 \times \sqrt{\frac{160}{240}} = 33.9\text{mm}$$

例题 2-8 图 2-9(a) 为挡水墙示意图，其中 AB 杆支撑着挡水墙。各部分尺寸均已示于图中。若 AB 杆为圆截面，材料为松木，其许用应力 $[\sigma]=11\text{MPa}$。

试设计：AB 杆所需的直径。

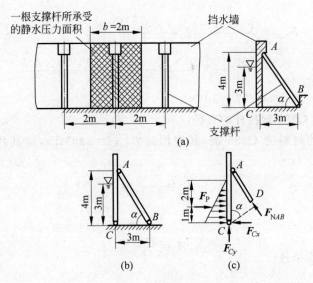

图 2-9 例题 2-8 图

解：这是一个实际问题，在设计计算过程中首先需要进行适当的简化，画出简化后的计算简图，然后按前述强度计算步骤进行计算。

1. 计算简图

在挡水板插入土层不深，且在水压作用下可以稍有转动的情况下，下端可近似地视为铰链约束。AB 杆上端支承在墙上，下端支承在地面上，两端均允许有转动，故亦可简化为铰链约束。于是 AB 杆的计算简图如图 2-9(b)所示。

2. 计算 AB 杆的内力

水压力通过挡水墙传递到 AB 杆上，如图 2-9(a)中阴影部分所示，每根支撑杆所承受的总水压力为

$$p = \frac{1}{2}\gamma h^2 b$$

其中 γ 为水之容重，其值为 10kN/m^3；h 为水深；b 为两支撑杆中心线之间的距离，由图 2-9(a)所示的已知条件：$h=3\text{m}$；$b=2\text{m}$。于是

$$F_P = \frac{1}{2} \times 10 \times 10^3 \times 3^2 \times 2 = 90 \times 10^3 \text{N}$$

根据图 2-9(c)所示之受力图，由平衡条件

$$\sum M_C = 0$$

解得

$$-F_P \times 1 + F_{NAB} \times CD = 0$$

得

$$F_{NAB} = \frac{F_P}{CD} = \frac{F_P}{3 \times \sin\alpha}$$

其中

$$\sin\alpha = \frac{AC}{AB} = \frac{4}{\sqrt{3^2+4^2}} = \frac{4}{5}$$

于是

$$F_{NAB} = \frac{F_P}{3 \times \frac{4}{5}} = \frac{90 \times 10^3 \times 5}{12} = 37.5 \times 10^3 \text{N}$$

3. 强度设计

根据强度条件

$$\sigma = \frac{F_{NAB}}{A} \leqslant [\sigma]$$

于是

$$d \geqslant \sqrt{\frac{4F_{NAB}}{\pi[\sigma]}} = \sqrt{\frac{4 \times 37.5 \times 10^3}{\pi \times 11 \times 10^6}} = 65.9 \times 10^{-3}\,\text{m} = 65.9\,\text{mm}$$

2.4 拉伸与压缩杆件的变形分析

2.4.1 绝对变形 弹性模量

设一长度为 l、横截面面积为 A 的等截面直杆,承受轴向荷载后,其长度变为 $l+\Delta l$,其中 Δl 为杆的伸长量(图 2-10(a))。实验结果表明:如果所施加的荷载使杆件的变形处于弹性范围内,杆的伸长量 Δl 与杆所承受的轴向荷载成正比,如图 2-10(b)所示。写成关系式为

$$\Delta l = \pm \frac{F_N l}{EA} \tag{2-7}$$

这是描述弹性范围内杆件承受轴向荷载时力与变形的胡克定律。其中,F_N 为杆横截面上的轴力,当杆件只在两端承受轴向荷载 F_P 作用时,$F_N = F_P$;E 为杆材料的弹性模量,它与正应力具有相同的单位;EA 称为杆件的**拉伸或压缩刚度**(tensile or compression rigidity),式中"+"号表示伸长变形,"-"号表示缩短变形。

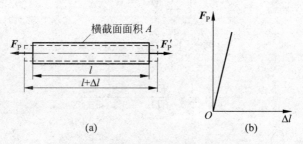

图 2-10 轴向荷载作用下杆件的变形

当拉、压杆有两个以上的外力作用时,需要先画出轴力图,然后按式(2-7)分段计算各段的变形,各段变形的代数和即为杆的总伸长量(或缩短量):

$$\Delta l = \sum_i \frac{F_{Ni} l_i}{(EA)_i} \tag{2-8}$$

2.4.2 相对变形 正应变

对于杆件沿长度方向均匀变形的情形,其相对伸长量 $\Delta l/l$ 表示轴向变形的程度,是这种情形下杆件的正应变:

$$\varepsilon_x = \frac{\Delta l}{l} \tag{2-9}$$

将式(2-7)代入上式,考虑到 $\sigma_x = F_N/A$,得到

$$\varepsilon_x = \frac{\Delta l}{l} = \frac{\frac{F_N l}{EA}}{l} = \frac{\sigma_x}{E} \tag{2-10}$$

需要指出的是,上述关于正应变的表达式(2-9)只适用于杆件各处均匀变形的情形。对于各处变形不均匀的情形(图 2-11),则必须考察杆件上沿轴向的微段 dx 的变形,并以微段 dx 的相对变形作为杆件局部的变形程度。这时

$$\varepsilon_x = \frac{\Delta dx}{dx} = \frac{\frac{F_N dx}{EA(x)}}{dx} = \frac{\sigma_x}{E}$$

可见,无论变形均匀还是不均匀,正应力与正应变之间的关系都是相同的。

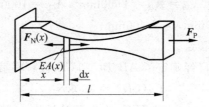

图 2-11 杆件轴向变形不均匀的情形

2.4.3 横向变形与泊松比

杆件承受轴向荷载时,除了轴向变形外,在垂直于杆件轴线方向也同时产生变形,称为横向变形。图 2-12 所示为拉伸杆件表面一微元(图中虚线所示)的轴线和横向变形的情形。

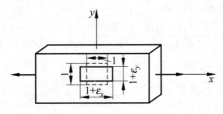

图 2-12 轴向变形与横向变形

实验结果表明,若在弹性范围内加载,轴向应变 ε_x 与横向应变 ε_y 之间存在下列关系:

$$\varepsilon_y = -\nu \varepsilon_x \tag{2-11}$$

式中,ν 为材料的另一个弹性常数,称为**泊松比**(Poisson ratio)。泊松比为无量纲量。

表 2-1 中给出了几种常用金属材料的 E、ν 的数值。

表 2-1 常用金属材料的 E、ν 的数值

材 料	E/GPa	ν
低碳钢	196~216	0.25~0.33
合金钢	186~216	0.24~0.33
灰铸铁	78.5~157	0.23~0.27
铜及其合金	72.6~128	0.31~0.42
铝合金	70	0.33

例题 2-9 例题 2-1(图 2-1)中杆件材料的弹性模量 $E=200\text{GPa}$,杆各段的横截面面积分别为 $A_{AB}=A_{BC}=2500\text{mm}^2$,$A_{CD}=1000\text{mm}^2$;杆各段的长度分别为 $l_{AB}=l_{BC}=300\text{mm}$,$l_{CD}=400\text{mm}$。

试求:杆的总伸长量。

解:例题 2-1 中已经确定了 AB、BC 和 CD 段杆横截面上的轴力,分别为

$$F_N(CD)=200\text{kN}$$
$$F_N(BC)=-100\text{kN}$$
$$F_N(AB)=400\text{kN}$$

因为杆各段的轴力不等,且横截面面积也不完全相同,因而必须分段计算各段的变形,然后相加。

由应用杆件承受轴向荷载时的轴向变形公式(2-7)

$$\Delta l=\pm\frac{F_N l}{EA}$$

计算各段杆的轴向变形分别为

$$\Delta l_{AB}=\frac{F_N(AB)l_{AB}}{EA_{AB}}=\frac{400\times10^3\times300\times10^{-3}}{200\times10^9\times2500\times10^{-6}}\text{m}$$
$$=0.24\times10^{-3}\text{m}=0.24\text{mm}$$

$$\Delta l_{BC}=\frac{F_N(BC)l_{BC}}{EA_{BC}}=\frac{(-100)\times10^3\times300\times10^{-3}}{200\times10^9\times2500\times10^{-6}}\text{m}$$
$$=-0.06\times10^{-3}\text{m}=-0.06\text{mm}$$

$$\Delta l_{CD}=\frac{F_N(CD)l_{CD}}{EA_{CD}}=\frac{200\times10^3\times400\times10^{-3}}{200\times10^9\times1000\times10^{-6}}\text{m}$$
$$=0.4\times10^{-3}\text{m}=0.4\text{mm}$$

杆的总伸长量为

$$\Delta l = \sum_{i=1}^{3} \Delta l_i = (0.24 - 0.06 + 0.4)\text{mm} = 0.58\text{mm}$$

例题 2-10 图 2-13(a)中所示两根粗细相同的钢杆上悬挂着一刚性梁 AB，现在刚性梁上施加一垂直力 F_P。若使 AB 梁保持水平位置（不考虑梁自重）。

求：加力点位置 x 与 F_P、l 之间的关系。

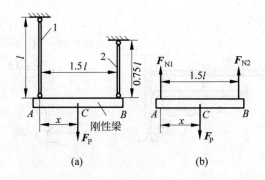

图 2-13 例题 2-10 图

解：假设 1、2 两杆所受的轴向拉力分别为 F_{N1} 和 F_{N2}，则两杆的伸长量分别为

$$\Delta l_1 = \frac{F_{N1} l_1}{EA}, \quad \Delta l_2 = \frac{F_{N2} l_2}{EA}$$

欲使 AB 梁保持水平，必须使两根杆的伸长量相等，即

$$\frac{F_{N1} l_1}{EA} = \frac{F_{N2} l_2}{EA}$$

其中 $l_1 = l, l_2 = \frac{3}{4}l$。于是由上式解得

$$F_{N1} = \frac{3}{4} F_{N2} \qquad (a)$$

又根据平衡条件

$$\sum M_C(\boldsymbol{F}) = 0$$

得到

$$-F_{N1} x + F_{N2}(1.5l - x) = 0 \qquad (b)$$

将式(a)代入式(b)后，解得

$$x = \frac{6}{7} l$$

本例的计算结果表明,只要加力点位置满足上述条件,就能够使 AB 梁保持水平位置,而与所加的外力 F_P 大小无关。但这不是在所有情况下都是正确的。例如,当考虑梁的自重时,所得结果便与 F_P 大小有关了。有兴趣的读者可以自行验证这一结论。

例题 2-11 图 2-14(a)所示之刚性杆(不变形)上连接有三根杆子,其长度分别为 l、$2l$ 和 $3l$,位置如图所示。若已知 F_P 力及 1 杆的应变值 ε_{x1},求:2、3 两杆的应变值。

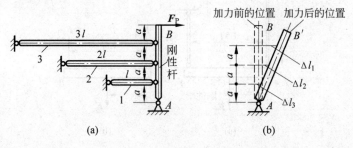

图 2-14 例题 2-11 图

解:图示结构中三根杆的变形存在一定的关系。已知 1 杆的应变,根据应变的定义,可以确定 1 杆的变形量 Δl_1,利用三根杆变形之间的关系即可确定 2、3 两杆的变形量,进而求得二者的应变。

因为 AB 是刚性杆,假设加力后 AB 杆位置为 AB'。于是加力后各杆的变形情况如图 2-14(b)所示。根据图中所示之几何关系,可以得到

$$\Delta l_2 = 2\Delta l_1, \quad \Delta l_3 = 3\Delta l_1$$

根据应变的定义,其中

$$\Delta l_1 = \varepsilon_{x1} \times l_1$$

于是 2、3 两杆的应变分别为

$$\varepsilon_{x2} = \frac{\Delta l_2}{l_2} = \frac{2\Delta l_1}{l_2} = \frac{2\varepsilon_{x1} \times l_1}{l_2} = \frac{2\varepsilon_{x1} \times l_1}{2l_1} = \varepsilon_{x1}$$

$$\varepsilon_{x3} = \frac{\Delta l_3}{l_3} = \frac{3\Delta l_1}{l_3} = \frac{3\varepsilon_{x1} \times l_1}{l_3} = \frac{3\varepsilon_{x1} \times l_1}{3l_1} = \varepsilon_{x1}$$

本例的计算结果表明,图示结构中的三根杆,虽然变形量各不相同,但是应变却是相同的。这说明变形和应变是两个有关系,但又不完全相同的概念。

请读者思考:利用所得的结果能不能确定 2、3 杆的轴向力?为了计算这些力还需要哪些力学量?

2.5 材料的力学性能

2.5.1 材料的应力-应变曲线

杆件受拉或压将产生伸长或缩短，二者之间的变化关系显然与杆件的材料性质有关，为了得到材料的力学性能，各个国家都制定了相应的标准来规范试验过程，以获得统一的、公认的材料性能参数，供设计构件和科学研究应用。按照我国标准需将试验材料制成标准试样，然后在经过国家计量部门标定合格的试验机上进行单向拉伸试验，试验过程中同时记录试样所受的荷载及相应的变形，直至试样被拉断，最后得到试验全过程的荷载-变形(F_P-Δl)曲线，通过轴向荷载作用下的应力公式可换算出应力 σ_x 和应变 ε_x，从而得到全过程的**应力-应变**(σ-ε)**曲线**(stress-strain curve)。

不同的应力-应变曲线表征着不同材料的特定的力学行为。图 2-15(a)、(b)所示为两种典型材料——脆性(或高强钢)、韧性金属材料的 σ-ε 曲线，图 2-15(c)所示则为高分子材料的 σ-ε 曲线。

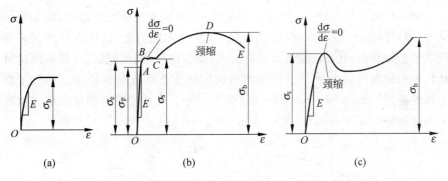

图 2-15　不同材料的应力-应变曲线

由 σ-ε 曲线的某些特征可得到材料的若干**特征性能**(characteristic properties)，如弹性模量、比例极限、弹性极限、屈服应力、强度极限等。

2.5.2 材料的弹性力学性能

1. 比例极限与弹性模量

应力-应变曲线上的初始阶段通常都有一直线段，称为线性弹性区，应力-应变曲线上线弹性区的最高应力值称为**比例极限**(proportional limit)，用 σ_p 表示。在这一区段内应力与应变成正比关系，即

$$\sigma = E\varepsilon \tag{2-12}$$

其 E 为比例常数，即直线的斜率称为材料的**弹性模量（杨氏模量）**(modulus of elasticity or Young modulus)。

对于应力-应变曲线初始阶段的非直线段，工程上通常定义两种模量（见图 2-16）：

切线模量（tangent modulus），即曲线上任一点处切线的斜率，用 E_t 表示。

割线模量（secant modulus），即自原点到曲线上的任一点的直线的斜率，用 E_s 表示。二者统称为工程模量。

对于一般结构钢都有明显而较长的线性弹性区段，高强钢、铸钢、有色金属等则线性段较短，某些非金属材料，如混凝土，其应力-应变曲线线弹性区不明显。

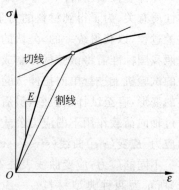

图 2-16 工程弹性模量

2. 弹性极限

荷载作用于试样而产生变形，反映在 σ-ε 曲线上就是加载路径，如加载到某些加载点（图 2-17(a)），当荷载卸除后，变形随之消失，试样恢复到其未受荷载的初始状态，在 σ-ε 曲线上将沿曲线（加载路径）回复到原点，材料的这种特性称为**弹性**(elasticity)，这种随荷载的卸除完全恢复至初始状态的变形称为**弹性变形**(elastic deformation)（图 2-17(a)）。弹性变形区的最高应力值称为**弹性极限**(elastic limit)，用 σ_e 表示（图 2-17(a)）。

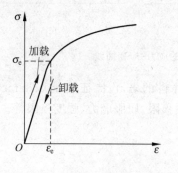

(a) 完全弹性阶段的加卸载

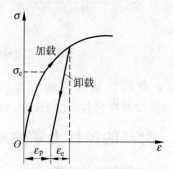

(b) 超出弹性极限加卸载

图 2-17 弹性极限内与超出弹性极限加卸载

应力超过弹性极限后,卸载时应力-应变曲线不能原路返回,而是沿着平行于 σ-ε 曲线上的直线段,当荷载完全卸除后,只有一部分变形随之恢复,这部分为弹性变形 ε_e,但仍有一部分变形不能恢复,这部分变形称为**永久变形**(permanent deformation)或**塑性变形**(plastic deformation),用 ε_p 表示(图 2-17(b))。

2.5.3 极限应力值——强度指标

1. 屈服应力

一些材料,特别是常用的结构钢的应力-应变曲线中存在一段水平的台阶(图 2-15(b)、(c)),此阶段的特点是 $\dfrac{d\sigma}{d\varepsilon}=0$,即应力不增加而应变继续增加,这种现象称为材料的**屈服**(yield),或者称为流动。应力-应变曲线上的平台称为屈服平台,这时的应力称为**屈服应力**(yield stress)或**屈服强度**,用 σ_s 表示,屈服应力或屈服强度是判别材料是否进入塑性状态的重要参数。

2. 条件屈服应力

对于没有明显屈服平台的材料,工程上通常规定产生 0.2% 塑性应变所对应的应力值作为屈服应力,称为**条件屈服应力**(conditional yield stress),用 $\sigma_{0.2}$ 表示(图 2-18)。确定 $\sigma_{0.2}$ 的方法是:在 ε 轴上取 0.2% 的点,过此点作平行于 σ-ε 曲线的直线段的直线(斜率亦为 E),与 σ-ε 曲线相交点对应的应力即为 $\sigma_{0.2}$。

具有明显屈服阶段或断裂时有明显的塑性变形的材料称为**韧性材料**(ductile materials),某些材料,如铸铁、陶瓷等发生断裂前没有明显的塑性变形,这类材料称为**脆性材料**(brittle materials)。

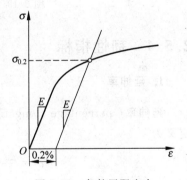

图 2-18 条件屈服应力

3. 强度极限

使材料完全丧失承载能力的最大应力称为**强度极限** σ_b(strength limit)。对于铸铁等脆性材料,试样发生断裂的应力即为其强度极限(图 2-15(a))。对于结构钢等韧性材料,在经过屈服阶段后,还会有一强化阶段(图 2-15

(b)),即 $\dfrac{d\sigma}{d\varepsilon}$ 不再等于零而大于零。

此后,在拉伸试样的某一截面开始出现局部变形、截面变细,出现所谓**颈缩**(necking)现象(图 2-19(a))。颈缩后的材料已完全丧失承载能力,发生颈缩时的应力即为韧性材料的**强度极限** σ_b(图 2-15(b))。图 2-15(c)所示为高分子材料的 σ-ε 曲线。

在应力-应变曲线上还有 $\dfrac{d\sigma}{d\varepsilon}<0$ 的阶段,称为材料的**软化阶段**(softing stage),这个阶段通常较为复杂,材料表现出不稳定状态。

断裂后的试样如图 2-19(b)、(c)所示。

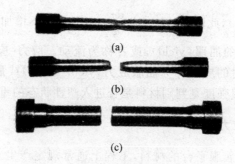

图 2-19 颈缩与断裂后的试样

2.5.4 韧性指标

1. 延伸率

延伸率(percentage elongation)是度量材料韧性的重要指标,用 δ 表示,定义为

$$\delta = \frac{\Delta l}{l} = \frac{l_b - l_0}{l_0} \times 100\% \tag{2-13}$$

其中,l_0 为试验前试样上的标距;l_b 为试样断裂后的长度。

工程上一般认为 $\delta \geq 5\%$ 的材料为韧性材料,$\delta < 5\%$ 的材料为脆性材料。

表 2-2 中给出我国常用金属材料的力学性能,其中 δ 是 $l_0 = 5d_0$ 试样的试验结果。

2. 截面收缩率

截面收缩率(percentage reduction in area of cross-section)也是度量材料韧性的一种指标,用 ψ 表示,定义为

$$\psi = \frac{A_b - A_0}{A_0} \times 100\% \qquad (2\text{-}14)$$

其中,A_0 为试验前试样的横截面面积;A_b 为试样断裂后的横截面面积。

表 2-2 常用金属材料的力学性能

材料名称	牌 号	σ_s/MPa	σ_b/MPa	δ/%
普通碳素钢	Q216	186~216	333~412	31
	Q235	216~235	373~461	25~27
	Q274	255~274	490~608	19~21
优质碳素结构钢	15	225	373	27
	40	333	569	19
	45	353	598	16
普通低合金结构钢	12Mn	274~294	432~441	19~21
	16Mn	274~343	471~510	19~21
	15MnV	333~412	490~549	17~19
	18MnMoNb	441~510	588~637	16~17
合金结构钢	40Cr	785	981	9
	50Mn2	785	932	9
碳素铸钢	ZG15	196	392	25
	ZG35	274	490	16
可锻铸铁	KTZ45-5	274	441	5
	KTZ70-2	539	687	2
球墨铸铁	QT40-10	294	392	10
	QT45-5	324	441	5
	QT60-2	412	588	2
灰铸铁	HT15-33		98.1~274(拉)	
	HT30-54		255~294(拉)	

2.5.5 单向压缩时材料的力学性能

大多数韧性材料在单向压缩时,弹性模量和屈服应力与单向拉伸时相同。但是对于低碳钢这样的韧性材料,压缩 σ-ε 曲线与拉伸 σ-ε 曲线在屈服应力之后有很大差异(图 2-20(a))。压缩时由于横截面面积不断增加,试样横截面上的真实应力很难达到材料的强度极限,因而不会发生颈缩和断裂。

对于脆性材料,如铸铁、陶瓷等,由于试样内部微裂纹不是像拉伸那样被张开而是被闭合,断裂不易发生,因而这类材料具有比拉伸高得多的强度极限,通常还会出现明显的塑性变形,其破坏也不再是脆性断裂,如灰铸铁试样压缩后会变成鼓形,最后沿着与轴线约成 55°角的斜面剪断,如图 2-20(b)。

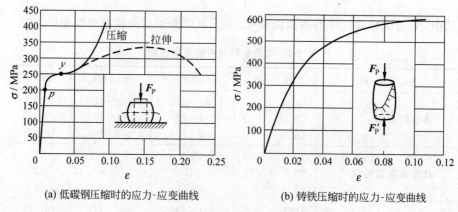

(a) 低碳钢压缩时的应力-应变曲线　　　　(b) 铸铁压缩时的应力-应变曲线

图 2-20　两种材料压缩时应力-应变曲线

2.6　结论与讨论

2.6.1　拉伸和压缩应力和变形公式的应用条件

本章得到了承受拉伸或压缩时杆件横截面上的正应力公式与变形公式

$$\sigma_x = \frac{F_N}{A}$$

$$\Delta l = \frac{F_N l}{EA}$$

其中,正应力公式只有杆件沿轴线方向均匀变形时,才是适用的。怎样从受力或内力判断杆件沿轴线方向的变形是均匀的呢?这一问题请读者结合图 2-21 中的问题加以分析和总结。

图 2-21 中所示之杆件中,哪些横截面上的正应力可以应用 $\sigma_x = \dfrac{F_N}{A}$ 计算?哪些横截面不能应用上述公式。

对于变形公式 $\Delta l = \dfrac{F_N l}{EA}$,应用时有两点必须注意:一是因为导出这一公式时应用了胡克定律,因此,只有杆件在弹性范围内加载时,才能应用上述公式计算杆件的变形;二是公式中的 F_N

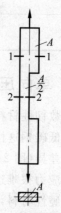

图 2-21　拉伸与压缩正应力公式的适用性

为一段杆件内的轴力,只有当杆件仅在两端受力时 F_N 才等于外力 F_P。当杆件上有多个外力作用,则必须先计算各段轴力,再分段计算变形,然后按代数值相加。

读者还可以思考:为什么变形公式只适用于弹性范围,而正应力公式就没有弹性范围的限制呢?

2.6.2 加力点附近区域的应力分布

前面已经提到拉伸和压缩时的正应力公式,只有在杆件沿轴线方向的变形均匀时,横截面上正应力均匀分布才是正确的。因此,对杆件端部的加载方式有一定的要求。

当杆端承受集中荷载或其他非均匀分布荷载时,杆件并非所有横截面都能保持平面,从而产生均匀的轴向变形。这种情形下,上述正应力公式不是对杆件上的所有横截面都适用。

考察图 2-22(a)中所示之橡胶拉杆模型,为观察各处的变形大小,加载前在杆表面画上小方格。当集中力通过刚性平板施加于杆件时,若平板与杆端面的摩擦极小,这时杆的各横截面均发生均匀轴向变形,如图 2-22(b)所示。若荷载通过尖楔块施加于杆端,则在加力点附近区域的变形是不均匀的:一是横截面不再保持平面;二是愈接近加力点的小方格变形愈大,如图 2-22(c)所示。但是,距加力点稍远处,轴向变形依然是均匀的,因此在这些区域,正应力公式仍然成立。

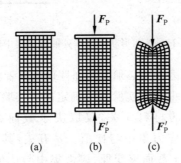

图 2-22 加力点附近局部变形的不均匀性

上述分析表明:如果杆端两种外加力静力学等效,则距离加力点稍远处,静力学等效对应力分布的影响很小,可以忽略不计。这一思想最早是由法国科学家圣维南(Saint-Venant, A. J. C. B. de)于 1855 年和 1856 年研究弹性力学问题时提出的。1885 年布森涅斯克(Boussinesq J. V.)将这一思想加以推广,并称之为**圣维南原理**(Saint-Venant principle)。当然,圣维南原理也有不适用的情形,这已超出本书的范围。

2.6.3 应力集中的概念

上面的分析说明,在加力点的附近区域,由于局部变形,应力的数值会比一般截面上大。

除此而外,当构件的几何形状**不连续**(discontinuity),诸如开孔或截面突变等处,也会产生很高的**局部应力**(localized stresses)。图 2-23(a)中所示为开孔板条承受轴向荷载时,通过孔中心线的截面上的应力分布。图 2-23(b)所示为轴向加载的变宽度矩形截面板条,在宽度突变处截面上的应力分布。几何形状不连续处应力局部增大的现象,称为**应力集中**(stress concentration)。

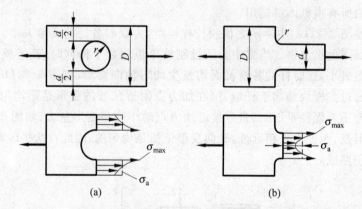

图 2-23 几何形状不连续处的应力集中现象

确定不连续处的应力分布必须应用弹性理论或者实验方法。上述应力分布图是由**光弹性**(photoelastic)实验方法确定的。实验结果还表明,应力集中与杆件的尺寸和所用的材料无关,仅取决于截面突变处几何参数的比值。对于圆孔的情形,应力集中与比值 r/d 有关,其中 r 为圆孔半径,d 如图 2-23(a)中所示;对于截面突变处,应力集中与比值 r/d 和 D/d 有关,其中 D 为大段的宽度或直径,d 为小段的宽度或直径,r 为大、小段交界处的过渡圆角半径。

应力集中的程度用应力集中因数描述。应力集中处横截面上的应力最大值与不考虑应力集中时的应力值(称为名义应力)之比,称为**应力集中因数**(factor of stress concentration),用 K 表示:

$$K = \frac{\sigma_{\max}}{\sigma_a} \tag{2-15}$$

图 2-24 中所示为确定两种情形下应力集中因数的曲线。这些曲线仅对于线性应力-应变关系有效。因此,在使用时必须保证 $\sigma_{\max}$ 不超过比例极限。设计时从图中求得应力集中系数后再乘以名义应力($\sigma = F_P/A$,A 为不连续处横截面的最小面积)便得到最大应力值。

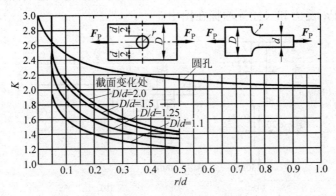

图 2-24 应力集中因数曲线

2.6.4 卸载、再加载时材料的力学行为

韧性材料拉伸实验时,当荷载超过弹性范围后,例如达到应力-应变曲线上的 K 点后卸载,如图 2-25 所示(图中曲线 $OAKDE$ 为没有卸载过程的应力-应变曲线)。这时,应力-应变曲线将沿着直线 KK_1 卸载至 ε 轴上的点 K_1。直线 KK_1 平行于初始线弹性阶段的直线 OA。

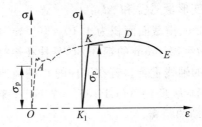

图 2-25 韧性材料的加载-卸载再加载曲线

卸载后,如果再重新加载,应力-应变曲线将沿着 K_1K 上升,到达点 K 后开始出现塑性变形,应力-应变曲线继续沿曲线 KDE 变化,直至拉断。

卸载再加载曲线与原来的应力-应变曲线比较(图 2-25 中曲线 $OAKDE$ 上的虚线所示),可以看出:K 点的应力数值远远高于 A 点的应力数值,即比例极限有所提高;而延伸率却有所降低。这种现象称为**应变硬化**。工程上常利用应变硬化来提高某些构件在弹性范围内的承载能力。

习题

2-1 两根直径不同的实心截面杆,在 B 处焊接在一起,弹性模量均为 $E=200\text{GPa}$,受力和尺寸等均标在图中。

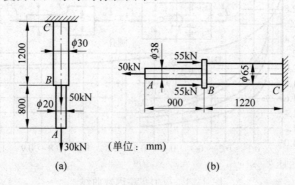

习题 2-1 图

试求:
1. 画轴力图;
2. 各段杆横截面上的工作应力;
3. 杆的轴向变形总量。

2-2 图示之等截面直杆由钢杆 ABC 与铜杆 CD 在 C 处粘接而成。直杆各部分的直径均为 $d=36\text{mm}$,受力如图所示。若不考虑杆的自重,试求 AC 段和 AD 段杆的轴向变形量 Δl_{AC} 和 Δl_{AD}。

2-3 长度 $l=1.2\text{m}$、横截面面积为 $1.10\times 10^{-3}\text{m}^2$ 的铝制圆筒放置在固定的刚性块上;直径 $d=15.0\text{mm}$ 的钢杆 BC 悬挂在铝筒顶端的刚性板上;铝制圆筒的轴线与钢杆的轴线重合。若在钢杆的 C 端施加轴向拉力 F_P,且已知钢和铝的弹性模量分别为 $E_s=200\text{GPa}$,$E_a=70\text{GPa}$;轴向荷载 $F_P=60\text{kN}$。试求钢杆 C 端向下移动的距离。

2-4 直杆在上半部两侧面都受有平行于杆轴线的均匀分布荷载,其集度均为 $\bar{p}=10\text{kN/m}$;在自由端 D 处作用有集中力 $F_P=20\text{kN}$。已知杆的横截面面积 $A=2.0\times 10^{-4}\text{m}^2$,试求:
1. A、B、E 三个横截面上的正应力;
2. 杆内横截面上的最大正应力,并指明其作用位置。

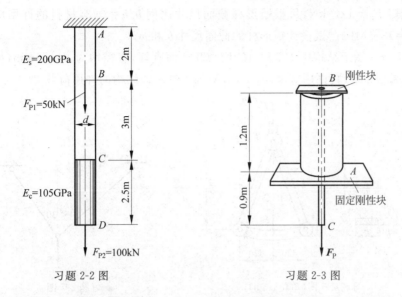

习题 2-2 图　　　　　　　　习题 2-3 图

2-5　螺旋压紧装置如图所示。现已知工件所受的压紧力为 $F=4\text{kN}$。装置中旋紧螺栓螺纹的内径 $d_1=13.8\text{mm}$；固定螺栓内径 $d_2=17.3\text{mm}$。两根螺栓材料相同，其许用应力 $[\sigma]=53.0\text{MPa}$。试校核各螺栓的强度是否安全。

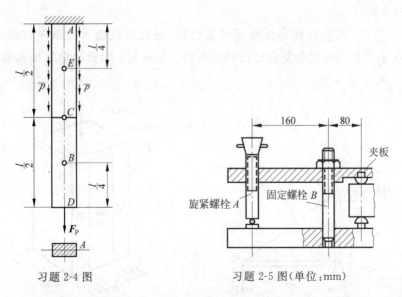

习题 2-4 图　　　　　　　　习题 2-5 图(单位：mm)

2-6　现场施工所用起重机吊环由两根侧臂组成。每一侧臂 AB 和 BC 都由两根矩形截面杆所组成，A、B、C 三处均为铰链连接，如图所示。已知起

重荷载 $F_P=1200\text{kN}$，每根矩形杆截面尺寸比例 $b/h=0.3$，材料的许用应力 $[\sigma]=78.5\text{MPa}$。试设计矩形杆的截面尺寸 b 和 h。

2-7 图示结构中 BC 和 AC 均为圆截面直杆，直径均为 $d=20\text{mm}$，材料均为 Q235 钢，其许用应力 $[\sigma]=157\text{MPa}$。试求该结构的许用荷载。

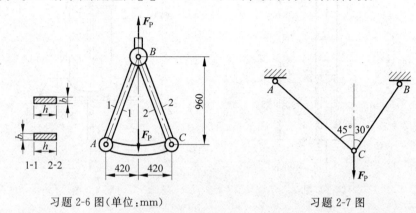

习题 2-6 图(单位:mm)　　　　习题 2-7 图

2-8 图示的杆件结构中 1、2 杆为木制，3、4 杆为钢制。已知 1、2 杆的横截面面积 $A_1=A_2=4000\text{mm}^2$，3、4 杆的横截面面积 $A_3=A_4=800\text{mm}^2$；1、2 杆的许用应力 $[\sigma_W]=20\text{MPa}$，3、4 杆的许用应力 $[\sigma_s]=120\text{MPa}$。试求结构的许用荷载 $[F_P]$。

*2-9 由铝板和钢板组成的复合柱，通过刚性板承受纵向荷载 $F_P=385\text{kN}$，其作用线沿着复合柱的轴线方向。试确定：铝板和钢板横截面上的正应力。

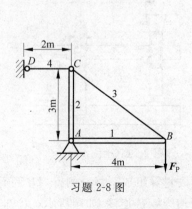

习题 2-8 图

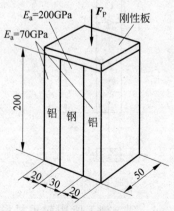

习题 2-9 图(单位:mm)

*2-10 铜芯与铝壳组成的复合棒材如图所示，轴向荷载通过两端刚性板加在棒材上。现已知结构总长减少了 0.24mm。试求：

1. 所加轴向荷载的大小；
2. 铜芯横截面上的正应力。

*2-11 图示组合柱由钢和铸铁制成，组合柱横截面为边长为 $2b$ 的正方形，钢和铸铁各占横截面的一半（$b \times 2b$）。荷载 F_P 通过刚性板沿铅垂方向加在组合柱上。已知钢和铸铁的弹性模量分别为 $E_s = 196\text{GPa}, E_i = 98.0\text{GPa}$。今欲使刚性板保持水平位置，试求加力点的位置 x。

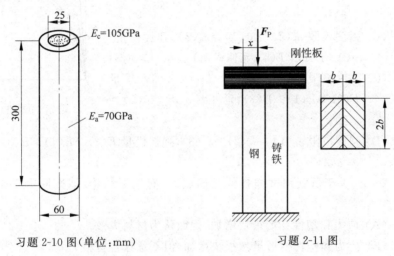

习题 2-10 图（单位：mm）　　　　习题 2-11 图

2-12 韧性材料应变硬化后卸载，然后再加载，直至发生破坏，发现材料的力学性能发生了变化。试判断以下结论哪一个是正确的：

(A) 屈服应力提高，弹性模量降低；
(B) 屈服应力提高，韧性降低；
(C) 屈服应力不变，弹性模量不变；
(D) 屈服应力不变，韧性不变。

2-13 关于材料的力学一般性能，有如下结论，请判断哪一个是正确的：

(A) 脆性材料的抗拉能力低于其抗压能力；
(B) 脆性材料的抗拉能力高于其抗压能力；
(C) 韧性材料的抗拉能力高于其抗压能力；
(D) 脆性材料的抗拉能力等于其抗压能力。

2-14 低碳钢材料在拉伸实验过程中，不发生明显的塑性变形时，承受的最大应力应当小于的数值有以下四种答案，请判断哪一个是正确的：

(A) 比例极限；
(B) 屈服强度；
(C) 强度极限；
(D) 许用应力。

2-15 根据图示三种材料拉伸时的应力-应变曲线，得出的如下四种结论，请判断哪一种是正确的：

(A) 强度极限 $\sigma_b(1)=\sigma_b(2)>\sigma_b(3)$，弹性模量 $E(1)>E(2)>E(3)$，延伸率 $\delta(1)>\delta(2)>\delta(3)$；

(B) 强度极限 $\sigma_b(2)>\sigma_b(1)>\sigma_b(3)$，弹性模量 $E(2)>E(1)>E(3)$，延伸率 $\delta(1)>\delta(2)>\delta(3)$；

(C) 强度极限 $\sigma_b(3)<\sigma_b(1)<\sigma_b(2)$，弹性模量 $E(3)>E(1)>E(2)$，延伸率 $\delta(3)>\delta(2)>\delta(1)$；

(D) 强度极限 $\sigma_b(1)>\sigma_b(2)>\sigma_b(3)$，弹性模量 $E(2)>E(1)>E(3)$，延伸率 $\delta(2)>\delta(1)>\delta(3)$。

2-16 关于低碳钢试样拉伸至屈服时，有以下结论，请判断哪一个是正确的：

(A) 应力和塑性变形很快增加，因而认为材料失效；
(B) 应力和塑性变形虽然很快增加，但不意味着材料失效；
(C) 应力不增加，塑性变形很快增加，因而认为材料失效；
(D) 应力不增加，塑性变形很快增加，但不意味着材料失效。

2-17 关于条件屈服强度有如下四种论述，请判断哪一种是正确的：

(A) 弹性应变为 0.2% 时的应力值；
(B) 总应变为 0.2% 时的应力值；
(C) 塑性应变为 0.2% 时的应力值；
(D) 塑性应变为 0.2 时的应力值。

2-18 低碳钢加载→卸载→再加载路径有以下四种，请判断哪一种是正确的：

(A) $OAB \rightarrow BC \rightarrow COAB$；
(B) $OAB \rightarrow BD \rightarrow DOAB$；
(C) $OAB \rightarrow BAO \rightarrow ODB$；
(D) $OAB \rightarrow BD \rightarrow DB$。

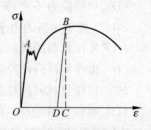

习题 2-18 图

第 3 章 连接件强度的工程假定计算

螺栓、销钉和铆钉等工程上常用的连接件以及被连接的构件在连接处的应力,都属于所谓"加力点附近局部应力"。这些局部区域,在一般杆件的应力分析与强度计算中是不予考虑的。

由于应力的局部性质,连接件横截面上或被连接构件在连接处的应力分布是很复杂的,很难作出精确的理论分析。因此,在工程设计中大都采取假定计算方法,一是假定应力分布规律,由此计算应力;二是根据实物或模拟实验,由前面所述应力公式计算,得到连接件破坏时应力值;然后,再根据上述两方面得到的结果,建立设计准则,作为连接件设计的依据。本章除介绍螺栓、销钉和铆钉的剪切假定计算外,还将介绍焊缝和胶粘接缝等的假定计算。

3.1 铆接件的强度失效形式及相应的强度计算方法

铆接件的强度失效形式主要有以下四种:剪切破坏,挤压破坏,连接板拉断,铆钉后面的连接板剪切破坏,分别如图 3-1(a)、(b)、(c)、(d)所示。

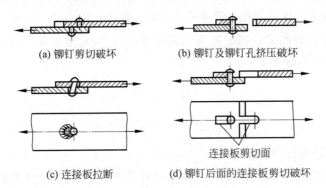

(a) 铆钉剪切破坏　　(b) 铆钉及铆钉孔挤压破坏

(c) 连接板拉断　　(d) 铆钉后面的连接板剪切破坏

图 3-1　铆接件失效形式

现将各种失效形式及相应的强度计算方法简述如下。

3.1.1 连接件剪切破坏及剪切假定计算

当作为连接件的铆钉、销钉、键等零件承受一对大小相等、方向相反、作用线互相平行且相距很近的力作用时,这时在剪切面上既有弯矩又有剪力,但弯矩极小,故主要是剪力引起的剪切破坏(图 3-2)。利用平衡方程不难求得剪切面上的剪力。

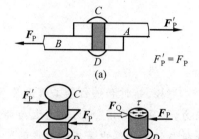

图 3-2 剪切与剪切破坏

这种情形下,剪切面上的剪应力分布是比较复杂的。工程假定计算中,假定剪应力在截面上均匀分布。于是,有

$$\tau = \frac{F_Q}{A} \quad (3-1)$$

式中,A 为剪切面面积;F_Q 为作用在剪切面上的剪力。

$$\tau = \frac{F_Q}{A} = \frac{F_Q}{\frac{\pi d^2}{4}} \left(或 = \frac{F_Q}{0.785 d^2} \right) \quad (3-2)$$

其中 A 为铆钉的横截面面积;d 为铆钉直径。相应的强度条件为

$$\tau = \frac{F_Q}{0.785 d^2} \leqslant [\tau] \quad (3-3)$$

这是铆钉剪切计算的依据。其中 $[\tau]$ 为铆钉剪切许用应力,$\tau = \tau_b / n$。τ_b 为铆钉实物与模拟剪切实验确定的剪切强度极限;n 为安全系数。通常 τ_b 与 σ_b、$[\tau]$ 与 $[\sigma]$ 存在下列关系:

$$\tau_b = (0.75 \sim 0.80) \sigma_b$$

$$[\tau] = (0.75 \sim 0.80) [\sigma]$$

σ_b、$[\sigma]$ 均为轴向拉伸数据。

需要注意的是,在计算中要正确确定有几个剪切面,以及每个剪切面上的剪力。例如,图 3-2 所示的铆钉只有一个剪切面;而图 3-3 所示的铆钉则有两个剪切面。

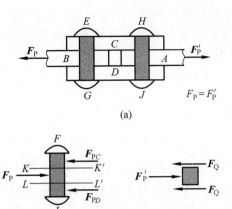

图 3-3 具有双剪切面的铆钉

3.1.2 连接件的挤压破坏及挤压强度假定计算

在承载的情况下,铆钉与连接板接触并挤压,因而在两者接触面的局部地区产生较大的接触应力,称为**挤压应力**(bearing stresses),用 σ_c 表示。挤压应力是垂直于接触面的正应力而不是剪应力。这种挤压应力过大时亦能在两者接触的局部地区产生过量的塑性变形,从而导致铆接件丧失承载能力。

挤压接触面上的应力分布是很复杂的。在工程计算中,同样采用简化方法,即假定挤压应力在"有效挤压面"上均匀分布。所谓有效挤压面是指挤压面积在垂直于总挤压方向上的投影(图 3-4)。于是,挤压应力为

$$\sigma_c = \frac{F_{Pc}}{A} \tag{3-4}$$

式中,A 为有效挤压面的面积;F_{Pc} 为作用在有效挤压面上的挤压力。

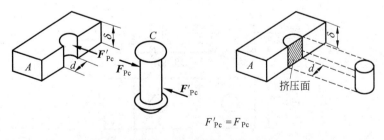

图 3-4 挤压与挤压面

挤压力过大,连接件会在承受挤压的局部区域产生塑性变形,从而导致失效,如图 3-1(b)所示。为了保证连接件具有足够的挤压强度,必须将挤压应力限制在一定的范围内。

假定了挤压应力在有效挤压面上均匀分布之后,保证连接件可靠工作的挤压强度条件为

$$\sigma_c = \frac{F_{Pc}}{A} = \frac{F_{Pc}}{d \times \delta} \leqslant [\sigma_c] \tag{3-5}$$

其中 F_{Pc} 为作用在铆钉上的总挤压力;$[\sigma_c]$ 为板材的挤压许用应力。对于钢材 $[\sigma_c]=(1.7\sim2.0)[\sigma]$。当铆钉与连接板材料强度不同时,应对强度较低者进行挤压强度计算。

3.1.3 连接板的拉断强度计算

连接板由于铆钉孔削弱了横截面积而使其强度降低,在承受外载作用时,有可能产生拉伸破坏。如图 3-1(c)所示。其强度计算方法与第 2 章中拉、压杆件的强度计算相同。

3.1.4 连接件后面的连接板的剪切计算

如图 3-1(d)所示,若铆钉孔后面自其中心线至连接板端部的距离很小时,其抗剪面积很小,因而有可能使铆钉后面的连接板沿纵向剪断。但是,当上述距离较大时(一般大于铆钉孔直径的 2 倍),这种破坏即可避免。

例题 3-1 图 3-5 所示的钢板铆接件中,已知钢板的拉伸许用应力 $[\sigma]=98\text{MPa}$,挤压许用应力 $[\sigma_c]=196\text{MPa}$,钢板厚度 $\delta=10\text{mm}$,宽度 $b=100\text{mm}$,铆钉直径 $d=17\text{mm}$,铆钉许用剪应力 $[\tau]=137\text{MPa}$,挤压许用应力 $[\sigma_c]=314\text{MPa}$。若铆接件承受的荷载 $F_P=23.5\text{kN}$,试校核钢板与铆钉的强度。

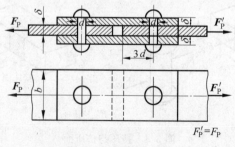

图 3-5 例题 3-1 图

解：对于钢板,由于自铆钉孔边缘线至板端部的距离比较大,该处钢板纵向承受剪切的面积较大,因而具有较高的抗剪切强度。因此,本例中只需校核钢板的拉伸强度和挤压强度,以及铆钉的挤压和剪切强度。现分别计算如下:

1. 校核钢板的强度

拉伸强度：考虑到铆钉孔对钢板的削弱,有

$$\sigma = \frac{F_N}{A} = \frac{F_P}{(b-d)\delta} = \frac{23.5 \times 10^3}{(100-17) \times 10^{-3} \times 10 \times 10^{-3}} \text{Pa}$$
$$= 28.3 \times 10^6 \text{Pa} = 28.3 \text{MPa} < [\sigma] = 98 \text{MPa}$$

钢板的拉伸强度是安全的。

挤压强度：在图 3-5 所示的受力情形下,钢板所受的总挤压力为 F_P；有效挤压面面积为 δd。于是有

$$\sigma_c = \frac{F_P}{\delta d} = \frac{23.5 \times 10^3}{17 \times 10^{-3} \times 10 \times 10^{-3}} \text{Pa}$$
$$= 138 \times 10^6 \text{Pa} = 138 \text{MPa} < [\sigma_c] = 196 \text{MPa}$$

钢板的挤压强度也是安全的。

2. 对于铆钉

剪切强度：在图 3-5 所示情形下,铆钉有两个剪切面,每个剪切面上的剪力 $F_Q = F_P/2$,于是有

$$\tau = \frac{F_Q}{A} = \frac{\frac{F_P}{2}}{\frac{\pi d^2}{4}} = \frac{2F_P}{\pi d^2} = \frac{2 \times 23.5 \times 10^3}{\pi \times 17^2 \times 10^{-6}} \text{Pa}$$
$$= 51.8 \times 10^6 \text{Pa} = 51.8 \text{MPa} < [\tau] = 137 \text{MPa}$$

铆钉的剪切强度是安全的。

挤压强度：铆钉的总挤压力与有效挤压面面积均与钢板相同,而且挤压许用应力较钢板为高,因钢板的挤压强度已校核是安全的,故无需重复计算。

由此可见,整个连接结构的强度都是安全的。

3.2 焊缝强度的剪切假定计算

对于主要承受剪切的焊缝,假定沿焊缝的最小断面(即剪切面)发生破坏。焊缝剪切面,如图 3-6 所示。此外,还假定剪应力在剪切面上均匀分布。于是,有

$$\tau = \frac{F_Q}{A} = \frac{F_Q}{\delta l \cos 45°} \tag{3-6}$$

式中，F_Q 为作用在单条焊缝最小断面上的剪力；δ 为图中所示钢板厚度；l 为焊缝长度。

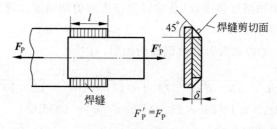

图 3-6 焊缝剪切面

根据实物试验以及式(3-1)，同样可以得到焊缝剪切破坏应力，进而得到许用剪应力 $[\tau]$。于是焊缝剪切假定计算的强度设计准则为

$$\tau = \frac{F_Q}{A} \leqslant [\tau] \tag{3-7}$$

例题 3-2 图 3-7 所示两块钢板 A 和 B 搭接焊在一起，钢板 A 的厚度 $\delta = 8\text{mm}$。已知 $F_P = 150\text{kN}$，焊缝的许用剪应力 $[\tau] = 108\text{MPa}$。试求：焊缝不发生剪切破坏所需要的长度。

解：在图 3-7 所示的受力情形下，焊缝主要承受剪切，两条焊缝上承受的总剪力为 $F_Q = F_P$。焊缝的剪切面面积

$$A = 2\delta \cos 45°$$

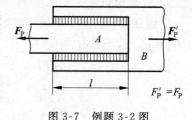

图 3-7 例题 3-2 图

其中，$\delta = 8\text{mm}$，l 为未知量。由假定计算的强度设计准则得

$$\tau = \frac{F_Q}{A} = \frac{F_P}{2\delta \cos 45° l} = \frac{150 \times 10^3}{2 \times 8 \times 10^{-3} \times \cos 45° \times l} \leqslant [\tau]$$

由此解得

$$l \geqslant \frac{150 \times 10^3}{2 \times 8 \times 10^{-3} \times \cos 45° \times [\tau]} \text{m} = \frac{150 \times 10^3}{2 \times 8 \times 10^{-3} \times \cos 45° \times 108 \times 10^6} \text{m}$$

$$l = 123 \times 10^{-3} \text{m} = 123 \text{mm}$$

考虑到在工程中开始焊接和焊接终了时的那两段焊缝有可能未焊透，实际焊缝的长度应稍大于计算长度。一般应在由强度计算得到的长度上再加 2δ，δ 为钢板厚度，故本例中焊缝长度可取为 140mm。

例题 3-3 图 3-8 所示之焊接接头由 160mm×100mm×14mm 的不等边角钢与钢板焊接而成。荷载沿着通过角钢形心的轴线作用，$F_P = 450\text{kN}$；焊缝

许用剪应力$[\tau]$=100MPa。

求：下列两种情况下所需各条焊缝长度。

1. 仅在角钢两侧焊接；
2. 角钢两侧及端部都焊接。

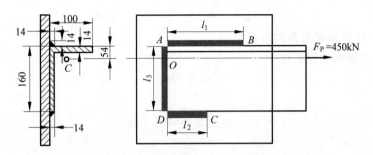

图 3-8 例题 3-3 图(单位：mm)

解：为计算方便，可根据剪切面积及许用剪应力，先算出单位长度(1mm)焊缝所能承受的剪切力。因为剪切面积为 $A=0.707\delta l$，其中 δ 为焊脚厚度，在本例中即为角钢厚度 $\delta=14$mm。于是由强度条件

$$\tau = \frac{F_Q}{A} = \frac{F_Q}{0.707\delta l} \leqslant [\tau]$$

得到单位长度焊缝所能承受的剪切力为

$$F_Q/l \leqslant 0.707\delta[\tau] = 0.707 \times 14 \times 100 = 989.8 \text{N/mm}$$

因此，当轴向荷载 $F_P=450$kN 时，所需要的焊缝总长度为 l_t，则

$$l_t \times \frac{F_Q}{l} = F_P$$

由此得

$$l_t = F_P/(F_Q/l) = 450 \times 10^3/989.8 = 454.6 \text{mm}$$

据此即可计算不同情形下的焊缝长度。

1. 仅在角钢两侧焊接时

AB 侧因距荷载 F_P 作用线较近，承受剪力较大，故所需焊缝较长。若设 AB 侧所需焊缝长度为 l_1，CD 侧所需长度为 l_2，则

$$l_1 + l_2 = l_t = 454.6 \text{mm} \tag{a}$$

此外，根据平衡条件还可以确定两侧剪切力之比，亦即可以确定 l_1/l_2 之值。由 $\sum M_D = 0$，有

$$\frac{F_Q}{l} \times l_1 \times AD = F_P \times OD$$

由此解得

$$l_1 = \frac{F_P \times OD}{\dfrac{F_Q}{l} \times AD} = \frac{450 \times 10^3 \times (160-54)}{989.8 \times 160} = 301.2\text{mm}$$

代入式(a),得

$$l_2 = 454.6 - 301.2 = 153.4\text{mm}$$

2. 两侧和端面都焊接的情形

此时端面焊缝长度

$$l_3 = 160\text{mm}$$

于是有

$$l_1 + l_2 + l_3 = 454.6\text{mm}$$

亦即

$$l_1 + l_2 = 454.6 - 160 = 294.6\text{mm} \tag{b}$$

再利用 $\sum M_D = 0$,有

$$\frac{F_Q}{l} \times l_1 \times AD + \frac{F_Q}{l} \times l_3 \times \frac{AD}{2} = F_P \times OD$$

$$l_1 = \frac{F_P \times OD - \dfrac{F_Q}{l} \times l_3 \times \dfrac{AD}{2}}{\dfrac{F_Q}{l} \times AD}$$

$$= \frac{450 \times 10^3 \times (160-54) - 989.8 \times 160 \times 80}{989.6 \times 160} = 221.2\text{mm}$$

代入式(b),得

$$l_2 = 294.6 - 221.2 = 73.4\text{mm}$$

例题 3-4 图 3-9 所示木制矩形截面拉杆,中间用钢板卡子连接。已知轴向荷载 $F_P = 60\text{kN}$;截面宽度 $b = 150\text{mm}$;木材的拉伸许用应力 $[\sigma] = 8\text{MPa}$,顺纹剪切许用应力 $[\tau_1] = 1\text{MPa}$,顺纹方向挤压许用应力 $[\sigma_c] = 10\text{MPa}$。

求:截面高度 h 及接头处尺寸 a 和 l。

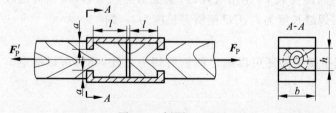

图 3-9 例题 3-4 图

解：1. $A\text{-}A$ 处截面高度 h 由拉伸强度确定，即

$$\sigma = \frac{F_N}{A} = \frac{F_P}{b \times h} \leqslant [\sigma]$$

$$h \geqslant \frac{F_P}{b \times [\sigma]} = \frac{60 \times 10^3}{150 \times 10^{-3} \times 8 \times 10^6} = 50 \text{mm}$$

2. 接头处尺寸 a、l 分别由木材剪切和挤压强度决定

根据剪切强度

$$\tau = \frac{F_Q}{A} = \frac{F_P/2}{b \times l} \leqslant [\tau_1]$$

由此解得

$$l \geqslant \frac{F_P}{2b \times [\tau_1]} = \frac{60 \times 10^3}{2 \times 150 \times 10^{-3} \times 10^6} = 200 \text{mm}$$

根据挤压强度

$$\sigma_c = \frac{F_P/2}{A} = \frac{F_P/2}{a \times b} \leqslant [\sigma_c]$$

解得

$$a \geqslant \frac{F_P}{2b[\sigma_c]} = \frac{60 \times 10^3}{2 \times 150 \times 10^{-3} \times 10 \times 10^6} = 20 \text{mm}$$

3.3 结论与讨论

3.3.1 剪切强度计算中应当着重注意的问题

1. 根据结构及其受力情况，正确判断构件是否主要承受剪切（或挤压），并正确确定剪切作用面（或挤压面）。

2. 根据平衡条件，确定剪切面上所承受的剪力。

3.3.2 机械连接件的剪切强度计算

对于机械连接件——键，及木结构中的榫连接，它们主要也是承受剪切与挤压作用，其强度计算方法与铆钉剪切与挤压假定计算相似。因此，本章应重点掌握铆接剪切与挤压假定计算方法。做到这一点，则其他的剪切与挤压计算问题不难解决。

习题

3-1 图示杠杆机构中 B 处为螺栓连接，若螺栓材料的许用剪应力 $[\tau]=98.0$ MPa，试按剪切强度确定螺栓的直径。

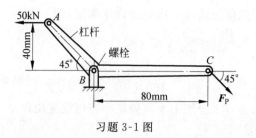

习题 3-1 图

3-2 图示的铆接件中,已知铆钉直径 $d=19\text{mm}$,钢板宽 $b=127\text{mm}$,厚度 $\delta=12.7\text{mm}$;铆钉的许用剪应力 $[\tau]=137\text{MPa}$,挤压许用应力 $[\sigma_c]=314\text{MPa}$;钢板的拉伸许用应力 $[\sigma]=98.0\text{MPa}$,挤压许用应力 $[\sigma_c]=196\text{MPa}$,假设 4 个铆钉所受剪力相等。试求此连接件的许可荷载。

3-3 两块钢板的搭接焊缝如图所示,两钢板的厚度相同,$\delta=12.7\text{mm}$,左端钢板宽度 $b=12.7\text{mm}$,轴向加载。焊缝的许用剪应力 $[\tau]=93.2\text{MPa}$;钢板的许用应力 $[\sigma]=137\text{MPa}$。试求钢板与焊缝等强度时(同时失效称为等强度),每边所需的焊缝长度。

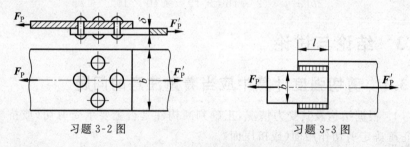

习题 3-2 图　　　　　　　习题 3-3 图

3-4 木梁由柱支承如图所示,今测得柱中的轴向压力为 $F_P=75\text{kN}$,已知木梁所能承受的许用挤压应力 $[\sigma_c]=3.0\text{MPa}$。试确定柱与木梁之间垫板的尺寸。

3-5 图示承受轴向压力 $F_P=40\text{kN}$ 的木柱由混凝土底座支承,底座静置在平整的土壤上。已知土壤的挤压许用应力 $[\sigma_c]=145\text{kPa}$。试:

1. 确定混凝土底座中的平均挤压应力;
2. 确定底座的尺寸。

3-6 矩形截面木拉杆的榫接头如图所示。已知轴向拉力 $F=10\text{kN}$,截面宽度 $b=100\text{mm}$,$h=300\text{mm}$,木材的许用挤压应力 $[\sigma_c]=10\text{MPa}$,许用剪应力 $[\tau]=1\text{MPa}$。试按剪切与挤压强度确定接头的尺寸 l 和 a。

第 3 章 连接件强度的工程假定计算

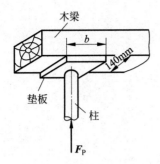

习题 3-4 图(单位：mm)

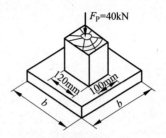

习题 3-5 图(单位：mm)

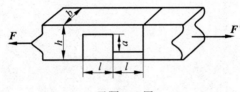

习题 3-6 图

第4章 圆轴扭转时的强度与刚度计算

杆的两端承受大小相等、方向相反、作用平面垂直于杆件轴线的两个力偶,杆的任意两横截面将绕轴线相对转动,这种受力与变形形式称为**扭转**(torsion)。

本章主要分析圆轴扭转时横截面上的剪应力以及两相邻横截面的相对扭转角,同时介绍圆轴扭转时的强度与刚度设计方法。

4.1 外加扭力矩、扭矩与扭矩图

作用于构件的外扭矩与机器的转速、功率有关。在传动轴计算中,通常给出传动功率 P 和转递 n,则传动轴所受的外加扭力矩 M_e 可用下式计算:

$$M_e = 9549 \frac{P[\text{kW}]}{n[\text{r/min}]} [\text{N} \cdot \text{m}]$$

其中 P 为功率,单位为千瓦(kW);n 为轴的转速,单位为转/分(r/min)。如功率 P 单位用马力(1 马力=735.5N·m/s),则

$$M_e = 7024 \frac{P[\text{马力}]}{n[\text{r/min}]} [\text{N} \cdot \text{m}]$$

外加扭力矩 M_e 确定后,应用截面法可以确定横截面上的内力——扭矩,圆轴两端受外加扭力矩 M_e 作用时,横截面上将产生分布剪应力,这些剪应力将组成对横截面中心的合力矩,称为**扭矩**(twist moment),用 M_x 表示。

用假想截面 $m\text{-}m$ 将圆轴截成Ⅰ、Ⅱ两部分,考虑其中任意部分的平衡,有

$$M_x - M_e = 0$$

由此得到

$$M_x = M_e$$

与轴力正负号约定相似,圆轴上同一处两侧横截面上的扭矩必须具有相同的正负号。因此约定:按右手定则确定扭矩矢量,如果横截面上的扭矩矢量方向与截面的外法线方向一致,则扭矩为正;相反为负。据此,图 4-1(b)和

(c)中的同一横截面上的扭矩均为正。

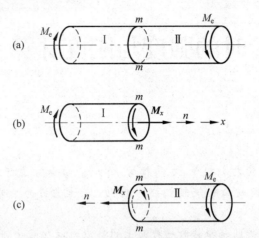

图 4-1 受扭转的圆轴

当圆轴上作用有多个外加集中力矩或分布力矩时,进行强度计算时需要知道何处扭矩最大,因而有必要用图形描述横截面上扭矩沿轴线的变化,这种图形称为扭矩图。绘制扭矩图的方法与过程与轴力图类似,故不赘述。

例题 4-1 变截面传动轴承受外加扭力矩作用,如图 4-2(a)所示。试画出扭矩图。

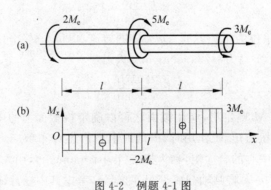

图 4-2 例题 4-1 图

解:用假想截面从 AB 段任一位置(坐标为 x)处截开,由左段平衡得

$$M_x = -2M_e \quad (0 \leqslant x \leqslant l)$$

因为扭矩矢量与截面外法线方向相反,故为负。

同样,从 BC 段任一位置处将轴截为两部分,由右段平衡得到 BC 段的扭矩:

$$M_x = +3M_e \quad (l \leqslant x \leqslant 2l)$$

因为这一段扭矩矢量与截面外法线方向相同,故为正。

建立 $OM_x x$ 坐标,将上述所得各段的扭矩标在坐标系中,连图线即可作出扭矩图,如图 4-2(b)所示。

从扭矩图可以看出,在 B 截面处扭矩有突变,其突变数值等于该处的集中外加扭力矩的数值。这一结论也可以从 B 截面处左、右侧截开所得局部的平衡条件加以证明。

4.2 剪应力互等定理 剪切胡克定律

4.2.1 剪应力互等定理

考察承受剪应力作用的微元体(图 4-3),假设作用在微元体左、右面上的剪应力为 τ,这两个面上的剪应力与其作用面积的乘积,形成一对力,二者组成一力偶。为了平衡这一力偶,微元的上、下面上必然存在剪应力 τ',二者与其作用面积相乘后形成一对力,组成另一力偶,为保持微元体的平衡,这两个力偶的力偶矩必须大小相等、方向相反。

于是,根据微元体的平衡条件有

$$\sum M = 0, \quad (\tau \mathrm{d}y \mathrm{d}z)\mathrm{d}x - (\tau' \mathrm{d}x \mathrm{d}z)\mathrm{d}y = 0$$

由此解得

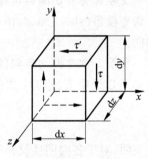

图 4-3 剪应力互等

$$\tau = \tau' \tag{4-1}$$

这一结果表明:在两个互相垂直的平面上,剪应力必然成对存在,且数值相等,两者都垂直于两个平面的交线,方向则共同指向或共同背离这一交线,这就是**剪应力成对定理**(pairing principle of shear stresses)。

微元体的上下左右四个侧面上,只有剪应力而没有正应力,这种受力状况的微元体称为**纯剪切应力状态**,简称**纯剪应力状态**(stress state of the pure shear)。

4.2.2 剪切胡克定律

通过扭转试验,可以得到剪应力 τ 与剪应变 γ 之间的关系曲线(图 4-4(a))。

τ-γ 曲线的直线段表明,剪应力与剪应变成正比,直线段剪应力的最高限

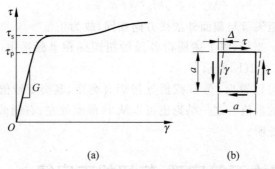

图 4-4 剪应力与剪应变曲线

称为剪应力比例极限,用 τ_p 表示。直线段的剪应力与剪应变关系为:

$$\tau = G\gamma \tag{4-2}$$

这一关系称为**剪切胡克定律**,其中 G 为材料的弹性常数,称为**剪切弹性模量**或**切变模量**(shear modulus)。因为 γ 为无量纲量,故 G 的量纲和单位与 τ 相同。

在第 2 章曾提到各向同性材料的两个弹性常数——杨氏模量 E 与泊松比 ν,可以证明 E、ν 与 G 之间存在以下关系:

$$G = \frac{E}{2(1+\nu)} \tag{4-3}$$

这表明,对于各向同性材料,三个弹性常数中只有两个是独立的。

4.3 圆轴扭转时横截面上的剪应力分析与强度计算

应用平衡方法可以确定圆轴扭转时横截面上的内力分量——扭矩,但是不能确定横截面上各点剪应力的大小。为了确定横截面上各点的剪应力,在确定了扭矩后,还必须知道横截面上的剪应力是怎样分布的。

研究圆轴扭转时横截面上剪应力的分布规律,需要考察扭转变形,首先得到剪应变的分布;然后应用剪切胡克定律,即可得到剪应力在截面上的分布规律;最后,利用静力方程可建立扭矩与剪应力的关系,从而得到确定横截面上各点剪应力的表达式。这是分析扭转剪应力的基本方法,也是分析弯曲正应力的基本方法。这一方法可以用图 4-5 加以概述。

第 4 章 圆轴扭转时的强度与刚度计算

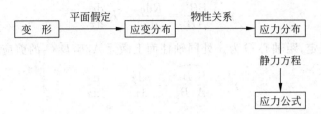

图 4-5 应力分析方法与过程

4.3.1 平面假定与剪应变分布规律

圆轴受扭前,在其表面画上小方格(图 4-6(a)),受扭后,圆轴的两端面相对转动了一角度(图 4-6(b)),而相距 dx 的两相邻圆周线,刚性地绕轴线相对转动了一角度,因相对转动角度很小,故可认为相邻圆周线间的距离不变。

根据圆轴受扭后表面变形特点,假定:圆轴受扭发生变形时,其横截面保持平面,并刚性地绕轴线转动一角度,两相邻截面的轴向间距保持不变。这一假定称为**平面假定**(plane assumption)。

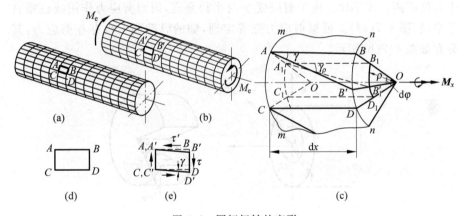

图 4-6 圆杆扭转的变形

根据平面假定,两轴向间距为 dx 的截面 m-m 与 n-n 相对转角为 $d\varphi$(图 4-6(c))。

考察两相邻横截面之间微元 $ABDC$ 的变形:AB 长为 dx,扭转后由于相对转动,圆轴表面上的 B 点移动到 B':

$$\widehat{BB'} = R d\varphi$$

于是微元 $ABCD$ 的剪应变 γ 为

$$\gamma = \frac{\widehat{BB'}}{AB} = \frac{R\mathrm{d}\varphi}{\mathrm{d}x} = R\frac{\mathrm{d}\varphi}{\mathrm{d}x}$$

根据平面假定,距轴心 O 为 ρ 处同轴柱面上微元 $A_1B_1D_1C_1$ 的剪应变为

$$\gamma_\rho = \frac{\widehat{B_1B_1'}}{A_1B_1} = \frac{\rho\mathrm{d}\varphi}{\mathrm{d}x} = \rho\frac{\mathrm{d}\varphi}{\mathrm{d}x} \tag{4-4}$$

其中 $\dfrac{\mathrm{d}\varphi}{\mathrm{d}x}$ 为扭转角沿轴线 x 方向的变化率,对某一 x 处的横截面,$\dfrac{\mathrm{d}\varphi}{\mathrm{d}x}$ 为常量。因此式(4-4)表明,圆轴扭转时,横截面上某处的剪应变与其到横截面中心的距离成正比,亦即剪应变沿半径方向线性分布。

4.3.2 横截面上的剪应力分布

根据横截面上的剪应变分布表达式(4-4),应用剪切胡克定律得到

$$\tau_\rho = G\gamma_\rho = G\rho\frac{\mathrm{d}\varphi}{\mathrm{d}x} \tag{4-5}$$

其中 G 为与材料有关的弹性常数。

式(4-5)表明:圆轴扭转时横截面上任意点处的剪应力 τ_ρ 与该点到截面中心的距离 ρ 成正比。由于剪应变 γ_ρ 与半径垂直,因而剪应力作用线也垂直于半径(图 4-7(a))。根据剪应力互等定理,轴的纵截面上也存在剪应力,其分布如图 4-7(b)所示。

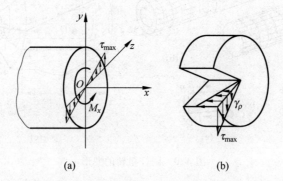

图 4-7 圆轴扭转时横截面与纵截面上的剪应力分布

由于式(4-5)中的 $\dfrac{\mathrm{d}\varphi}{\mathrm{d}x}$ 尚为未知,因而不能用以计算剪应力,为了确定未知量 $\dfrac{\mathrm{d}\varphi}{\mathrm{d}x}$ 需要应用静力学关系。

4.3.3 圆轴扭转时扭转角变化率以及横截面上的剪应力表达式

作用于横截面上的分布剪应力 τ_ρ 与其作用面积相乘,然后向截面形心简化,得到一力偶,这一力偶的力偶矩即为横截面上的扭矩,于是有下列静力学关系:

$$\int_A (\tau_\rho \cdot dA) \cdot \rho = M_x \tag{4-6}$$

取半径为 ρ、厚度为 $d\rho$ 的圆环作为微元,微元面积 $dA = 2\pi\rho \cdot d\rho$(图 4-8(b))。将式(4-5)代入式(4-6),积分后得到扭转角变化率的表达式:

$$\frac{d\varphi}{dx} = \frac{M_x}{GI_p} \tag{4-7}$$

其中

$$I_p = \int_A \rho^2 dA \tag{4-8}$$

是与截面形状和尺寸有关的几何量,称为截面对形心 O 的**极惯性矩**(polar moment of inertia for cross section)。式(4-7)中 GI_p 称为圆轴的**扭转刚度**(torsional rigidity)。

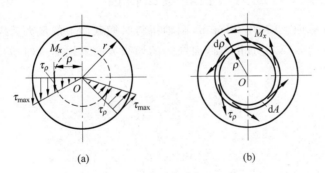

图 4-8 圆轴扭转时横截面上剪应力与扭矩之间的静力学关系

将式(4-7)代入式(4-5),即可得到圆轴扭转时横截面上剪应力表达式:

$$\tau_\rho = \frac{M_x \rho}{I_p} \tag{4-9}$$

式中 M_x 为横截面上的扭矩,由截面法确定;ρ 为所求应力点到截面形心的距离;I_p 为横截面的极惯性矩。

根据式(4-9),圆截面和圆环截面上的剪应力分布如图 4-9(a)所示。

根据式(4-8),由积分可以算得直径为 d 的圆截面的极惯性矩 I_p 为

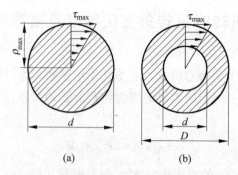

图 4-9 圆截面和圆环截面上的剪应力分布

$$I_p = \frac{\pi d^4}{32} \tag{4-10}$$

其中 d 是圆截面直径。

对于内、外径分别是 D、d 的圆管截面或圆环截面（空心圆轴），极惯性矩 I_p 为

$$I_p = \frac{\pi D^4(1-\alpha^4)}{32}, \quad \alpha = \frac{d}{D} \tag{4-11}$$

4.3.4 最大剪应力与扭转截面模量

根据横截面上的剪应力分布，圆轴扭转时横截面上的最大剪应力发生在横截面边缘上各点，并且沿着截面周边的切线方向。根据式(4-9)，最大剪应力由下式计算：

$$\tau_{max} = \frac{M_x \rho_{max}}{I_p} = \frac{M_x}{W_p} \tag{4-12}$$

其中

$$W_p = \frac{I_p}{\rho_{max}} \tag{4-13}$$

称为**扭转截面模量**(section modulus in torsion)。对实心轴和空心轴，扭转截面模量分别为

$$W_p = \frac{\pi d^3}{16} \tag{4-14}$$

$$W_p = \frac{\pi D^3(1-\alpha^4)}{16} \tag{4-15}$$

4.3.5 受扭圆轴的强度条件

与抗压杆的强度设计相似，为了保证圆轴扭转时安全可靠地工作，必须将

圆轴横截面上的最大剪应力 $\tau_{\max}$ 限制在一定的数值以下，即

$$\tau_{\max} = \frac{M_{x\max}}{W_p} \leqslant [\tau] \tag{4-16}$$

这一关系式称为受扭圆轴的强度条件。

上式中，$[\tau]$ 为许用剪应力；$\tau_{\max}$ 是指圆轴所有横截面上最大剪应力中的最大者，对于等截面圆轴最大剪应力发生在扭矩最大的横截面上的边缘各点；对于变截面圆轴，如阶梯轴，最大剪应力不一定发生在扭矩最大的截面，这时需要根据扭矩 M_x 和相应扭转截面模量 W_p 数值综合考虑才能确定。

对于静荷载作用的情形，可以证明扭转许用剪应力与许用拉应力之间有如下关系：

钢：$[\tau] = (0.5 \sim 0.6)[\sigma]$

铸铁：$[\tau] = (0.8 \sim 1)[\sigma]$

例题 4-2 实心圆轴与空心圆轴通过牙嵌式离合器相连，并传递功率，如图 4-10 所示。已知轴的转速 $n = 100 \text{r/min}$，传递的功率 $P = 7.5 \text{kW}$。若已知实心圆轴的直径 $d_1 = 45 \text{mm}$；空心圆轴的内、外直径之比 $(d_2/D_2) = \alpha = 0.5$，$D_2 = 46 \text{mm}$。实心圆轴与空心圆轴材料相同，许用剪应力 $[\tau] = 40 \text{MPa}$。试：

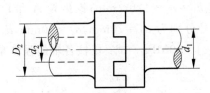

图 4-10 例题 4-2 图

1. 校核实心圆轴与空心圆轴的强度是否安全；
2. 若实心圆轴与空心圆轴的长度相等，比较二者的重量。

解：1. 校核实心圆轴与空心圆轴的强度

由于二传动轴的转速与传递的功率相等，故二者承受相同的外加扭力矩，横截面上的扭矩也因而相等。根据外加扭力矩与轴所传递的功率以及转速之间的关系，求得横截面上的扭矩

$$M_x = M_e = \left(9549 \times \frac{7.5}{100}\right) \text{N} \cdot \text{m} = 716.2 \text{N} \cdot \text{m}$$

对于实心圆轴：根据已知条件，横截面上的最大剪应力为

$$\tau_{\max} = \frac{M_x}{W_p} = \frac{16 M_x}{\pi d_1^3} = \frac{16 \times 716.2}{\pi \times (45 \times 10^{-3})^3} = 40 \times 10^6 \text{Pa} = 40 \text{MPa}$$

对于空心圆轴：横截面上的最大剪应力为

$$\tau_{\max} = \frac{M_x}{W_p} = \frac{16 M_x}{\pi \times D_2^3 (1-\alpha^4)} = \frac{16 \times 716.2}{\pi \times (46 \times 10^{-3})^3 (1-0.5^4)}$$
$$= 40 \times 10^6 \text{Pa} = 40 \text{MPa}$$

上述计算结果表明,实心圆轴与空心圆轴横截面上的最大剪应力都正好等于许用剪应力,即

$$\tau_{\max} = 40 \text{MPa} = [\tau] = 40 \text{MPa}$$

因此,实心圆轴与空心圆轴的强度都是安全的。

2. 比较实心圆轴与空心圆轴的重量

实心圆轴与空心圆轴材料相同、长度相等,二者重量之比即为横截面面积之比。于是,有

$$\frac{A_1}{A_2} = \frac{d_1^2}{D_2^2(1-\alpha^2)} = \left(\frac{45 \times 10^{-3}}{46 \times 10^{-3}}\right)^2 \times \frac{1}{1-0.5^2} = 1.28$$

可见,如果轴的长度相同,在具有相同强度的情形下,实心圆轴所用材料要比空心圆轴多。

例题 4-3 图 4-11 所示传动机构中,功率从轮 B 输入,通过锥形齿轮将一半传递给铅垂 C 轴,另一半传递给水平 H 轴。已知输入功率 $P_1 = 28 \text{kW}$,水平轴(E 和 H)转速 $n_1 = n_2 = 120 \text{r/min}$;锥齿轮 A 和 D 的齿数分别为 $z_1 = 36, z_2 = 12$;各轴的直径分别为 $d_1 = 70 \text{mm}, d_2 = 50 \text{mm}, d_3 = 35 \text{mm}$。各轴的材料相同,许用剪应力 $[\tau] = 50 \text{MPa}$。试:校核各轴的强度是否安全。

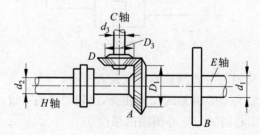

图 4-11 例题 4-3 图

解: 1. 计算各轴所承受的扭矩

各轴所传递的功率分别为

$$P_1 = 28 \text{kW}, \quad P_2 = P_3 = P_1/2 = 14 \text{kW}$$

各轴转速不完全相等。E 轴和 H 轴的转速均为 120r/min,即

$$n_1 = n_2 = 120 \text{r/min}$$

E 轴和 C 轴的转速与齿轮 A 和齿轮 D 的齿数成反比,由此得到 C 轴的转速

$$n_3 = n_1 \times \frac{z_1}{z_3} = \left(120 \times \frac{36}{12}\right) \text{r/min} = 360 \text{r/min}$$

据此,算得各轴承受的扭矩:

$$M_{x1} = M_{e1} = \left(9549 \times \frac{28}{120}\right) \text{N·m} = 2228 \text{N·m}$$

$$M_{x2} = M_{e2} = \left(9549 \times \frac{14}{120}\right) \text{N·m} = 1114 \text{N·m}$$

$$M_{x3} = M_{e3} = \left(9549 \times \frac{14}{360}\right) \text{N·m} = 371.4 \text{N·m}$$

2. 计算最大剪应力,进行强度校核

对于 E 轴:

$$\tau_{\max}(E) = \frac{M_{x1}}{W_{p1}} = \left(\frac{16 \times 2228}{\pi \times 70^3 \times 10^{-9}}\right) \text{Pa} = 33.08 \times 10^6 \text{Pa}$$

$$= 33.08 \text{MPa} < [\tau]$$

对于 H 轴:

$$\tau_{\max}(H) = \frac{M_{x2}}{W_{p2}} = \left(\frac{16 \times 1114}{\pi \times 50^3 \times 10^{-9}}\right) \text{Pa} = 45.38 \times 10^6 \text{Pa}$$

$$= 45.38 \text{MPa} < [\tau]$$

对于 C 轴:

$$\tau_{\max}(C) = \frac{M_{x3}}{W_{p3}} = \left(\frac{16 \times 371.4}{\pi \times 35^3 \times 10^{-9}}\right) \text{Pa} = 43.96 \times 10^6 \text{Pa}$$

$$= 43.96 \text{MPa} < [\tau]$$

上述计算结果表明,三根轴的强度是安全的。

例题 4-4 由两种不同材料组成的圆轴,里层和外层材料的剪切弹性模量分别为 G_1 和 G_2,且 $G_1 = 2G_2$。圆轴尺寸如图 4-12 所示。圆轴受扭时,里、外层之间无相对滑动。关于横截面上的剪应力分布,有图中(A)、(B)、(C)、(D)所示的四种结论,请判断哪一种是正确的。

解:圆轴受扭时,里、外层之间无相对滑动,这表明二者形成一个整体,同时产生扭转变形。根据平面假定,二者组成的组合截面,在轴受扭后依然保持平面,即其直径保持为直线,但要相当于原来的位置转过一角度。

因此,在里、外层交界处二者具有相同的剪应变。由于内层(实心轴)材料的剪切弹性模量大于外层(圆环截面)的剪切弹性模量($G_1 = 2G_2$),所以内层在二者交界处的剪应力一定大于外层在二者交界处的剪应力。据此,答案(A)和(B)都是不正确的。

在答案(D)中,外层在二者交界处的剪应力等于零,这也是不正确的,因

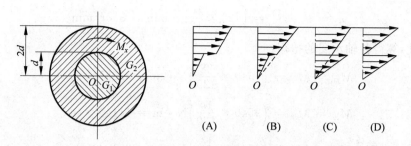

图 4-12 例题 4-4 图

为外层在二者交界处的剪应变不为零,根据剪切胡克定律,剪应力也不可能等于零。

根据以上分析,正确答案是(C)。

4.4 圆轴扭转时的变形分析及刚度条件

圆杆受扭矩作用时,两截面绕轴线相对转动的角度称为扭转角,将 4.3 节所得到的 $\dfrac{\mathrm{d}\varphi}{\mathrm{d}x}$ 表达式写为

$$\mathrm{d}\varphi = \frac{M_x}{GI_\mathrm{p}}\mathrm{d}x \tag{4-17}$$

沿轴线方向积分,得到

$$\varphi = \int_l \mathrm{d}\varphi = \int_l \frac{M_x}{GI_\mathrm{p}}\mathrm{d}x \tag{4-18}$$

其中 GI_p 称为圆轴的扭转刚度。

对于两端承受集中扭矩的等截面圆轴,两端面的相对扭转角为

$$\varphi = \frac{M_x l}{GI_\mathrm{p}} \tag{4-19}$$

对于各段扭矩不等或截面极惯性矩不等的圆轴,如阶梯状圆轴,轴两端面的相对扭转角为

$$\varphi = \sum_{i=1}^n \frac{M_{xi} l_i}{GI_{\mathrm{p}i}} \tag{4-20}$$

如 M_x 与 I_p 是 x 的连续函数,则可直接用积分式(4-18)计算两端面的相对扭转角。

在很多情形下,两端面的相对扭矩角不能反映圆轴扭转变形的程度,因而更多采用单位长度扭转角表示圆轴的扭转变形,单位长度扭转角即扭转角的

变化率。单位长度扭转角：

$$\theta = \frac{\mathrm{d}\varphi}{\mathrm{d}x} = \frac{M_x}{GI_\mathrm{p}} \tag{4-21}$$

其单位是弧度/米(rad/m)。

为了机械运动的稳定和工作精度，机械设计中要根据不同要求，对受扭圆轴的变形加以限制，亦即进行刚度设计。

扭转刚度设计是将单位长度上的相对扭转角限制在允许的范围内，即必须使构件满足刚度条件：

$$\theta = \frac{\mathrm{d}\varphi}{\mathrm{d}x} \leqslant [\theta] \tag{4-22}$$

对于两端承受集中扭矩的等截面圆轴，根据式(4-21)，刚度条件又可以写成：

$$\theta = \frac{M_x}{GI_\mathrm{p}} \leqslant [\theta] \tag{4-23}$$

其中，$[\theta]$ 为单位长度上的许用相对扭转角，其数值根据轴的工作要求而定，例如，用于精密机械的轴 $[\theta]=(0.25\sim0.5)(°)/\mathrm{m}$；一般传动轴 $[\theta]=(0.5\sim1.0)(°)/\mathrm{m}$；刚度要求不高的轴 $[\theta]=2(°)/\mathrm{m}$。

需要注意的是，刚度设计中要注意单位的一致性。式(4-23)不等号左边 $\theta=\frac{M_x}{GI_\mathrm{p}}$ 的单位为 rad/m；而右边通常所用的单位为 $(°)/\mathrm{m}$。因此，在实际设计中，若不等式两边均采用 rad/m，则必须在不等式右边乘以 $(\pi/180)$；若两边均采用 $(°)/\mathrm{m}$，则必须在左边乘以 $(180/\pi)$。

例题 4-5 钢制空心圆轴的外直径 $D=100\mathrm{mm}$，内直径 $d=50\mathrm{mm}$。若要求轴在 2m 长度内的最大相对扭转角不超过 $1.5(°)$，材料的剪切弹性模量 $G=80.4\mathrm{GPa}$。

1. 求该轴所能承受的最大扭矩；
2. 确定此时轴横截面上的最大剪应力。

解：1. 确定轴所能承受的最大扭矩

根据刚度条件，有

$$\theta = \frac{M_x}{GI_\mathrm{p}} \leqslant [\theta] \tag{a}$$

由已知条件，许用的单位长度上相对扭转角为

$$[\theta] = \frac{1.5°}{2} = \frac{1.5}{2} \times \frac{\pi}{180} \mathrm{rad/m} \tag{b}$$

空心圆轴截面的极惯性矩

$$I_\mathrm{p} = \frac{\pi D^4}{32}(1-\alpha^4), \quad \alpha = \frac{d}{D} \tag{c}$$

将式(b)和式(c)一并代入刚度条件(a),得到轴所能承受的最大扭矩为

$$M_x \leq [\theta] \times GI_p = \frac{1.5}{2} \times \frac{\pi}{180} \times G \times \frac{\pi D^4}{32}(1-\alpha^4)$$

$$= \frac{1.5 \times \pi^2 \times 80.4 \times 10^9 \times (100 \times 10^{-3})^4 \left[1-\left(\frac{50}{100}\right)^4\right]}{2 \times 180 \times 32}$$

$$= 9.686 \times 10^3 \text{N} \cdot \text{m} = 9.686 \text{kN} \cdot \text{m}$$

2. 计算轴在承受最大扭矩时,横截面上的最大剪应力

轴在承受最大扭矩时,横截面上最大剪应力

$$\tau_{\max} = \frac{M_x}{W_p} = \frac{16 \times 9.686 \times 10^3}{\pi \times (100 \times 10^{-3})^3 \left[1-\left(\frac{50}{100}\right)^4\right]}$$

$$= 52.6 \times 10^6 \text{Pa} = 52.6 \text{MPa}$$

例题 4-6 图 4-13(a)所示为钻探机钻杆。已知钻杆的外径 $D=60$mm,内径 $d=50$mm,功率 $P=10$ 马力,转速 $n=180$r/min。钻杆钻入地层深度 $l=40$m,$G=81$GPa,$[\tau]=40$MPa。假定地层对钻杆的阻力矩沿长度均匀分布。试求:

1. 地层对钻杆单位长度上的阻力矩 M_e;
2. 作钻杆之扭矩图,并进行强度校核;
3. 求 A、B 两截面之相对扭转角。

解:1. 计算钻杆单位长度上受到地层的阻力矩

钻杆上所承受的总外力矩为

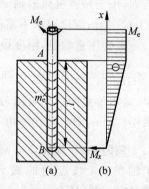

图 4-13 例题 4-6 图

$$M_e = 7024 \times \frac{P}{n} = 7024 \times \frac{10}{180} = 390 \text{N} \cdot \text{m}$$

因为地层对钻杆的阻力矩沿杆长方向均匀分布,所以地层对钻杆单位长度上的扭矩为

$$m_e = \frac{M_e}{l} = \frac{390}{40} = 9.756 \text{N} \cdot \text{m/m}$$

2. 强度校核

因为自 B 至 A 外力矩均匀分布,因此距 B 端 x 远处任意截面上的扭矩为

$$M_e(x) = -m_e x$$

由此,可以作出钻杆之扭矩图如图 4-13(b)所示。钻杆内最大扭矩 $M_{e\max}=400$N·m,于是杆内的最大剪应力

$$\tau_{\max} = \frac{M_{\text{emax}}}{W_{\text{p}}} = \frac{390 \times 16}{\pi \times (60 \times 10^{-3})^3 \left[1 - \left(\frac{50 \times 10^{-3}}{60 \times 10^{-3}}\right)^4\right]}$$

$$= 17.75 \times 10^6 \text{Pa} = 17.75 \text{MPa}$$

所以钻杆的强度是满足的。

3. 计算 A、B 两端的相对扭转角

根据

$$\frac{\mathrm{d}\varphi}{\mathrm{d}x} = \frac{M_{\text{e}}}{GI_{\text{p}}}$$

现在

$$M_{\text{e}} = M_{\text{e}}(x) = -m_{\text{e}}x$$

于是将上式积分得到

$$\varphi_{AB} = \int_0^l \frac{m_{\text{e}}x}{GI_{\text{p}}} \mathrm{d}x = \frac{m_{\text{e}}l^2}{2GI_{\text{p}}} = \frac{M_{\text{e}}l}{2GI_{\text{p}}}$$

$$= \frac{400 \times 40 \times 32}{2 \times 81 \times 10^9 \times \pi \times (60 \times 10^{-3})^4 \left[1 - \left(\frac{50 \times 10^{-3}}{60 \times 10^{-3}}\right)^4\right]} = 0.146 \text{rad}$$

$$= -0.146 \times \frac{180°}{\pi} = -8.37°$$

4.5 结论与讨论

4.5.1 圆轴强度与刚度计算的一般过程

圆轴是很多工程中常见的零件之一，其强度设计和刚度设计一般过程如下：

(1) 根据轴传递的功率以及轴每分钟的转数，确定作用在轴上的外加力偶的力偶矩。

(2) 应用截面法确定轴的横截面上的扭矩，当轴上同时作用有两个以上的绕轴线转动的外加扭力矩时，需要画出扭矩图。

(3) 根据轴的扭矩图，确定可能的危险面以及危险面上的扭矩数值。

(4) 计算危险截面上的最大剪应力或单位长度上的相对扭转角。

(5) 根据需要，应用强度条件与刚度条件对圆轴进行强度与刚度校核、设计轴的直径以及确定许用荷载。

需要指出的是，工程结构与机械中有些传动轴都是通过与之连接的零件或部件承受外力作用的。这时需要首先将作用在零件或部件上的力向轴线简

化,得到轴的受力图。这种情形下,圆轴将同时承受扭转与弯曲,而且弯曲可能是主要的。这一类圆轴的强度设计比较复杂。此外,还有一些圆轴所受的外力(大小或方向)随着时间的改变而变化。这些问题将在以后的章节中介绍。

4.5.2 矩形截面杆扭转时横截面上的剪应力

试验结果表明:非圆(正方形、矩形、三角形、椭圆形等)截面杆扭转时,横截面外周线将改变原来的形状,并且不再位于同一平面内,这种现象称为**翘曲**(warping),如图 4-14(a)所示。

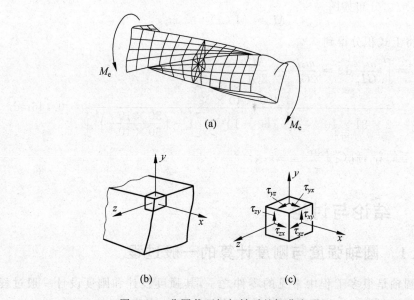

图 4-14 非圆截面杆扭转时的翘曲变形

由于翘曲,圆轴扭转时所作的平面假定将不再成立,因而圆轴扭转时的剪应力以及相对扭转角的公式不再适用。

应用平衡的方法可以得到以下结论:

(1) 非圆截面杆扭转时,横截面上周边各点的剪应力沿着周边切线方向。

(2) 对于有凸角的多边形截面杆,横截面上凸角点处的剪应力等于零。

考察 4-14(b)中所示的受扭矩形截面杆上位于角点的微元。假定微元各面上的剪应力如图 4-14(c)中所示。由于垂直于 y、z 坐标轴的杆表面均为自由表面(无外力作用),故微元上与之对应的面上的剪应力均为零,即

$$\tau_{yz} = \tau_{yx} = \tau_{zy} = \tau_{zx} = 0$$

根据剪应力成对定理,角点微元垂直于 x 轴的面(对应于杆横截面)上,与上述剪应力互等的剪应力也必然为零,即

$$\tau_{xy} = \tau_{xz} = 0$$

采用类似方法,读者不难证明,杆件横截面上沿周边各点的剪应力必与周边相切。

弹性力学理论以及实验方法可以得到矩形截面构件扭转时,横截面上的剪应力分布以及剪应力计算公式。现将结果介绍如下。

剪应力分布如图 4-15 所示。从图中可以看出,最大剪应力发生在矩形截面的长边中点 H 和 H' 处,其值为

$$\tau_{\max} = \frac{M_x}{C_1 h b^2} \tag{4-24}$$

在短边中点 D 和 D' 处,剪应力为

$$\tau = C_1' \tau_{\max} \tag{4-25}$$

式中,C_1 和 C_1' 为与长、短边尺寸之比 h/b 有关的因数。表 4-1 中所示为若干 h/b 值下的 C_1 和 C_1' 数值。

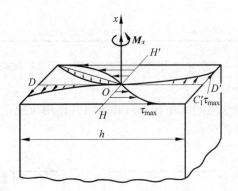

图 4-15 矩形截面扭转时横截面上的剪应力分布

当 $h/b > 10$ 时,截面变得狭长,这时 $C_1 = 0.333 \approx 1/3$,于是,式(4-24)变为

$$\tau_{\max} = \frac{3M_x}{h b^2} \tag{4-26}$$

这时,沿宽度 b 方向的剪应力可近似视为线性分布,如图 4-16 所示。

矩形截面杆横截面单位扭转角由下式计算:

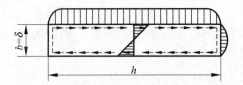

图 4-16 狭长矩形截面上的扭转剪应力分布

$$\theta = \frac{M_x}{Ghb^3\left[\frac{1}{3} - 0.21\frac{b}{h}\left(1-\frac{b^4}{12h^4}\right)\right]} \tag{4-27}$$

式中,G 为材料的剪切弹性模量。

表 4-1 矩形截面杆扭转剪应力公式中的因数

h/b	C_1	C_1'
1.0	0.208	1.000
1.5	0.231	0.895
2.0	0.246	0.795
3.0	0.267	0.766
4.0	0.282	0.750
6.0	0.299	0.745
8.0	0.307	0.743
10.0	0.312	0.743
∞	0.333	0.743

例题 4-7 图 4-17 所示之矩形截面杆承受扭矩 $M_e = 3000\text{N}\cdot\text{m}$。若已知材料 $G = 82\text{GPa}$。求:

1. 杆内最大剪应力的大小和方向并指出其作用位置;
2. 单位长度的扭转角。

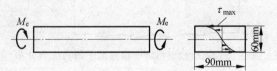

图 4-17 例题 4-7 图(单位:mm)

解:1. 根据矩形截面杆的扭转应力和变形公式

$$\tau_{\max} = \frac{M_x}{C_1 hb^2}$$

$$\theta = \frac{C_1' M_x}{ab^3 G}$$

现在 $M_x = M_e = 3000\text{N} \cdot \text{m}; h = 90\text{mm}; b = 60\text{mm}; G = 82\text{GPa}$；由表 4-1 查得，当 $h/b = 9/6 = 1.5$ 时

$$C_1 = 0.231, \quad C_1' = 0.895$$

将上述数据代入 $\tau_{\max}$ 与 θ 公式，解得

$$\tau_{\max} = \frac{3000}{0.231 \times 0.09 \times 0.06^2} = 40 \times 10^6 \text{Pa} = 40\text{MPa}$$

最大剪应力发生在矩形长边中点，方向如图 4-17 所示。

2. 矩形截面杆单位扭转角公式：

$$\theta = \frac{M_x}{Ghb^3 \left[\frac{1}{3} - 0.21 \frac{b}{h} \left(1 - \frac{b^4}{h^4} \right) \right]}$$

$$= \frac{3000}{82 \times 10^9 \times 0.09 \times 0.06 \left[\frac{1}{3} - 0.21 \times \frac{2}{3} \left(1 - \frac{2^4}{3^4} \right) \right]}$$

$$= 3.1 \times 10^{-4} \text{rad/m}$$

习题

4-1 关于扭转剪应力公式 $\tau_\rho = \dfrac{M_x \rho}{I_p}$ 的应用范围，有以下几种答案，请试判断哪一种是正确的。

（A）等截面圆轴，弹性范围内加载；

（B）等截面圆轴；

（C）等截面圆轴与椭圆轴；

（D）等截面圆轴与椭圆轴，弹性范围内加载。

4-2 两根长度相等、直径不等的圆轴受扭后，轴表面上母线转过相同的角度。设直径大的轴和直径小的轴的横截面上的最大剪应力分别为 $\tau_{1\max}$ 和 $\tau_{2\max}$，材料的剪切弹性模量分别为 G_1 和 G_2。关于 $\tau_{1\max}$ 和 $\tau_{2\max}$ 的大小，有下列四种结论，请判断哪一种是正确的。

（A）$\tau_{1\max} > \tau_{2\max}$；

（B）$\tau_{1\max} < \tau_{2\max}$；

（C）若 $G_1 > G_2$，则有 $\tau_{1\max} > \tau_{2\max}$；

（D）若 $G_1 > G_2$，则有 $\tau_{1\max} < \tau_{2\max}$。

4-3 长度相等的直径为 d_1 的实心圆轴与内、外直径分别为 d_2、D_2（$\alpha = d_2/D_2$）的空心圆轴，二者横截面上的最大剪应力相等。关于二者重量之比

(W_1/W_2)有如下结论,请判断哪一种是正确的。

(A) $(1-\alpha^4)^{\frac{3}{2}}$；

(B) $(1-\alpha^4)^{\frac{3}{2}}(1-\alpha^2)$；

(C) $(1-\alpha^4)(1-\alpha^2)$；

(D) $(1-\alpha^4)^{\frac{2}{3}}/(1-\alpha^2)$

4-4 变截面轴受力如图所示,图中尺寸单位为 mm。若已知 $M_{e1}=1765\text{N}\cdot\text{m}$,$M_{e2}=1171\text{N}\cdot\text{m}$,材料的切变模量 $G=80.4\text{GPa}$,试：

1. 画出扭矩图,确定最大扭矩；
2. 确定轴内最大剪应力,并指出其作用位置；
3. 确定轴内最大相对扭转角 φ_{max}。

4-5 图示实心圆轴承受外加扭转力偶,其力偶矩 $M_e=3\text{kN}\cdot\text{m}$。试求：

1. 轴横截面上的最大剪应力；
2. 轴横截面上半径 $r=15\text{mm}$ 以内部分承受的扭矩所占全部横截面上扭矩的百分比；
3. 去掉 $r=15\text{mm}$ 以内部分,横截面上的最大剪应力增加的百分比。

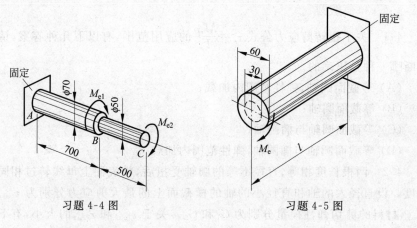

习题 4-4 图   习题 4-5 图

4-6 同轴线的芯轴 AB 与轴套 CD,在 D 处二者无接触,而在 C 处焊成一体。轴的 A 端承受扭转力偶作用,如图所示。已知轴直径 $d=66\text{mm}$,轴套外直径 $D=80\text{mm}$,厚度 $\delta=6\text{mm}$;材料的许用剪应力 $[\tau]=60\text{MPa}$。求：结构所能承受的最大外加扭力矩。

*4-7 图示开口和闭口薄壁圆管横截面的平均直径均为 D、壁厚均为 δ,横截面上的扭矩均为 M_e。试：

1. 证明闭口圆管受扭时横截面上最大剪应力

$$\tau_{\max} \approx \frac{2M_e}{\delta \pi D^2}$$

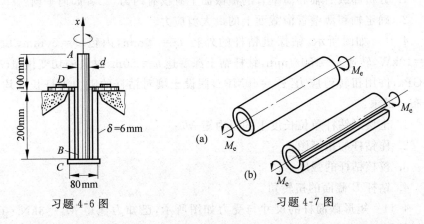

习题 4-6 图   习题 4-7 图

2. 证明开口圆管受扭时横截面上最大剪应力

$$\tau_{\max} \approx \frac{3M_e}{\delta^2 \pi D}$$

3. 画出两种情形下,沿壁厚方向的剪应力分布。
(提示:开口薄壁圆管可以看作是由狭长矩形截面板条卷曲而成,因此可用狭长截面杆的扭转剪应力公式;闭口薄壁圆管的壁厚很薄时,剪应力沿厚度方向可以认为是均匀分布。)

4-8 由同一材料制成的实心和空心圆轴,二者长度和质量均相等。设实心轴半径为 R_0,空心圆轴的内、外半径分别为 R_1 和 R_2,且 $R_1/R_2 = n$;二者所承受的外加扭转力偶矩分别为 M_{es} 和 M_{eh}。若二者横截面上的最大剪应力相等,试证明:

$$\frac{M_{es}}{M_{eh}} = \frac{\sqrt{1-n^2}}{1+n^2}$$

*4-9 直径 $d = 25$mm 的钢轴上焊有两圆盘凸台,凸台上套有外直径 $D = 75$mm、壁厚 $\delta = 1.25$mm 的薄壁管,当杆承受外加扭转力偶矩 $M_e = 73.6$N·m 时,将薄壁管与凸台焊在一起,然后再卸去外加扭转力偶。假定凸

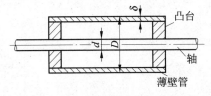

习题 4-9 图

台不变形,薄壁管与轴的材料相同,切变模量 $G=40\text{GPa}$。试：

1. 分析卸载后轴和薄壁管的横截面上有没有内力,二者如何平衡？
2. 确定轴和薄壁管横截面上的最大剪应力。

4-10 如图所示,钻探机钻杆的外径 $D=70\text{mm}$,内径 $d=50\text{mm}$,功率 $P=10\text{kW}$,转速 $n=150\text{r/min}$,钻杆钻土深度达 $h=50\text{m}$,材料的切变模量 $G=80\text{GPa}$,许用扭转剪应力 $[\tau]=40\text{MPa}$,假设土壤对钻杆的阻力沿杆长度均匀分布。试求：

1. 土壤对钻杆单位长度上的阻力矩 M_0；
2. 作钻杆的扭矩图；
3. 校核钻杆的强度；
4. 钻杆 B 截面的扭转角。

4-11 矩形截面杆的尺寸与受力如图所示,已知力偶矩 $M_0=3\text{kN}\cdot\text{m}$,材料的切变模量 $G=80\text{GPa}$。试求：

1. 杆横截面上的最大剪应力；
2. 杆的单位长度扭转角；
3. 画出横截面上沿截面的对称轴和对角线以及沿截面周边的剪应力分布图。

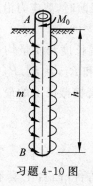

习题 4-10 图

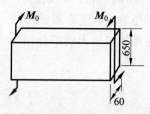

习题 4-11 图(单位：mm)

第5章

梁的弯曲问题(1)
——剪力图与弯矩图

杆件承受垂直于其轴线的外力或位于其轴线所在平面内的力偶作用时，其轴线将弯曲成曲线，这种受力与变形形式称为**弯曲**(bending)。主要承受弯曲的杆件称为**梁**(beam)。

在外力作用下,梁的横截面上将产生剪力和弯矩两种内力分量。在很多情形下,剪力和弯矩沿梁长度方向的分布不是均匀的。对梁进行强度计算,需要知道哪些横截面可能最先发生失效,这些横截面称为危险面。弯矩和剪力最大的横截面就是首先需要考虑的危险面。研究梁的刚度虽然没有危险面的问题,但是也必须知道弯矩沿梁长度方向是怎样变化的。

本章首先介绍如何建立剪力方程和弯矩方程;然后介绍怎样根据剪力方程和弯矩方程绘制剪力图与弯矩图;最后讨论荷载、剪力、弯矩之间的微分关系及其在绘制剪力图和弯矩图中的应用。

5.1 工程中的弯曲构件

工程中可以看作梁的杆件是很多的。例如,图 5-1(a)所示桥式吊车的大梁可以简化为两端铰支的简支梁。在起吊重量(集中力 F_P)及大梁自身重量(均布荷载 q)的作用下,大梁将发生弯曲,如图 5-1(b)中虚线所示。

石油、化工设备中各种直立式反应塔(图 5-2(a)),底部与地面固定成一体,因此,可以简化为一端固定的悬臂梁。在风力荷载作用下,反应塔的变形如图 5-2(b)所示。

火车轮轴支撑在铁轨上,铁轨对车轮的约束,可以看作铰链支座,因此,火车轮轴可以简化为两端外伸梁。由于轴自身重量与车厢以及车厢内装载的人、货物的重量相比要小得多,可以忽略不计,因此,火车轮轴的受力和变形如图 5-3 所示。

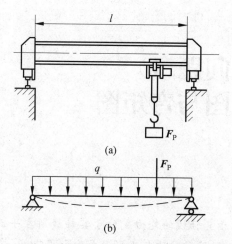

图 5-1 可以简化为简支梁的吊车大梁

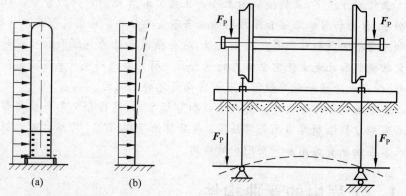

图 5-2 可以简化为悬臂梁的化工反应塔　图 5-3 火车轮轴可以简化为两端外伸梁

5.2 梁的内力及其与外力的相互关系

5.2.1 梁的内力与梁上外力的变化有关

应用截面法和平衡的概念,不难证明,当梁上的外力(包括荷载与约束力)沿杆的轴线方向发生突变时,剪力和弯矩的变化规律也将发生变化。

所谓外力突变,是指有集中力、集中力偶作用,以及分布荷载间断或分布荷载集度发生突变的情形。

剪力和弯矩变化规律是指表示剪力和弯矩变化的函数或变化的图线。这表明,如果在两个外力作用点之间的梁上没有其他外力作用,则这一段梁所有横截面上的剪力和弯矩可以用同一个数学方程或者同一图线描述。

例如,图 5-4(a)中所示平面荷载作用的杆,其上的 AB、CD、DE、EF、GH、IJ 等各段剪力和弯矩分别按不同的函数规律变化。

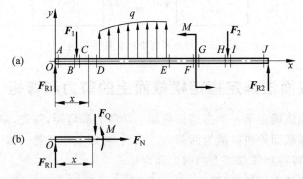

图 5-4 梁内力与外力的变化有关

5.2.2 控制面

根据以上分析,在一段梁上,剪力和弯矩按一种函数规律变化,这一段梁的两个端截面称为**控制面**(control cross-section)。控制面也就是函数定义域的两个端截面。据此,下列截面均可能为控制面:

(1) 集中力作用点两侧截面。

(2) 集中力偶作用点两侧截面。

(3) 集度相同的均布荷载起点和终点处截面。

图 5-4(a)中所示梁上的 A、B、C、D、E、F、G、H、I、J 等截面都是控制面。

5.2.3 剪力和弯矩的正负号规则

为了保证梁同一处左、右两侧截面上具有相同的正负号,不仅要考虑剪力和弯矩的方向,而且要看它作用在哪一侧截面上。于是,上述剪力和弯矩的正负号规则约定如下:

剪力 F_Q——使截开部分梁产生顺时针方向转动者为正;逆时针方向转动者为负。

弯矩 M——作用在左侧面上使截开部分逆时针方向转动,或者作用在右侧截面上使截开部分顺时针方向转动者为正;反之为负。

图 5-5 所示之 F_Q、M 都是正方向。

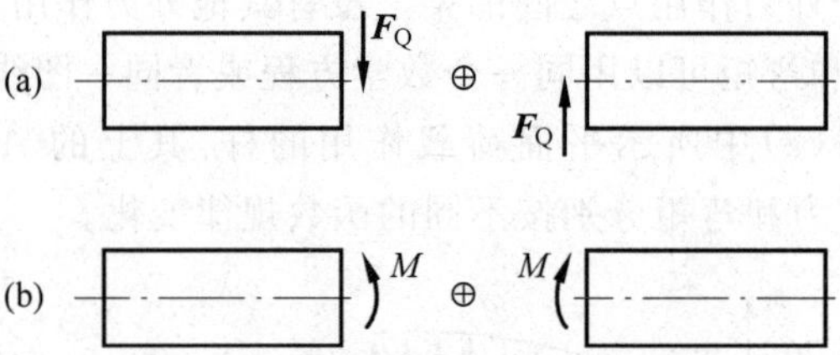

图 5-5 剪力和弯矩的正负号规则

5.2.4 截面法确定指定横截面上的剪力和弯矩

应用截面法确定某一个指定横截面上的剪力和弯矩,首先,需要用假想横截面从指定横截面处将梁截为两部分。然后,考察其中任意一部分的受力,由平衡条件,即可得到该截面上的剪力和弯矩。

以平面荷载作用情形(图 5-4(a))为例,为了确定 CD 之间的某一横截面上的剪力和弯矩,用一假想横截面将梁截开,考察左边部分的平衡,其受力如图 5-4(b)所示。假设剪力和弯矩都是正方向,由于剪力和弯矩都作用在外力所在的平面内,所以,应用平面力系的平衡方程,即可求得全部剪力和弯矩

$$\sum F_y = 0, \quad \sum M = 0$$

其中,力矩平衡方程的矩心可以取为所截开截面的几何中心。

例题 5-1 图 5-6(a)所示之一端固定、另一端自由的梁,称为**悬臂梁**(cantilever beam)。梁承受集中力 F_P 及集中力偶 M_0 作用,如图所示。试确定截面 C 及截面 D 上的剪力和弯矩。

解:1. 求截面 C 上的剪力和弯矩

用假想截面从截面 C 处将梁截开,取右段为研究对象,在截开的截面上标出剪力 F_{QC} 和弯矩 M_C 的正方向,如图 5-6(b)所示。

由平衡方程

$$\sum F_y = 0, \quad F_{QC} - F_P = 0$$
$$\sum M_C = 0, \quad M_C - M_0 + F_P \times l = 0$$

解得

$$F_{QC} = F_P$$

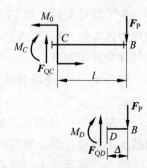

图 5-6 例题 5-1 图

$$M_C = M_0 - F_P \times l = 2F_P l - F_P l = F_P l$$

2. 求截面 D 上的剪力和弯矩

从截面 D 处将梁截开,取右段为研究对象。假设 D、B 两截面之间的距离为 Δ,由于截面 D 与截面 B 无限接近,且位于截面 B 的左侧,故所截梁段的长度 $\Delta \approx 0$。在截开的横截面上标出剪力 $\boldsymbol{F}_{QD}$ 和弯矩 M_D 的正方向,如图 5-6(c)所示。

由平衡方程

$$\sum F_y = 0, \quad F_{QD} - F_P = 0$$

$$\sum M_D = 0, \quad M_D + F_P \times \Delta = 0$$

解得

$$F_{QD} = F_P$$

$$M_D = -F_P \times \Delta = -F_P \times 0 = 0$$

5.3 剪力方程与弯矩方程

一般受力情形下,梁内剪力和弯矩将随横截面位置的改变而发生变化。描述梁的剪力和弯矩沿长度方向变化的代数方程,分别称为**剪力方程**(equation of shearing force)和**弯矩方程**(equation of bending moment)。

为了建立剪力方程和弯矩方程,必须首先建立 Ox 坐标系,其中 O 为坐标原点,一般取在梁的左端,x 坐标轴与梁的轴线一致,其正方向自左至右。

建立剪力方程和弯矩方程时,需要根据梁上的外力(包括荷载和约束力)作用状况,确定控制面,从而确定要不要分段,以及分几段建立剪力方程和弯矩方程。确定了分段之后,首先,在每一段中任意取一横截面,假设这一横截面的坐标为 x;然后从这一横截面处将梁截开,并假设所截开的横截面上的剪力 $F_Q(x)$ 和弯矩 $M(x)$ 都是正方向;最后分别应用力的平衡方程和力矩的平衡方程,即可得到剪力 $F_Q(x)$ 和弯矩 $M(x)$ 的表达式,这就是所要求的剪力方程 $F_Q(x)$ 和弯矩方程 $M(x)$。

这一方法和过程实际上与前面所介绍的确定指定横截面上的剪力和弯矩的方法和过程是相似的,所不同的是,现在的指定横截面是坐标为 x 的横截面。

需要特别注意的是,在剪力方程和弯矩方程中,x 是变量,而 $F_Q(x)$ 和 $M(x)$ 则是 x 的函数。

例题 5-2 图 5-7(a)中所示之一端为固定铰链支座,另一端为辊轴支座的梁,称为**简支梁**(simple supported beam)。梁上承受集度为 q 的均布荷载作用,梁的长度为 $2l$。试写出该梁的剪力方程和弯矩方程。

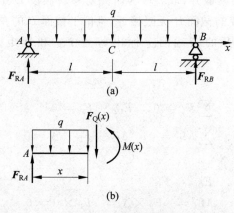

图 5-7 例题 5-2 图

解:1. 确定约束力

因为只有铅垂方向的外力,所以支座 A 的水平约束力等于零。又因为梁的结构及受力都是对称的,故支座 A 与支座 B 处铅垂方向的约束力相同。于是,根据平衡条件不难求得

$$F_{RA} = F_{RB} = ql$$

2. 确定控制面和分段

因为梁上只作用有连续分布荷载(荷载集度没有突变),没有集中力和集中力偶的作用,所以,从 A 到 B 梁的横截面上的剪力和弯矩可以分别用一个方程描述,因而无需分段建立剪力方程和弯矩方程。

3. 建立 Ax 坐标系

以梁的左端 A 为坐标原点,建立 Ax 坐标系,如图 5-7(a)所示。

4. 确定剪力方程和弯矩方程

以 A、B 之间坐标为 x 的任意截面为假想截面,将梁截开,取左段为研究对象,在截开的截面上标出剪力 $F_Q(x)$ 和弯矩 $M(x)$ 的正方向,如图 5-7(b)所示。由左段梁的平衡条件

$$\sum F_{竖向} = 0, \quad F_{RA} - qx - F_Q(x) = 0$$

$$\sum M = 0, \quad M(x) - F_{RA} \times x + qx \times \frac{x}{2} = 0$$

得到梁的剪力方程和弯矩方程分别为

$$F_Q(x) = F_{RA} - qx = ql - qx \quad (0 \leqslant x \leqslant 2l)$$

$$M(x) = qlx - \frac{qx^2}{2} \quad (0 \leqslant x \leqslant 2l)$$

这一结果表明，梁上的剪力方程是 x 的线性函数；弯矩方程是 x 的二次函数。

例题 5-3 悬臂梁在 B、C 二处分别承受集中力 $\boldsymbol{F}_P$ 和集中力偶 $M=2F_P l$ 作用，如图 5-8(a)所示。梁的全长为 $2l$。试写出梁的剪力方程和弯矩方程。

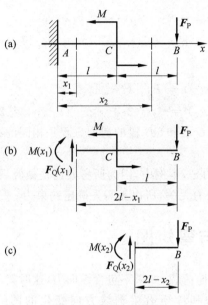

图 5-8　例题 5-3 图

解：1. 确定控制面与分段

由于梁在固定端 A 处作用有约束力、自由端 B 处作用有集中力、中点 C 处作用有集中力偶，所以，截面 A、B、C 均为控制面。因此，需要分为 AC 和 CB 两段建立剪力和弯矩方程。

2. 建立 Ax 坐标系

以梁的左端 A 为坐标原点，建立 Ax 坐标系，如图 5-8(a)所示。

3. 建立剪力方程和弯矩方程

在 AC 和 CB 两段分别以坐标为 x_1 和 x_2 的横截面将截开，并在截开的横截面上，假设剪力 $F_Q(x_1)$、$F_Q(x_2)$ 和弯矩 $M(x_1)$、$M(x_2)$ 都是正方向，然后考察截开的右边部分梁的平衡，由平衡方程即可确定所需要的剪力方程和弯矩方程。

AC 段：由平衡方程

$$\sum F_{\text{竖向}} = 0, \quad F_Q(x_1) - F_P = 0$$

$$\sum M = 0, \quad -M(x_1) + M - F_P \times (2l - x_1) = 0$$

解得

$$F_Q(x_1) = F_P \quad (0 \leqslant x_1 \leqslant l)$$
$$M(x_1) = M - F_P(2l - x_1) = 2F_P l - F_P(2l - x_1) = F_P x_1 \quad (0 \leqslant x_1 \leqslant l)$$

CB 段：由平衡方程

$$\sum F_{\text{竖向}} = 0, \quad F_Q(x_2) - F_P = 0$$
$$\sum M = 0, \quad -M(x_2) - F_P \times (2l - x_2) = 0$$

得到

$$F_Q(x_2) = F_P \quad (l < x_2 \leqslant 2l)$$
$$M(x_2) = -F_P(2l - x_2) \quad (l < x_2 \leqslant 2l)$$

上述结果表明，AC 段和 CB 段的剪力方程是相同的；弯矩方程则不同，但都是 x 的线性函数。

此外，需要指出的是，本例中，因为所考察的是截开后右边部分梁的平衡，与固定端 A 处的约束力无关，所以无需先确定约束力。

5.4 剪力图与弯矩图

作用在梁上的平面荷载，如果不包含纵向力，这时梁的横截面上将只有弯矩和剪力。表示剪力和弯矩沿梁轴线方向变化的图线，分别称为**剪力图**(diagram of shearing force)和**弯矩图**(diagram of bending moment)。

绘制剪力图和弯矩图有两种方法。第一种方法是：根据剪力方程和弯矩方程，在 F_Q-x 和 M-x 坐标系中首先标出剪力方程和弯矩方程定义域两个端点的剪力值和弯矩值，得到相应的点；然后按照剪力和弯矩方程的类型，绘制出相应的图线，便得到所需要的剪力图与弯矩图。第二种方法是：先在 F_Q-x 和 M-x 坐标系中标出控制面上的剪力和弯矩数值，然后应用荷载集度、剪力、弯矩之间的微分关系，确定控制面之间的剪力和弯矩图线的形状，无需首先建立剪力方程和弯矩方程。

本节介绍根据剪力方程与弯矩方程绘制剪力图与弯矩图的方法，其过程与绘制轴力图和扭矩图的方法大体相似，但略有差异。主要步骤如下：

(1) 根据荷载及约束力的作用位置，确定控制面，从而确定要不要分段以及分几段；

(2) 应用截面法确定控制面上的剪力和弯矩的数值(包括正负号)；

(3) 分段建立剪力方程和弯矩方程；

(4) 建立 F_Q-x 和 M-x 坐标系,其中 F_Q 坐标向上为正;M 坐标向下为正。

(5) 将控制面上的剪力和弯矩值标在上述坐标系中,得到若干相应的点;

(6) 根据各段的剪力方程和弯矩方程,在控制面之间绘制剪力图和弯矩图的图线,得到所需要的剪力图与弯矩图。

下面举例说明之。

例题 5-4 简支梁受力的大小和方向如图 5-9(a)所示。试画出其剪力图和弯矩图,并确定剪力和弯矩绝对值的最大值:$|F_Q|_{\max}$ 和 $|M|_{\max}$。

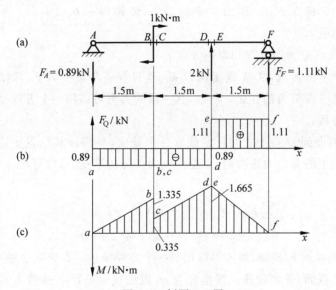

图 5-9 例题 5-4 图

解:1. 确定约束力

设 A、F 二处的约束力分别为 F_A 和 F_F,根据力矩平衡方程

$$\sum M_A = 0, \quad \sum M_F = 0$$

可以求得

$$F_A = 0.89\text{kN}, \quad F_F = 1.11\text{kN}$$

方向如图 5-9(a)所示。

2. 建立坐标系

建立 F_Q-x 和 M-x 坐标系,分别如图 5-9(b)和(c)所示。

3. 确定控制面及控制面上的剪力和弯矩值

在集中力和集中力偶作用处的两侧截面以及支座反力内侧截面均为控制

面,即图 5-9(a)中所示 A、B、C、D、E、F 各截面均为控制面。

应用截面法和平衡方程,求得这些控制面上的剪力和弯矩值分别为

A 截面:$F_Q=-0.89\text{kN}, M=0$

B 截面:$F_Q=-0.89\text{kN}, M=-1.335\text{kN}\cdot\text{m}$

C 截面:$F_Q=-0.89\text{kN}, M=-0.335\text{kN}\cdot\text{m}$

D 截面:$F_Q=-0.89\text{kN}, M=-1.665\text{kN}\cdot\text{m}$

E 截面:$F_Q=1.11\text{kN}, M=-1.665\text{kN}\cdot\text{m}$

F 截面:$F_Q=1.11\text{kN}, M=0$

将这些值分别标在 F_Q-x 和 M-x 坐标系中,便得到 a、b、c、d、e、f 各点,如图 5-9(b)、(c)所示。

4. 分段建立剪力方程和弯矩方程

根据梁上的荷载,从 A 截面到 D 截面,只有一个集中力 F_A,而集中力偶不会引起这一段剪力的变化。所以,这一段的剪力可以用一个方程描述。

剪力方程:

在 A 截面到 D 截面之间任意截取一个截面,并假设其位置坐标为 x,假设这一截面上的剪力为正方向,于是由左边部分的平衡,可以写出这一段的剪力方程:

$$\sum F_{\text{竖向}} = 0, \quad -F_Q(x)-F_A = 0$$

$$F_Q(x) = -F_A \quad (0 \leqslant x \leqslant 3.0\text{m}) \tag{a}$$

从 E 截面到 F 截面,剪力可以用另一个方程描述。在这两个截面之间任意截取一个截面,并假设其位置坐标为 x,假设这一截面上的剪力为正方向,根据左边部分的平衡,有

$$\sum F_{\text{竖向}} = 0, \quad -F_Q(x)-F_A+2\text{kN} = 0$$

$$F_Q(x) = 2\text{kN}-F_A \quad (3.0\text{m} < x \leqslant 4.5\text{m}) \tag{b}$$

弯矩方程:

由于集中力和集中力偶的作用,AB 段、CD 段和 EF 段的弯矩方程各不相同。因此,需要分 3 段建立弯矩方程。

AB 段:

在 A 截面到 B 截面之间任意截取一个截面,并假设其位置坐标为 x,假设这一截面上的弯矩为正方向,根据左边部分的力矩平衡条件,有

$$\sum M = 0, \quad -F_A x - M(x) = 0$$

$$M(x) = -F_A x \tag{c}$$

CD 段：

在 *C* 截面到 *D* 截面之间任意截取一个截面，并假设其位置坐标为 x，假设这一截面上的弯矩为正方向，根据左边部分的力矩平衡条件，有

$$\sum M = 0, \quad -F_A x + 1\text{kN} \cdot \text{m} - M(x) = 0$$

$$M(x) = 1\text{kN} \cdot \text{m} - F_A x \tag{d}$$

EF 段：

在 *E* 截面到 *F* 截面之间任意截取一个截面，并假设其位置坐标为 x，这一截面到右边支座 *F* 的距离为 $4.5\text{m} - x$，假设这一截面上的弯矩为正方向，考察右边部分的力矩平衡条件，有

$$\sum M = 0, \quad -F_F(4.5\text{m} - x) - M(x) = 0$$

$$M(x) = -F_A(4.5\text{m} - x) \tag{e}$$

5. 根据剪力方程和弯矩方程在控制面之间连图线

根据剪力方程(a)和(b)，各段的剪力都是常量，所以 F_Q 图形均为平行于 x 轴的直线。于是，连接 F_Q-x 坐标系中相应于 *AD* 段的 *a* 点和 *d* 点，以及相应于 *EF* 段的 *e* 点和 *f* 点，便可以画出剪力图，如图 5-9(b)所示。

根据弯矩方程(c)、(d)和(e)，各段的弯矩都是 x 的线性函数，所以 *M* 图形均为斜直线。于是，顺序连接 *M*-x 坐标系中相应于 *AB* 段的 *a* 点和 *b* 点；相应于 *CD* 段的 *c* 点和 *d* 点；以及相应于 *EF* 段的 *e* 点和 *f* 点，便得到梁弯矩图，如图 5-9(c)所示。

从图中不难得到剪力与弯矩的绝对值的最大值分别为

$$|F_Q|_{\max} = 1.11\text{kN} \quad (\text{发生在 } EF \text{ 段})$$

$$|M|_{\max} = 1.665\text{kN} \cdot \text{m} \quad (\text{发生在 } D、E \text{ 截面上})$$

6. 本例小结

从所得到的剪力图和弯矩图中不难看出，*AB* 段与 *CD* 段的剪力相等，因而这两段内的弯矩图具有相同的斜率。此外，在集中力作用点两侧截面上的剪力是不相等的，而在集中力偶作用处两侧截面上的弯矩也是不相等的，其差值分别为集中力与集中力偶的数值，这是由于维持 *DE* 小段和 *BC* 小段梁的平衡所必需的。建议读者自行加以验证。

5.5 荷载集度、剪力、弯矩之间的微分关系及其应用

为了直接由一段梁上的外力，判断这一段梁内各横截面上剪力和弯矩的变化规律，即建立外力与内力之间的定量关系，必须研究杆的微段平衡。

考察仅在 Oxy 平面内作用有外力的情形(图 5-10(a)),其中分布荷载集度 $q(x)$ 向上为正。在坐标为 x 处取长为 dx 的微段,其受力如图 5-10(b)所示。设左截面上的剪力和弯矩分别为 F_Q 和 M,则右截面相应地增加一增量,分别为 F_Q+dF_Q 和 $M+dM$。作用在微段梁上的分布荷载可视为均匀分布,在 x 处的荷载集度为 $q(x)$。

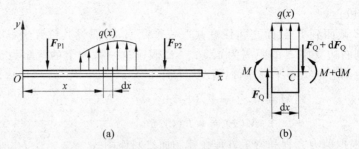

图 5-10 弯矩、剪力与荷载集度之间的关系

根据平衡方程 $\sum F_y = 0, \sum M_C = 0$,得到

$$F_Q + q(x)dx - F_Q - dF_Q = 0$$

$$-M - F_Q dx - q(x)dx\left(\frac{dx}{2}\right) + M + dM = 0$$

略去上述方程中的二阶微量,得到

$$\left.\begin{aligned} \frac{dF_Q}{dx} &= q \\ \frac{dM}{dx} &= F_Q \\ \frac{d^2 M}{dx^2} &= q \end{aligned}\right\} \tag{5-1}$$

如果将例题 5-2 中所得到的剪力方程和弯矩方程分别求一次导数,同样也会得到上述微分关系式。例题 5-2 中所得到的剪力方程和弯矩方程分别为

$$F_Q(x) = ql - qx \quad (0 \leqslant x \leqslant 2l)$$

$$M(x) = qlx - \frac{qx^2}{2} \quad (0 \leqslant x \leqslant 2l)$$

将 $F_Q(x)$ 对 x 求一次导数,将 $M(x)$ 对 x 求一次和二次导数,得到

$$\frac{dF_Q(x)}{dx} = -q$$

$$\frac{dM(x)}{dx} = ql - qx = F_Q$$

$$\frac{d^2 M}{dx^2} = -q$$

上述第 1 式和第 3 式中等号右边的负号,是由于作用在梁上的均布荷载是向下的。因此规定:对于向上的均布荷载,微分关系式(5-1)中的荷载集度 q 为正值;对于向下的均布荷载,荷载集度 q 为负值。

上述微分关系式(5-1),也说明剪力图和弯矩图图线的几何形状与作用在梁上的荷载集度有关:

(1) 剪力图的斜率等于作用在梁上的均布荷载集度;弯矩图在某一点处斜率等于对应截面处剪力的数值。

(2) 如果一段梁上没有分布荷载作用,即 $q=0$,这一段梁上剪力的一阶导数等于零,弯矩的一阶导数等于常数,因此,这一段梁的剪力图为平行于 x 轴的水平直线;弯矩图为斜直线。

(3) 如果一段梁上作用有均布荷载,即 $q=$ 常数,这一段梁上剪力的一阶导数等于常数,弯矩的一阶导数为 x 的线性函数,因此,这一段梁的剪力图为斜直线;弯矩图为二次抛物线。

(4) 弯矩图二次抛物线的凸凹性与荷载集度 q 的正负有关:当 q 为正(向上)时,抛物线为凹曲线,凹的方向与 M 坐标正方向一致;当 q 为负(向下)时,抛物线为凸曲线,凸的方向与 M 坐标正方向一致。

应用上述平衡微分关系以及这些微分关系所描述的几何图形,可以不必写出剪力方程与弯矩方程,即可在 F_Q-x 和 M-x 坐标系中相应于控制面的点之间绘制出剪力图和弯矩图的图线。

下面举例说明应用平衡微分关系绘制剪力图和弯矩图的方法。

例题 5-5 图 5-11(a)所示梁由一个固定铰链支座和一个辊轴支座所支承,但是梁的一端向外伸出,这种梁称为**外伸梁**(overhanding beam)。梁的受力以及各部分的尺寸均示于图中。试画出梁的剪力图与弯矩图,并确定剪力和弯矩绝对值的最大值:$|F_Q|_{max}$ 和 $|M|_{max}$。

解:1. 确定约束力

根据梁的整体平衡,由

$$\sum M_A = 0, \quad \sum M_B = 0$$

可以求得 A、B 二处的约束力

$$F_A = \frac{9}{4}qa, \quad F_B = \frac{3}{4}qa$$

方向如图 5-11(a)所示。

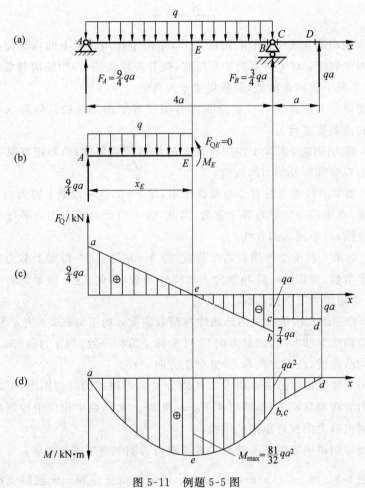

图 5-11 例题 5-5 图

2. 建立坐标系

建立 $F_Q\text{-}x$ 和 $M\text{-}x$ 坐标系,分别如图 5-11(c)和(d)所示。

3. 确定控制面及控制面上的剪力和弯矩值

由于 AB 段上作用有连续分布荷载,故 A、B 两个截面为控制面,约束力 F_B 右侧的 C 截面,以及集中力 qa 左侧的 D 截面,也都是控制面。

应用截面法和平衡方程求得 A、B、C、D 四个控制面上的 F_Q、M 数值分别为:

A 截面:$F_Q = \dfrac{9}{4}qa, M = 0$

B 截面:$F_Q = -\dfrac{7}{4}qa, M = qa^2$

C 截面：$F_Q = -qa, M = qa^2$

D 截面：$F_Q = -qa, M = 0$

将这些值分别标在 $F_Q\text{-}x$ 和 $M\text{-}x$ 坐标系中，便得到 a、b、c、d 各点，如图 5-11(c)、(d) 所示。

4. 根据微分关系连图线

对于剪力图：在 AB 段，因有均布荷载作用，剪力图为一斜直线，于是连接 a、b 两点，即得这一段的剪力图；在 CD 段，因无分布荷载作用，故剪力图为平行于 x 轴的直线，由连接 c、d 二点而得，或者由其中任一点作平行于 x 轴的直线而得。

对于弯矩图：在 AB 段，因有均布荷载作用，图形为二次抛物线。又因为 q 向下为负，弯矩图为凸向 M 坐标正方向的抛物线。于是，AB 段内弯矩图的形状便大致确定。为了确定曲线的位置，除 AB 段上两个控制面上弯矩数值外，还需确定在这一段内二次抛物线有没有极值点，以及极值点的位置和极值点的弯矩数值。从剪力图上可以看出，在 e 点剪力为零。根据

$$\frac{dM}{dx} = F_Q = 0$$

弯矩图在 e 点有极值点。利用 $F_Q = 0$ 这一条件，可以确定极值点 e 的位置 x_E 的数值。进而由截面法可以确定极值点的弯矩数值 M_E。为此，将梁从 x_E 处截开，考察左边部分梁的受力，如图 5-11(b) 所示。根据平衡方程

$$\sum F_y = 0, \quad \frac{9}{4}qa - q \times x_E = 0$$

$$\sum M_A = 0, \quad M_E - \frac{qx_E^2}{2} = 0$$

由此解得

$$x_E = \frac{9}{4}a$$

$$M_E = \frac{1}{2}qx_E^2 = \frac{81}{32}qa^2$$

将其标在 $M\text{-}x$ 坐标系中，得到 e 点，根据 a、b、c 三点，以及图形为凸曲线并在 e 点取极值，即可画出 AB 段的弯矩图。在 CD 段因无分布荷载作用，故弯矩图为一斜直线，由 c、d 两点直接连接得到。

从图中可以看出剪力和弯矩绝对值的最大值分别为

$$|F_Q|_{max} = \frac{9}{4}qa$$

$$|M|_{max} = \frac{81}{32}qa^2$$

注意到在右边支座处,由于约束力的作用,该处剪力图有突变(支座两侧截面剪力不等)弯矩图在该处出现折点(弯矩图的曲线段在该处的切线斜率不等于斜直线 cd 的斜率)。

例题 5-6 图 5-12(a)所示为两端外伸梁,已知 $M_0=5\text{kN}\cdot\text{m}$,$F_P=5\text{kN}$,$q=10\text{kN/m}$,$a=1\text{m}$。试画出杆的剪力图和弯矩图,并确定剪力和弯矩绝对值的最大值:$|F_Q|_{max}$ 和 $|M|_{max}$。

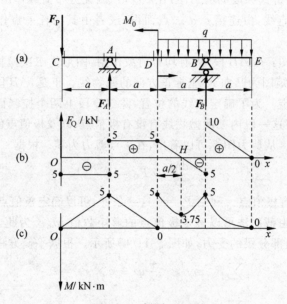

图 5-12 例题 5-6 图

解:1. 确定约束力

根据梁的整体平衡,由

$$\sum M_A = 0, \quad \sum M_B = 0$$

可以求得 A、B 二处的约束力

$$F_A = 10\text{kN}(\uparrow), \quad F_B = 15\text{kN}(\uparrow)$$

2. 建立坐标系

建立 F_Q-x 和 M-x 坐标系,分别如图 5-12(b)和(c)所示。

3. 确定控制面及控制面上的剪力和弯矩值

剪力、弯矩的变化应以力的作用点和支座的位置进行分段,相临两点之间的梁段为一个变化段,每段的两个端截面即为控制面,故该外伸梁的内力分为四段。控制面分别有 C 截面的右侧,A、D、B 三个截面的左、右两侧和 E 截面的左侧共计 8 个控制面,分别计算出这些控制面上的剪力值和弯矩值。

由于 DE 段上作用有均布力,故其剪力图为斜直线,弯矩图为抛物线,该剪力图的斜直线与 x 轴相交($F_Q=0$),该交点处对应的弯矩值为极值。

应用截面法和平衡方程求得各控制面及弯矩图极值点处的 F_Q、M 值,列于下表中:

截 面	C^+	A^-	A^+	D^-	D^+	B^-	B^+	E^-	H
F_Q/kN	−5	−5	5	5	5	−5	10	0	0
M/kN·m	0	−5	−5	0	−5	−5	−5	0	−3.75

将这些值分别标在 F_Q-x 和 M-x 坐标系中。

4. 根据微分关系连图线

先将各内力图分段内的内力曲线的形状根据微分关系 $\dfrac{\mathrm{d}^2 M}{\mathrm{d}x^2}=\dfrac{\mathrm{d}F_Q}{\mathrm{d}x}=q(x)$ 确定,然后将各分段控制面上的内力值点从左至右或从右至左顺次连接,即可画出梁的剪力图和弯矩图,分别如图 5-12(b) 和 (c) 所示。

从图中可以看出剪力和弯矩绝对值的最大值分别为

$|F_Q|_{\max} = 10 \text{kN}$ (在 B 截面的右侧)

$|M|_{\max} = 5 \text{kN} \cdot \text{m}$ (在 A、B 截面和 D 截面的右侧)

注意到 H 截面的弯矩值,虽为极值,但并非梁的弯矩绝对值的最大值;集中力在其作用点处将引起剪力图的突变,集中力偶在其作用点处将引起弯矩图的突变。

5.6 刚架的内力与内力图

由两根或两根以上的杆件组成的并在连接处采用刚性连接的结构,称为**刚架**(rigid frame)或**框架**(frame)。当杆件变形时,两杆连接处保持刚性,即两杆轴线的夹角(一般为直角)保持不变。刚架中的横杆一般称为横梁;竖杆称为立柱;二者连接处称为刚节点。

在平面荷载作用下,组成刚架的杆件横截面上一般存在轴力、剪力和弯矩三个内力分量。

由于弯矩的正负号与观察者所处的位置有关,如图 5-13 所示,同一弯矩,在杆件一侧视之为正,另一侧视之则为负。这将给刚架弯矩图的绘制带来不必要的麻烦。

注意到，弯矩的作用将使杆件轴线一侧的材料沿轴线方向受拉、另一侧的材料受压。而且，这种性质不会因观察者的位置不同而改变。根据这一特点，绘制刚架弯矩图时，可以不考虑弯矩的正负号，只需确定杆横截面上弯矩的实际方向，根据弯矩的实际方向，判断杆的哪一侧受拉（刚架的内侧还是外侧），然后将控制面上的弯矩值标在受拉的一侧。控制面之间曲线的大致形状，依然由微分关系确定。

剪力和轴力的正负号则与观察者的位置无关。剪力图和轴力图画在哪一侧都可以，但需标出它们的正负。

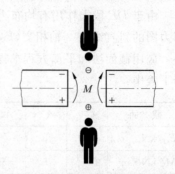

图 5-13　刚架杆截面上弯矩的正负号与观察者位置有关

例题 5-7　刚架的支承与受力如图 5-14(a)所示。竖杆承受集度为 q 的均布荷载作用。若已知 q、l，试画出刚架的轴力图、剪力图和弯矩图。

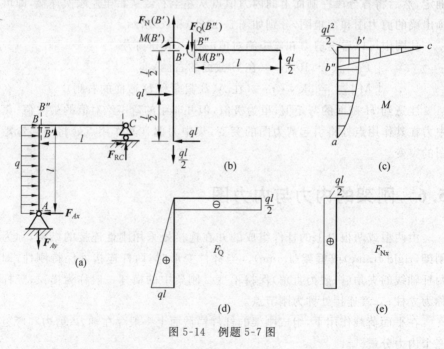

图 5-14　例题 5-7 图

解：首先，由刚架的总体平衡方程

$$\sum M_A = 0, \quad \sum M_C = 0 \quad 和 \quad \sum F_x = 0$$

求得 A、C 两处的约束力分别为

A 处：$F_{Ax}=ql, F_{Ay}=F_{RC}$

C 处：$F_{RC}=F_{Ay}=\dfrac{1}{2}ql$

然后，确定控制面，除集中力 F_{RC}、F_{Ay}、F_{Ax} 作用处的截面 A、C 外，刚节点 B 处分属于竖杆和横杆的截面 B' 和 B'' 也都是控制面。在 A、C 两处，不难确定其弯矩均为零：

$$M(A)=0, \quad M(C)=0$$

用假想截面 B' 和 B'' 将刚架分别截成竖杆和横杆两部分，二者受力如图 5-14(b) 所示。由平衡方程不难求得

$$M(B')=\dfrac{ql^2}{2}, \quad M(B'')=\dfrac{ql^2}{2}$$

根据二者的实际方向，可以判断竖杆和横杆都是内侧材料受拉。

于是，将所得控制面上的弯矩值标在图 5-14(c) 所示的刚架上，得到 a、b'、b''、c 四点。

根据微分关系，横杆上没有均布荷载，故由 $\dfrac{d^2M}{dx^2}=0$，B'' 与 C 之间的弯矩图为一直线，由点 b'' 和 c 连线而得。对于竖杆，$\dfrac{d^2M}{dx^2}=-q$（观察者在内侧），故弯矩图为凸向观察者的二次抛物线。而且，由于截面 B' 上的剪力为零，所以弯矩图上 b' 处应为抛物线的顶点。据此，即可画出竖杆的弯矩图（图 5-14(c)）。

从图中可以看出，刚节点的截面 B' 和 B'' 上弯矩最大，其值为 $\dfrac{1}{2}ql^2$。

图 5-14(d) 和 (e) 分别为剪力图和轴力图。

例题 5-8 平面刚架受力如图 5-15(a) 所示。试画出刚架的剪力图与弯矩图，并确定 $|F_Q|_{\max}$ 和 $|M|_{\max}$。

解：1. 计算约束力

以整体为平衡对象得到

$$F_{Ax}=qa, \quad F_{Ay}=\dfrac{qa}{2}, \quad F_{Fy}=\dfrac{qa}{2}$$

2. 确定控制面及其上之 F_Q、M 数值

根据图 5-15(a) 之受力情形三段杆共有 A、B、C、D、E、F 六个控制面，由截面法求得这些面上的剪力和弯矩数值分别为

A 截面：$F_Q=-qa, M=0$

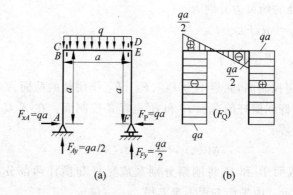

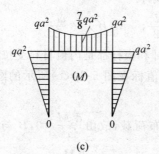

图 5-15 例题 5-8 图

B 截面：$F_Q=-qa$，$M=qa^2$（内侧受压）
C 截面：$F_Q=qa/2$，$M=qa^2$（内侧受压）
D 截面：$F_Q=-qa/2$，$M=qa^2$（内侧受压）
E 截面：$F_Q=qa$，$M=qa^2$（内侧受压）
F 截面：$F_Q=qa$，$M=0$

将这些数值分别标在相应的位置。

3. 利用微分关系连曲线

竖杆 AB 和 EF 上无分布力作用，故剪力图为平行于杆轴线的直线；弯矩图为斜直线，所以直接将控制面上的 F_Q、M 数值间连直线即得其 F_Q、M 图。

水平杆上有分布荷载作用，故剪力图为斜直线，它亦可由控制面上的 F_Q 数值直接连直线而得。弯矩图为二次抛物线，且根据 $\dfrac{d^2M(x)}{dx^2}=q(x)$，现 q 向下故为负值，即 $\dfrac{d^2M(x)}{dx^2}<0$，因此抛物线是向下凸的。又根据剪力图上 $F_Q=0$ 处的位置确定抛物线顶点的位置，并进而求得这一点的弯矩值为

$$M=qa^2-\dfrac{qa}{2}\cdot\dfrac{a}{2}+\dfrac{qa}{2}\cdot\dfrac{a}{4}=\dfrac{7}{8}qa^2\text{（内侧受压）}$$

于是可以作出横杆 CD 的弯矩图。

从图 5-15(b)和(c)剪力图和弯矩图上可以得到

$$|F_Q|_{max} = qa$$
$$|M|_{max} = qa^2$$

例题 5-9 刚架受力如图 5-16(a)所示。试画此刚架的弯矩图与剪力图。

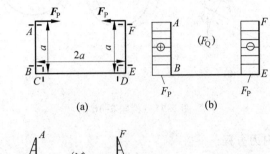

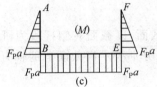

图 5-16 例题 5-9 图

解：所给定的刚架无外部约束，故无需求约束力。其他作图步骤与前两例相同。

1. 计算控制面上的 F_Q、M 数值

   A 截面：$F_Q = F_P, M = 0$

   B 截面：$F_Q = F_P, M = F_P a$（内侧受压）

   C 截面：$F_Q = 0, M = F_P a$（内侧受压）

   D 截面：$F_Q = 0, M = F_P a$（内侧受压）

   E 截面：$F_Q = -F_P, M = F_P a$（内侧受压）

   F 截面：$F_Q = -F_P, M = 0$

2. 绘制剪力图和弯矩图

因为各杆上均无分布荷载作用，故只需将上述 F_Q、M 数值按规定标在相应的位置，然后在各杆的控制面之间直接连线，便得到如图 5-16(b)和(c)所示之剪力图和弯矩图。

从图中可以得到：

$$|F_Q|_{max} = F_P$$
$$|M|_{max} = F_P a$$

例题 5-10 图 5-17(a)为平面曲杆,试写出杆横截面上的内力方程并作内力图。

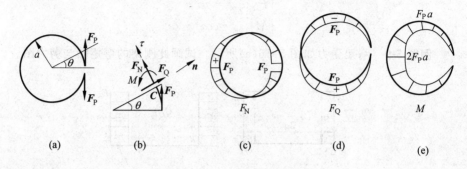

图 5-17 例题 5-10 图

解:1. 写内力方程

利用截面法,取杆上任一 θ 横截面,以截面右侧杆段为研究对象分析受力,如图 5-17(b)所示,F_N、F_Q 和 M 分别表示横截面上的轴力、剪力和弯矩。根据杆段的平衡,由

$$\sum F_\tau = 0, \quad \sum F_n = 0, \quad \sum M_C = 0$$

可以求得杆横截面上的内力方程分别为

$$F_N(\theta) = -F_P\cos\theta \tag{a}$$

$$F_Q(\theta) = -F_P\sin\theta \tag{b}$$

$$M(\theta) = -F_P a(1-\cos\theta) \tag{c}$$

其中,θ 的变化范围是 $0 \leqslant \theta \leqslant 2\pi$。

2. 根据内力方程(a)、(b)、(c)三式,可分别画出平面曲杆的轴力图、剪力图和弯矩图,如图 5-17(c)、(d)、(e)所示。

5.7 结论与讨论

5.7.1 关于弯曲内力与内力图的几点重要结论

(1) 根据弹性体的平衡原理,应用刚体静力学中的平衡方程,可以确定静定梁上任意横截面上的剪力和弯矩。

(2) 剪力和弯矩的正负号规则不同于静力学,但在建立平衡方程时,依然可以规定某一方向为正、相反者为负。

(3) 剪力方程与弯矩方程都是横截面位置坐标 x 的函数表达式，不是某一个指定横截面上剪力与弯矩的数值。

(4) 无论是写剪力方程与弯矩方程，还是画剪力图与弯矩图，都需要注意分段。因此，正确确定控制面是很重要的。

(5) 可以根据剪力方程和弯矩方程绘制剪力图和弯矩图，也可以不写方程直接利用荷载集度、剪力、弯矩之间的微分关系绘制剪力图和弯矩图。

5.7.2 正确应用力系简化方法确定控制面上的剪力和弯矩

本章介绍了用局部平衡的方法确定控制面上的剪力和弯矩。某些情形下，采用力系简化方法，确定控制面上的剪力和弯矩，可能更方便一些。

以图 5-18(a) 中的简支梁为例：为求截面 B' 上的剪力和弯矩，可以将梁从 B' 处截开，考察左边部分，将其上的外力向 B' 处简化，得到一力和一力偶，其值分别为

$$\frac{F_P}{2}, \quad \frac{F_P l}{4}$$

但是，这并不是 B' 截面上的剪力和弯矩，而是其左边外力的简化结果，仍

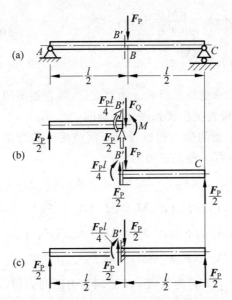

图 5-18 力系简化应用于确定控制面上的内力

然是外力。剪力 F_Q 和弯矩 M 分别与二者大小相等、方向相反。

如果考察 B' 右侧截面，其上的剪力和弯矩应与 B' 左侧截面上剪力和弯矩大小相等、方向相反（图 5-18(b)）。可见，B' 左边部分的外力简化结果，即为其右侧截面上的剪力和弯矩。反之，B' 右边部分的外力简化结果即为左侧截面上的剪力和弯矩。

上述结果将使控制面上的剪力和弯矩的确定过程大为简化，无需将杆一一截开，只需在控制面处作一记号（图 5-18(c)中采用斜剖面线标记），然后将外力向该处简化，即可确定该截面上剪力和弯矩的大小及其正负号。实际分析时，如果概念清楚，也可以不作任何记号。

习题

5-1 微分关系中的正负号由哪些因素所确定？简支梁受力及 Ox 坐标取向如图所示。请分析下列微分关系中哪一个是正确的。

(A) $\dfrac{dF_Q}{dx}=q(x)$，$\dfrac{dM}{dx}=F_Q$；

(B) $\dfrac{dF_Q}{dx}=-q(x)$，$\dfrac{dM}{dx}=-F_Q$；

(C) $\dfrac{dF_Q}{dx}=-q(x)$，$\dfrac{dM}{dx}=F_Q$；

(D) $\dfrac{dF_Q}{dx}=q(x)$，$\dfrac{dM}{dx}=-F_Q$。

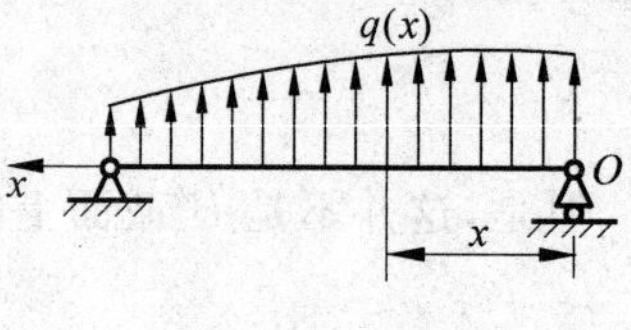

习题 5-1 图

5-2 对于图示承受均布荷载 q 的简支梁，其弯矩图凹凸性与哪些因素相关？试判断下列四种答案中哪几种是正确的。

5-3 已知图示梁的剪力图以及 a、e 两截面上的弯矩 M_a 和 M_e，现有下列四种答案，试分析哪一种是正确的。

(A) $M_b=M_a+A_{a\sim b}(F_Q)$，$M_d=M_e+A_{e\sim d}(F_Q)$；

(B) $M_b=M_a-A_{a\sim b}(F_Q)$，$M_d=M_e-A_{e\sim d}(F_Q)$；

(C) $M_b=M_a+A_{a\sim b}(F_Q)$，$M_d=M_e-A_{e\sim d}(F_Q)$；

(D) $M_b=M_a-A_{a\sim b}(F_Q)$，$M_d=M_e+A_{e\sim d}(F_Q)$。

上述各式中 $A_{a\sim b}(F_Q)$ 为截面 a、b 之间剪力图的面积，以此类推。

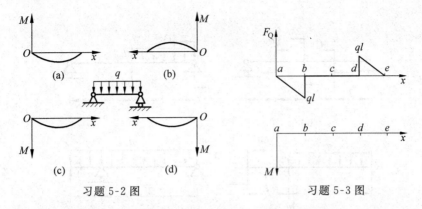

习题 5-2 图   习题 5-3 图

5-4 试求图示各梁中指定截面上的剪力、弯矩值。

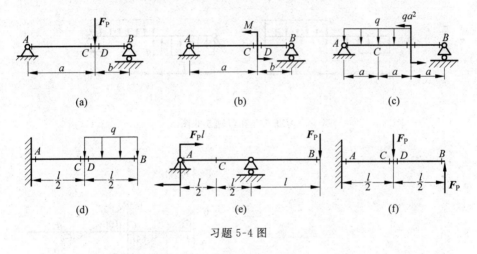

习题 5-4 图

5-5 试写出以下各梁的剪力方程、弯矩方程。

5-6 试画出习题 5-5 中各梁的剪力图、弯矩图,并确定剪力和弯矩的绝对值的最大值。

*5-7 静定梁承受平面荷载,但无集中力偶作用,其剪力图如图所示。若已知 A 端弯矩 $M(A)=0$。试确定梁上的荷载及梁的弯矩图。并指出梁在何处有约束,且为何种约束。

5-8 已知静定梁的剪力图和弯矩图,试确定梁上的荷载及梁的支承。

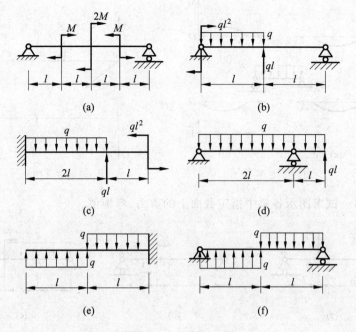

习题 5-5 和习题 5-6 图

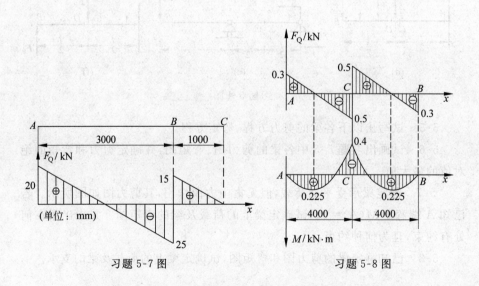

习题 5-7 图   习题 5-8 图

*5-9 试作图示刚架的剪力图和弯矩图,并确定$|F_Q|_{max}$、$|M|_{max}$。

5-10 长度相同、承受同样的均布荷载 q 作用的梁,有图中所示的 4 种支承方式,如果从梁的强度考虑,请判断哪一种支承方式最合理。

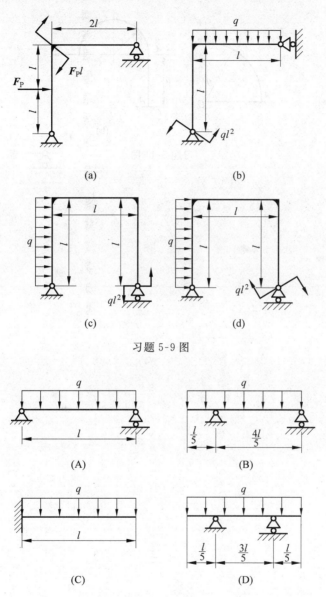

习题 5-9 图

习题 5-10 图

5-11 曲杆受力如图所示，试写出杆横截面上的内力方程。

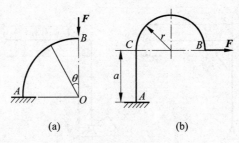

(a)　　　　(b)

习题 5-11 图

第6章

梁的弯曲问题(2)
——截面的几何性质

不同变形形式的杆件的承载能力,不仅与其材料性能和尺寸有关,而且与杆件截面的几何形状及加载方式有关。因此,除了拉、压杆以外,当研究杆件承受弯曲、扭转或组合受力形式下的强度、刚度问题以及研究压杆的稳定问题时,都要涉及到与截面形状和尺寸有关的一些几何量。这些几何量包括:形心、静矩、惯性矩、惯性积、极惯性矩、截面模量、惯性半径等,这些几何量统称为"截面的几何性质"。

研究截面的几何性质时完全不考虑研究对象的物理和力学因素,而看作纯几何问题。由于这些几何性质的实际应用面较窄,一般数学课程中都极少专门研究,因而需要在材料力学课程中加以讨论。

6.1 为什么要研究截面的几何性质

拉压杆的正应力分析以及强度计算的结果表明,拉压杆横截面上正应力大小以及拉压杆的强度只与杆件横截面的大小,即横截面面积有关,这是因为截面上的正应力是均匀分布的。

但是,在弯曲和扭转的情形下,横截面上的应力都是非均匀分布的,不同的应力分布,组成不同的内力分量时,将产生不同的几何量。这些几何量不仅与截面的大小有关,而且与截面的几何形状有关。

对于图 6-1 所示之应力均匀分布的情形,利用内力与应力的静力学关系,有

$$\sigma = \frac{F_N}{A}$$

其中 A 为杆件的横截面面积。

当杆件横截面上,除了轴力以外还存在弯矩时,其应力不再是均匀分布

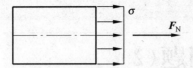

图 6-1 横截面上均匀分布内力

的,这时得到的应力表达式,仍然与横截面上的内力分量以及横截面的几何量有关。但是,这时的几何量将不再是横截面的面积,而是其他的形式。例如当横截面上的正应力沿横截面的高度方向线性分布时,即 $\sigma=Cy$ 时(图 6-2),根据应力与内力的静力学关系,这样的应力分布将组成弯矩 M_z,于是有

$$\int_A (\sigma dA)y = \int_A (Cy dA)y = C\int_A y^2 dA = M_z$$

由此得到

$$C = \frac{M_z}{\int_A y^2 dA} = \frac{M_z}{I_z}, \quad \sigma = Cy = \frac{M_z y}{I_z}$$

其中

$$I_z = \int_A y^2 dA$$

不仅与横截面面积的大小有关,而且与横截面各部分到 z 轴距离的平方(y^2)有关。

分析弯曲正应力时将涉及若干与横截面大小以及横截面形状有关的量,包括形心、静矩、惯性矩、惯性积以及主轴等。

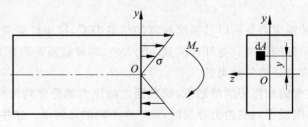

图 6-2 横截面上非均匀分布内力

6.2 静矩、形心及其相互关系

考察任意平面几何图形如图 6-3 所示,在其上取面积微元 dA,该微元在 Oyz 坐标系中的坐标为 y、z(为与本书所用坐标系一致,将通常所用的 Oxy

坐标系改为 Oyz 坐标系)。

定义下列积分：

$$\left.\begin{array}{l}S_y = \int_A z\,\mathrm{d}A \\ S_z = \int_A y\,\mathrm{d}A\end{array}\right\} \quad (6\text{-}1)$$

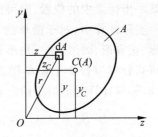

图 6-3　平面图形的静矩与形心

分别称为图形对于 y 轴和 z 轴的**截面一次矩**（first moment of an area）或**静矩**（static moment）。静矩的单位为 m^3 或 mm^3。

如果将 $\mathrm{d}A$ 视为垂直于图形平面的力，则 $y\mathrm{d}A$ 和 $z\mathrm{d}A$ 分别为 $\mathrm{d}A$ 对于 z 轴和 y 轴的力矩；S_z 和 S_y 则分别为 A 对 z 轴和 y 轴之矩。

图形几何形状的中心称为**形心**（centroid of an area），若将面积视为垂直于图形平面的力，则形心即为合力的作用点。

设 z_C、y_C 为形心坐标，则根据合力之矩定理，有

$$\left.\begin{array}{l}S_z = Ay_C \\ S_y = Az_C\end{array}\right\} \quad (6\text{-}2)$$

或

$$\left.\begin{array}{l}y_C = \dfrac{S_z}{A} = \dfrac{\int_A y\,\mathrm{d}A}{A} \\[2ex] z_C = \dfrac{S_y}{A} = \dfrac{\int_A z\,\mathrm{d}A}{A}\end{array}\right\} \quad (6\text{-}3)$$

这就是图形形心坐标与静矩之间的关系。

根据上述关于静矩的定义以及静矩与形心之间的关系可以看出：

(1) 静矩与坐标轴有关，同一平面图形对于不同的坐标轴有不同的静矩。对某些坐标轴静矩为正；对另外一些坐标轴静矩则可能为负；对于通过形心的坐标轴，图形对其静矩等于零。

(2) 如果某一坐标轴通过截面形心，这时，截面形心的一个坐标为零，则截面对于该轴的静矩等于零；反之，如果截面对于某一坐标轴的静矩等于零，则该轴通过截面形心。例如，z 轴通过截面形心，$y_C = 0$，这时 $S_z = 0$；反之，如果 $S_z = 0$，则 $y_C = 0$，z 轴一定通过截面形心。

(3) 如果已经计算出静矩，就可以确定形心的位置；反之，如果已知形心

在某一坐标系中的位置，则可计算图形对于这一坐标系中坐标轴的静矩。

实际计算中，对于简单的、规则的图形，其形心位置可以直接判断，例如：矩形、正方形、圆形、正三角形等的形心位置是显而易见的。对于组合图形，则先将其分解为若干个简单图形（可以直接确定形心位置的图形）；然后由式（6-3）分别计算它们对于给定坐标轴的静矩，并求其代数和，即

$$\left.\begin{array}{l} S_z = A_1 y_{C1} + A_2 y_{C2} + \cdots + A_n y_{Cn} = \sum_{i=1}^{n} A_i y_{Ci} \\ S_y = A_1 z_{C1} + A_2 z_{C2} + \cdots + A_n z_{Cn} = \sum_{i=1}^{n} A_i z_{Ci} \end{array}\right\} \quad (6\text{-}4)$$

再利用式（6-3），即可得组合图形的形心坐标：

$$\left.\begin{array}{l} y_C = \dfrac{S_z}{A} = \dfrac{\sum_{i=1}^{n} A_i y_{Ci}}{\sum_{i=1}^{n} A_i} \\ z_C = \dfrac{S_y}{A} = \dfrac{\sum_{i=1}^{n} A_i z_{Ci}}{\sum_{i=1}^{n} A_i} \end{array}\right\} \quad (6\text{-}5)$$

6.3 惯性矩、惯性积、惯性半径

对于图 6-3 中的任意图形，以及给定的 Oyz 坐标，定义下列积分：

$$\left.\begin{array}{l} I_y = \int_A z^2 \mathrm{d}A \\ I_z = \int_A y^2 \mathrm{d}A \end{array}\right\} \quad (6\text{-}6)$$

分别为图形对于 y 轴和 z 轴的**截面二次轴矩**（second moment of an area）或**惯性矩**（moment of inertia）。

定义积分

$$I_{yz} = \int_A yz \, \mathrm{d}A \quad (6\text{-}7)$$

为图形对于通过点 O 的一对坐标轴 y、z 的**惯性积**（product of inertia）。

定义

$$\left.\begin{array}{l} i_y = \sqrt{\dfrac{I_y}{A}} \\ i_z = \sqrt{\dfrac{I_z}{A}} \end{array}\right\} \quad (6\text{-}8)$$

分别为图形对于 y 轴和 z 轴的**惯性半径**(radius of gyration)。

在 4.3.3 节中曾提到,定义积分

$$I_\mathrm{p} = \int_A r^2 \mathrm{d}A$$

为图形对于点 O 的**截面二次极矩**或**极惯性矩**。

根据上述定义可知:

(1) 惯性矩和极惯性矩恒为正;而惯性积则由于坐标轴位置的不同,可能为正,也可能为负。三者的单位均为 m^4 或 mm^4。

(2) 因为 $r^2 = y^2 + z^2$,所以由上述定义不难得到惯性矩与极惯性矩之间的下列关系:

$$I_\mathrm{p} = I_y + I_z \tag{6-9}$$

例题 6-1 已知圆截面的直径为 d,求:截面对于任意直径轴的惯性矩。

解:取半径为 r、径向厚度为 $\mathrm{d}r$ 的圆环作为面积微元,如图 6-4 所示,微元面积为

$$\mathrm{d}A = 2\pi r \times \mathrm{d}r$$

因为圆截面对于任意直径轴的惯性矩都是相等的,所以有

$$I_\mathrm{p} = I_y + I_z = 2I$$

所以,可以先计算极惯性矩,进而求得惯性矩。利用极惯性矩的定义,有

$$I_\mathrm{p} = \int_A r^2 \mathrm{d}A = \int_0^{d/2} r^2 (2\pi r \mathrm{d}r) = \frac{\pi d^4}{32}$$

$$\tag{6-10}$$

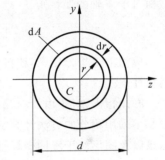

图 6-4 例题 6-1 图

式中,d 为圆截面的直径。

代入上式,得到圆截面对于通过其中心的任意轴的惯性矩均为

$$I = \frac{I_\mathrm{p}}{2} = \frac{\pi d^4}{64} \tag{6-11}$$

类似地,根据圆环截面对于圆环中心的极惯性矩

$$I_\mathrm{p} = \frac{\pi D^4}{32}(1-\alpha^4), \quad \alpha = \frac{d}{D} \tag{6-12}$$

得到圆环截面的惯性矩表达式

$$I = \frac{\pi D^4}{64}(1-\alpha^4), \quad \alpha = \frac{d}{D} \tag{6-13}$$

式中，D 为圆环外直径；d 为内直径。

例题 6-2 宽度为 b、高度为 h 的矩形截面如图 6-5 所示。求：截面对于通过形心的一对对称轴的惯性矩。

解：根据矩形截面的特点，为求截面对于 z 轴的惯性矩，微元取为平行于 z 轴的长条（图 6-5），其微元面积为

$$dA = b dy$$

截面对于 z 轴的惯性矩

$$I_z = \int_A y^2 dA = \int_{-\frac{h}{2}}^{\frac{h}{2}} y^2 b dy = \frac{bh^3}{12} \quad (6\text{-}14a)$$

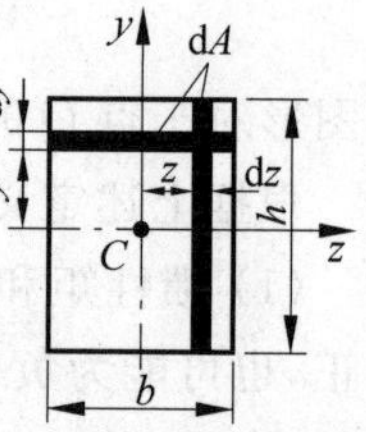

图 6-5 例题 6-2 图

为求截面对于 y 轴的惯性矩，微元取为平行于 y 轴的长条（图 6-5），其微元面积为

$$dA = h dz$$

截面对于 y 轴的惯性矩

$$I_y = \int_A z^2 dA = \int_{-\frac{b}{2}}^{\frac{b}{2}} z^2 b dz = \frac{hb^3}{12} \quad (6\text{-}14b)$$

应用上述积分定义，还可以计算其他各种简单图形截面对于给定坐标轴的惯性矩。

必须指出，对于由简单几何图形组合成的图形，为避免复杂数学运算，一般都不采用积分的方法计算它们的惯性矩。而是利用简单图形的惯性矩计算结果以及图形对于不同坐标轴（例如，互相平行的坐标轴；不同方向的坐标轴）惯性矩之间的关系，由求和的方法求得。基于工程上常见的截面图形的惯性矩计算式，在"材料力学手册"以及其他工程手册中都可以查到，限于篇幅，本书将不再介绍。

6.4 惯性矩与惯性积的移轴定理

如图 6-6 所示，在坐标系 Ozy 中，图形对 z、y 轴的惯性矩和惯性积为 I_z、I_y 和 I_{zy}。另有一坐标系 $O_1z_1y_1$，其坐标轴 z_1、y_1 分别平行于 z 轴和 y 轴；且 z_1 与 z 轴之间的距离为 a，y_1 与 y 轴之间的距离为 b。

所谓"**移轴定理**"是指图形对于平行轴的惯性矩和惯性积之间的关系。

根据平行轴的坐标变换：

$$z_1 = z + b$$
$$y_1 = y + a$$

第 6 章 梁的弯曲问题(2)——截面的几何性质

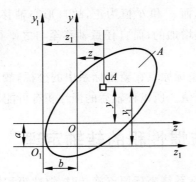

图 6-6 惯性矩与惯性积的移轴定理

将其代入惯性矩和惯性积的定义表达式(6-6)后,得到

$$I_{z_1} = \int_A y_1^2 dA = \int_A (y+a)^2 dA$$

$$I_{y_1} = \int_A z_1^2 dA = \int_A (z+b)^2 dA$$

$$I_{z_1 y_1} = \int_A z_1 y_1 dA$$

展开后,得到

$$\left.\begin{array}{l} I_{z_1} = I_z + 2aS_z + a^2 A \\ I_{y_1} = I_y + 2bS_y + b^2 A \\ I_{z_1 y_1} = I_{zy} + bS_z + aS_y + abA \end{array}\right\} \quad (6\text{-}15)$$

如果 z、y 轴通过图形形心,则上述各式中之

$$S_z = S_y = 0$$

于是上述各式变为

$$\left.\begin{array}{l} I_{z_1} = I_z + a^2 A \\ I_{y_1} = I_y + b^2 A \\ I_{z_1 y_1} = I_{zy} + abA \end{array}\right\} \quad (6\text{-}16)$$

式(6-16)就是图形对平行轴惯性矩与惯性积之间的关系。该式表明:

(1) 图形对任意轴的惯性矩,等于图形对与该轴平行的形心轴的惯性矩,再加上图形面积与二轴间距离平方的乘积。

(2) 图形对任意一对直角坐标轴的惯性积,等于图形对平行于该坐标轴的一对通过形心的直角坐标轴的惯性积,再加上图形面积与两对坐标轴之间距离的乘积。

因为面积恒为正,而 a^2 和 b^2 恒为正,故自形心轴移至与之平行的其他任意轴时,其惯性矩总是增加的;而自任意轴移至与之平行的形心轴时,其惯性矩总是减少的。

因为 a 和 b 为原坐标原点在新坐标系中的坐标,故二者同号时 abA 项为正值;二者异号时为负值。所以移轴后的惯性积有可能增加,也有可能减少。

6.5 惯性矩与惯性积的转轴定理

转轴定理研究坐标系绕坐标原点旋转时,惯性矩和惯性积的变化规律。

如图 6-7 所示,图形对于 z、y 轴的惯性矩和惯性积分别为 I_z、I_y 和 I_{zy}。现将 Ozy 坐标系绕坐标原点 O 逆时针转过 θ 角,得到新的坐标系 Oz_1y_1。现要求图形对新坐标系的 I_{z_1}、I_{y_1}、$I_{z_1y_1}$ 与图形对原坐标系 I_z、I_y、I_{zy} 之间的关系。

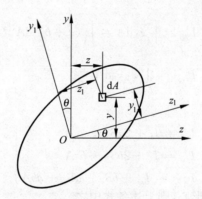

图 6-7 转轴定理

根据转轴时的坐标变换:

$$z_1 = z\cos\theta + y\sin\theta$$

$$y_1 = y\cos\theta - z\sin\theta$$

由惯性矩与惯性积的积分定义,得到

$$\left. \begin{aligned} I_{z_1} &= \int_A y_1^2 \,dA = \int_A (y\cos\theta - z\sin\theta)^2 \,dA \\ I_{y_1} &= \int_A z_1^2 \,dA = \int_A (z\cos\theta + y\sin\theta)^2 \,dA \\ I_{z_1y_1} &= \int_A z_1 y_1 \,dA = \int_A (y\cos\theta - z\sin\theta)(z\cos\theta + y\sin\theta) \,dA \end{aligned} \right\} \quad (6\text{-}17)$$

将上述各式积分记号内各项展开,应用惯性矩和惯性积的定义,得到

$$\left.\begin{array}{l}I_{z_1} = I_y \sin^2\theta + I_z \cos^2\theta - I_{zy}\sin 2\theta \\ I_{y_1} = I_y \cos^2\theta + I_z \sin^2\theta + I_{zy}\sin 2\theta \\ I_{y_1 z_1} = -\dfrac{I_y - I_z}{2}\sin 2\theta + I_{yz}\cos 2\theta\end{array}\right\} \quad (6\text{-}18)$$

改写后,得

$$\left.\begin{array}{l}I_{z_1} = \dfrac{I_z + I_y}{2} - \dfrac{I_z - I_y}{2}\cos 2\theta - I_{zy}\sin 2\theta \\ I_{y_1} = \dfrac{I_z + I_y}{2} + \dfrac{I_z - I_y}{2}\cos 2\theta + I_{zy}\sin 2\theta\end{array}\right\} \quad (6\text{-}19)$$

上述二式即为转轴时惯性矩与惯性积之间的关系,称为"**惯性矩与惯性积的转轴定理**"。

若将上述 I_{z_1} 与 I_{y_1} 相加,不难得到

$$I_{z_1} + I_{y_1} = I_z + I_y = \int_A (z^2 + y^2)\mathrm{d}A = \int_A \rho^2 \mathrm{d}A = I_p \quad (6\text{-}20)$$

这表明:图形对一对垂直轴的惯性矩之和与转轴的角度无关,即在轴转动时,其和保持不变。

上述由转轴定理得到的式(6-18)、式(6-19),与移轴定理所得到的式(6-16)不同,它不要求 z、y 通过形心。当然,对于绕形心转动的坐标系也是适用的,而且也是实际应用中最感兴趣的。

6.6 主轴与形心主轴、主惯性矩与形心主惯性矩的概念

考察图 6-8 中的矩形截面,以图形内或图形外的某一点(例如 O 点)作为坐标原点,建立 Oyz 坐标系。

在图 6-8(a)的情形下,图形中的所有面积的 y、z 坐标均为正值,根据惯性积的定义,图形对于这一对坐标轴的惯性积大于零,即 $I_{yz} > 0$。

将坐标系 Oyz 逆时针方向旋转 $90°$,如图 6-8(b)所示,这时,图形中的所有面积的 y 坐标均为正值,z 坐标均为负值,根据惯性积的定义,图形对于这一对坐标轴的惯性积小于零,即 $I_{yz} < 0$。

当坐标轴旋转时,惯性积由正变负(或者由负变正)的事实表明,在坐标轴旋转的过程中,一定存在一角度(例如 α_0),以及相应的坐标轴(例如 y_0、z_0

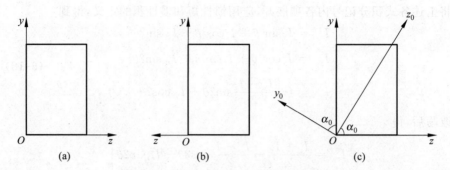

图 6-8 图形的惯性积与坐标轴取向的关系

轴),图形对于这一对坐标轴的惯性积等于零(例如 $I_{y_0 z_0}=0$)。据此,作出如下定义:

如果图形对于过一点的一对坐标轴的惯性积等于零,则称这一对坐标轴为过这一点的**主轴**(principal axes)。图形对于主轴的惯性矩称为**主惯性矩**(principal moment of inertia)。因为惯性积是对一对坐标轴而言的,所以,主轴总是成对出现的。

可以证明,图形对于过一点不同坐标轴的惯性矩各不相同,而对于主轴的惯性矩是这些惯性矩的极大值和极小值。

主轴的方向角以及主惯性矩可以通过初始坐标轴的惯性矩和惯性积确定:

$$\tan 2\alpha_0 = \frac{2I_{yz}}{I_y - I_z} \tag{6-21}$$

$$\left.\begin{array}{l} I_{y_0} = I_{\max} \\ I_{z_0} = I_{\min} \end{array}\right\} = \frac{I_y + I_z}{2} \pm \frac{1}{2}\sqrt{(I_y - I_z)^2 + 4I_{yz}^2} \tag{6-22}$$

图形对于任意一点(图形内或图形外)都有主轴,而通过形心的主轴称为**形心主轴**,图形对形心主轴的惯性矩称为**形心主惯性矩**,简称为**形心主矩**。

工程计算中有意义的是形心主轴与形心主矩。

当图形有一根对称轴时,对称轴及与之垂直的任意轴即为过二者交点的主轴。例如图 6-9 所示的具有一根对称轴的图形,位于对称轴 y 一侧的部分图形对于 y、z 轴的惯性积与位于另一侧的图形对于 y、z 轴的惯性积,二者数值相等,但正负反号。所以,整个图形对于 y、z 轴的惯性积 $I_{yz}=0$,故 y、z 轴为主轴。又因为 C 为形心,故 y、z 轴为形心主轴。

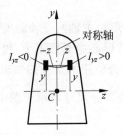

图 6-9 对称轴为主轴

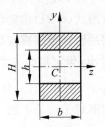

图 6-10 例题 6-3 图

例题 6-3 截面图形的几何尺寸如图 6-10 所示。试求图中具有断面线部分的惯性矩 I_y 和 I_z。

解：根据积分定义，具有断面线的图形对于 y、z 轴的惯性矩，等于高为 H、宽为 b 的矩形对于 y、z 轴的惯性矩，减去高为 h、宽为 b 的矩形对于相同轴的惯性矩，即

$$I_z = \frac{Hb^3}{12} - \frac{hb^3}{12} = \frac{b^3}{12}(H-h)$$

$$I_y = \frac{bH^3}{12} - \frac{bh^3}{12} = \frac{b}{12}(H^3-h^3)$$

上述方法称为**负面积法**，可用于图形中有挖空部分的情形，计算比较简捷。

6.7 组合图形的形心主轴与形心主惯性矩

工程计算中应用最广泛的是组合图形的形心主惯性矩，即图形对于通过其形心的主轴之惯性矩。为此，必须首先确定图形的形心以及形心主轴的位置。

因为**组合图形**都是由一些简单的图形（例如矩形、正方形、圆形等）所组成，所以在确定其形心、形心主轴以及形心主惯性矩的过程中，均不必采用积分，而是利用简单图形的几何性质以及移轴和转轴定理。一般应按下列步骤进行。

（1）将组合图形分解为若干简单图形，并应用式(6-5)确定组合图形的形心位置。

（2）以形心为坐标原点，建立 Ozy 坐标系，z、y 轴一般与简单图形的形心主轴平行。确定简单图形对自身形心轴的惯性矩，利用移轴定理（必要时用转轴定理）确定各个简单图形对 z、y 轴的惯性矩和惯性积，相加（空洞时则减）

后便得到整个图形的 I_z、I_y 和 I_{zy}。

(3) 应用式(6-21)确定形心主轴的位置,即形心主轴与 z 轴的夹角 α_0。

(4) 利用转轴定理或直接应用式(6-22)计算形心主惯性矩 I_{z_0} 和 I_{y_0}。

可以看出,确定形心主惯性矩的过程就是综合应用本章全部知识的过程。

例题 6-4 图 6-11(a)所示为丁字形截面,各部分尺寸均示于图中。

求:图形对于形心主轴的惯性矩 I_{z_0}、I_{y_0}。

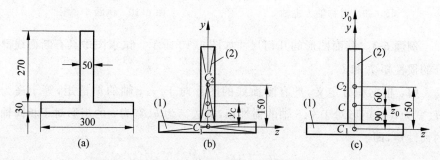

图 6-11 例题 6-4 图(单位:mm)

解:1. 首先确定形心位置

建立图 6-11(b)所示之初始坐标系 C_1zy。根据合力矩定理

$$y_C = \frac{y_C(1)A(1) + y_C(2)A(2)}{A(1) + A(2)} = \frac{0 + 150 \times 270 \times 50 \times 10^{-9}}{300 \times 30 \times 10^{-6} + 270 \times 50 \times 10^{-6}}$$

$$= 90 \times 10^{-3} \text{ m}$$

2. 确定形心主轴

在图形的形心处建立坐标系 Cz_0y_0,如图 6-11(c)所示。其中 y_0 轴为对称轴,所以 z_0、y_0 轴为形心主轴。

3. 采用分割法及移轴定理计算形心主惯性矩 I_{z_0}、I_{y_0}

$$I_{z_0} = I_{z_0}(1) + I_{z_0}(2)$$

$$= \frac{300 \times 30^3 \times 10^{-12}}{12} + 90^2 \times 10^{-6}(300 \times 30 \times 10^{-6})$$

$$+ \frac{50 \times 270^3 \times 10^{-12}}{12} + 60^2 \times 10^{-6}(50 \times 270 \times 10^{-6})$$

$$= 2.04 \times 10^{-4} \text{ m}^4$$

$$I_{y_0} = I_{y_0}(1) + I_{y_0}(2)$$

$$= \frac{30 \times 300^3 \times 10^{-12}}{12} + \frac{270 \times 50^3 \times 10^{-12}}{12} = 7.03 \times 10^{-5} \text{ m}^4$$

例题 6-5 图 6-12(a)图示之槽形截面，C 为截面的形心，各部分尺寸均示于图中。

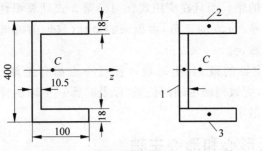

图 6-12 例题 6-5 图(单位：mm)

求：截面对 z 轴的惯性矩 I_z。计算时不计水平翼板对自身形心轴的惯性矩所引起的误差。

解：采用分割的方法，将槽形截面分成 1、2、3 三个矩形，应用移轴定理求 I_z。

$$I_z = I_z(1) + I_z(2) + I_z(3)$$

$$= \frac{10.5 \times 364^3 \times 10^{-12}}{12}$$

$$+ 2\left[\frac{100 \times 18^3 \times 10^{-12}}{12} + 191^2 \times 10^{-6}(100 \times 18 \times 10^{-6})\right]$$

$$= 4.22 \times 10^{-5} + 2(4.86 \times 10^{-8} + 6.57 \times 10^{-5}) = 1.74 \times 10^{-4}\,\text{m}^4$$

若忽略水平翼板对自身形心轴的惯性矩

$$2 \times \frac{100 \times 18^3 \times 10^{-12}}{12} = 9.72 \times 10^{-8}\,\text{m}^4$$

则误差极小。因此，在工程计算中可将离轴较远的面积对其自身形心轴的惯性矩加以忽略。

6.8 结论与讨论

6.8.1 计算截面几何性质时应注意的问题

1. 上述几何性质都是对确定的坐标轴而言的，对于不同的坐标轴，它们的数值是不同的。而且静面矩和惯性矩都是对于一个坐标轴；而惯性积则是对过一点的"一对互相垂直的坐标轴"而言的。

2. 除了惯性矩与极惯性矩恒为正外，静面矩与惯性积都可能为正或负。

其正负值与图形在坐标系中的位置有关。

3. 应用移轴定理的式(6-16)时,要注意公式的应用条件,即 z、y 轴必须是通过图形形心的轴。而且在应用式(6-16)第 3 式计算惯性积时,还要注意其中 a、b 的正负号。a、b 的正负,由原来的坐标(移轴前的坐标)原点在新坐标系中的坐标值确定。

4. 要弄清主轴的概念,明确通过任意一点都有主轴。而且要能根据 $I_{zy}=0$ 这一条件,大致判断主轴的位置,以及对哪一主轴的惯性矩最大,对哪一主轴的惯性矩最小。

6.8.2 关于形心和形心主轴

对于具有一对对称轴的截面,这一对轴就是形心主轴。

对于只具有一根对称轴的截面,对称轴以及与之垂直的轴都是主轴,但只有通过形心者,才是形心主轴。

需要注意的是,对于任意形状的截面图形,无论是过图形内还是图形外的任意点,都存在主轴。当然也存在形心主轴。这种情形下的形心主轴的位置以及形心主惯性矩的大小可由相关公式计算。

习题

6-1 图示的三角形中 b、h 均已知。试用积分法求 I_z、I_y、I_{yz}。

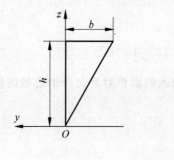

习题 6-1 图

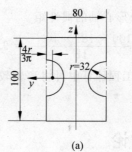

习题 6-2 图

6-2 试确定图中所示图形的形心主轴和形心主惯性矩(单位:mm)。

6-3 图中所示组合截面为两根 No.20a 的普通热轧槽型钢所组成的截面,今欲使 $I_z=I_y$,试求 b(提示:计算所需数据均可由型钢表中查得)。

6-4 已知图示矩形截面中 I_{y_1} 及 b、h。试求 I_{y_2},现有四种答案,试判断哪一种是正确的。

(A) $I_{y_2} = I_{y_1} + \frac{1}{4}bh^3$;   (B) $I_{y_2} = I_{y_1} + \frac{3}{16}bh^3$;

(C) $I_{y_2} = I_{y_1} + \frac{1}{16}bh^3$;   (D) $I_{y_2} = I_{y_1} - \frac{3}{16}bh^3$。

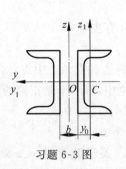

习题 6-3 图

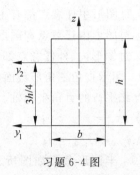

习题 6-4 图

6-5 图示 T 字形截面中 z 轴通过组合图形的形心 C，两个矩形分别用 I 和 II 表示。试判断下列关系式中哪一个是正确的。

(A) $S_y(\text{I}) > S_y(\text{II})$;   (B) $S_y(\text{I}) = S_y(\text{II})$;
(C) $S_y(\text{I}) = -S_y(\text{II})$;   (D) $S_y(\text{I}) < S_y(\text{II})$。

6-6 图示 T 字形截面中 C 为形心，$h_1 = b_1$。试判断下列关系中哪一个是正确的。

(A) $S_y(\text{I}) > S_y(\text{II})$;   (B) $S_y(\text{I}) < S_y(\text{II})$;
(C) $S_y(\text{I}) = S_y(\text{II})$;   (D) $S_y(\text{I}) = -S_y(\text{II})$。

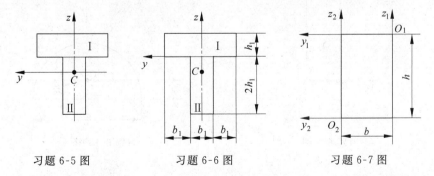

习题 6-5 图   习题 6-6 图   习题 6-7 图

6-7 图示矩形中 y_1、z_1 与 y_2、z_2 为两对互相平行的坐标轴。试判断下列关系式中，哪一个是正确的。

(A) $S_{z_1} = -S_{z_2}, S_{y_1} = -S_{y_2}, I_{y_1 z_1} = I_{y_2 z_2}$;

(B) $S_{z_1}=-S_{z_2}, S_{y_1}=-S_{y_2}, I_{y_1z_1}=-I_{y_2z_2}$;

(C) $S_{z_1}=-S_{z_2}, S_{y_1}=S_{y_2}, I_{y_1z_1}=I_{y_2z_2}$;

(D) $S_{z_1}=S_{z_2}, S_{y_1}=S_{y_2}, I_{y_1z_1}=I_{y_2z_2}$。

6-8 关于过哪些点有主轴,现有四种结论,试判断哪一种是正确的。

(A) 只有通过形心才有主轴;

(B) 过图形中任意点都有主轴;

(C) 过图形内任意点和图形外某些特殊点才有主轴;

(D) 过图形内、外任意点都有主轴。

6-9 图示直角三角形截面中,A、B 分别为斜边和直角边中点,y_1z_1、y_2z_2 为两对互相平行的直角坐标轴。试判断下列结论中,哪一个是正确的。

(A) $I_{y_2z_2}=I_{y_1z_1}>0$; (B) $I_{y_2z_2}<I_{y_1z_1}=0$;

(C) $I_{y_2z_2}>I_{y_1z_1}=0$; (D) $I_{y_2z_2}=I_{y_1z_1}<0$。

6-10 半圆形截面如图所示,其 C 为形心。关于截面对 y、z 轴的惯性矩,有下列结论,试判断哪一个是正确的。

(A) $I_y=I_z=\dfrac{\pi d^4}{64}, I_{y_1}=\dfrac{\pi d^4}{64}+\left(\dfrac{2d}{3\pi}\right)^2\dfrac{\pi d^2}{8}$;

(B) $I_y=I_z=\dfrac{\pi d^4}{128}, I_{y_1}=\dfrac{\pi d^4}{128}+\left(\dfrac{2d}{3\pi}\right)^2\dfrac{\pi d^2}{8}$;

(C) $I_y=I_z=\dfrac{\pi d^4}{128}, I_{y_1}=\dfrac{\pi d^4}{128}-\left(\dfrac{2d}{3\pi}\right)^2\dfrac{\pi d^2}{8}$;

(D) $I_y=I_z=\dfrac{\pi d^4}{64}, I_{y_1}=\dfrac{\pi d^4}{64}-\left(\dfrac{2d}{3\pi}\right)^2\dfrac{\pi d^2}{8}$。

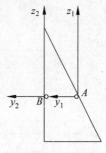

习题 6-9 图

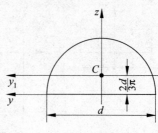

习题 6-10 图

第 7 章

梁的弯曲问题(3)
——应力分析与强度计算

弯曲时,由于横截面上应力非均匀分布,失效当然最先从应力最大点处发生。因此,进行弯曲强度计算不仅要考虑内力最大的"危险截面",而且要考虑应力最大的点,这些点称为"危险点"。

本章首先介绍梁的平面弯曲正应力与弯曲剪应力的分析过程及其结果;然后采用叠加方法确定斜弯曲以及弯曲与轴向荷载同时作用时横截面上的正应力;最后介绍弯曲强度计算。

7.1 平面弯曲时梁横截面上的正应力

7.1.1 梁弯曲的若干定义与概念

对称面——梁的横截面具有对称轴,所有相同的对称轴组成的平面,称为梁的**对称面**(symmetric plane)。

主轴平面—— 梁的横截面没有对称轴,但是都有通过横截面形心的形心主轴,所有相同的形心主轴组成的平面,称为梁的**主轴平面**(plane including principal axis)。由于对称轴也是主轴,所以对称面也是主轴平面;反之则不然。以下的分析和叙述中均使用主轴平面。

平面弯曲—— 所有外力(包括力偶)都作用于梁的同一主轴平面内时,梁的轴线弯曲后将弯曲成平面曲线,这一曲线位于外力作用平面内,如图 7-1 所示。这种弯曲称为**平面弯曲**(plane bending)。

纯弯曲——一般情形下,平面弯曲时,梁的横截面上通常将有两个内力分量:剪力和弯矩。如果梁的横截面上只有弯矩一个内力分量,这种平面弯曲称为**纯弯曲**(pure bending)。图 7-2 中的几种梁上的 AB 段都属于纯弯曲。纯弯曲情形下,由于梁的横截面上只有弯矩,因而只有垂直于横截面的正应力。

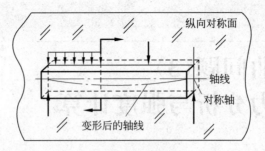

图 7-1 平面弯曲

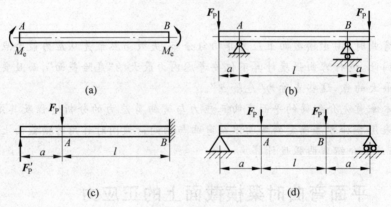

图 7-2 纯弯曲实例

横向弯曲——梁在垂直梁轴线的横向力作用下,其横截面上将同时产生剪力和弯矩。这时,梁的横截面上不仅有正应力,还有剪应力。这种弯曲称为**横向弯曲**,简称横弯曲(transverse bending)。

7.1.2 纯弯曲时梁横截面上正应力分析

分析梁横截面上的正应力,就是要确定梁横截面上各点的正应力与弯矩、横截面的形状和尺寸之间的关系。由于横截面上的应力是看不见的,而梁的变形是可见的,应力又和变形有关,因此,可以根据梁的变形情况推知梁横截面上的正应力分布。

1. 应用平面假定确定应变分布

(1) 梁的中性层与横截面的中性轴

如果用容易变形的材料,例如橡胶、海绵,制成梁的模型,然后让梁的模型产生纯弯曲,如图 7-3(a)所示。可以看到梁弯曲后,一些层发生伸长变形,另一些则会发生缩短变形,在伸长层与缩短层的交界处那一层,既不发生伸长变形,也不发生缩短变形,称为梁的**中性层**或**中性面**(neutral surface)(图 7-3(b))。中性层与梁的横截面的交线,称为截面的**中性轴**(neutral axis)。

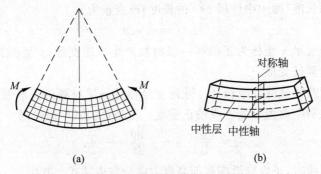

图 7-3 梁横截面上的正应力分析

中性轴垂直于加载方向,对于具有对称轴的横截面梁,中性轴垂直于横截面的对称轴。

横截面中性轴两侧材料分别受拉应力与压应力。

(2) 梁弯曲时的平面假定

若用相邻的两个横截面从梁上截取长度为 dx 的一微段(图 7-4(a)),假定梁发生弯曲变形后,微段的两个横截面仍然保持平面,但是绕各自的中性轴转过一角度 $d\theta$,如图 7-4(b) 所示。这一假定称为**平面假定**(plane assumption)。

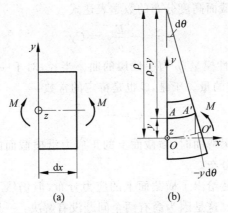

图 7-4 弯曲时微段梁的变形

(3) 沿梁横截面高度方向分布正应变表达式

根据平面假定,在横截面上建立 $Oxyz$ 坐标系,如图 7-4 所示,其中 z 轴与中性轴重合(中性轴的位置尚未确定),y 轴沿横截面高度方向并与加载方向重合。

在图示的坐标系中,微段上到中性面的距离为 y 处 AA' 长度 $\mathrm{d}x$ 相对于未变形时的长度(图中中性层 OO' 的长度)改变量为

$$\Delta \mathrm{d}x = -y\mathrm{d}\theta \tag{7-1}$$

式中的负号表示 y 坐标为正的那一层材料产生压缩变形;y 坐标为负的那一层材料产生伸长变形。

将长度改变量除以原长 $\mathrm{d}x$,得到 y 坐标处一层材料的正应变,也是横截面上到中性轴距离为 y 处各点的正应变。于是,由式(7-1)得到

$$\varepsilon = \frac{\Delta \mathrm{d}x}{\mathrm{d}x} = -y\frac{\mathrm{d}\theta}{\mathrm{d}x} = -\frac{y}{\rho} \tag{7-2}$$

这就是梁弯曲时,正应变沿横截面高度方向分布表达式。其中

$$\frac{1}{\rho} = \frac{\mathrm{d}\theta}{\mathrm{d}x} \tag{7-3}$$

从图 7-4(b)中可以看出,ρ 就是中性层弯曲后的曲率半径,也就是梁的轴线弯曲后的曲率半径。因为 ρ 与 y 坐标无关,所以在式(7-2)和式(7-3)中,ρ 为常数。

2. 应用胡克定律确定横截面上的正应力分布

应用弹性范围内的应力-应变关系——胡克定律:

$$\sigma = E\varepsilon \tag{7-4}$$

将上面所得到的正应变分布的数学表达式(7-2)代入后,便得到梁弯曲时横截面上正应力沿横截面高度分布的数学表达式

$$\sigma = -\frac{E}{\rho}y = Cy \tag{7-5}$$

式中 E 为材料的弹性模量;ρ 为中性层的曲率半径,对于一个截面而言,也是常数,但是一个待定的量。于是,C 也是待定的常数:

$$C = -\frac{E}{\rho} \tag{7-6}$$

式(7-5)表明,梁弯曲时,横截面上的正应力沿横截面的高度方向从中性轴为零开始呈线性分布。

这一表达式虽然给出了横截面上的应力分布,但仍然不能用于计算横截面上各点的正应力。这是因为尚有两个问题没有解决:一是 y 坐标是从中性轴开始计算的,中性轴的位置还没有确定;二是中性层的曲率半径 ρ 也没有确定。

3. 应用静力方程确定待定常数

为了确定中性轴的位置以及中性面的曲率半径,现在需要应用静力方程。

根据横截面存在正应力这一事实,正应力这种分布力系,在横截面上可以组成一个轴力和一个弯矩。但是,根据截面法和平衡条件,纯弯曲时,横截面上只能有弯矩一个内力分量,因而轴力必须等于零。于是,应用积分的方法,由图 7-5,有

$$\int_A \sigma dA = F_N = 0 \qquad (7\text{-}7)$$

$$\int_A (\sigma dA) y = -M_z \qquad (7\text{-}8)$$

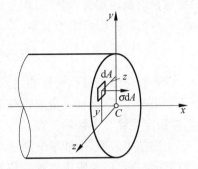

图 7-5 横截面上的正应力组成的内力分量

式 (7-8) 中的负号表示坐标 y 为正值的微面积 dA 上的力对 z 轴之矩为负值 (弯矩矢量方向与坐标轴正向一致者为正;反之为负);M_z 为作用在加载平面内的弯矩,可由截面法求得。

将正应力 σ 分布的表达式 (7-5) 代入式 (7-8),得到

$$\int_A (Cy dA) y = C \int_A y^2 dA = -M_z$$

根据截面惯性矩的定义,式中的积分就是梁的横截面对于 z 轴的惯性矩:

$$\int_A y^2 dA = I_z$$

代入上式后,得到常数

$$C = -\frac{M_z}{I_z} \qquad (7\text{-}9)$$

再将式 (7-9) 代入式 (7-5),最后得到弯曲时梁横截面上的正应力的计算公式

$$\sigma = -\frac{M_z y}{I_z} \qquad (7\text{-}10)$$

式中弯矩 M_z 由截面法求得;截面对于中性轴的惯性矩 I_z 既与截面的形状有关,又与截面的尺寸有关。关于正应力的正负号在本章的"结论与讨论"中将作详细叙述。

4. 应用静力方程确定中性轴位置

为了利用式 (7-10) 计算梁弯曲时横截面上的正应力,还需要应用静力方程确定中性轴的位置。

将正应力表达式(7-5)代入静力方程(7-7),有

$$\int_A Cy\,dA = C\int_A y\,dA = 0$$

根据截面的静矩定义,式中的积分即为横截面面积对于 z 轴的静矩 S_z。又因为 $C \neq 0$,所以静矩必须等于零:

$$S_z = \int_A y\,dA = 0$$

前面讨论静矩与截面形心之间的关系时,已经知道:截面对于某一轴的静矩如果等于零,该轴一定通过截面的形心。所以在分析正应力、设置坐标系时,应指定 z 轴与中性轴重合。

上述结果表明,中性轴 z 通过截面形心,并且垂直于对称轴(亦即垂直于加载方向),所以,确定中性轴的位置,就是确定截面的形心位置。

对于有两根对称轴的截面,两根对称轴的交点就是截面的形心。例如,矩形截面、圆截面、圆环截面等,这些截面的形心很容易确定。

对于只有一根对称轴的截面,或者没有对称轴的截面的形心,也可以从有关的设计手册中查到。

5. 最大正应力公式与弯曲截面模量

工程上最感兴趣的是横截面上的最大正应力,也就是横截面上到中性轴最远处点上的正应力。这些点的 y 坐标值最大,即 $y = y_{\max}$。将 $y = y_{\max}$ 代入正应力公式(7-10)得到

$$\sigma_{\max} = \frac{M_z y_{\max}}{I_z} = \frac{M_z}{W_z} \tag{7-11}$$

其中 $W_z = I_z / y_{\max}$,称为**弯曲截面模量**(section modulus in bending),单位是 mm^3 或 m^3。

对于宽度为 b、高度为 h 的矩形截面(加载沿着横截面高度方向):

$$W_z = \frac{bh^2}{6} \tag{7-12}$$

对于直径为 d 的圆截面:

$$W_z = W_y = W = \frac{\pi d^3}{32} \tag{7-13}$$

对于外径为 D、内径为 d 的圆环截面:

$$W_z = W_y = W = \frac{\pi D^3}{32}(1 - \alpha^4), \quad \alpha = \frac{d}{D} \tag{7-14}$$

对于轧制型钢(工字型钢等),弯曲截面模量 W 可直接从型钢表中查得。

6. 梁弯曲后轴线曲率计算公式

将所得到的关于常数 C 的表达式(7-9)代入前面待求表达式(7-6),得到梁弯曲时的另一个重要公式——梁的轴线弯曲后的曲率表达式:

$$\frac{1}{\rho} = \frac{M_z}{EI_z} \tag{7-15}$$

其中 EI_z 称为梁的**弯曲刚度**(bending rigidity)。这一结果表明,梁的轴线弯曲后的曲率与弯矩成正比,与弯曲刚度成反比。

7.1.3 弯曲正应力公式的应用与推广

1. 计算梁的弯曲正应力需要注意的几个问题

计算梁弯曲时横截面上的最大正应力,注意以下几点是很重要的:

首先,是正应力的正负号。

决定正应力是拉应力还是压应力。确定正应力正负号比较简单的方法是首先确定横截面上弯矩的实际方向,确定中性轴的位置;然后根据所要求应力的那一点的位置,以及"弯矩是由分布正应力合成的合力偶矩"这一关系,就可以确定这一点的正应力是拉应力还是压应力(图 7-6)。

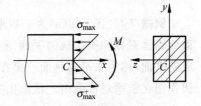

图 7-6 根据弯矩的实际方向确定正应力的正负号

其次,是最大正应力的计算。

如果梁的横截面具有一对相互垂直的对称轴,并且加载方向与其中一根对称轴一致时,则中性轴与另一对称轴一致。此时最大拉应力与最大压应力绝对值相等,由式(7-11)计算。

如果梁的横截面只有一根对称轴,而且加载方向与对称轴一致,则中性轴过截面形心并垂直于对称轴。这时,横截面上最大拉应力与最大压应力绝对值不相等,可由下列二式分别计算:

$$\left.\begin{array}{l} \sigma_{\max}^+ = \dfrac{M_z y_{\max}^+}{I_z}(\text{拉}) \\[2mm] \sigma_{\max}^- = \dfrac{M_z y_{\max}^-}{I_z}(\text{压}) \end{array}\right\} \tag{7-16}$$

其中 $y_{\max}^+$ 为截面受拉一侧离中性轴最远各点到中性轴的距离;$y_{\max}^-$ 为截面受压一侧离中性轴最远各点到中性轴的距离(图 7-7)。实际计算中,可以不注明应力的正负号,只要在计算结果的后面用括号注明"拉"或"压"即可。

需要注意的是,某一个横截面上的最大正应力不一定就是梁内的最大正应力,应该首先判断可能产生最大正应力的那些截面,这些截面称为危险截面;然后比较所有危险截面上的最大正应力,其中最大者才是梁内横截面上的最大正应力。保证梁安全工作而不发生破坏,最重要的就是保证这种最大正应力不得超过允许的数值。

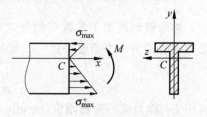

图 7-7 最大拉、压应力不等的情形

2. 纯弯曲正应力可以推广到横向弯曲

以上有关纯弯曲的正应力的公式,对于非纯弯曲,也就是横截面上除了弯矩之外,还有剪力的情形,如果是细长杆,也是近似适用的。理论与实验结果都表明,由于剪应力的存在,梁的横截面在梁变形之后将不再保持平面,而是要发生翘曲,这种翘曲对正应力分布的影响是很小的。对于细长梁这种影响更小,通常都可以忽略不计。

例题 7-1 图 7-8(a)为一矩形截面悬臂梁,这时,梁有两个对称面:由横截面铅垂对称轴所组成的平面,称为铅垂对称面;由横截面水平对称轴所组成的平面,称为水平对称面。梁在自由端承受外加力偶作用,力偶矩为 M_e,力偶作用在铅垂对称面内。试画出梁在固定端处横截面上正应力分布图。

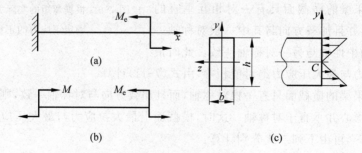

图 7-8 例题 7-1 图

解:1. 确定固定端处横截面上的弯矩

根据梁的受力,从固定端处将梁截开,考虑右边部分的平衡,可以求得固定端处梁截面上的弯矩

$$M = M_e$$

方向如图 7-8(b)所示。

读者不难证明，这一梁的所有横截面上的弯矩都等于外加力偶的力偶矩 M_e。

2. 确定中性轴的位置

中性轴通过截面形心并与截面的铅垂对称轴（y）垂直。因此，图 7-8(c)中的 z 轴就是中性轴。

3. 判断横截面上承受拉应力和压应力的区域

根据弯矩的方向可判断横截面中性轴以上各点均受压应力；横截面中性轴以下各点均受拉应力。

4. 画梁在固定端截面上正应力分布图

根据正应力公式，横截面上正应力沿截面高度（y）按直线分布。在上、下边缘正应力值最大。本例题中，上边缘承受最大压应力；下边缘承受最大拉应力。于是可以画出固定端截面上的正应力分布图，如图 7-8(c)所示。

例题 7-2 承受均布荷载的简支梁如图 7-9(a)所示。已知：梁的截面为矩形，矩形的宽度 $b=20\text{mm}$，高度 $h=30\text{mm}$；均布荷载集度 $q=10\text{kN/m}$；梁的长度 $l=450\text{mm}$。求：梁最大弯矩截面上 1、2 两点处的正应力。

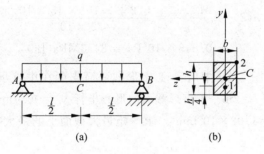

图 7-9　例题 7-2 图

解：1. 确定弯矩最大截面以及最大弯矩数值

根据静力学平衡方程 $\sum M_A=0$ 和 $\sum M_B=0$，可以求得支座 A 和 B 处的约束力分别为

$$F_{RA}=F_{RB}=\frac{ql}{2}=\frac{10\times 10^3 \times 450\times 10^{-3}}{2}=2.25\times 10^3 \text{N}$$

梁的中点 C 处横截面上弯矩最大，数值为

$$M_{\max}=\frac{ql^2}{8}=\frac{10\times 10^3 \times (450\times 10^{-3})^2}{8}=0.253\times 10^3 \text{N}\cdot\text{m}$$

2. 计算惯性矩

根据矩形截面惯性矩的公式,梁横截面对 z 轴的惯性矩

$$I_z = \frac{bh^3}{12} = \frac{20 \times 10^{-3} \times (30 \times 10^{-3})^3}{12} = 4.5 \times 10^{-8} \text{m}^4$$

3. 求弯矩最大截面上 1、2 两点的正应力

均布荷载作用在纵向对称面内,因此横截面的水平对称轴 z 就是中性轴。根据弯矩最大截面上弯矩的方向,可以判断出:1 点受拉应力,2 点受压应力。

1、2 两点到中性轴的距离分别为

$$y_1 = \frac{h}{2} - \frac{h}{4} = \frac{h}{4} = \frac{30 \times 10^{-3}}{4} = 7.5 \times 10^{-3} \text{m}$$

$$y_2 = \frac{h}{2} = \frac{30 \times 10^{-3}}{2} = 15 \times 10^{-3} \text{m}$$

于是弯矩最大截面上,1、2 两点的正应力分别为

$$\sigma(1) = \frac{M_{\max} y_1}{I_z} = \frac{0.253 \times 10^3 \times 7.5 \times 10^{-3}}{4.5 \times 10^{-8}}$$

$$= 0.422 \times 10^8 \text{Pa} = 42.2 \text{MPa}(\text{拉})$$

$$\sigma(2) = \frac{M_{\max} y_2}{I_z} = \frac{0.253 \times 10^3 \times 15 \times 10^{-3}}{4.5 \times 10^{-8}}$$

$$= 0.843 \times 10^8 \text{Pa} = 84.3 \text{MPa}(\text{压})$$

例题 7-3 图 7-10 中所示 T 字形截面简支梁在中点承受集中力 $F_P = 32 \text{kN}$,梁的长度 $l = 2\text{m}$。T 字形截面的形心坐标 $y_C = 96.4 \text{mm}$,横截面对于 z 轴的惯性矩 $I_z = 1.02 \times 10^8 \text{mm}^4$。求弯矩最大截面上的最大拉应力和最大压应力。

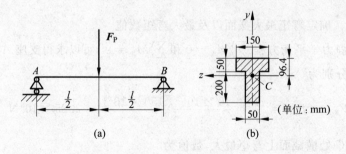

图 7-10 例题 7-3 图

解：1. 确定弯矩最大截面以及最大弯矩数值

根据静力学平衡方程 $\sum M_A = 0$ 和 $\sum M_B = 0$，可以求得支座 A 和 B 处的约束力分别为 $F_{RA} = F_{RB} = 16\text{kN}$。根据内力分析，梁中点的截面上弯矩最大，数值为

$$M_{\max} = \frac{F_P l}{4} = 16\text{kN} \cdot \text{m}$$

2. 确定中性轴的位置

T 字形截面只有一根对称轴，而且荷载方向沿着对称轴方向，因此，中性轴通过截面形心并且垂直于对称轴，图 7-10(b) 中的 z 轴就是中性轴。

3. 确定最大拉应力和最大压应力点到中性轴的距离

根据中性轴的位置和中间截面上最大弯矩的实际方向，可以确定中性轴以上部分承受压应力；中性轴以下部分承受拉应力。最大拉应力作用点和最大压应力作用点分别为到中性轴最远的下边缘和上边缘上的各点。由图 7-10(b) 所示截面尺寸，可以确定最大拉应力作用点和最大压应力作用点到中性轴的距离分别为

$$y_{\max}^{+} = 200 + 50 - 96.4 = 153.6\text{mm}, \quad y_{\max}^{-} = 96.4\text{mm}$$

4. 计算弯矩最大截面上的最大拉应力和最大压应力

应用式(7-16)，将 M 的单位化为 $\text{kN} \cdot \text{m}$；I_z 的单位化为 m^4；$y_{\max}^{+}$ 和 $y_{\max}^{-}$ 的单位化为 m，得到

$$\sigma_{\max}^{+} = \frac{My_{\max}^{+}}{I_z} = \frac{16 \times 10^3 \times 153.6 \times 10^{-3}}{1.02 \times 10^8 \times (10^{-3})^4}$$

$$= 24.09 \times 10^6 \text{Pa} = 24.09\text{MPa}(拉)$$

$$\sigma_{\max}^{-} = \frac{My_{\max}^{-}}{I_z} = \frac{16 \times 10^3 \times 96.4 \times 10^{-3}}{1.02 \times 10^8 \times (10^{-3})^4}$$

$$= 15.12 \times 10^6 \text{Pa} = 15.12\text{MPa}(压)$$

7.2 斜弯曲的应力计算

7.2.1 产生斜弯曲的加载条件

当外力施加在梁的对称面（或主轴平面）内时，梁将产生平面弯曲。所有外力都作用在同一平面内，但是这一平面不是对称面（或主轴平面），例如图 7-11(a) 所示的情形，梁也将会产生弯曲，但不是平面弯曲，这种弯曲称为**斜弯曲**(skew bending)。还有一种情形也会产生斜弯曲，这就是所有外力都作用在对称面（或主轴平面）内，但不是同一对称面（梁的截面具有两个或两个

以上对称轴)或主轴平面内。图 7-11(b)所示之情形即为一例。

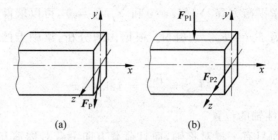

图 7-11 产生斜弯曲的受力方式

7.2.2 叠加法确定斜弯曲时横截面上的正应力

为了确定斜弯曲时梁横截面上的应力,在小变形的条件下,可以将斜弯曲分解成两个纵向对称面内(或主轴平面)的平面弯曲,然后将两个平面弯曲引起的同一点应力的代数值相加,便得到斜弯曲在该点的应力值。

以矩形截面为例,如图 7-12(a)所示,当梁的横截面上同时作用两个弯矩 M_y 和 M_z(二者分别都作用在梁的两个对称面内)时,两个弯矩在同一点引起的正应力叠加后,得到如图 7-12(b)所示的应力分布图。

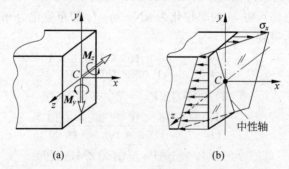

图 7-12 斜弯曲时梁横截面上的应力分布

7.2.3 斜弯曲时横截面上的最大正应力

对于矩形截面,由于两个弯矩引起的最大拉应力发生在同一点,最大压应力也发生在同一点,因此,叠加后,横截面上的最大拉伸和压缩正应力必然发生在矩形截面的角点处。最大拉伸和压缩正应力值由下式确定:

$$\sigma_{\max}^{+} = \frac{M_y}{W_y} + \frac{M_z}{W_z} \tag{7-17a}$$

$$\sigma_{\max}^{-} = -\left(\frac{M_y}{W_y} + \frac{M_z}{W_z}\right) \tag{7-17b}$$

式(7-17)不仅对于矩形截面,而且对于槽形截面、工字形截面也是适用的。因为这些截面上由两个主轴平面内的弯矩引起的最大拉应力和最大压应力都发生在同一点。

对于圆截面,上述计算公式是不适用的。这是因为,两个对称面内的弯矩所引起的最大拉应力不发生在同一点,最大压应力也不发生在同一点。

对于圆截面,因为过形心的任意轴均为截面的对称轴,所以当横截面上同时作用有两个弯矩时,可以将弯矩用矢量表示,然后求二者的矢量和,这一合矢量仍然沿着横截面的对称轴方向,合弯矩的作用面仍然与对称面一致,所以平面弯曲的公式依然适用。于是,圆截面上的最大拉应力和最大压应力计算公式为

$$\sigma_{\max}^{+} = \frac{M}{W} = \frac{\sqrt{M_y^2 + M_z^2}}{W} \tag{7-18a}$$

$$\sigma_{\max}^{-} = -\frac{M}{W} = -\frac{\sqrt{M_y^2 + M_z^2}}{W} \tag{7-18b}$$

此外,还可以证明,斜弯曲情形下,横截面依然存在中性轴,而且中性轴一定通过横截面的形心,但不垂直于加载方向,这是斜弯曲与平面弯曲的重要区别。

例题 7-4 图 7-13(a)所示矩形截面梁,截面宽度 $b=90$mm,高度 $h=180$mm。梁在两个互相垂直的平面内分别受有水平力 F_{P1} 和铅垂力 F_{P2}。若已知 $F_{P1}=800$N,$F_{P2}=1650$N,$l=1$m,试求梁内的最大弯曲正应力并指出其作用点的位置。

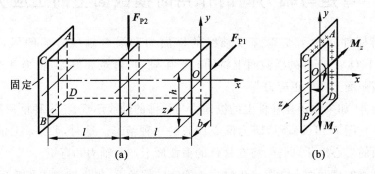

图 7-13 例题 7-4 图

解:为求梁内的最大弯曲正应力,必须分析水平力 F_{P1} 和铅垂力 F_{P2} 所产

生的弯矩在何处取最大值。不难看出,两个力均在固定端处产生最大弯矩,其作用方向如图 7-13(b)所示。其中 $M_{y\max}$ 由 $\boldsymbol{F}_{P1}$ 引起,$M_{z\max}$ 由 $\boldsymbol{F}_{P2}$ 引起,

$$M_{y\max} = -F_{P1} \times 2l$$
$$M_{z\max} = -F_{P2} \times l$$

对于矩形截面,在 $M_{y\max}$ 作用下最大拉应力和最大压应力分别发生在 AD 边和 CB 边;在 $M_{z\max}$ 作用下,最大拉应力和最大压应力分别发生在 AC 边和 BD 边。在图 7-13(b)中,最大拉应力和最大压应力作用点分别用"+"和"-"表示。

二者叠加的结果,点 A 和点 B 分别为最大拉应力和最大压应力作用点。于是,这两点的正应力分别为

点 A:

$$\sigma_{x\max}^{+} = \frac{|M_{y\max}|}{W_y} + \frac{|M_{z\max}|}{W_z} = \frac{6 \times 2 \times F_{P1}l}{hb^2} + \frac{6 \times F_{P2}l}{bh^2}$$
$$= \left(\frac{6 \times 2 \times 800 \times 1}{180 \times 90^2 \times 10^{-9}} + \frac{6 \times 1650 \times 1}{90 \times 180^2 \times 10^{-9}}\right) \text{Pa}$$
$$= 9.979 \times 10^6 \text{Pa} = 9.979 \text{MPa}$$

点 B:

$$\sigma_{x\max}^{-} = -\left(\frac{|M_{y\max}|}{W_y} + \frac{|M_{z\max}|}{W_z}\right) = -9.979 \text{MPa}$$

请读者思考:如果将本例中的梁改为圆截面,其他条件不变,最大拉应力和最大压应力将发生怎样的变化?

7.3 弯矩与轴力同时作用时横截面上的正应力

当杆件同时承受垂直于轴线的横向力和沿着轴线方向的纵向力时(图 7-14(a)),杆件的横截面上将同时产生轴力、弯矩和剪力,轴力和弯矩都将在横截面上产生正应力。

此外,如果作用在杆件上的纵向力与杆件的轴线不重合,这种情形称为偏心加载。图 7-14(b)所示即为偏心加载的一种情形。这时,如果将纵向力向横截面的形心简化,同样,将在杆件的横截面上产生轴力和弯矩。

在梁的横截面上同时产生轴力和弯矩的情形下,根据轴力图和弯矩图,可以确定杆件的危险截面以及危险截面上的轴力 F_N 和弯矩 $M_{\max}$。

轴力 F_N 引起的正应力沿整个横截面均匀分布,轴力为正时,产生拉应力;

第 7 章 梁的弯曲问题(3)——应力分析与强度计算

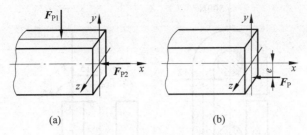

图 7-14 杆件横截面上同时产生轴力和弯矩的受力形式

轴力为负时，产生压应力：

$$\sigma = \pm \frac{F_N'}{A}$$

弯矩 M_{max} 引起的正应力沿横截面高度方向线性分布：

$$\sigma = \frac{M_z y}{I_z} \quad 或 \quad \sigma = \frac{M_y \cdot z}{I_y}$$

应用叠加法，将二者分别引起的同一点的正应力相加，所得到的应力就是二者在同一点引起的总应力。

由于轴力 F_N 和弯矩 M_{max} 的方向有不同形式的组合，因此，横截面上的最大拉伸和压缩正应力的计算式也不完全相同。例如，对于图 7-14(b) 中的情形，有

$$\sigma_{max}^+ = \frac{M}{W} - \frac{F_N}{A} \tag{7-19a}$$

$$\sigma_{max}^- = -\left(\frac{F_N}{A} + \frac{M}{W}\right) \tag{7-19b}$$

式中 $M = F_P e$；e 为偏心距；A 为横截面面积。

例题 7-5 开口链环由直径 $d = 12\text{mm}$ 的圆钢弯制而成，其形状如图 7-15(a) 所示。链环的受力及其他尺寸均示于图中。试求：

1. 链环直段部分横截面上的最大拉应力和最大压应力；
2. 中性轴与截面形心之间的距离。

解：1. 计算直段部分横截面上的最大拉、压应力

将链环从直段的某一横截面处截开，根据平衡，截面上将作用有内力分量 F_N 和 M_z（图 7-15(b)）。由平衡方程 $\sum F_x = 0$ 和 $\sum M_C = 0$，得

$$F_N = 800\text{N}, \quad M_z = 800 \times 15 \times 10^{-3} = 12\text{N} \cdot \text{m}$$

轴力 F_N 引起的正应力在截面上均匀分布（图 7-15(c)），其值为

$$\sigma_x(F_N) = \frac{F_N}{A} = \frac{4 F_N}{\pi d^2} = \left(\frac{4 \times 800}{\pi \times 12^2 \times 10^{-6}}\right) \text{Pa}$$

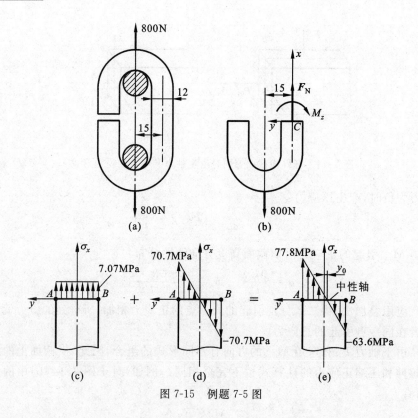

图 7-15 例题 7-5 图

$$= 7.07 \times 10^6 \mathrm{Pa} = 7.07 \mathrm{MPa}$$

弯矩 M_z 引起的正应力分布如图 7-15(d)所示。最大拉、压应力分别发生在 A、B 两点,其绝对值为

$$\sigma_{x\max}(M_z) = \frac{M_z}{W_z} = \frac{32 M_z}{\pi d^3} = \left(\frac{32 \times 12}{\pi \times 12^3 \times 10^{-9}}\right) \mathrm{Pa}$$

$$= 70.7 \times 10^6 \mathrm{Pa} = 70.7 \mathrm{MPa}$$

将上述两个内力分量引起的应力分布叠加,便得到由荷载引起的链环直段横截面上的正应力分布,如图 7-15(e)所示。

从图中可以看出,横截面上的 A、B 两点处分别承受最大拉应力和最大压应力,其值分别为

$$\sigma_{x\max}^+ = \sigma_x(F_N) + \sigma_x(M_z) = 77.8 \mathrm{MPa}$$

$$\sigma_{x\max}^- = \sigma_x(F_N) - \sigma_x(M_z) = -63.6 \mathrm{MPa}$$

2. 计算中性轴与形心之间的距离

令 F_N 和 M_z 引起的正应力之和等于零,即

$$\sigma_x = \frac{F_N}{A} - \frac{M_z(-y_0)}{I_z} = 0$$

其中,y_0 为中性轴到形心的距离(图 7-15(e))。

于是,由上式解出

$$y_0 = -\frac{F_N I_z}{M_z A} = \frac{F_N \dfrac{\pi d^4}{64}}{M_z \dfrac{\pi d^2}{4}} = \frac{4 \times 800 \times 12^2 \times 10^{-6}}{64 \times 12}$$

$$= -0.6 \times 10^{-3} \text{m} = -0.6 \text{mm}$$

7.4 弯曲剪应力分析

7.4.1 梁弯曲时横截面上的剪应力分析

对于承受弯曲的薄壁截面杆件,与剪力相对应的剪应力具有下列显著特征:

(1) 根据剪应力互等定理,若杆件表面无切向力作用,则薄壁截面上的剪应力作用线必平行于截面周边的切线方向,并形成**剪应力流**(shearing stress flow)。

(2) 由于壁很薄,故剪应力沿壁厚方向可视为均匀分布。

由此可见,在薄壁截面上与剪力相对应的剪应力可能与剪力方向一致,也可能不一致。如图 7-16(a)所示。

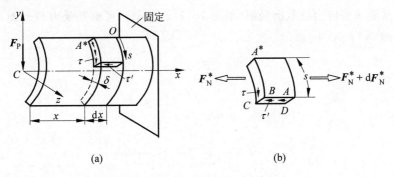

图 7-16 薄壁截面杆件弯曲时横截面与纵截面上的剪应力

假定平面弯曲正应力公式成立所需的条件都得以满足,则采用考察局部平衡的方法,可以确定相关纵截面上剪应力的方向,进而应用剪应力互等定理,即可确定薄壁横截面在截开处剪应力的方向,如图 7-16(b)所示。据此,由剪应力互等定理即可确定横截面上剪应力流的方向。

以图 7-17(a)中的壁厚为 δ 的槽形截面梁为例。首先沿梁长方向截取长度为 $\mathrm{d}x$ 的微段,并确定其上剪力和弯矩的实际方向,如图 7-17(b)所示;其次再从微段的上、下翼缘截取一局部,其上受力如图 7-17(c)所示。根据局部平衡的要求,即可确定上、下翼缘上剪应力的方向。腹板上的剪应力方向亦可采用类似方法确定。当薄壁截面周边与剪力作用线平行时,剪应力方向与剪力方向一致。

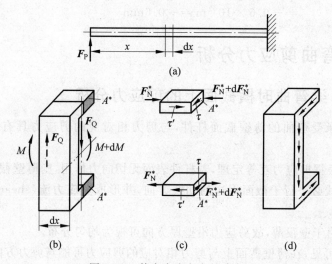

图 7-17 剪应力流方向的确定

从要求剪应力处截出局部(如图 7-17(c)、(d)),考察其受力与平衡,由平衡方程 $\sum F_x = 0$,得

$$F_N^* - (F_N^* + \mathrm{d}F_N^*) + \tau'(\delta \mathrm{d}x) = 0 \tag{a}$$

其中

$$\left. \begin{array}{l} F_N^* = \displaystyle\int_{A^*} \sigma_x \mathrm{d}A^* \\ F_N^* + \mathrm{d}F_N^* = \displaystyle\int_{A^*} (\sigma_x + \mathrm{d}\sigma_x) \mathrm{d}A^* \end{array} \right\} \tag{b}$$

将正应力 $\sigma_x = M_z y^*/I_z$ 代入上式,考虑到 $S_z^* = \displaystyle\int_{A^*} y^* \mathrm{d}A^*$,得到

$$\left. \begin{array}{l} F_N^* = \dfrac{M_z S_z^*}{I_z} \\ F_N^* + \mathrm{d}F_N^* = \dfrac{(M_z + \mathrm{d}M_z)S_z^*}{I_z} \end{array} \right\} \tag{c}$$

将式(c)代入式(a),利用 $\dfrac{dM_z}{dx}=F_Q$,且由剪应力互等定理,得

$$\tau = \tau' = \frac{F_Q S_z^*}{\delta I_z} \qquad (7\text{-}20)$$

此即**弯曲剪应力的一般表达式**,其中:

F_Q 为所求剪应力横截面上的剪力;

I_z 为整个横截面对于中性轴的惯性矩;

δ 为通过所求剪应力点处薄壁截面的厚度;

S_z^* 为过所求剪应力点、沿薄壁横截面厚度方向将横截面分为两部分,其中任意部分对中性轴的静矩。

上述剪应力表达式中,F_Q、I_z 对于某一截面为确定量;而 δ 和 S_z^* 则不然,它们对于同一截面上的不同点,数值有可能不等。其次,上述 4 个量中,F_Q 和 S_z^* 都有正负号,从而导致剪应力的正负号。实际计算中可以不考虑这些正负号,直接由局部平衡先确定 τ' 的方向,再根据剪应力互等定理,由 τ' 的方向确定 τ 的方向。

7.4.2 实心截面梁的弯曲剪应力公式

剪应力公式(7-20),也可以近似地推广应用于实心截面梁。

1. 宽度和高度分别为 b 和 h 的矩形截面

对于截面宽度与高度之比小于 1 的矩形截面梁(图 7-18(a)),剪应力沿截面宽度方向仍可认为是均匀分布的。因此,前面所得到的薄壁截面杆件横截面上的弯曲剪应力表达式(7-20)也是近似适用的。

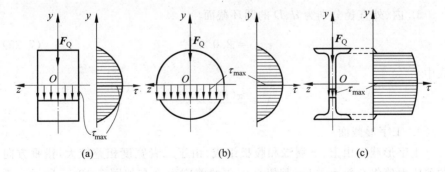

图 7-18 几种不同截面上的弯曲剪应力分布

表达式(7-20)中的静矩

$$S_z^*(y) = A^* y_C^* = b\left(\frac{h}{2}-y\right)\left(\frac{h}{4}+\frac{y}{2}\right) = \frac{bh^2}{8}\left(1-\frac{4y^2}{h^2}\right)$$

$$\delta = b$$

于是，横截面上距离中性轴 y 处的剪应力

$$\tau(y) = \frac{F_Q S_z^*(y)}{\delta I_z} = \frac{3}{2}\frac{F_Q}{bh}\left(1 - \frac{4y^2}{h^2}\right) \tag{7-21}$$

剪应力沿截面高度分布如图 7-18(a)所示。最大剪应力发生在中性轴上各点，其值为

$$\tau_{\max} = \frac{3}{2}\frac{F_Q}{bh} \tag{7-22}$$

2. 直径为 d 的圆截面

$$S_z^*(y) = \int_0^{d/2} y \mathrm{d}A = \frac{2}{3}\left(\frac{d^2}{4} - y^2\right)^{3/2}$$

$$\tau_{xy}(y) = \frac{F_Q S_z^*(y)}{\delta I_z} = \frac{4}{3}\frac{F_Q}{A}\left[1 - \left(\frac{2y}{d}\right)^2\right] \tag{7-23}$$

在中性轴上各点，剪应力取最大值

$$\tau_{\max} = \frac{4}{3}\frac{F_Q}{A} \tag{7-24}$$

式中

$$A = \frac{\pi d^2}{4}$$

剪应力分布如图 7-18(b)所示。

需要指出的是，除 z 和 y 轴上各点的剪应力方向与 $\boldsymbol{F_Q}$ 方向一致外，其余各点的剪应力都与 $\boldsymbol{F_Q}$ 方向不一致。例如，在截面边界上各点的剪应力则沿着边界切线方向。

3. 内、外直径分别为 d、D 的圆环截面

$$\tau_{\max} = 2.0 \times \frac{F_Q}{A} \tag{7-25}$$

式中

$$A = \frac{\pi(D^2 - d^2)}{4}$$

4. 工字形截面

工字形截面由上、下翼缘和腹板组成，由于二者宽度相差较大，铅垂方向的剪应力值将有较大差异，其铅垂方向的剪应力分布如图 7-18(c)所示。不难看出，铅垂方向的剪应力主要分布在腹板上。最大剪应力由下式计算：

$$\tau_{\max} = \frac{F_Q}{\delta \dfrac{I_z}{S_{z\max}^*}} \tag{7-26}$$

式中,δ 为工字钢腹板厚度。对于轧制的工字钢,式中 $\dfrac{I_z}{S^*_{z\max}}$ 可由型钢规格表中查得。

例题 7-6 外伸梁受力与截面尺寸如图 7-19(a)所示。

求:1. 梁内最大弯曲正应力;

2. 梁内最大弯曲剪应力;

3. 剪力最大的横截面上翼板与腹板交界处的剪应力。

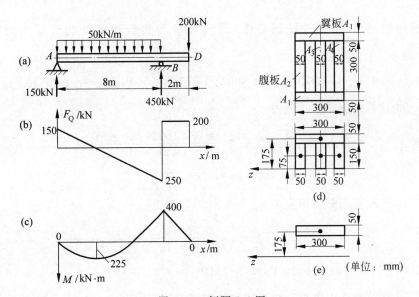

图 7-19 例题 7-6 图

解:1. 画弯矩图确定最大弯矩和最大剪力作用面

首先画剪力图和弯矩图分别如图 7-19(b)和(c)所示。从图中可以看出:B 支承以左与之相邻的横截面上剪力最大,其值为

$$|F_Q|_{\max} = 250\text{kN} = 2.50 \times 10^5 \text{N}$$

支座 B 处截面上弯矩最大,其值为

$$|M|_{\max} = 400\text{kN} \cdot \text{m} = 4.0 \times 10^5 \text{N} \cdot \text{m}$$

2. 计算截面的几何性质

整个截面对中性轴的惯性矩

$$I_z = 3 \times \dfrac{50 \times 10^{-3} \times (300 \times 10^{-3})^3}{12} + 2 \times \dfrac{(300 \times 10^{-3}) \times (50 \times 10^{-3})^3}{12}$$

$$+ 2 \times (300 \times 10^{-3} \times 50 \times 10^{-3})(175 \times 10^{-3})^2$$
$$= 1.26 \times 10^{-3} \, \text{m}^4$$

中性轴以上面积对于中性轴的静矩

$$S_{z\max}^* = A_1 \bar{z}_{C1} + A_2 \bar{z}_{C2} + A_3 \bar{z}_{C3} + A_4 \bar{z}_{C4} = A_1 \bar{z}_{C1} + 3A_2 \bar{z}_{C2}$$
$$= (50 \times 10^{-3} \times 300 \times 10^{-3})(175 \times 10^{-3})$$
$$+ 3(50 \times 10^{-3} \times 150 \times 10^{-3})(75 \times 10^{-3})$$
$$= 4.31 \times 10^{-3} \, \text{m}^3$$

翼板面积 A_1 对于中性轴的静矩（计算翼板与腹板连接处的剪应力时所需）为

$$S_{z\max}^* = A_1 \bar{z}_{C1} = (50 \times 10^{-3} \times 300 \times 10^{-3})(175 \times 10^{-3}) = 2.62 \times 10^{-3} \, \text{m}^3$$

3. 计算梁内最大正应力

$$\sigma_{\max} = \frac{|M|_{\max} y_{\max}}{I_z} = \frac{4.0 \times 10^5 \times 200 \times 10^{-3}}{1.26 \times 10^{-3}}$$
$$= 63.5 \times 10^6 \, \text{Pa} = 63.5 \, \text{MPa}$$

4. 计算梁内最大剪应力

$$\tau_{\max} = \frac{|F_Q|_{\max} S_{z\max}^*}{\delta I_z} = \frac{2.5 \times 10^5 \times 4.31 \times 10^{-3}}{(3 \times 50 \times 10^{-3}) \times 1.26 \times 10^{-3}}$$
$$= 5.7 \times 10^6 \, \text{Pa} = 5.7 \, \text{MPa}$$

5. 计算截面上翼板与腹板连接处腹板上的剪应力

$$\tau = \frac{|F_Q|_{\max} S_{z\max}^*}{\delta I_z} = \frac{2.5 \times 10^5 \times 2.62 \times 10^{-3}}{(3 \times 50 \times 10^{-3}) \times 1.26 \times 10^{-3}}$$
$$= 3.47 \times 10^6 \, \text{Pa} = 3.47 \, \text{MPa}$$

7.4.3 薄壁截面梁的弯曲中心

对于薄壁截面，由于剪应力方向必须平行于截面周边的切线方向，所以与剪应力相对应的分布力系向横截面所在平面内不同点简化，将得到不同的结果。如果向某一点简化结果所得的主矢不为零而主矩为零，则这一点称为**弯曲中心**或**剪力中心**（shearing center）。

以图 7-20(a)所示的薄壁槽形截面为例，先应用式(7-20)分别确定腹板和翼缘上的剪应力 τ_1 和 τ_2（图 7-20(b)和(c)）分别为

$$\tau_1 = \frac{6F_Q\left(bh + \frac{h^2}{4} - y^2\right)}{\delta h^2(h+6b)} \quad \text{(腹板)}$$

$$\tau_2 = \frac{6F_Q s}{\delta h^2(h+6b)} \quad \text{(翼缘)}$$

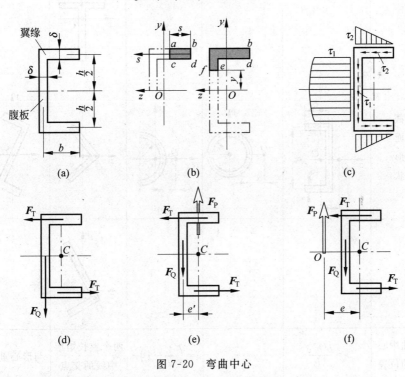

图 7-20 弯曲中心

然后由积分求得作用在翼缘上的合力 F_T 为

$$F_T = \int_0^b \tau_2 \delta \, \mathrm{d}s$$

作用在腹板上的剪力 F_Q 仍由平衡求得。于是，横截面上所受的剪切内力如图 7-20(d)所示。

这时，如果将 F_T、F_Q 等向截面形心 C 简化，将得到主矢 F_Q 和主矩 M，其中 $M = F_T h + F_Q e'$，如图 7-20(e)所示。若将 F_T、F_Q 等向截面左侧点 O 简化，则有可能使 $M=0$。点 O 便为弯曲中心，如图 7-20(f)所示。

设弯曲中心 O 与形心 C 之间的距离为 e，则 $e = e' + \dfrac{F_T h}{F_Q}$。

表 7-1 中所列为几种常见薄壁截面弯曲中心的位置。对于具有两个对称

轴的薄壁截面,二对称轴的交点即为弯曲中心。

表 7-1 常见薄壁截面弯曲中心的位置

截面形状	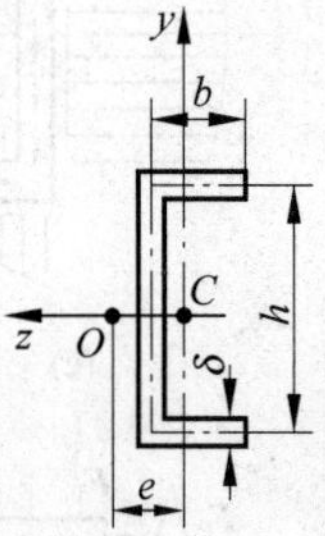	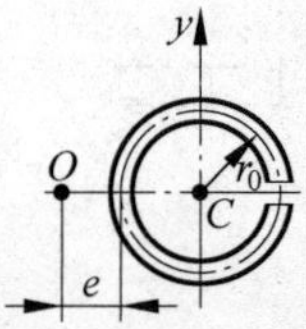		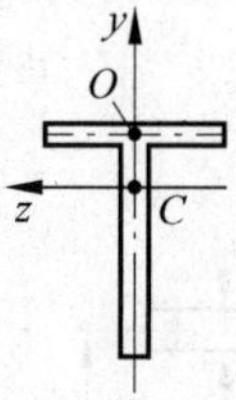 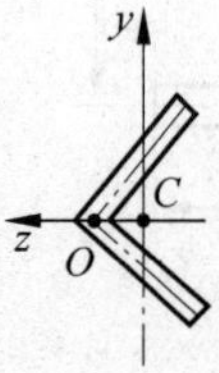 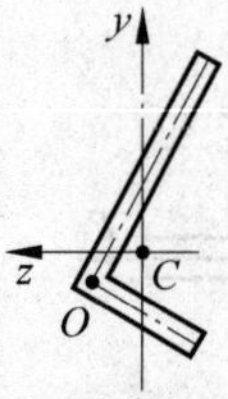	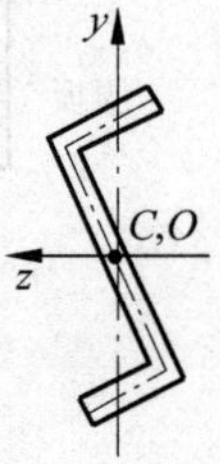
弯曲中心 O 的位置	$e = \dfrac{b^2 h^2 \delta}{4 I_x}$	$e = r_0$	$e = \left(\dfrac{4}{\pi} - 1\right) r_0$	两个狭长矩形中线的交点	与形心重合

7.4.4 横向荷载作用下开口薄壁杆件的扭转变形

荷载作用线垂直于杆件的轴线,这种荷载称为**横向荷载**(transverse load)。

对于开口薄壁截面杆,由于与剪力方向不一致的剪应力的存在,横截面上由剪应力所组成的力对加力点简化的结果不仅有非零的主矢,而且有非零的主矩(例如图 7-20(e)),从而使截面发生绕弯曲中心的转动,这时,杆件除弯曲外,还将产生扭转变形。图 7-21 所示为开口薄壁圆环截面梁、不等边角钢截面梁、槽形截面梁弯曲时发生扭转变形的情形。

由于开口薄壁截面梁扭转时横截面将发生翘曲,在很多情形下,各横截面的翘曲程度又各不相同,因而将产生沿轴线方向的正应变,从而在横截面上产

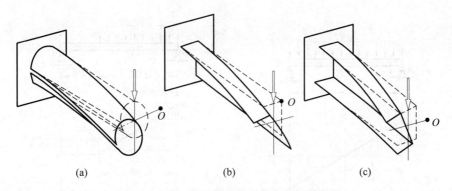

图 7-21 开口薄壁截面梁的弯曲与扭转变形

生附加正应力。同时,还会产生附加剪应力。这是很多工程构件设计所不希望的。

从图 7-20(f)可以看出,当横向荷载作用线通过横截面弯曲中心时,由于横截面上与剪应力对应的分布力系向弯曲中心简化结果只有非零的主矢,故这时的横向荷载与剪力将使杆只发生弯曲而不产生扭转。

7.5 弯曲强度计算

7.5.1 弯曲时的可能危险面

一般情形下,弯曲时,梁的各个横截面上的剪力和弯矩是不相等的,有可能在一个或几个横截面上出现弯矩最大值或剪力最大值;也可能在同一截面上,剪力和弯矩虽然不是最大值,但数值都比较大。这些截面都是可能的危险面。

例如图 7-22 所示梁的截面 A(或 B)、C 分别为最大剪力和最大弯矩作用面,故为危险面;而图 7-23 所示的梁上,除 F_{Qmax}、M_{max} 作用的截面 A、D 外,截面 B 由于其上的 F_Q、M 都比较大,也可能是危险面。

除了根据剪力图和弯矩图判断可能的危险面外,有时还要根据截面的形状和尺寸以及材料的力学性能等方面综合考虑,确定其他可能的危险面。

例如图 7-24 所示的外伸梁,其截面只有纵向一个对称轴,而且材料的压缩强度极限高于拉伸强度极限。这时,从弯矩图看,因为 $M_b = 1.5 F_P l > M_c = F_P l$,故截面 B 为危险面。但是,由于截面 C 上作用有负弯矩,其横截面上最大拉应力发生在距中性轴最远的边缘上各点,这些点的坐标 y_{max} 大于截面 B 上受拉应力点的坐标 $|y'|_{max}$,因此截面 C 也可能是危险面。

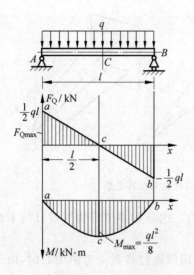

图 7-22 最大剪力与最大弯矩作用面

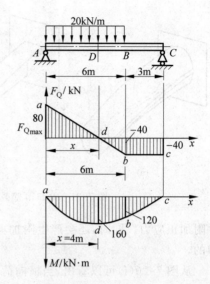

图 7-23 三种可能的危险面

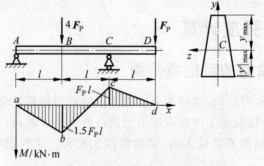

图 7-24 截面只有一个纵向对称轴以及拉、
压强度不等时危险面的确定

7.5.2 弯曲时的可能危险点

除了存在危险面外,承受弯曲杆件强度问题的另一特点是,大多数情形下,横截面上既有正应力又有剪应力,而且二者都是非均匀分布的。

于是,承受弯曲杆件的横截面内可能存在着三类危险点:

(1) 正应力最大点

这些点一般位于弯矩最大的截面上且为距中性轴最远的点。

(2) 剪应力最大点

这些点一般位于剪力最大的截面上,对于常见的实心截面,这些点位于中性轴上,对于开口薄壁截面则不一定在中性轴上。

(3) 正应力和剪应力都比较大的点

这些点一般位于剪力和弯矩(F_Q 和 M)都比较大的截面上,既不在最大正应力处,也不在最大剪应力处,而是在截面上同中性轴平行的边缘与中性轴之间的某个位置上,例如工字形截面的翼线与腹板交界处。

图 7-25 所示的外伸梁,支座 B 的左侧截面既是 $|F_Q|_{max}$ 又是 $|M|_{max}$ 作用面,故为危险面。其上的点 1 和点 5 为 σ_{max} 作用点;点 3 为 τ_{max} 作用点;点 2 和点 4 为 σ 和 τ 都较大的点。这些点都是可能的危险点。

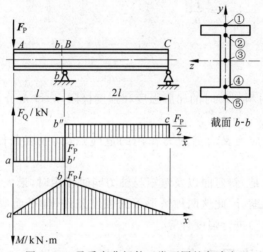

图 7-25 承受弯曲杆件三类不同的危险点

需要注意的是,当杆件除承受弯曲外,尚有轴向荷载或偏心轴向荷载作用时,危险面或危险点的位置以及其上的应力数值将发生变化。

7.5.3 基于最大正应力和最大剪应力的强度条件

梁横截面上的三类危险点受力状况各不相同。最大正应力作用点承受单向拉伸或压缩;最大剪应力的点承受纯剪切;第三类危险点则既有正应力又有剪应力作用(图 7-26)。

对于最大正应力作用点,其强度条件与拉伸或压缩时相同,即

$$\sigma_{max} \leqslant [\sigma] \tag{7-27}$$

如果材料的拉压强度不相等,则最大拉应力和压应力作用点分别采用

$$\sigma_{max}^{+} \leqslant [\sigma]^{+} \tag{7-28}$$

$$\sigma_{\max} \leqslant [\sigma]^- \tag{7-29}$$

式中

$$[\sigma]^+ = \frac{\sigma_b^+}{n_b}, \quad [\sigma]^- = \frac{\sigma_b^-}{n_b}$$

σ_b^+ 和 σ_b^- 分别为拉伸和压缩时的强度极限，n_b 为安全因数。

对于最大剪应力作用点，其受力与扭转时的危险点相同，因此强度条件为

$$\tau_{\max} \leqslant [\tau] \tag{7-30}$$

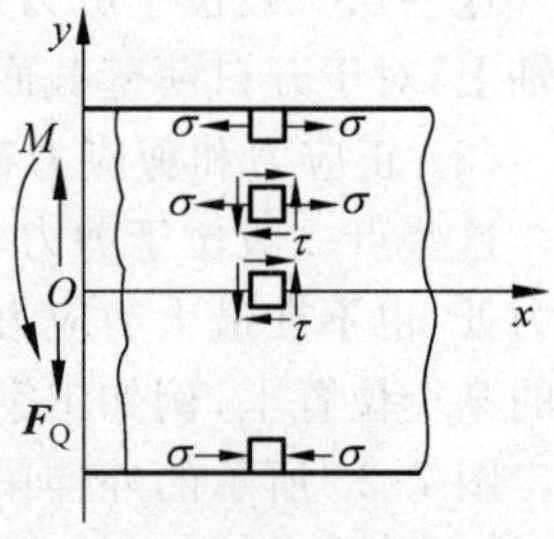

图 7-26 承弯杆件中三类危险的应力状态

式中

$$[\tau] = \frac{\tau_s}{n_s}$$

或

$$[\tau] = \frac{\tau_b}{n_b}$$

τ_s 和 τ_b 分别为材料扭转时的屈服强度和强度极限，n_s 和 n_b 分别为相应的安全因数。

关于既有正应力又有剪应力作用的危险点，其强度条件将在第 9 章中介绍。

需要指出的是，斜弯曲以及弯矩与轴力同时作用时，最大正应力作用点也是单向拉伸或压缩，因此这两种情形下的强度条件，与平面弯曲时完全相同，即可采用式(7-27)进行强度计算。

7.5.4 弯曲许用应力

对于**韧性材料**，由于弯曲正应力分布的不均匀性，当危险点的应力达到屈服应力时，该点发生屈服。但其他各点的应力仍未达到屈服应力值，因而不会导致整个杆件丧失承载能力。于是，工程上规定承弯杆件的许用正应力略高于拉伸许用应力，约高 20%～50%。一般取为拉伸许用应力的 1.2 倍。

对于**脆性材料**，如铸铁等，由于材料本身的不均匀性（如内部夹杂物、缺陷、气孔等），以及弯曲正应力的非均匀分布，最大应力作用区远小于较小应力作用区。于是，缺陷在最大应力区域内引起破坏的概率，比在低应力区的概率要小得多。因此，脆性材料弯曲许用拉应力要比拉伸时高得多。例如对于灰铸铁，弯曲许用拉应力要比拉伸时高 70%～110%。

7.5.5 弯曲强度设计过程

强度设计通常要解决下列三类强度问题：强度校核、截面形状与尺寸设计、确定许用荷载。根据前述设计准则，强度设计一般应遵循以下计算过程。

（1）要正确地画出剪力图和弯矩图，确定剪力绝对值和弯矩绝对值最大（$|F_Q|_{\max}$、$|M|_{\max}$）作用面以及$|F_Q|_{\max}$、$|M|_{\max}$的数值，以便确定可能危险面。

（2）根据危险面上内力的实际方向，确定应力分布以及$\sigma_{\max}$和$\tau_{\max}$的作用点，综合考虑材料的力学性能，确定可能的危险点。

（3）采用相应的强度条件，解决不同类型的强度问题。

7.5.6 应用举例

例题 7-7 空心活塞销受力如图 7-27(a)所示。已知 $F_{P\max}=7000\text{N}$。活塞销各段可近似视为承受均布荷载。活塞销由钢材制成，许用正应力和许用剪应力分别为$[\sigma]=240\text{MPa}$，$[\tau]=120\text{MPa}$。试校核最大正应力作用点与最大剪应力作用点的强度。

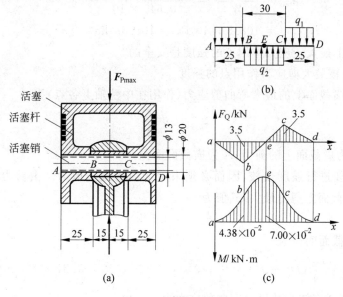

图 7-27 例题 7-7 图

解：1. 作活塞销的受力简图与剪力图、弯矩图，判断危险面

活塞销在 AB、BC、CD 三段都承受均布荷载作用，但段 AB、CD 与段 BC 的荷载方向和荷载集度不同。由此可以画出活塞销的计算简图如图 7-27(b)

所示,其中

$$q_1 = \left(\frac{7000}{2 \times 25 \times 10^{-3}}\right) \text{N/m} = 140 \times 10^3 \text{N/m} = 140 \text{kN/m}$$

$$q_2 = \left(\frac{7000}{2 \times 15 \times 10^{-3}}\right) \text{N/m} = 233.3 \times 10^3 \text{N/m} = 233.3 \text{kN/m}$$

根据上述计算简图,可以作出如图 7-27(c)所示的剪力图和弯矩图,从图中可以看出:活塞销中间截面上弯矩最大,其值为

$$|M|_{\max} = 7.00 \times 10^{-2} \text{kN} \cdot \text{m}$$

2. 计算活塞销的弯曲截面模量

圆管弯曲截面模量

$$W = \frac{\pi D^3}{32}\left[1 - \left(\frac{d}{D}\right)^4\right] = \frac{\pi \times 20^3 \times 10^{-9}}{32}\left[1 - \left(\frac{13 \times 10^{-3}}{20 \times 10^{-3}}\right)^4\right] \text{m}^3$$

$$= 0.645 \times 10^{-6} \text{m}^3 = 0.645 \times 10^3 \text{mm}^3$$

3. 校核最大正应力作用点的强度

最大正应力发生在最大弯矩作用面上的上、下两点,其应力值为

$$\sigma_{\max} = \frac{|M|_{\max}}{W} = \frac{7.00 \times 10^{-2} \times 10^3}{0.645 \times 10^{-6}} \text{Pa}$$

$$= 108.5 \times 10^6 \text{Pa} = 108.5 \text{MPa} < [\sigma]$$

故活塞销上最大正应力作用点的强度是安全的。

4. 校核最大剪应力作用点的强度

圆管横截面上的最大弯曲剪应力(作用在中性轴上各点)为

$$\tau_{\max} = 2\frac{F_Q}{A}$$

其中,F_Q 为横截面上的剪力;A 为横截面面积。

现在要进行强度校核,因而必须采用梁内的最大剪力。由剪力图可知,B、C 两处截面上剪力最大,其值为

$$|F_Q| = 3.50 \text{kN}$$

圆管的横截面面积为

$$A = \frac{\pi}{4}(D^2 - d^2) = \frac{\pi}{4}(20^2 - 13^2) \times 10^{-6} = 1.81 \times 10^{-4} \text{m}^2$$

于是,得到活塞销中的最大弯曲剪应力为

$$\tau_{\max} = 2\frac{F_Q}{A} = 2 \times \frac{3.5 \times 10^3}{1.81 \times 10^{-4}} = 38.7 \times 10^6 \text{Pa}$$

$$= 38.7 \text{MPa} < [\tau] = 120 \text{MPa}$$

这表明最大剪应力作用点的强度条件是满足的,所以活塞销上最大弯曲

剪应力作用点的强度也是安全的。

从以上计算结果可以看出，最大弯矩与最大剪力不在同一横截面上；最大正应力与最大剪应力也不在同一点上，前者发生在中间截面的上、下两点，后者发生在截面 B、C 中性轴上各点。

例题 7-8 图 7-28(a)所示的简支梁，由 No. 20a 普通热轧工字钢制成。若已知工字钢材料的许用正应力和许用剪应力分别为$[\sigma]=157$MPa 和 $[\tau]=78.5$MPa，$l=2000$mm。试求：梁的许可荷载$[F_P]$。

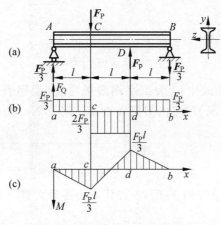

图 7-28 例题 7-8 图

解：因为在细长梁中，正应力对强度的影响是主要的，所以本例中先按最大正应力作用点的强度计算许可荷载，然后，再对最大剪应力作用点进行强度校核。

1. 按最大正应力作用点的强度计算许可荷载

首先，画出梁的剪力图和弯矩图分别如图 7-28(b)、(c)所示。由弯矩图可以看出，C、D 两处截面上的弯矩最大，故为危险面，其上的弯矩值为

$$|M|_{\max} = \frac{F_P l}{3}$$

由型钢表查得 No. 20a 普通热轧工字钢的弯曲截面模量（表中为 W_x）为

$$W = 237 \text{cm}^3 = 237 \times 10^{-6} \text{m}^3$$

于是由

$$\sigma_{\max} = \frac{|M|_{\max}}{W} \leqslant [\sigma]$$

得

$$\frac{\dfrac{F_P l}{3}}{237\times 10^{-6}\,\mathrm{m}^3} \leqslant 157\times 10^6\,\mathrm{Pa}$$

由此解得

$$F_P \leqslant \frac{3\times 237\times 10^{-6}\times 157\times 10^6}{2000\times 10^{-3}}\,\mathrm{N} = 55.8\times 10^3\,\mathrm{N} = 55.8\,\mathrm{kN}$$

2. 对于工字钢,梁内最大弯曲剪应力

$$\tau_{\max} = \frac{|F_Q|_{\max} S^*_{\max}}{\delta I} = \frac{|F_Q|_{\max}}{\delta \dfrac{I}{S^*_{\max}}}$$

由剪力图可得最大剪力

$$|F_Q|_{\max} = \frac{2}{3}F_P$$

上述最大剪应力表达式中,δ 为工字钢腹板厚度(型钢表中为 d),δ 以及 $I/S^*_{\max}$(型钢表中为 I_x/S_x)均可由型钢表查得。对于 No.20a 普通热轧工字钢,查得

$$\delta = d = 7\,\mathrm{mm}$$
$$I/S^*_{\max} = 17.2\,\mathrm{cm} = 0.172\,\mathrm{m}$$

将上述数值,连同所求得的 F_P 值,一并代入上述最大剪应力表达式中,得

$$\tau_{\max} = \frac{|F_Q|_{\max}}{\delta\dfrac{I}{S^*_{\max}}} = \frac{\dfrac{2}{3}F_P}{\delta\dfrac{I}{S^*_{\max}}} = \frac{2\times 55.8\times 10^3}{3\times 7\times 10^{-3}\times 0.172}$$

$$= 30.9\times 10^6\,\mathrm{Pa} = 30.9\,\mathrm{MPa} < [\tau]$$

所以,梁上最大剪应力作用点的强度是足够的。因此,该梁的许可荷载为

$$[F_P] = 55.8\,\mathrm{kN}$$

3. 讨论

请读者思考下列问题:

(1) 如果作用在梁上的两个集中力分别向两边的支承处移近,这时梁的内力和应力将会发生什么样的变化?梁的许可荷载又将发生什么变化?当 C、D 两个加力点距支承 500mm 时,许可荷载为多少?

(2) 本例所算得的许可荷载是在 $l = 2000$mm 时的数值。这时梁内最大弯曲剪应力小于许用数值。若当 $l = 200$mm 时,其他条件不变,这时的许可荷载等于多少?在这一荷载作用下,梁内的最大弯曲剪应力是否满足强度要求?

例题 7-9 由铸铁制造的外伸梁,受力及横截面尺寸如图 7-29(a)所示,其中 z 轴为中性轴。已知铸铁的拉伸许用应力 $[\sigma]^+ = 39.3$MPa,压缩许用应

力为$[\sigma]^- = 58.8\text{MPa}$,$I_z = 7.65 \times 10^6 \text{mm}^4$。试校核该梁的强度。

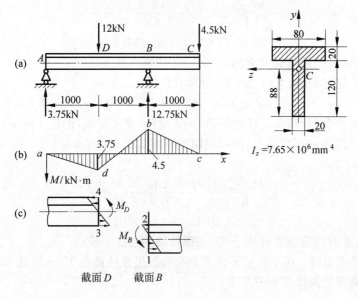

图 7-29　例题 7-9 图

解：因为梁的截面没有水平对称轴,所以其横截面上的最大拉应力与最大压应力不相等。同时,梁的材料为铸铁,其拉伸与压缩许用应力不等。因此,判断危险面位置时,除弯矩图外,还应考虑上述因素。

梁的弯矩图如图 7-29(b)所示。可以看出,截面 B 上弯矩绝对值最大,为可能的危险面之一。在截面 D 上,弯矩虽然比截面 B 上的小,但根据该截面上弯矩的实际方向,如图 7-29(c)所示,其上边缘各点受压应力,下边缘各点受拉应力,并且由于受拉边到中性轴的距离较大,拉应力也比较大,而材料的拉伸许用应力低于压缩许用应力,所以截面 D 亦可能为危险面。现分别校核这两个截面的强度。

对于截面 B,弯矩为负值,其绝对值为

$$|M_z| = (4.5 \times 10^3 \times 1)\text{N} \cdot \text{m} = 4.5 \times 10^3 \text{N} \cdot \text{m} = 4.5 \text{kN} \cdot \text{m}$$

其方向如图 7-29(c)所示。由弯矩实际方向可以确定该截面上点 1 受压、点 2 受拉,应力值分别为

点 1:

$$\sigma^- = \frac{M_z y_{\max}^-}{I_z} = \frac{4.5 \times 10^3 \times 88 \times 10^{-3}}{7.65 \times 10^{-6}}$$

$$= 51.8 \times 10^6 \text{Pa} = 51.8 \text{MPa} < [\sigma]^-$$

点 2：

$$\sigma^+ = \frac{M_z y_{\max}^+}{I_z} = \frac{4.5 \times 10^3 \times 52 \times 10^{-3}}{7.65 \times 10^{-6}}$$

$$= 30.6 \times 10^6 \text{Pa} = 30.6 \text{MPa} < [\sigma]^+$$

因此，截面 B 的强度是安全的。

对于截面 D，其上的弯矩为正值，其值为

$$|M_z| = (3.75 \times 10^3 \times 1) \text{N} \cdot \text{m} = 3.75 \times 10^3 \text{N} \cdot \text{m} = 3.75 \text{kN} \cdot \text{m}$$

方向如图 7-29(c)所示。已经指出，点 3 受拉，点 4 受压，但点 4 的压应力要比截面 B 上点 1 的压应力小，所以只需校核点 3 的拉应力。

点 3：

$$\sigma^+ = \frac{M_z y_{\max}^+}{I_z} = \frac{3.75 \times 10^3 \times 88 \times 10^{-3}}{7.65 \times 10^{-6}}$$

$$= 43.1 \times 10^6 \text{Pa} = 43.1 \text{MPa} > [\sigma]^+$$

因此，截面 D 的强度是不安全的，亦即该梁的强度不安全。

请读者思考：在不改变荷载大小及截面尺寸的前提下，采用什么办法，可以使该梁满足强度安全的要求？

例题 7-10 为了起吊重量为 $F_P = 300 \text{kN}$ 的大型设备，采用一台 150kN 和一台 200kN 的吊车，以及一根工字形轧制型钢作为辅助梁，组成临时的附加悬挂系统，如图 7-30 所示。如果已知辅助梁的长度 $l = 4\text{m}$，型钢材料的许用应力 $[\sigma] = 160 \text{MPa}$，试计算：

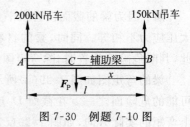

图 7-30 例题 7-10 图

1. F_P 加在辅助梁的什么位置，才能保证两台吊车都不超载？
2. 辅助梁应该选择多大型号的工字钢？

解：1. 确定 F_P 加在辅助梁的位置

F_P 加在辅助梁的不同位置上，两台吊车所承受的力是不相同的。假设 F_P 加在辅助梁的 C 点，这一点到 150kN 吊车的距离为 x。将 F_P 看作主动力，两台吊车所受的力为约束力，分别用 F_A 和 F_B 表示。由平衡方程 $\sum M_A = 0$ 和 $\sum M_B = 0$，可以写出

$$F_B \times l - F_P \times (l-x) = 0$$
$$F_P \times x - F_A \times l = 0$$

由此解出

$$F_A = \frac{F_P \times x}{l}, \quad F_B = \frac{F_P \times (l-x)}{l}$$

令

$$F_A = \frac{F_P \times x}{l} \leqslant 200\text{kN}, \quad F_B = \frac{F_P \times (l-x)}{l} \leqslant 150\text{kN}$$

由此解出

$$x \leqslant \frac{200\text{kN} \times 4\text{m}}{300\text{kN}} = 2.667\text{m} \quad \text{和} \quad x \geqslant 4\text{m} - \frac{150\text{kN} \times 4\text{m}}{300\text{kN}} = 2\text{m}$$

于是,得到 F_P 加在辅助梁上作用点的范围为

$$2\text{m} \leqslant x \leqslant 2.667\text{m}$$

2. 确定辅助梁所需要的工字钢型钢型号

根据上述计算得到的 F_P 加在辅助梁上作用点的范围,当 $x=2\text{m}$ 时,辅助梁在 B 点受力为 150kN;当 $x=2.667\text{m}$ 时,辅助梁在 A 点受力为 200kN。

这两种情形下,辅助梁都在 F_P 作用点处弯矩最大,最大弯矩数值分别为

$$M_{\max}(A) = 200\text{kN} \times (l - 2.667)\text{m} = 200\text{kN} \times (4 - 2.667)\text{m} = 266.6\text{kN} \cdot \text{m}$$

$$M_{\max}(B) = 150\text{kN} \times 2\text{m} = 300\text{kN} \cdot \text{m}$$

$$M_{\max}(B) > M_{\max}(A)$$

因此,应该以 $M_{\max}(B)$ 作为强度计算的依据。于是,由强度条件

$$\sigma_{\max} = \frac{M_{\max}}{W_z} \leqslant [\sigma]$$

可以写出

$$\sigma_{\max} = \frac{M_{\max}(B)}{W_z} \leqslant 160\text{MPa}$$

由此,可以算出辅助梁所需要的弯曲截面模量:

$$W_z \geqslant \frac{M_{\max}(B)}{[\sigma]} = \frac{300 \times 10^3}{160 \times 10^6} = 1.875 \times 10^{-3}\text{m}^3 = 1.875 \times 10^3\text{cm}^3$$

由热轧普通工字钢型钢表中查得 50a 和 50b 工字钢的 W_z 分别为 $1.860 \times 10^3\text{cm}^3$ 和 $1.940 \times 10^3\text{cm}^3$。如果选择 50a 工字钢,它的弯曲截面模量 $1.860 \times 10^3\text{cm}^3$ 比所需要的 $1.875 \times 10^3\text{cm}^3$ 大约小

$$\frac{1.875 \times 10^3 - 1.860 \times 10^3}{1.875 \times 10^3} \times 100\% = 0.8\%$$

工程设计中最大正应力可以允许超过许用应力 5%,所以选择 50a 工字钢是可以的。但是,对于安全性要求很高的构件,最大正应力不允许超过许用应力。这时就需要选择 50b 工字钢。

例题 7-11 一般生产车间所用的吊车大梁,两端由钢轨支撑,可以简化为简支梁,如图 7-31(a)所示。图中 $l=2\text{m}$。大梁由 32a 热轧普通工字钢制成,许用应力 $[\sigma] = 160\text{MPa}$。起吊重物的重量 $F_P = 80\text{kN}$,并且作用在梁的中

点,作用线与 y 轴之间的夹角 $\alpha=5°$,试校核吊车大梁的强度是否安全。

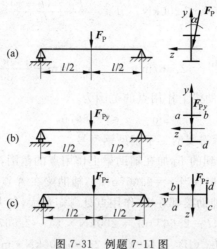

图 7-31　例题 7-11 图

解：1. 首先,将斜弯曲分解为两个平面弯曲的叠加

将 F_P 分解为 z 和 y 方向的两个分力 F_{Pz} 和 F_{Py},将斜弯曲分解为两个平面弯曲,分别如图 7-31(b) 和图 7-31(c) 所示。图中

$$F_{Pz} = F_P \sin\alpha, \quad F_{Py} = F_P \cos\alpha$$

2. 求两个平面弯曲情形下的最大弯矩

根据前几节例题所得到的结果,简支梁在中点受力的情形下,最大弯矩 $M_{\max}=F_P l/4$。将其中的 F_P 分别替换为 F_{Pz} 和 F_{Py},便得到两个平面弯曲情形下的最大弯矩:

$$M_{\max}(F_{Pz}) = \frac{F_{Pz} \times l}{4} = \frac{F_P \sin\alpha \times l}{4}$$

$$M_{\max}(F_{Py}) = \frac{F_{Py} \times l}{4} = \frac{F_P \cos\alpha \times l}{4}$$

3. 计算两个平面弯曲情形下的最大正应力并校核其强度

在 $M_{\max}(F_{Py})$ 作用的截面上(图 7-31(b)),截面上边缘的角点 a、b 承受最大压应力;下边缘的角点 c、d 承受最大拉应力。

在 $M_{\max}(F_{Pz})$ 作用的截面上(图 7-31(c)),截面上角点 b、d 承受最大压应力;角点 a、c 承受最大拉应力。

两个平面弯曲叠加结果,角点 c 承受最大拉应力;角点 b 承受最大压应力。因此 b、c 两点都是危险点。这两点的最大正应力数值相等

$$\sigma_{\max}(b,c) = \frac{M_{\max}(F_{Pz})}{W_y} + \frac{M_{\max}(F_{Py})}{W_z}$$

$$= \frac{F_P \sin\alpha \times l}{4W_y} + \frac{F_P \cos\alpha \times l}{4W_z}$$

其中 $l=4\mathrm{m}, F_P=80\mathrm{kN}, \alpha=5°$。另外从型钢表中可查到 32a 热轧普通工字钢的 $W_y=70.758\mathrm{cm}^3, W_z=629.2\mathrm{cm}^3$。将这些数据代入上式,得到

$$\sigma_{\max}(b,c) = \frac{80 \times 10^3 \times \sin5° \times 4}{4 \times 70.758 \times (10^{-2})^3} + \frac{80 \times 10^3 \times \cos5° \times 4}{4 \times 629.2 \times (10^{-2})^3}$$
$$= 98.5 \times 10^6 + 126.7 \times 10^6 = 225.2 \times 10^6 \mathrm{Pa}$$
$$= 225.2 \mathrm{MPa} > [\sigma] = 160 \mathrm{MPa}$$

因此,梁在斜弯曲情形下的强度是不安全的。

4. 本例讨论

如果令上述计算中的 $\alpha=0$,也就是荷载 F_P 沿着 y 轴方向,这时产生平面弯曲,上述结果中的第一项变为 0。于是梁内的最大正应力为

$$\sigma_{\max} = \frac{80 \times 10^3 \times 4}{4 \times 629.2 \times (10^{-2})^3} = 127.1 \times 10^6 \mathrm{Pa} = 127.1 \mathrm{MPa}$$

这一数值远远小于斜弯曲时的最大正应力。

可见,荷载偏离对称轴(y)一很小的角度,最大正应力就会有很大的增加(本例题中增加了 77.18%),这对于梁的强度是一种很大的威胁,实际工程中应当尽量避免这种现象的发生。这就是为什么吊车起吊重物时只能在吊车大梁垂直下方起吊,而不允许在大梁的侧面斜方向起吊的原因。

例题 7-12 图 7-32(a)中所示为钻床结构及其受力简图。钻床立柱为空心铸铁管,管的外直径为 $D=140\mathrm{mm}$,内、外径之比 $d/D=0.75$。铸铁的拉伸许用应力 $[\sigma]^+=35\mathrm{MPa}$,压缩许用应力 $[\sigma]^-=90\mathrm{MPa}$。钻孔时钻头和工作台

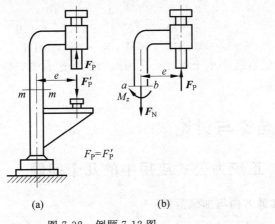

图 7-32 例题 7-12 图

面的受力如图所示,其中 $F_P=15\text{kN}$,力 F_P 作用线与立柱轴线之间的距离(偏心距)$e=400\text{mm}$。试校核立柱的强度是否安全。

解:1. 确定立柱横截面上的内力分量

用假想截面 $m\text{-}m$ 将立柱截开,以截开的上半部分为研究对象,如图 7-32(b)所示。由平衡条件得截面上的轴力和弯矩分别为

$$F_N = F_P = 15\text{kN}$$

$$M_z = F_P \times e = 15\text{kN} \times 400 \times 10^{-3}\text{m}$$
$$= 6\text{kN} \cdot \text{m}$$

2. 确定危险截面并计算最大应力

立柱在偏心力 F_P 作用下产生拉伸与弯曲组合变形。因为,立柱内所有横截面上的轴力和弯矩都是相同的,所以,所有横截面的危险程度也是相同的。

根据图 7-32(b)所示横截面上轴力 $\boldsymbol{F}_N$ 和弯矩 $\boldsymbol{M}_z$ 的实际方向可知,横截面上左、右两侧上的 b 点和 a 点分别承受最大拉应力和最大压应力,其值分别为

$$\sigma_{\max}^+ = \frac{M_z}{W} + \frac{F_N}{A} = \frac{F_P \times e}{\dfrac{\pi D^3(1-\alpha^4)}{32}} + \frac{F_P}{\dfrac{\pi(D^2-d^2)}{4}}$$

$$= \frac{32 \times 6 \times 10^3}{\pi \times (140 \times 10^{-3})^3(1-0.75^4)}$$
$$+ \frac{4 \times 15 \times 10^3}{\pi[(140 \times 10^{-3})^2 - (0.75 \times 140 \times 10^{-3})^2]}$$
$$= 34.84 \times 10^6 \text{Pa} = 34.84\text{MPa}$$

$$\sigma_{\max}^- = -\frac{M_z}{W} + \frac{F_N}{A}$$

$$= -\frac{32 \times 6 \times 10^3}{\pi \times (140 \times 10^{-3})^3(1-0.75^4)}$$
$$+ \frac{4 \times 15 \times 10^3}{\pi[(140 \times 10^{-3})^2 - (0.75 \times 140 \times 10^{-3})^2]}$$
$$= -30.38 \times 10^6 \text{Pa} = -30.38\text{MPa}$$

二者的数值都小于各自的许用应力值。这表明立柱的拉伸和压缩的强度都是安全的。

7.6 结论与讨论

7.6.1 正应力公式应用中的几个问题

1. 加载方向与加载范围

应用正应力公式时,要注意其中的 M_z 必须是作用在形心主轴平面内的弯

矩。因此，横向荷载（垂直于杆件轴线的荷载）必须施加在主轴平面内。

对于不是作用在主轴平面内的荷载，需要将其向主轴平面分解，使之变为两个平面弯曲的叠加。

对于作用线与杆件的轴线不重合的纵向荷载，需要将其向杆件的轴线简化，使之变为轴向拉伸或压缩与弯曲共同作用的情形。

应用平面弯曲正应力公式时，对加载范围也有一定限制，即在弹性范围内加载。这是因为，只有满足线性的物性关系，才能由应变的平面分布导出应力的平面分布。

但是，对于均匀的应变分布，例如承受轴力作用的直杆 dx 微段上两截面之间的变形，是否只有在线性的物性关系得以满足时，应力才能是均匀分布的呢？这一问题留给读者去研究。

2. 坐标系与正负号的确定

计算应力时应首先确定截面上的内力分量。为此，必须在截面上建立合适的坐标系，即坐标原点与截面形心重合；x 轴与杆轴线重合；y、z 轴则为截面的形心主轴。进而，应用简化或平衡的方法，确定横截面上的内力分量。

关于正应力的正负号的确定有两种方法：一种是根据 F_N、M_y、M_z 的方向（其矢量正方向分别与 x、y、z 坐标轴正向一致者为正；反之为负）和所求应力点的坐标值，连同应力公式中的正负号，最后确定 σ_x 的正负号；另一种是，根据截面上 F_N、M_y、M_z 的实际方向，确定它们在所求应力点产生的正应力的拉、压性质，从而确定正应力公式中各项的正负号。著者建议使用后一种方法（本书使用此种方法）。

7.6.2 关于截面的惯性矩

横截面对于某一轴的惯性矩，不仅与横截面的面积大小有关，而且还与这些面积到这一轴的距离的远近有关。同样的面积，到轴的距离远者，惯性矩大；到轴的距离近者，惯性矩小。为了使梁能够承受更大的弯矩，当然希望截面的惯性矩越大越好。

对于图 7-33(a) 中承受均布荷载的矩形截面简支梁，最大弯矩发生在梁的中点。如果需要在梁的中点开一个小孔，请读者分析：图 7-33(b) 和 (c) 中的开孔方式，哪一种最合理？

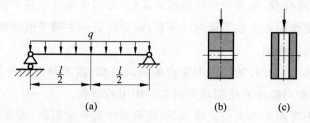

(a)   (b)   (c)

图 7-33 惯性矩与截面形状有关

7.6.3 关于中性轴的讨论

横截面上正应力为零的点组成的直线，称为**中性轴**。

平面弯曲中，根据横截面上轴力等于零的条件，由静力学方程

$$\int_A \sigma \mathrm{d}A = F_\mathrm{N} = 0 \Rightarrow \int_A y \mathrm{d}A = S_z = 0$$

得到"中性轴通过截面形心"的结论。

例题 7-13 承受相同弯矩 M_z 的三根直梁，其截面组成方式如图 7-34(a)、(b)、(c)所示。图 7-34(a)中的截面为一整体；图 7-34(b)中的截面由两矩形截面并列而成（未粘接）；图 7-34(c)中的截面由两矩形截面上下叠合而成（未粘接）。三根梁中的最大正应力分别为 $\sigma_{\max}(a)$、$\sigma_{\max}(b)$、$\sigma_{\max}(c)$。关于三者之间的关系有四种答案，试判断哪一种是正确的。

(A) $\sigma_{\max}(a) < \sigma_{\max}(b) < \sigma_{\max}(c)$；

(B) $\sigma_{\max}(a) = \sigma_{\max}(b) < \sigma_{\max}(c)$；

(C) $\sigma_{\max}(a) < \sigma_{\max}(b) = \sigma_{\max}(c)$；

(D) $\sigma_{\max}(a) = \sigma_{\max}(b) = \sigma_{\max}(c)$。

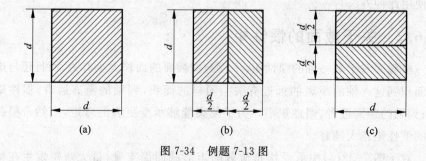

图 7-34 例题 7-13 图

解：对于图 7-34(a)的情形，中性轴通过横截面形心，如图 7-35(a)所示。应用平面弯曲公式，得到横截面上的最大正应力为

$$\sigma_{\max}(a) = \frac{M_z}{\dfrac{d^3}{6}} = \frac{6M_z}{d^3} \qquad (a)$$

对于图 7-34(b) 的情形，这时两根梁相互独立地发生弯曲，每根梁承受的弯矩为 $M_z/2$，而且有各自的中性轴，如图 7-35(b) 所示。于是，应用平面弯曲公式，得到这时横截面上的最大正应力为

$$\sigma_{\max}(b) = \frac{\dfrac{M_z}{2}}{\dfrac{d}{2} \cdot \dfrac{d^3}{12}} \cdot \frac{d}{2} = \frac{6M_z}{d^3} \qquad (b)$$

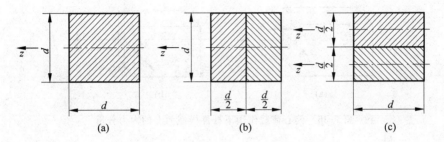

图 7-35　例题 7-13 解答图

对于图 7-34(c) 的情形，这时两根梁也是相互独立地发生弯曲，每根梁承受的弯矩为 $M_z/2$，而且也有各自的中性轴，但与图 7-34(b) 的情形不同，如图 7-35(c) 所示。于是，应用平面弯曲公式，得到这时横截面上的最大正应力为

$$\sigma_{\max}(c) = \frac{\dfrac{M_z}{2}}{\dfrac{d\left(\dfrac{d}{2}\right)^3}{12}} \cdot \frac{d}{4} = \frac{12M_z}{d^3} \qquad (c)$$

比较(a)、(b)、(c) 三式，可以看出答案(B)是正确的。

对于斜弯曲，读者也可以证明，其中性轴也必然通过截面形心。

对于既有轴力，又有弯矩作用的情形，有没有中性轴以及中性轴的位置在哪里？关于这一问题，现在有以下几种答案，请判断哪一种是正确的。

(A) 中性轴不一定在截面内，而且也不一定通过截面形心；

(B) 中性轴只能在截面内，并且必须通过截面形心；

(C) 中性轴只能在截面内，但不一定通过截面形心；

(D) 中性轴不一定在截面内，而且一定不通过截面形心。

7.6.4 偏心荷载的一般情形 截面核心

1. 杆件承受一般情形下的偏心荷载作用时横截面上的内力分量与正应力

一般情形下的偏心荷载系指作用线平行于杆件轴线,但不与轴线重合的荷载。如图 7-36(a)所示。荷载作用线与轴线之间的垂直距离 e 称为**偏心距**。在偏心荷载作用下,杆件截面上将产生 M_y、M_z、F_N 三个或两个(M_y、M_z 中的一个与 F_N)内力分量。

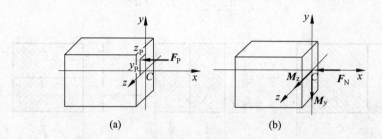

图 7-36 偏心荷载作用下杆件横截面上的内力分量

设偏心荷载加力点的坐标为 y_P 与 z_P(图 7-36(a)),则截面上的各个内力分量(图 7-36(b))分别为

$$F_N = F_P, \quad M_y = F_P z_P, \quad M_z = F_P y_P$$

截面上坐标为 (y,z) 的任意一点(图 7-37)的正应力为

$$\sigma = \pm \left(\frac{F_P}{A} + \frac{M_y z}{I_y} + \frac{M_z y}{I_z} \right) \quad (7\text{-}31\text{a})$$

或

$$\sigma = \pm \left(\frac{F_P}{A} + \frac{F_P z_P z}{I_y} + \frac{F_P y_P y}{I_z} \right) \quad (7\text{-}31\text{b})$$

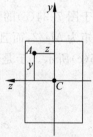

图 7-37 偏心荷载作用下杆件横截面上内力分量引起的正应力

上述二式中,当 F_P 为偏心拉伸荷载时取正号,F_P 为偏心压缩荷载时取负号。

2. 中性轴方程

偏心荷载引起的拉弯或压弯组合时,截面上亦可能存在着应力为零的中性轴,令式(7-31)中之 $\sigma = 0$,便得到中性轴方程:

$$\frac{1}{A} + \frac{z_P z}{I_y} + \frac{y_P y}{I_z} = 0 \quad (7\text{-}32)$$

这一方程表明中性轴的位置与截面的尺寸、几何形状及加力点位置有关。

和斜弯曲相同的是，最大正应力亦发生在距中性轴最远的点，假设这一点的坐标为(y_0, z_0)，则

$$\sigma_{\max} = \pm F_P \left(\frac{1}{A} + \frac{z_P z_0}{I_y} + \frac{y_P y_0}{I_z} \right) \quad (7\text{-}33\text{a})$$

其强度条件为

$$\sigma_{\max} = \pm F_P \left(\frac{1}{A} + \frac{z_P z_0}{I_y} + \frac{y_P y_0}{I_z} \right) \leqslant [\sigma] \quad (7\text{-}33\text{b})$$

偏心荷载与斜弯曲不同的是：中性轴不再通过截面形心，这是因为截面上轴向力不为零的缘故。

3. 截面核心

从中性轴方程(7-32)可以看出：当偏心荷载作用点在第一象限时，即y_P、z_P皆为正值，为了满足式(7-32)，y、z不可能同时为正(一正一负或同为负)。这表明，加力点在某个象限内时，中性轴必然从截面形心的另一侧通过其他三个象限，如图7-38所示。

这表明，当偏心荷载作用点接近截面形心时，中性轴便要远离截面(z_P、y_P减小，CD增大)；当$y_P = z_P = 0$时，CD趋于无穷大，即中性轴在离截面形心无穷远处，亦即截面上应力均匀分布；当偏心荷载作用点远离形心时，中性轴便向截面形心接近。

因此，在偏心荷载作用下，随着荷载作用点位置改变，中性轴可以穿过截面，将截面分为受拉区或受压区；也可以在截面以外，而使截面上的正应力具有相同的符号：偏心拉伸时同为拉应力，偏心压缩时同为压应力。后一种情形，对于某些工程(例如土木建筑工程)有着重要意义。因为混凝土构件、砖石结构材料的抗拉强度远远低于抗压强度，所以，当这些构件承受偏心压缩时，总是希望在构件的截面上只出现压应力，而不出现拉应力。这就要求中性轴必须在截面以外(不能相交，可以相切)，也就是偏心荷载必须加在离截面形心足够近的地方。显然，满足这一要求的不是一个点或几个点，而是某个区域范围，这一区域范围称为**截面核心**(kern of cross section)。

为了确定截面核心的边界，只要作直线与截面边界相切，将这一直线作为中性轴，相应地就可找到一个偏心荷载作用点。对应于与截面边界相切的有限根中性轴，即可找到有限个点，这些点即可连成截面核心的边界。为了确定

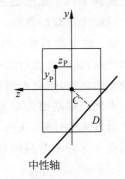

图 7-38 偏心荷载作用下杆件横截面上的中性轴

截面核心边界上点的坐标 y_P 和 z_P，将方程(7-32)改写为

$$\frac{1}{A}\left(1+\frac{z_P z}{\frac{I_y}{A}}+\frac{y_P y}{\frac{I_z}{A}}\right)=0 \tag{7-34}$$

令其中

$$i_y=\sqrt{\frac{I_y}{A}},\quad i_z=\sqrt{\frac{I_z}{A}} \tag{7-35}$$

分别称为截面对 y、z 轴的惯性半径，则中性轴方程变为

$$1+\frac{z_P z}{i_y^2}+\frac{y_P y}{i_z^2}=0 \tag{7-36}$$

当中性轴与截面边界相切时，它在 y、z 轴上的截距分别为 y_t，z_t。则由上式解得对应于这一切线作为中性轴时加力点的坐标

$$y_P=-\frac{i_z^2}{y_t},\quad z_P=-\frac{i_y^2}{z_t} \tag{7-37}$$

例题 7-14 矩形截面宽为 b、高为 h。试确定其截面核心。

解：确定截面核心时，应当先找出与截面边界相切的中性轴所对应的某些加力点，这些点也就是截面核心边界上的某些点。然后再分析截面核心上这些点的轨迹，据此即可连成截面核心的边界线。

本例已知截面为矩形，所以，先假定矩形截面的上边界为中性轴，从图 7-39 中可以看出，这一中性轴在 y、z 轴上的截距分别为

$$z_t=\infty,\quad y_t=\frac{h}{2}$$

将其代入式(7-37)，得到对应的加力点坐标：

$$z_P=-\frac{i_y^2}{z_t}=-\frac{\frac{I_y}{A}}{\infty}=0$$

$$y_P=-\frac{i_z^2}{y_t}=-\frac{\frac{I_z}{A}}{\frac{h}{2}}=-\frac{\frac{bh^3}{12}}{\frac{h}{2}}=-\frac{h}{6}$$

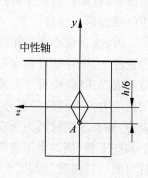

图 7-39 例题 7-14 图

与此相应，在 y 轴的负方向可以找到 A 点，它就是截面核心边界上的一点。

再假设矩形截面的铅垂边为中性轴，它在 y、z 轴上的截距分别为

$$z_{\mathrm{t}} = -\frac{b}{2}, \quad y_{\mathrm{t}} = \infty$$

将其代入式(7-37),得到与这一中性轴对应的加力点的坐标:

$$z_{\mathrm{P}} = -\frac{i_y^2}{z_{\mathrm{t}}} = -\frac{\frac{I_y}{A}}{z_{\mathrm{t}}} = -\frac{\frac{hb^3}{12}}{\left(-\frac{b}{2}\right)} = \frac{b}{6}$$

$$y_{\mathrm{P}} = -\frac{i_z^2}{y_{\mathrm{t}}} = -\frac{\frac{I_z}{A}}{\infty} = 0$$

于是,在 z 轴的正方向可以找到相应的点,它是截面核心边界上的另一点。

根据类似方法,还可以找到分别与所有边界对应的加力点。

以下要解决的问题是:当截面的中性轴由水平边界逐渐过渡到铅垂边界时,加力点的轨迹是一条什么样的曲线。为此,考察中性轴方程(7-36)

$$1 + \frac{z_{\mathrm{P}} z}{i_y^2} + \frac{y_{\mathrm{P}} y}{i_z^2} = 0$$

绕角点旋转的中性轴,都通过同一点,这一点具有相同的坐标,例如

$$y = -\frac{h}{2}, \quad z = \frac{b}{2}$$

它们当然满足上述方程,于是有

$$1 + \frac{z_{\mathrm{P}} \frac{b}{2}}{\frac{hb^3}{12}} + \frac{y_{\mathrm{P}}\left(-\frac{h}{2}\right)}{\frac{bh^3}{12}} = 0$$

化简后得

$$1 + \frac{6z_{\mathrm{P}}}{b} - \frac{6y_{\mathrm{P}}}{h} = 0$$

这就是当中性轴由水平边界过渡到铅垂边界时,加力点的轨迹方程。这是一直线方程,它表明,截面核心边界为一直线。

重复上述过程,可以得到矩形截面的截面核心如图中菱形部分所示。

7.6.5 提高梁强度的措施

前面已经讲到,对于细长梁,影响梁的强度的主要是梁横截面上的正应力,因此,提高梁的强度,就是设法降低梁横截面上的正应力数值。

工程上主要从以下几方面提高梁的强度。

1. 选择合理的截面形状

平面弯曲时,梁横截面上的正应力沿着高度方向线性分布,到中性轴越远的点,正应力越大,中性轴附近的各点正应力很小。当到中性轴最远点上的正应力达到许用应力值时,中性轴附近的各点的正应力还远远小于许用应力值。因此,可以认为,横截面上中性轴附近的材料没有被充分利用。为了使这部分材料得到充分利用,在不破坏截面整体性的前提下,可以将横截面上中性轴附近的材料移到距离中性轴较远处,从而形成"合理截面"。工程结构中常用的空心截面和各种各样的薄壁截面(例如工字形、槽形、箱形截面等)均为合理截面。

根据最大弯曲正应力公式

$$\sigma_{\max} = \frac{M_{\max}}{W}$$

为了使 $\sigma_{\max}$ 尽可能地小,必须使 W 尽可能地大。但是,梁的横截面面积有可能随着 W 的增加而增加,这意味着要增加材料的消耗。能不能使 W 增加,而横截面积不增加或少增加? 当然是可能的。这就是采用合理截面,使横截面的 W/A 数值尽可能大。W/A 数值与截面的形状有关。表 7-2 中列出了常见截面的 W/A 数值。

表 7-2 常见截面的 W/A 数值

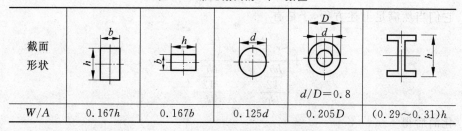

截面形状					
W/A	$0.167h$	$0.167b$	$0.125d$	$0.205D$	$(0.29 \sim 0.31)h$

以宽度为 b、高度为 h 的矩形截面为例,当横截面竖直放置,而且荷载作用在竖直对称面内时,$W/A = 0.167h$;当横截面横向放置,而且荷载作用在短轴对称面内时,$W/A = 0.167b$。如果 $h/b = 2$,则截面竖直放置时的 W/A 值是截面横向放置时的两倍。显然,矩形截面梁竖直放置比较合理。

2. 采用变截面梁或等强度梁

弯曲强度计算是保证梁的危险截面上的最大正应力必须满足强度条件

$$\sigma_{\max} = \frac{M_{\max}}{W} \leqslant [\sigma]$$

大多数情形下,梁上只有一个或者少数几个截面上的弯矩达到最大值,也就是说只有极少数截面是危险截面。当危险截面上的最大正应力达到许用应力值时，其他大多数截面上的最大正应力还没有达到许用应力值，有的甚至远远低于许用应力值。这些截面处的材料同样没有被充分利用。

为了合理地利用材料，减轻结构重量，很多工程构件都设计成变截面的：弯矩大的地方截面大一些，弯矩小的地方截面小一些。例如大型机械设备中的阶梯轴（图 7-40）。

如果使每一个截面上的最大正应力都正好等于材料的许用应力，这样设计出的梁就是"等强度梁"。工业厂房中的"鱼腹梁"（图 7-41）就是一种等强度梁。

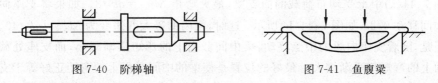

图 7-40　阶梯轴　　　　　　　图 7-41　鱼腹梁

3. 改善受力状况

改善梁的受力状况，一是改变加载方式，二是调整梁的约束。这些都可以减小梁上的最大弯矩数值。

改变加载方式，主要是将作用在梁上的一个集中力用分布力或者几个比较小的集中力代替。例如图 7-42(a) 中在梁的中点承受集中力的简支梁，最大弯矩 $M_{max} = F_P l/4$。如果将集中力变为梁的全长上均匀分布的荷载，荷载集度 $q = F_P/l$，如图 7-42(b) 所示，这时，梁上的最大弯矩变为 $M_{max} = F_P l/8$。

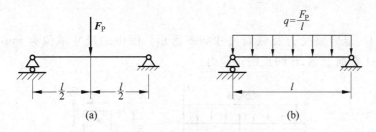

图 7-42　改善受力状况提高梁的强度

在某些允许的情形下，改变加力点的位置，使其靠近支座，也可以使梁内的最大弯矩有明显的降低。例如，图 7-43 中的齿轮轴，齿轮靠近支座时的最大弯矩要比齿轮放在中间时小得多。

调整梁的约束，主要是改变支座的位置，降低梁上的最大弯矩数值。例如

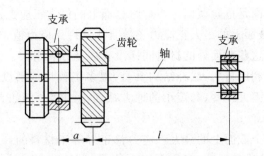

图 7-43 改变支承位置减小最大弯矩

图 7-44(a)中承受均布荷载的简支梁,最大弯矩 $M_{max}=ql^2/8$。如果将支座向中间移动 $0.2l$,如图 7-44(b)所示,这时,梁内的最大弯矩变为 $M_{max}=ql^2/40$。但是,随着支座向梁的中点移动,梁中间截面上的弯矩逐渐减小,而支座处截面上的弯矩却逐渐增大。最好的位置是使梁的中间截面上的弯矩正好等于支座处截面上的弯矩。有兴趣的读者不妨想一想、算一算,这最好的位置应该在哪里?

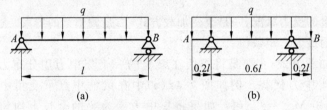

图 7-44 支承的最佳位置

习题

7-1 悬臂梁受力及截面尺寸如图所示。图中的尺寸单位为 mm。求:梁的 1-1 截面上 A、B 两点的正应力。

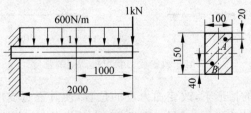

习题 7-1 图

7-2 加热炉炉前机械操作装置如图所示,图中的尺寸单位为 mm。其操作臂由两根无缝钢管所组成。外伸端装有夹具,夹具与所夹持钢料的总重 $F_P=2200$N,平均分配到两根钢管上。求:梁内最大正应力(不考虑钢管自重)。

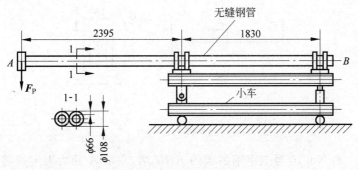

习题 7-2 图

7-3 图示矩形截面简支梁,承受均布荷载 q 作用。若已知 $q=2$kN/m,$l=3$m,$h=2b=240$mm。试求:截面竖放(图(c))和横放(图(b))时梁内的最大正应力,并加以比较。

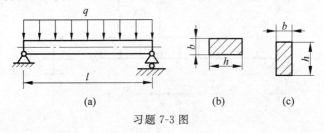

习题 7-3 图

7-4 圆截面外伸梁,其外伸部分是空心的,梁的受力与尺寸如图所示。图中尺寸单位为 mm。已知 $F_P=10$kN,$q=5$kN/m,许用应力$[\sigma]=140$MPa,试校核梁的强度。

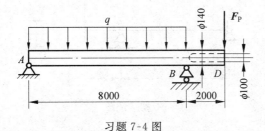

习题 7-4 图

7-5 悬臂梁 AB 受力如图所示,其中 $F_P=10$kN,$M=70$kN·m,$a=3$m。梁横截面的形状及尺寸均示于图中(单位为 mm),C_0 为截面形心,截面对中

性轴的惯性矩 $I_z=1.02\times 10^8\text{mm}^4$,拉伸许用应力 $[\sigma]^+=40\text{MPa}$,压缩许用应力 $[\sigma]^-=120\text{MPa}$。试校核梁的强度。

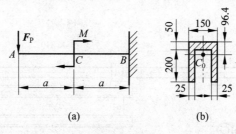

习题 7-5 图

7-6 由 No.10 号工字钢制成的 ABD 梁,左端 A 处为固定铰链支座,B 点处用铰链与钢制圆截面杆 BC 连接,BC 杆在 C 处用铰链悬挂。已知圆截面杆直径 $d=20\text{mm}$,梁和杆的许用应力均为 $[\sigma]=160\text{MPa}$。试求:结构的许用均布荷载集度 $[q]$。

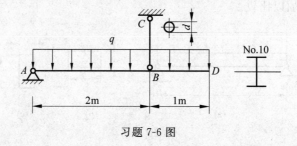

习题 7-6 图

7-7 图示外伸梁承受集中荷载 F_P 作用,尺寸如图所示。已知 $F_P=20\text{kN}$,许用应力 $[\sigma]=160\text{MPa}$,试选择工字钢的型号。

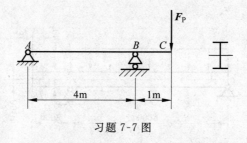

习题 7-7 图

7-8 加固后的吊车主梁如图所示。梁的跨度 $l=8\text{m}$,许用应力 $[\sigma]=100\text{MPa}$。试分析当小车行走到什么位置时,梁内弯矩最大,并计算许可荷载(小车对梁的作用可视为集中力)。

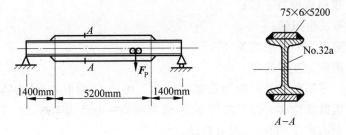

习题 7-8 图(单位：mm)

7-9 支承楼板的木梁如图所示，其两端支承可视为简支，楼板受均布面荷载 $p = 3.5\text{kN/m}^2$ 的作用。已知木梁跨度 $l=6\text{m}$，相邻木梁之间的距离 $a = 1\text{m}$；木材的 $[\sigma] = 10\text{MPa}$，木梁截面尺寸 $b/h = 2/3$。试求 b 和 h 各为多少。

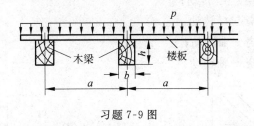

习题 7-9 图

7-10 图示之 AB 为简支梁，当荷载 F_P 直接作用在梁的跨度中点时，梁内最大弯曲正应力超过许用应力 30%。为减小 AB 梁内的最大正应力，在 AB 梁配置一辅助梁 CD，CD 也可以看作是简支梁。试求辅助梁的长度 a。

7-11 关于弯曲剪应力公式 $\tau(y) = \dfrac{F_Q S_z^*(y)}{\delta I_z}$ 应用于实心截面的条件，有下列结论，请分析哪一种是正确的。

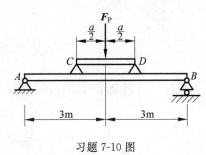

习题 7-10 图

(A) 细长梁、横截面保持平面；

(B) 弯曲正应力公式成立，剪应力沿截面宽度均匀分布；

(C) 剪应力沿截面宽度均匀分布，横截面保持平面；

(D) 弹性范围加载，横截面保持平面。

7-12 关于梁横截面上的剪应力作用线必须沿截面边界切线方向的依据，有以下四种答案，请判断哪一种是正确的。

(A) 横截面保持平面；
(B) 不发生扭转；
(C) 剪应力公式应用条件；
(D) 剪应力互等定理。

7-13 槽形截面悬臂梁加载如图所示。图中 C 为形心，O 为弯曲中心。关于自由端截面位移有以下四种结论，请判断哪一种是正确的。
(A) 只有向下的移动，没有转动；
(B) 只绕点 C 顺时针方向转动；
(C) 向下移动且绕点 O 逆时针方向转动；
(D) 向下移动且绕点 O 顺时针方向转动。

7-14 等边角钢悬臂梁，受力如图所示。关于截面 A 的位移有以下四种答案，请判断哪一种是正确的。
(A) 下移且绕点 O 转动；
(B) 下移且绕点 C 转动；
(C) 下移且绕 z 轴转动；
(D) 下移且绕 z' 轴转动。

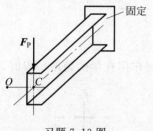

习题 7-13 图

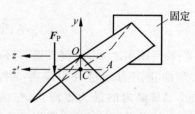

习题 7-14 图

7-15 请判断下列四种图形中的剪应力流方向哪一种是正确的。

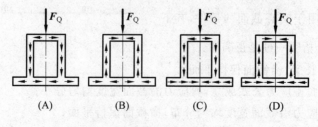

习题 7-15 图

7-16 四种不同截面的悬臂梁，在自由端承受集中力，其作用方向如图所示，图中 O 为弯曲中心。关于哪几种情形下可以直接应用弯曲正应力公式和弯曲剪应力公式，有以下四种结论，请判断哪一种是正确的。

(A) 仅(a)、(b)可以；
(B) 仅(b)、(c)可以；
(C) 除(c)之外都可以；
(D) 除(d)之外都不可以。

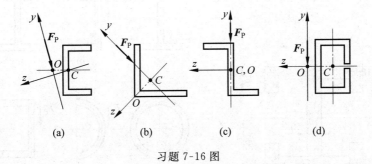

习题 7-16 图

7-17 梁的受力及横截面尺寸如图所示，图中尺寸单位为 mm。试：
1. 绘出梁的剪力图和弯矩图；
2. 确定梁内横截面上的最大拉应力和最大压应力；
3. 确定梁内横截面上的最大剪应力；
4. 画出横截面上的剪应力流。

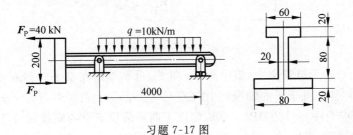

习题 7-17 图

7-18 木制悬臂梁，其横截面由 7 块木料用两种钉子 A、B 连接而成，形状如图所示。梁在自由端承受沿铅垂对称轴方向的集中力 F_P 作用。已知 $F_P = 6 \text{kN}$，$I_z = 1.504 \times 10^9 \text{mm}^4$；$A$ 种钉子的纵向间距为 75mm，B 种钉子的纵向间距为 40mm(图中未标出)。试求：
1. 每一个 A 类钉子所受的剪力；
2. 每一个 B 类钉子所受的剪力。

7-19 图中所示均为承受横向荷载梁的横截面。若剪力均为铅垂方向，试画出各截面上的剪应力流方向。

7-20 矩形截面悬臂梁左端为固定端,受力如图所示,图中尺寸单位为 mm。若已知 $F_{P1}=60\text{kN},F_{P2}=4\text{kN}$。求:固定端处横截面上 A、B、C、D 四点的正应力。

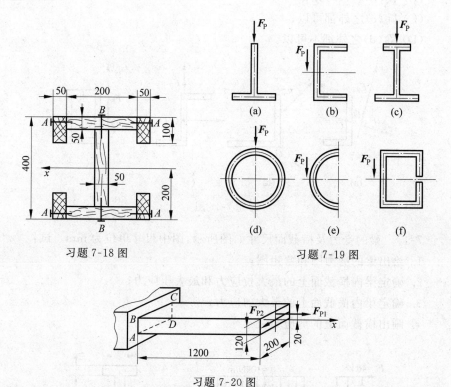

习题 7-18 图   习题 7-19 图

习题 7-20 图

7-21 图示悬臂梁中,集中力 F_{P1} 和 F_{P2} 分别作用在水平对称面和铅垂对称面内,并且垂直于梁的轴线,如图所示。已知 $F_{P1}=1.6\text{kN},F_{P2}=800\text{N},l=1\text{m}$,许用应力 $[\sigma]=160\text{MPa}$。试确定以下两种情形下梁的横截面尺寸:

1. 截面为矩形,$h=2b$;
2. 截面为圆形。

7-22 图示旋转式起重机由工字梁 AB 及拉杆 BC 组成,A、B、C 三处均可以简化为铰链约束。起重荷载 $F_P=22\text{kN},l=2\text{m}$。已知 $[\sigma]=100\text{MPa}$。试:选择 AB 梁的工字钢的型号。

7-23 试求图(a)和(b)中所示之二杆横截面上最大正应力及其比值。

7-24 图中所示为承受纵向荷载的人骨受力简图。试:

1. 假定骨骼为实心圆截面,确定横截面 B-B 上的最大拉、压应力;

2. 假定骨骼中心部分(其直径为骨骼外直径的一半)由海绵状骨质所组成,忽略海绵状骨质承受应力的能力,确定横截面 B-B 上的最大拉、压应力;

3. 确定1、2两种情形下,骨骼在横截面 B-B 上最大压应力之比。

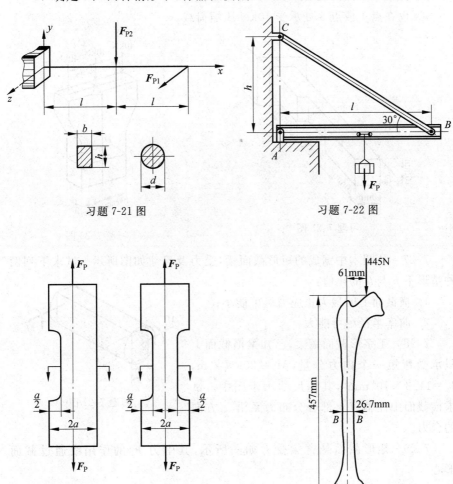

习题 7-21 图　　习题 7-22 图

习题 7-23 图　　题 7-24 图(单位:mm)

7-25　正方形截面杆一端固定,另一端自由,中间部分开有切槽。杆自由端受有平行于杆轴线的纵向力 F_P。若已知 $F_P=1$kN,杆各部分尺寸如图中所示。试求:杆内横截面上的最大正应力,并指出其作用位置。

7-26　桥墩受力如图所示,试确定下列荷载作用下图示 ABC 截面 A、B

两点的正应力:

1. 在点 1、2、3 处均有 40kN 的压缩荷载;
2. 仅在 1、2 两点处各承受 40kN 的压缩荷载;
3. 仅在点 1 或点 3 处承受 40kN 压缩荷载。

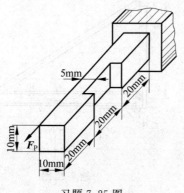

习题 7-25 图

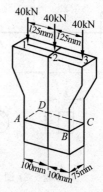

习题 7-26 图

7-27 从圆木中锯成的矩形截面梁,受力及尺寸如图所示。试求下列两种情形下 h 与 b 的比值:

1. 横截面上的最大正应力尽可能小;
2. 曲率半径尽可能大。

7-28 工字形截面钢梁,已知梁横截面上只承受弯矩一个内力分量,$M_z = 20$kN·m,$I_z = 11.3 \times 10^6$ mm^4,其他尺寸示于图中。试求横截面中性轴以上部分分布力系沿 x 方向的合力。

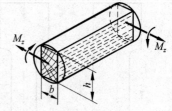

习题 7-27 图

7-29 矩形截面悬臂梁受力如图所示,其中力 F_P 的作用线通过截面形心。

1. 已知 F_P、b、h、l 和 β,求图中虚线所示截面上点 a 处的正应力;
2. 求使点 a 处正应力为零时的角度 β 值。

7-30 根据杆件横截面正应力分析过程,中性轴在什么情形下才会通过截面形心? 关于这一问题有以下四种答案,请分析哪一种是正确的。

(A) $M_y = 0$ 或 $M_z = 0, F_N \neq 0$;
(B) $M_y = M_z = 0, F_N \neq 0$;
(C) $M_y = 0, M_z \neq 0, F_N \neq 0$;

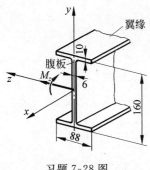
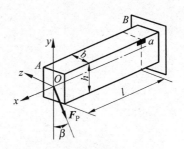

习题 7-28 图　　　　　　　　习题 7-29 图

(D) $M_y \neq 0$ 或 $M_z \neq 0$，$F_N = 0$。

7-31 关于斜弯曲的主要特征有以下四种答案，请判断哪一种是正确的。

(A) $M_y \neq 0, M_z \neq 0, F_N \neq 0$，中性轴与截面形心主轴不一致，且不通过截面形心；

(B) $M_y \neq 0, M_z \neq 0, F_N = 0$，中性轴与截面形心主轴不一致，但通过截面形心；

(C) $M_y \neq 0, M_z \neq 0, F_N = 0$，中性轴与截面形心主轴平行，但不通过截面形心；

(D) $M_y \neq 0, M_z \neq 0, F_N \neq 0$，中性轴与截面形心主轴平行，但不通过截面形心。

7-32 截面形状和尺寸如图所示，试确定截面核心。

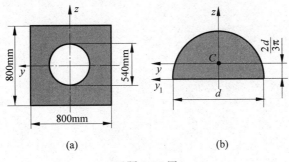

(a)　　　　　　　　(b)

习题 7-32 图

第 8 章
梁的弯曲问题(4)
——位移分析与刚度计算

第 7 章的分析结果表明,在平面弯曲的情形下,梁的轴线将弯曲成平面曲线。如果变形太大,也会影响构件正常工作。因此,在设计机器中的零件或部件以及土木工程中的结构构件时,除了满足强度要求外,还必须满足一定的刚度要求,即将其变形限制在一定的范围内。为此,必须分析和计算梁的变形。

另一方面,某些机械零件或部件,则要求有较大的变形,以减少机械运转时所产生的振动。汽车中的钣簧即为一例。这种情形下也需要研究变形。

此外,求解静不定梁,也必须考虑梁的变形以建立补充方程。

本章将在第 7 章得到的曲率公式的基础上,建立梁的挠度曲线微分方程;进而利用微分方程的积分以及相应的边界条件确定挠度曲线方程。在此基础上,介绍工程上常用的计算梁挠度与转角的叠加法。此外,还将讨论简单的静不定梁的求解问题。

8.1 梁的变形与梁的位移

8.1.1 梁的曲率与位移

在平面弯曲的情形下,梁上的任意微段的两横截面绕中性轴相互转过一角度(图 8-1(a)),从而使梁的轴线弯曲成平面曲线,这一曲线称为梁的**挠度曲线**(deflection curve)。

第 7 章的分析中所得到的梁的中性层的曲率表达式

$$\frac{1}{\rho} = \frac{M}{EI} \tag{8-1}$$

也是挠度曲线的曲率表达式。这一表达式建立了弯矩 M 与弯曲刚度 EI 之间的关系。

大多数工程计算中,所关心的不仅仅是挠度曲线的曲率,更多的是关心梁变形后横截面的位移。

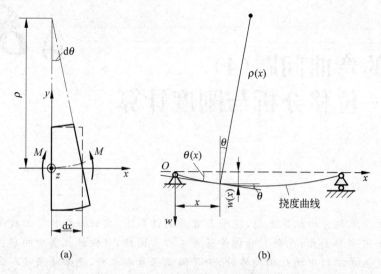

图 8-1 平面弯曲的挠曲变形

什么是梁的位移？位移与梁变形后的曲率有什么关系？

以图 8-1(b)中所示的简支梁为例，变形前梁的轴线为 x 轴，垂直于 x 轴向下为 w 轴，以一端截面形心为原点建立 Oxw 坐标系。

由于梁的轴线是其横截面形心的连线，所以弯曲后的挠度曲线也描述了梁的横截面在梁变形前后位置的改变，这种位置改变称为**位移**（displacement）。

从图 8-1 不难看出，梁横截面的位移包括三部分：垂直于轴线方向的移动、沿轴线方向的移动以及绕中性轴的转动。在小变形的情形下，沿轴线方向的移动远远小于垂直于轴线方向的移动，因而可以忽略不计。

垂直于梁轴线方向的位移称为**挠度**（deflection），用 w 表示，横截面相对于变形前的位置绕中性轴的转动角度称为**转角**（slope of cross section），用 θ 表示。

如果外加荷载使梁的变形保持在弹性范围内，梁的挠度曲线则是一连续、光滑曲线。这一曲线用 x 的函数 $w(x)$ 描述，$w(x)$ 称为**挠度曲线方程**，简称**挠度方程**（deflection equation）。

8.1.2 挠度与转角的相互关系

梁变形后，其横截面相对原来位置转过角度 θ，但仍垂直于变形后的梁轴线，因此截面转角 θ 与挠度曲线 $w(x)$ 在 x 处的切线与横坐标轴 x 之间的夹角 θ 相等（图 8-1(b)），所以挠度与转角之间存在下列关系：

$$\frac{dw}{dx} = \tan\theta$$

在小变形情形下,有

$$\tan\theta \approx \theta$$

于是,得到挠度与转角之间的关系:

$$\frac{dw}{dx} = \theta \tag{8-2}$$

这一关系表明,确定了挠度曲线方程 $w(x)$ 后,将其对 x 求一次导数即可得到转角方程 $\theta(x)$。

8.2 梁的小挠度微分方程及其积分

8.2.1 小挠度微分方程

根据曲率与弯矩和弯曲刚度之间的关系式(8-1)以及微积分中函数与曲率之间的下列关系:

$$\frac{1}{\rho} = \pm \frac{\dfrac{d^2 w}{dx^2}}{\left[1 + \left(\dfrac{dw}{dx}\right)^2\right]^{3/2}} \tag{8-3}$$

考虑到小变形情形下,有 $\dfrac{dw}{dx} \ll 1$,上式分母中的 $\left(\dfrac{dw}{dx}\right)^2$ 项远远小于 1,故可以略去,于是,得到

$$\frac{d^2 w}{dx^2} = \pm \frac{M}{EI} \tag{8-4}$$

这一微分方程称为**小挠度微分方程**,其中的正负号与 w 坐标轴取向有关。在图 8-2(a) 所示的坐标系中,正弯矩 ($M>0$) 产生的挠度曲线之曲率大于零 $\left(\dfrac{d^2 w}{dx^2}>0\right)$,这时,式(8-4)中应为正号;而在图 8-2(b) 所示的坐标系中,正弯矩 ($M>0$) 产生的挠度曲线之曲率小于零 $\left(\dfrac{d^2 w}{dx^2}<0\right)$,这时,式(8-4)中应为负号。

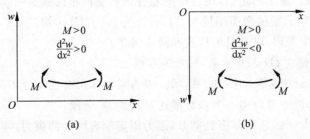

图 8-2 弯矩与曲率的正负号关系

本书采用 w 向下的坐标系(图 8-2(b)),故式(8-4)中取负号,即

$$\frac{d^2 w}{dx^2} = -\frac{M}{EI} \tag{8-5}$$

其中 M 为梁截面上的弯矩,为 x 的函数;I 为截面对于中性轴 z 的惯性矩;E 为材料的弹性模量。

8.2.2 小挠度微分方程的积分与积分常数的确定

将微分方程式(8-5)分别积分一次和两次,得到梁的转角和挠度:

$$\theta = \frac{dw}{dx} = -\frac{1}{EI}\int M dx + C$$

$$w = -\frac{1}{EI}\int\left(\int M dx\right)dx + Cx + D$$

其中 C 和 D 为积分常数,由支承对梁的转角和挠度的约束条件确定。

对于简支梁,其两端约束条件为

$$x = 0, \quad w = 0$$
$$x = l, \quad w = 0$$

对于一端固定($x = 0$ 处)、一端自由($x = l$ 处)的悬臂梁,固定端处的约束条件为

$$x = 0, \quad w = 0$$
$$x = 0, \quad \frac{dw}{dx} = 0(或 \theta = 0)$$

集中力作用处,由于梁在弹性范围内加载,梁挠曲线既不可能间断,也不可能有折点,故该点处两侧的挠度相等、转角相等:

$$w_1 = w_2, \quad \theta_1 = \theta_2$$

如果两根梁由中间铰连接,则在中间铰处,挠度连续,但转角不连续,即中间铰两侧的挠度相等,转角不相等:

$$w_1 = w_2, \quad \theta_1 \neq \theta_2$$

例题 8-1   左端固定、右端自由的悬臂梁承受均布荷载如图 8-3 所示。均布荷载集度为 q,梁的弯曲刚度为 EI,长度为 l。q、EI、l 均已知。求:梁的弯曲挠度与转角方程,以及最大挠度和最大转角。

解: 1. 建立 Oxw 坐标系,写弯矩方程

建立 Oxw 坐标系如图 8-3 所示。因为梁上作用有连续分布荷载,所以在梁的全长上,弯矩可以用一个函数描述,因而无需分段。

从坐标为 x 的任意截面处截开,因为固定端有两个约束力,考虑截面左侧平衡时,建立的弯矩方程比较复杂,所以考虑右侧部分的平衡,得到弯矩方程:

第8章 梁的弯曲问题(4)——位移分析与刚度计算

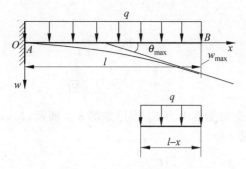

图 8-3 例题 8-1 图

$$M(x) = -\frac{1}{2}q(l-x)^2 \quad (0 \leqslant x \leqslant l)$$

2. 建立微分方程并积分

将上述弯矩方程代入小挠度微分方程,得

$$EIw'' = -M = \frac{1}{2}q(l-x)^2$$

$$EIw' = EI\theta = -\frac{1}{6}q(l-x)^3 + C \qquad (a)$$

$$EIw = \frac{1}{24}q(l-x)^4 + Cx + D \qquad (b)$$

3. 利用约束条件确定积分常数

固定端处的约束条件为

$$x=0, \quad w=0$$

$$x=0, \quad \theta=\frac{\mathrm{d}w}{\mathrm{d}x}=0$$

将其代入式(a)和式(b),得到积分常数

$$C = \frac{ql^3}{6}$$

$$D = -\frac{ql^3}{24}$$

再将其代入式(a)、式(b),得到转角方程与挠度方程

$$\theta = -\frac{q}{6EI}\left[(l-x)^3 - l^3\right] \qquad (c)$$

$$w = \frac{q}{24EI}\left[(l-x)^4 + 4l^3x - l^4\right] \qquad (d)$$

4. 确定转角与挠度的最大值

从图 8-3 中所示之挠度曲线可以看出,悬臂梁在自由端处,挠度和转角均为最大值。于是,令转角和挠度方程(c)和(d)中的 $x=l$,得到最大转角和最

大挠度分别为

$$\theta_{\max} = \theta_B = \frac{ql^3}{6EI}$$

$$w_{\max} = w_B = \frac{ql^4}{8EI}$$

例题 8-2 简支梁受集中力 F_P 作用如图 8-4 所示，F_P、l、EI 均已知。求：梁的挠度曲线方程 $w(x)$。

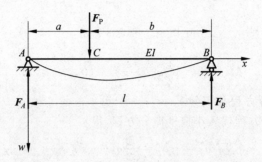

图 8-4　例题 8-2 图

解：1. 确定约束力并分段建立弯矩方程

应用平衡微分方程 $\sum M_A = 0$ 和 $\sum M_B = 0$，得到 A、B 两端的约束力 F_A、F_B 分别为

$$F_A = \frac{F_P b}{l}, \quad F_B = \frac{F_P a}{l}$$

因为在 C 点作用有集中力，所以必须分成两段建立弯矩方程。AC 和 CB 两段的弯矩方程分别为

AC 段： $M_1(x) = F_A x = \dfrac{F_P b}{l} x \quad (0 \leqslant x \leqslant a)$

CB 段： $M_2(x) = F_A x - F_P(x-a) \quad (a \leqslant x \leqslant l)$

2. 建立挠度微分方程并积分

将弯矩方程代入小挠度微分方程，并积分两次得

AC 段：

$$EI w_1'' = -M_1(x) = -\frac{F_P b}{l} x$$

$$EI \theta_1 = -\frac{F_P b}{2l} x^2 + C_1 \tag{a}$$

$$EI w_1 = -\frac{F_P b}{6l} x^3 + C_1 x + D_1 \tag{b}$$

CB 段：

$$EIw''_2 = -M_2(x) = -\frac{F_P b}{l}x + F_P(x-a)$$

$$EI\theta_2 = -\frac{F_P b}{2l}x^2 + \frac{1}{2}F_P(x-a)^2 + C_2 \tag{c}$$

$$EIw_2 = -\frac{F_P b}{6l}x^3 + \frac{1}{6}F_P(x-a)^3 + C_2 x + D_2 \tag{d}$$

3. 利用约束条件和连续条件确定积分常数

式(a)～式(d)中有四个积分常数 C_1、C_2、D_1、D_2，但简支梁两端只能提供两个约束条件，即

$$\left.\begin{array}{l} x=0, \quad w(0)=0 \\ x=l, \quad w(l)=0 \end{array}\right\} \tag{e}$$

确定积分常数的另外两个条件由 C 点的连续条件提供，因为在弹性范围内，梁的轴线弯曲成一条连续光滑曲线，因此 AC 和 CB 段的挠度曲线在 C 点处的挠度和转角都相等，即

$$\left.\begin{array}{l} x=a, \quad w_1(a)=w_2(a) \\ x=a, \quad \theta_1(a)=\theta_2(a) \end{array}\right\} \tag{f}$$

于是，先利用连续条件，有

$$-\frac{F_P b}{2l}a^2 + C_1 = -\frac{F_P b}{2l}a^2 + \frac{F_P}{2}(a-a)^3 + C_2$$

$$-\frac{F_P b}{6l}a^3 + C_1 a + D_1 = -\frac{F_P b}{6l}a^3 + \frac{1}{6}F_P(a-a)^3 + C_2 a + D_2$$

由此解得

$$C_1 = C_2, \quad D_1 = D_2$$

再利用约束条件，有

$$EIw_1(0) = D_1 = D_2 = 0$$

$$EIw_2(l) = -\frac{F_P b}{6l}l^3 + \frac{1}{6}F_P(l-a)^3 + C_2 l = 0$$

解得

$$C_1 = C_2 = \frac{F_P b}{6l}(l^2 - b^2)$$

4. 确定挠度方程

将所得积分常数代入式(a)～式(d)得到 AC 段和 CB 段的挠度方程分别为

AC 段($0 \leqslant x \leqslant a$)：

$$EI\theta_1 = \frac{F_P b}{6l}(l^2 - b^2 - 3x^2) \tag{g}$$

$$EIw_1 = \frac{F_P bx}{6l}(l^2 - b^2 - x^2) \tag{h}$$

CB 段($a \leqslant x \leqslant l$)：

$$EI\theta_2 = \frac{F_P b}{6l}\left[(l^2 - b^2 - 3x^2) + \frac{3l}{6}(x-a)^2\right] \tag{i}$$

$$EIw_2 = \frac{F_P b}{6l}\left[(l^2 - b^2 - x^2)x + \frac{1}{6}(x-a)^3\right] \tag{j}$$

8.3 叠加法确定梁的挠度与转角

8.3.1 叠加法应用于多个荷载作用的情形

8.2 节的计算结果表明，在材料服从胡克定律和小挠度的条件下，挠度和转角均与外加荷载呈线性关系。因此，当梁上作用两个或两个以上的外荷载时，梁上任意截面处的挠度与转角分别等于各个荷载在同一截面处引起的挠度和转角的代数和。

为了方便工程计算，人们已经将常见静定梁在简单荷载作用下的挠度和转角方程以及一些特定点的挠度和转角算出，并形成手册。

叠加法就是应用叠加原理以及常见静定梁在简单荷载作用下的挠度和转角方程的计算结果，得到常见静定梁在复杂荷载作用下的挠度与转角。

常用简支梁、悬臂梁受多种荷载的挠度方程、端截面转角和最大挠度列于表 8-1 中，这种表称为挠度表。

例如图 8-5(a)所示之简支梁，承受均布荷载 q 和作用于跨中的集中力 $F_P = ql$ 共同作用。

为求梁中点的挠度，可将均布荷载 q 和集中力 $F_P = ql$ 分别作用在同一简支梁上，如图 8-5(b)和(c)所示。

将两种情形下中点的代数值相加，便得到二者共同作用时所产生的挠度值：

$$w\left(\frac{l}{2}\right) = w_1\left(\frac{l}{2}\right) + w_2\left(\frac{l}{2}\right)$$

其中 $w_1\left(\frac{l}{2}\right)$ 和 $w_2\left(\frac{l}{2}\right)$ 分别为均布荷载 q 和集中力 $F_P = ql$ 作用在简支梁上，梁中点所产生的挠度。这两种挠度都可以从挠度表中查得

$$w_1\left(\frac{l}{2}\right) = \frac{5}{384EI}ql^4$$

表 8-1 梁的挠度和转角公式

荷载类型	转角	最大挠度	挠度方程
1. 悬臂梁 集中荷载作用在自由端	$\theta_B = \dfrac{F_P l^2}{2EI}$	$w_{\max} = \dfrac{F_P l^3}{3EI}$	$w(x) = \dfrac{F_P x^2}{6EI}(3l - x)$
2. 悬臂梁 弯曲力偶作用在自由端	$\theta_B = \dfrac{Ml}{EI}$	$w_{\max} = \dfrac{Ml^2}{2EI}$	$w(x) = \dfrac{Mx^2}{2EI}$
3. 悬臂梁 均匀分布荷载作用在梁上	$\theta_B = \dfrac{ql^3}{6EI}$	$w_{\max} = \dfrac{ql^4}{8EI}$	$w(x) = \dfrac{qx^2}{24EI}(x^2 + 6l^2 - 4lx)$

续表

荷载类型	转角	最大挠度	挠度方程
4. 简支梁 集中荷载作用任意位置上	$\theta_A = \dfrac{F_P b(l^2-b^2)}{6lEI}$ $\theta_B = -\dfrac{F_P ab(2l-b)}{6lEI}$	$w_{\max} = \dfrac{F_P b(l^2-b^2)^{3/2}}{9\sqrt{3}\,lEI}$ $\left(\text{在 } x=\sqrt{\dfrac{l^2-b^2}{3}}\text{ 处}\right)$	$w_1(x) = \dfrac{F_P bx}{6lEI}(l^2 - x^2 - b^2)$ $(0 \leqslant x \leqslant a)$ $w_2(x) = \dfrac{F_P b}{6lEI}\left[\dfrac{l}{b}(x-a)^3 + (l^2-b^2)x - x^3\right]$ $(a \leqslant x \leqslant l)$
5. 简支梁 均匀分布荷载作用在梁上	$\theta_A = -\theta_B = \dfrac{ql^3}{24EI}$	$w_{\max} = \dfrac{5ql^4}{384EI}$	$w(x) = \dfrac{qx}{24EI}(l^3 - 2lx^2 + x^3)$

续表

荷载类型	转角	最大挠度	挠度方程
6. 简支梁 弯曲力偶作用在梁的一端	$\theta_A = \dfrac{Ml}{6EI}$ $\theta_B = -\dfrac{Ml}{3EI}$	$w_{\max} = \dfrac{Ml^2}{9\sqrt{3}EI}$ （在 $x = \dfrac{l}{\sqrt{3}}$ 处）	$w(x) = \dfrac{Mlx}{6EI}\left(1 - \dfrac{x^2}{l^2}\right)$
7. 简支梁 弯曲力偶作用在两支承间任意点	$\theta_A = -\dfrac{M}{6EIl}(l^2 - 3b^2)$ $\theta_B = -\dfrac{M}{6EIl}(l^2 - 3a^2)$ $\theta_C = \dfrac{M}{6EIl}(3a^2 + 3b^2 - l^2)$	$w_{1\max} = -\dfrac{M(l^2 - 3b^2)^{3/2}}{9\sqrt{3}EIl}$ （在 $x = \dfrac{1}{\sqrt{3}}\sqrt{l^2 - 3b^2}$ 处） $w_{2\max} = \dfrac{M(l^2 - 3a^2)^{3/2}}{9\sqrt{3}EIl}$ （在 $x = \dfrac{1}{\sqrt{3}}\sqrt{l^2 - 3a^2}$ 处）	$w_1(x) = -\dfrac{Mx}{6EIl}(l^2 - 3b^2 - x^2)$ $(0 \leqslant x \leqslant a)$ $w_2(x) = \dfrac{M(l-x)}{6EIl}[l^2 - 3a^2 - (l-x)^2]$ $(a \leqslant x \leqslant l)$

续表

荷载类型	转角	最大挠度	挠度方程
8. 外伸梁 集中荷载作用在外伸臂端点	$\theta_A = -\dfrac{F_P a l}{6EI}$ $\theta_B = \dfrac{F_P a l}{3EI}$ $\theta_C = \dfrac{F_P a(2l+3a)}{6EI}$	$w_{\max 1} = -\dfrac{F_P a l^2}{9\sqrt{3}EI}$ (在 $x = l/\sqrt{3}$ 处) $w_{\max 2} = \dfrac{F_P a^2}{3EI}(a+l)$ (在自由端)	$w_1(x) = -\dfrac{F_P a x}{6EIl}(l^2 - x^2)$ $(0 \leqslant x \leqslant l)$ $w_2(x) = \dfrac{F_P(l-x)}{6EI}\left[(x-l)^2 + a(l-3x)\right]$ $(l \leqslant x \leqslant l+a)$
9. 外伸梁 均布载荷作用在外伸臂上	$\theta_A = -\dfrac{q l a^2}{12EI}$ $\theta_B = \dfrac{q l a^2}{6EI}$	$w_{\max 1} = -\dfrac{q l^2 a^2}{18\sqrt{3}EI}$ (在 $x = l/\sqrt{3}$ 处) $w_{\max 2} = \dfrac{q a^3}{24EI}(3a + 4l)$ (在自由端)	$w_1(x) = -\dfrac{q a^2 x}{12EIl}(l^2 - x^2)$ $(0 \leqslant x \leqslant l)$ $w_2(x) = \dfrac{q(x-l)}{24EI}\left[2a^2(3x-l)\right.$ $\left. + (x-l)^2(x-l-4a)\right]$ $(l \leqslant x \leqslant l+a)$

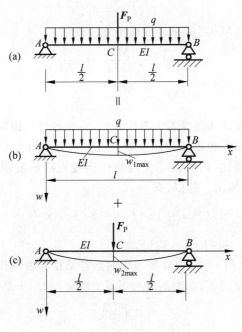

图 8-5 叠加法求简支梁挠度

$$w_1\left(\frac{l}{2}\right) = \frac{F_P l^3}{48EI} = \frac{ql^4}{48EI}$$

二者叠加后,得到总挠度为

$$w\left(\frac{l}{2}\right) = w_1\left(\frac{l}{2}\right) + w_1\left(\frac{l}{2}\right) = \frac{13}{384EI}ql^4$$

例题 8-3 悬臂梁 AB 在梁中点 C 处作用有集中力 F_P,自由端 B 处承受集中力偶 $M_e = F_P l$,如图 8-6 所示。用叠加法求自由端 B 处的挠度和转角。

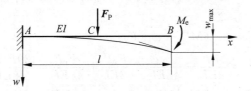

图 8-6 例题 8-3 图

解:在 M_e、F_P 作用下,自由端挠度(转角)等于二者分别作用于梁时所产生的自由端挠度(转角)之和:

$$w_B = w_B(F_P) + w_B(M_e) \tag{a}$$

$$\theta_B = \theta_B(F_P) + \theta_B(M_e) \qquad (b)$$

其中 $w_B(M_e)$ 和 $\theta_B(M_e)$ 可以从挠度表中直接查到：

$$\left. \begin{aligned} w_B(M_e) &= \frac{M_e l^2}{2EI} = \frac{F_P l^3}{2EI} \\ \theta_B(M_e) &= \frac{M_e l}{EI} = \frac{F_P l^2}{2EI} \end{aligned} \right\} \qquad (c)$$

$w_B(F_P)$ 虽然不能直接从挠度表中直接查到，但是通过自由端作用有集中力的悬臂梁的挠度和转角，也不难得到。因为当集中力作用在 C 处时，CB 段梁由于不受力，而保持直线，同时由于挠度曲线连续光滑的要求，CB 段直线必须与 AC 段挠度曲线相切。所以，有

$$\left. \begin{aligned} w_B(F_P) &= w_C(F_P) + \theta_C(F_P) \times \frac{l}{2} \\ \theta_B(F_P) &= \theta_C(F_P) \end{aligned} \right\} \qquad (d)$$

其中 $w_C(F_P)$ 和 $\theta_C(F_P)$ 可以由挠度表中的悬臂梁在自由端作用有集中力的结果得到，但是要注意的是，这时的梁长不是 l 而是 $l/2$。于是，有

$$\left. \begin{aligned} w_C(F_P) &= \frac{F_P \left(\dfrac{l}{2}\right)^3}{3EI} = \frac{F_P l^3}{24EI} \\ \theta_C(F_P) &= \frac{F_P \left(\dfrac{l}{2}\right)^2}{2EI} = \frac{F_P l^2}{8EI} \end{aligned} \right\} \qquad (e)$$

将式(e)代入式(d)的第 1 式，得到集中力 F_P 引起自由端 B 处的挠度为

$$\begin{aligned} w_B(F_P) &= w_C(F_P) + \theta_C(F_P) \times \frac{l}{2} \\ &= \frac{F_P l^3}{24EI} + \frac{F_P l^2}{8EI} \times \frac{l}{2} = \frac{5F_P l^3}{48EI} \end{aligned} \qquad (f)$$

将式(f)和式(c)的第 1 式代入式(a)，得到 M_e、F_P 共同作用下，自由端 B 的挠度为

$$\begin{aligned} w_B &= w_B(M_e) + w_B(F_P) \\ &= \frac{M_e l^2}{2EI} + \frac{5F_P l^3}{48EI} = \frac{F_P l^3}{2EI} + \frac{5F_P l^3}{48EI} = \frac{29F_P l^3}{48EI} \end{aligned}$$

根据式(e)、式(d)、式(c)的第 2 式，由式(b)得到自由端 B 的转角为

$$\theta_B = \theta_B(F_P) + \theta_B(M_e) = \frac{F_P l^2}{8EI} + \frac{F_P l^2}{2EI} = \frac{5F_P l^2}{8EI}$$

8.3.2 叠加法应用于间断性分布荷载作用的情形

对于间断性分布荷载作用的情形，根据受力与约束等效的要求，可以将间

断性分布荷载,变为梁全长上连续分布荷载,然后在原来没有分布荷载的梁段上,加上集度相同但方向相反的分布荷载,最后应用叠加法。

例题 8-4 图 8-7(a)所示悬臂梁,弯曲刚度为 EI。梁承受间断性分布荷载,如图所示。试利用叠加法确定自由端的挠度和转角。

解:1. 将梁上的荷载变成有表可查的情形

为利用挠度表中关于梁全长承受均布荷载的计算结果,计算自由端 C 处的挠度和转角,先将均布荷载延长至梁的全长,为了不改变原来荷载作用的效果,在 AB 段还需再加上集度相同、方向相反的均布荷载,如图 8-7(b)所示。

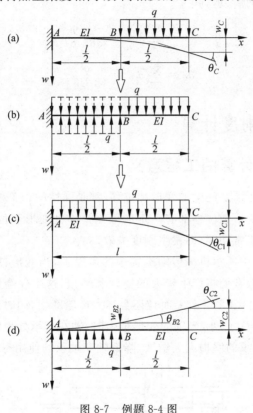

图 8-7 例题 8-4 图

2. 再将处理后的梁分解为简单荷载作用的情形,计算各个简单荷载引起的挠度和转角

图 8-7(c)和(d)所示是两种不同的均布荷载作用情形,分别画出这两种情形下的挠度曲线大致形状。于是,由挠度表中关于承受均布荷载悬臂梁的计算结果,上述两种情形下自由端的挠度和转角分别为

$$w_{C1} = \frac{1}{8}\frac{ql^4}{EI}$$

$$w_{C2} = w_{B2} + \theta_{B2} \times \frac{l}{2} = -\frac{1}{128}\frac{ql^4}{EI} - \frac{1}{48}\frac{ql^3}{EI} \times \frac{l}{2}$$

$$\theta_{C1} = \frac{1}{6}\frac{ql^3}{EI}$$

$$\theta_{C2} = -\frac{1}{48}\frac{ql^3}{EI}$$

3. 将简单荷载作用的结果叠加

上述结果叠加后,得到

$$w_C = \sum_{i=1}^{2} w_{Ci} = \frac{41}{384}\frac{ql^4}{EI}$$

$$\theta_C = \sum_{i=1}^{2} \theta_{Ci} = \frac{7}{48}\frac{ql^3}{EI}$$

8.4 梁的刚度计算

8.4.1 刚度计算的工程意义

以上分析中所涉及的梁的变形和位移,都是弹性的。工程设计中,对于结构或构件的弹性变形和位移都有一定的限制。弹性变形和位移过大,也会使结构或构件丧失正常功能,即发生刚度失效。

例如,图 8-8 中所示机械传动机构中的齿轮轴,当变形过大时(图中虚线所示),两齿轮的啮合处将产生较大的挠度和转角,这不仅会影响两个齿轮之间的啮合,以致不能正常工作;而且还会加大齿轮磨损,同时将在转动的过程中产生很大的噪声;此外,当轴的变形很大时,轴在支承处也将产生较大的转角,从而使轴和轴承的磨损大大增加,降低轴和轴承的使用寿命。

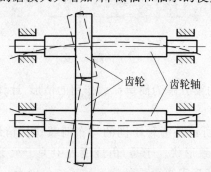

图 8-8 变形后的齿轮轴

工程设计中还有另外一类问题,所考虑的不是限制构件的弹性变形和位移,而是希望在构件不发生强度失效的前提下,尽量产生较大的弹性位移。例如,各种车辆中用于减振的板簧,都是采用厚度不大的板条叠合而成,采用这种结构,板簧既可以承受很大的力而不发生破坏,同时又能承受较大的弹性变形,吸收车辆受到振动和冲击时产生的动能,达到抗振和抗冲击的效果。

8.4.2 梁的刚度条件

工程上为使梁满足刚度要求,通常需对梁的最大挠度或最大转角加以限制(或者同时限制挠度与转角),即

$$|w|_{\max} \leqslant [w] \tag{8-6}$$

$$|\theta|_{\max} \leqslant [\theta] \tag{8-7}$$

上述二式均称为梁的刚度条件,式中$|w|_{\max}$和$|\theta|_{\max}$分别为梁中绝对值最大挠度和绝对值最大转角;$[w]$和$[\theta]$分别为规定的许用挠度和许用转角,其数值由不同工程规范和特殊工程要求确定。表 8-2 中所列为常见轴的弯曲许用挠度与许用转角值。

表 8-2 常见轴的弯曲许用挠度与许用转角值

对 挠 度 的 限 制	
轴 的 类 型	许用挠度$[w]$
一般传动轴	$(0.0003\sim 0.0005)l$
刚度要求较高的轴	$0.0002l$
齿轮轴	$(0.01\sim 0.03)m^*$
涡轮轴	$(0.02\sim 0.05)m$
对 转 角 的 限 制	
轴 的 类 型	许用转角$[\theta]$/rad
滑动轴承	0.001
向心球轴承	0.005
向心球面轴承	0.005
圆柱滚子轴承	0.0025
圆锥滚子轴承	0.0016
安装齿轮的轴	0.001

注:m 为齿轮模数。

例题 8-5 图 8-9 所示钢制圆轴,左端受力为 F_P,其他尺寸如图所示。已知 $F_P=20\text{kN}, a=1\text{m}, l=2\text{m}, E=206\text{GPa}$,轴承 B 处的许用转角$[\theta]=0.5°$。试根据刚度要求确定该轴的直径 d。

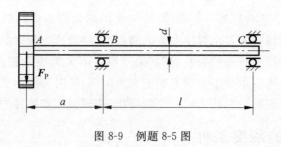

图 8-9 例题 8-5 图

解：根据要求，所设计的轴直径必须使轴具有足够的刚度，以保证轴承 B 处的转角不超过许用数值。为此，需按下列步骤计算。

1. 查表确定 B 处的转角

由表 8-1 中承受集中荷载的外伸梁的结果，得

$$\theta_B = -\frac{F_P la}{3EI}$$

2. 根据刚度设计准则确定轴的直径

根据设计要求，

$$|\theta| \leqslant [\theta]$$

其中，θ 的单位为 rad(弧度)，而 $[\theta]$ 的单位为 (°)，应考虑到单位的一致性，将有关数据代入后，得到

$$d \geqslant \sqrt[4]{\frac{64 \times 20 \times 1 \times 2 \times 180 \times 10^3}{3 \times \pi^2 \times 206 \times 0.5 \times 10^9}} = 111 \times 10^{-3}\text{m} = 111\text{mm}$$

例题 8-6 矩形截面悬臂梁承受均布荷载如图 8-10 所示。已知 $q = 10\text{kN/m}, l = 3\text{m}, E = 196\text{GPa}, [\sigma] = 118\text{MPa}$，许用最大挠度与梁跨度比值 $[w_{max}/l] = 1/250$，且已知梁横截面的高度与宽度之比为 2，即 $h = 2b$。试求梁横截面尺寸 b 和 h。

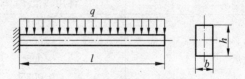

图 8-10 例题 8-6 图

解：本例所涉及的问题是，既要满足强度要求，又要满足刚度要求。

解决这类问题的办法是，可以先按强度设计准则设计截面尺寸，然后校核刚度设计准则是否满足；也可以先按刚度设计准则设计截面尺寸，然后校核强度设计是否满足。或者，同时按强度和刚度设计准则设计截面尺寸，最后选两种情形下所得尺寸中之较大者。现按后一种方法计算如下。

1. 强度设计

根据强度条件

$$\sigma_{\max} = \frac{|M|_{\max}}{W} \leqslant [\sigma] \tag{a}$$

于是,有

$$|M|_{\max} = \frac{1}{2}ql^2 = \left(\frac{1}{2} \times 10 \times 10^3 \times 3^2\right) \text{N} \cdot \text{m}$$

$$= 45 \times 10^3 \text{N} \cdot \text{m} = 45 \text{kN} \cdot \text{m}$$

$$W = \frac{bh^2}{6} = \frac{b(2b)^2}{6} = \frac{2b^3}{3}$$

将其代入式(a)后,得

$$b \geqslant \left(\sqrt[3]{\frac{3 \times 45 \times 10^3}{2 \times 118 \times 10^6}}\right) \text{m} = 83.0 \times 10^{-3} \text{m} = 83.0 \text{mm}$$

$$h = 2b \geqslant 166 \text{mm}$$

2. 刚度设计

根据刚度条件

$$w_{\max} \leqslant [w]$$

有

$$\frac{w_{\max}}{l} \leqslant \left[\frac{w}{l}\right] \tag{b}$$

由表 8-1 中承受均布荷载作用的悬臂梁的计算结果,得

$$w_{\max} = \frac{1}{8} \frac{ql^4}{EI}$$

于是,有

$$\frac{w_{\max}}{l} = \frac{1}{8} \frac{ql^3}{EI} \tag{c}$$

其中,

$$I = \frac{bh^3}{12} \tag{d}$$

将式(c)和式(d)代入式(b),得

$$\frac{3ql^3}{16Eb^4} \leqslant \left[\frac{w_{\max}}{l}\right]$$

由此解得

$$b \geqslant \left(\sqrt[4]{\frac{3 \times 10 \times 10^3 \times 3^3 \times 250}{16 \times 196 \times 10^9}}\right) \text{m} = 89.6 \times 10^{-3} \text{m} = 89.6 \text{mm}$$

$$h = 2b \geqslant 179 \text{mm}$$

3. 根据强度和刚度设计结果,确定梁的最终尺寸

综合上述设计结果,取刚度设计所得到的尺寸,作为梁的最终尺寸,即 $b \geqslant 89.6 \mathrm{mm}, h \geqslant 179 \mathrm{mm}$。

8.5 简单的静不定梁

8.5.1 多余约束与静不定次数

前面的讨论中所涉及的梁都是静定梁,就是用平衡方程可以解出荷载作用下梁上的全部未知力(包括约束反力与内力)。

当在静定梁上增加约束,使得作用在梁上的未知力的个数多于独立平衡方程数目,仅仅根据平衡方程无法求得全部未知力,这种梁称为静不定梁或超静定梁。

在静定梁上增加的这种约束,对于保持结构的静定性质是多余的,因而称为多余约束。

未知力的个数与平衡方程数目之差,即多余约束的数目,称为静不定次数。

静不定次数表示求解全部未知力,除了平衡方程外,所需要的补充方程的个数。

例如,在简支梁的两端支座中间增加一个辊轴支座,就是一次静不定梁;增加支座的个数就是静不定的次数。又如,在悬臂梁自由端增加一个辊轴支座,变为一次静不定梁;增加固定铰支座变为二次静不定梁;使自由端也变成固定端,则悬臂梁就变成了三次静不定梁。

8.5.2 求解静不定梁的基本方法

求解静不定梁,除了平衡方程外,还需要根据多余约束对位移或变形的限制,建立各部分位移或变形之间的几何关系,即建立**几何方程**,称为**变形协调方程**(compatibility equation),并建立力与位移或变形之间的物理关系,即**物理方程**或称**本构方程**(constitutive equation)。将这二者联立才能找到求解静不定问题所需的补充方程。

据此,求解静不定梁以及其他静不定问题的过程应该是:

(1)要判断静不定的次数,也就是确定有几个多余约束;

(2)选择合适的多余约束,将其除去,使静不定梁变成静定梁,在解除约束处代之以多余约束力;

(3) 将解除约束后的梁与原来的静不定梁相比较,多余约束处应当满足什么样的变形条件才能使解除约束后的系统的受力和变形与原来系统的受力变形等效,从而写出变形协调条件;

(4) 联立求解平衡方程、变形协调方程以及物理方程,解出全部未知力;进而根据工程要求进行强度计算与刚度计算。

例题 8-7 图 8-11(a)所示之三支承梁,A 处为固定铰链支座,B、C 二处为辊轴支座。梁作用有均布荷载。已知:均布荷载集度 $q=15\text{N/mm}$,$l=4\text{m}$,梁圆截面的直径 $d=100\text{mm}$,$[\sigma]=100\text{MPa}$。试校核该梁的强度是否安全。

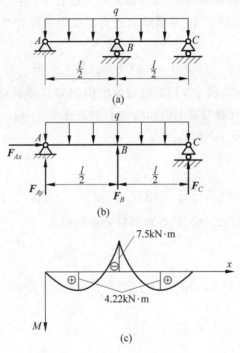

图 8-11 例题 8-7 图

解:1. 判断静不定次数

梁在 A、B、C 三处共有 4 个未知约束力,而梁在平面一般力系作用下,只有 3 个独立的平衡方程,故为一次静不定梁。

2. 解除多余约束,使静不定梁变成静定梁

本例中 B、C 二处的辊轴支座,可以选择其中的一个作为多余约束,现在将支座 B 作为多余约束除去,在 B 处代之以相应的多余约束力 $\boldsymbol{F}_B$。解除约束后所得到的静定梁为一简支梁,如图 8-11(b)所示。

3. 建立平衡方程

以图 8-11(b)中所示之静定梁作为研究对象,可以写出下列平衡方程:

$$\left.\begin{array}{l} \sum F_x = 0, \quad F_{Ax} = 0 \\ \sum F_y = 0, \quad F_{Ay} + F_B + F_{Cy} - ql = 0 \\ \sum M_C = 0, \quad -F_{Ay}l + F_B \times \dfrac{l}{2} + ql \times \dfrac{l}{2} = 0 \end{array}\right\} \qquad (a)$$

4. 比较解除约束前的静不定梁和解除约束后的静定梁,建立变形协调条件

比较图 8-11(a)和(b)中所示的两根梁可以看出,图 8-11(b)中的静定梁在 B 处的挠度必须等于零,两根梁的受力与变形才能相当。于是,可以写出变形协调条件为

$$w_B = w_B(q) + w_B(F_B) = 0 \qquad (b)$$

其中,$w_B(q)$ 为均布荷载 q 作用在静定梁上引起的 B 处的挠度;$w_B(F_B)$ 为多余约束力 F_B 作用在静定梁上引起的 B 处的挠度。

5. 查表确定 $w_B(q)$ 和 $w_B(F_B)$

由挠度表 8-1 查得

$$w_B(q) = \frac{5}{384} \times \frac{ql^4}{EI}, \quad w_B(F_B) = -\frac{1}{48} \times \frac{F_B l^3}{EI} \qquad (c)$$

联立求解式(a)、式(b)、式(c),得到全部约束力:

$$F_{Ax} = 0, \quad F_{Ay} = \frac{3}{16}ql$$

$$F_B = \frac{5}{8}ql$$

$$F_C = \frac{3}{16}ql$$

6. 校核梁的强度

作梁的弯矩图如图 8-11(c)所示。由图可知,支座 B 处的截面为危险面,其上之弯矩值为

$$|M|_{\max} = 7.5 \times 10^6 \text{N} \cdot \text{mm}$$

危险面上的最大正应力

$$\sigma_{\max} = \frac{|M|_{\max}}{W} = \frac{32|M|_{\max}}{\pi d^3} = \frac{32 \times 7.5 \times 10^6 \times 10^{-3}}{\pi \times (100 \times 10^{-3})^3}$$

$$= 76.4 \times 10^6 \text{Pa} = 76.4 \text{MPa}$$

$$\sigma_{\max} = 76.4 \text{MPa} < [\sigma] = 100 \text{MPa}$$

所以，静不定梁是安全的。

例题 8-8 刚度为 EI 的两端固定的梁 AB，承受均布荷载 q 作用，如图 8-12(a) 所示，试确定固定端的约束力。

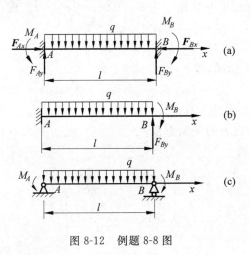

图 8-12 例题 8-8 图

解：1. 建立平衡方程确定静不定次数

假设 A、B 两端的约束力分别为 F_{Ax}、F_{Ay}、M_A 和 F_{Bx}、F_{By}、M_B，共有 6 个未知量，而平面力系只有 3 个独立的平衡方程，所以静不定的次数为 $6-3=3$，即有 3 个多余约束力。

根据小变形的概念，梁在垂直于其轴线的荷载作用下，其水平位移相对于挠度而言，可以忽略不计。因此，固定端约束将不产生水平约束力，即

$$F_{Ax} = F_{Bx} = 0$$

应用对称性分析，A、B 两端的铅垂约束力和约束力偶分别相等。于是，有

$$M_A = M_B, \quad F_{Ay} = F_{By}$$

上述分析结果表明，本例中只有两个未知量。应用平衡方程

$$\sum F_y = 0, \quad F_{Ay} + F_{By} - ql = 0$$

$$\sum M_A = 0, \quad M_A - M_B - ql \times \frac{l}{2} + F_{By}l = 0$$

可以得到

$$F_{Ay} = F_{By} = \frac{ql}{2} \tag{a}$$

却无法确定 M_A 和 M_B。

2. 建立变形协调方程

为了求解 M_A 和 M_B，需要一个补充方程。解除 B 端的多余约束，使结构变成静定的悬臂梁，如图 8-12(b) 所示。

因为，B 端的挠度与转角都为零，即 $w_B=0$，$\theta_B=0$。现在只需要利用其中的一个约束条件：

$$\theta_B = 0 \tag{b}$$

θ_B 由 q、F_{By}、M_B 所引起，即

$$\theta_B = \theta_B(M_B) + \theta_B(F_{By}) + \theta_B(q) = 0 \tag{c}$$

此即所需要的变形协调方程。

3. 建立位移与力的关系方程

由挠度表得到

$$\left. \begin{array}{l} \theta_B(F_{By}) = -\dfrac{F_{By}l^2}{2EI} \\[2mm] \theta_B(M_B) = \dfrac{M_B l}{EI} \\[2mm] \theta_B(q) = \dfrac{ql^3}{6EI} \end{array} \right\} \tag{d}$$

4. 求解联立方程

将式(d)代入式(c)

$$\theta_B = \theta_B(F_{By}) + \theta_B(M_B) + \theta_B(q) = -\frac{F_{By}l^2}{2EI} + \frac{M_B l}{EI} + \frac{ql^3}{6EI} = 0 \tag{e}$$

再将式(a)代入式(e)，最后求得

$$M_B = \frac{1}{12}ql^2$$

5. 本例讨论

本例也可以解除两端的转动约束，代之以两端约束力偶矩 M_A、M_B，解除这两个多余约束，使之变成简支梁（图 8-12(c)）。利用对称性，有 $M_A = M_B$，只要使 B 端（或 A 端）转角 θ_B 为零这一变形协调条件，即可建立补充方程解出约束力偶矩 M_B。有兴趣的读者不妨一试。

8.6 结论与讨论

8.6.1 小挠度微分方程的适用条件

本章的全部内容是在平面弯曲和小挠度条件下导出的。因而微分方程只有在小挠度、弹性范围内才能适用。

8.6.2 关于变形和位移的相依关系

1. 位移是杆件各部分变形累加的结果

位移不仅与变形有关,而且与杆件所受的约束有关(在铰支座处,约束条件为 $w=0$;在固定端处约束条件为 $w=0, \theta=0$)。

请读者比较图 8-13 中两种梁所受的外力、梁内弯矩以及梁的变形和位移有何相同之处和不同之处。

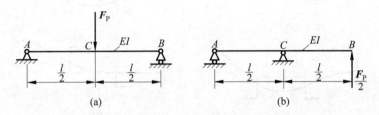

图 8-13 位移与变形的相依关系(1)

2. 是不是有变形一定有位移,或者有位移一定有变形

这一问题请读者结合考察图 8-14 中所示的梁与杆的变形和位移,加以分析,得出自己的结论。

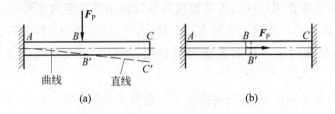

图 8-14 位移与变形的相依关系(2)

8.6.3 关于梁的连续光滑曲线

在平面弯曲情形下,若在弹性范围内加载,梁的轴线弯曲后必然成为一条连续光滑曲线,并在支承处满足约束条件。根据弯矩的实际方向可以确定挠度曲线的大致形状(凹凸性),进而根据约束性质以及连续光滑要求,即可确定挠度曲线的大致位置,并大致画出梁的挠度曲线。

例题 8-9 悬臂梁受力如图 8-15 所示。关于梁的挠度曲线,有(A)~(D)

四种答案,请分析判断,哪一个是正确的。

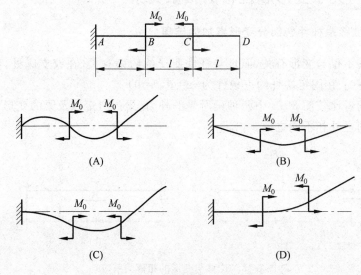

图 8-15 例题 8-9 图

解:首先,根据受力判断弯矩的实际方向,确定轴线变形的大致形状(凹凸性)。

因为作用在梁上的两个外加力偶大小相等、方向相反,所以,AB 和 CD 段因为没有弯矩作用,所以,这两段保持直线而不发生弯曲变形;BC 段所受弯矩为正,因而将产生向上凹的变形。据此,答案(A)与(C)都是不正确的。

其次,根据约束条件和连续光滑性质,确定各段变形曲线之间的相互关系。

A 处为固定端约束,该处的挠度和转角都必须等于零。此外,根据连续光滑的要求,AB、BC 和 CD 三段变形曲线在交界处应该有公切线。

根据这一分析,答案(B)也是不正确的。

综合以上分析,只有答案(D)是正确的。

8.6.4 关于求解静不定问题的讨论

(1) 求解静不定问题时,除平衡方程外,还需根据变形协调方程和物理方程建立求解未知约束力的补充方程。

(2) 根据小变形特点和对称性分析,可以使一个或几个未知力变为已知,从而使求解静不定问题大为简化。

(3) 为了建立变形协调方程,需要解除多余约束,使静不定结构变成静定的,这时的静定结构称为静定系统。

在很多情形下,可以将不同的约束分别视为多余约束,这表明静定系统的选择不是惟一的。例如,图 8-16(a)中所示的一端固定,另一端为辊轴支座的静不定梁,其静定系统可以是悬臂梁(图 8-16(b)),也可以是简支梁(图 8-16(c))。

需要指出的是,这种解除多余约束,代之以相应的约束力,实际上是以力为未知量,以求解静不定问题。这种方法称为**力法**(force method)。

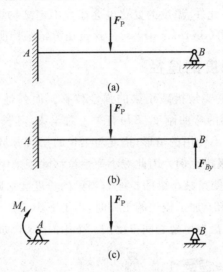

图 8-16 解静不定问题时静定梁的不同选择

8.6.5 关于静不定结构特性的讨论

对于由不同刚度(EA、EI、GI_p 等)杆件组成的静不定结构,一般情形下,各杆内力的大小不仅与外力有关,而且与各杆的刚度之比有关。

考察图 8-17 中的静不定结构,不难得到上述结论。例如,杆 2、3 的刚度远小于杆 1 的刚度,作为一种极端,令 $E_1A_1 \to \infty$,显然,杆 2、3 受力将趋于零;反之,若令 $E_1A_1 \to 0$,则外力将主要由杆 2、3 承受。

为什么静定结构中各构件受力与其刚度之比无关,而在静不定结构中却密切相关。其原因在于静定结构中各构件受力只需满足平衡要

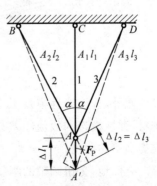

图 8-17 静不定结构中杆件的变形相互牵制

求,变形协调的条件便会自然满足,而在静不定结构中,满足平衡要求的受力,不一定满足变形协调条件;静定结构中各构件的变形相互独立,静不定结构中各构件的变形却是互相牵制的(从图 8-17 中虚线所示即可看出各杆的变形是如何牵制的)。从这一意义上讲,这也是静定结构与静不定结构最本质的差别。

正是由于这种差别,在静不定结构中,若其中的某一构件存在制造误差,装配后即使不加载,各构件也将产生内力和应力,这种应力称为**装配应力**(assemble stress)。此外,温度的变化也会在静不定结构中产生内力和应力,这种应力称为**热应力**(thermal stress)。这也是静定结构所没有的特性。

8.6.6 提高刚度的途径

提高梁的刚度主要是指减小梁的弹性位移。而弹性位移不仅与荷载有关,而且与杆长和梁的弯曲刚度(EI)有关。对于梁,其长度对弹性位移影响较大,例如对于集中力作用的情形,挠度与梁长的三次方量级成比例;转角则与梁长的二次方量级成比例。因此减小弹性位移除了采用合理的截面形状以增加惯性矩 I 外,主要是减小梁的长度 l,当梁的长度无法减小时,则可增加中间支座。例如在车床上加工较长的工件时,为了减小切削力引起的挠度,以提高加工精度,可在卡盘与尾架之间再增加一个中间支架,如图 8-18 所示。

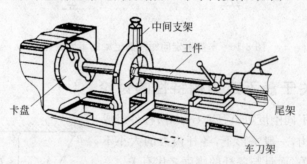

图 8-18 增加中间支架以提高机床加工工件的刚度

此外,选用弹性模量 E 较高的材料也能提高梁的刚度。但是,对于各种钢材,弹性模量的数值相差甚微,因而与一般钢材相比,选用高强度钢材并不能提高梁的刚度。

类似地,受扭圆轴的刚度,也可以通过减小轴的长度、增加轴的扭转刚度(GI_p)来实现。同样,对于各种钢材,切变模量 G 的数值相差甚微,所以通过采用高强度钢材以提高轴的扭转刚度,效果是不明显的。

习题

8-1 与小挠度微分方程

$$\frac{\mathrm{d}^2 w}{\mathrm{d}x^2} = -\frac{M}{EI}$$

对应的坐标系有图(a)、(b)、(c)、(d)所示的四种形式。试判断哪几种是正确的：

(A) 图(b)和(c)；
(B) 图(b)和(a)；
(C) 图(b)和(d)；
(D) 图(c)和(d)。

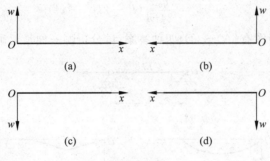

习题 8-1 图

8-2 简支梁承受间断性分布荷载,如图所示。试说明需要分几段建立微分方程,积分常数有几个,确定积分常数的条件是什么？(不要求详细解答)

8-3 具有中间铰的梁受力如图所示。试画出挠度曲线的大致形状,并说明需要分几段建立微分方程,积分常数有几个,确定积分常数的条件是什么？(不要求详细解答)

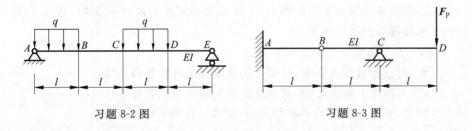

习题 8-2 图　　　　　　习题 8-3 图

8-4 试用叠加法求下列各梁中截面 A 的挠度和截面 B 的转角。图中 q、l、a、EI 等为已知。

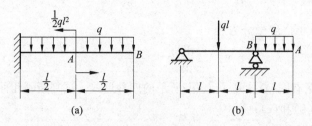

习题 8-4 图

8-5 已知刚度为 EI 的简支梁的挠度方程为

$$w(x) = \frac{q_0 x}{24EI}(l^3 - 2lx^2 + x^3)$$

据此推知的弯矩图有(A)～(D)四种答案,试分析哪一种是正确的。

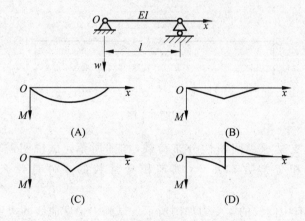

习题 8-5 图

8-6 图示承受集中力的细长简支梁,在弯矩最大截面上沿加载方向开一小孔,若不考虑应力集中影响,关于小孔对梁强度和刚度的影响,有如下论述,试判断哪一种是正确的:

(A) 大大降低梁的强度和刚度;

(B) 对强度有较大影响,对刚度的影响很小可以忽略不计;

(C) 对刚度有较大影响,对强度的影响很小可以忽略不计;

(D) 对强度和刚度的影响都很小,都可以忽略不计。

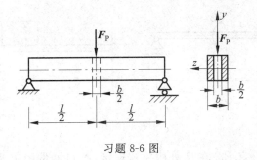

习题 8-6 图

8-7 轴受力如图所示,已知 $F_P=1.6\text{kN}, d=32\text{mm}, E=200\text{GPa}$。若要求加力点的挠度不大于许用挠度 $[w]=0.05\text{mm}$,试校核该轴是否满足刚度要求。

8-8 图示一端外伸的轴在飞轮重量作用下发生变形,已知飞轮重 $W=20\text{kN}$,轴材料的 $E=200\text{GPa}$,轴承 B 处的许用转角 $[\theta]=0.5°$。试设计轴的直径。

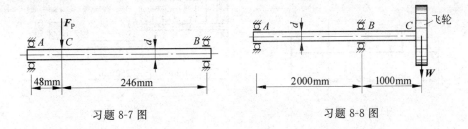

习题 8-7 图   习题 8-8 图

8-9 图示承受均布荷载的简支梁由两根竖向放置的普通槽钢组成。已知 $q=10\text{kN/m}, l=4\text{m}$,材料的 $[\sigma]=100\text{MPa}$,许用挠度 $[w]=l/1000$, $E=200\text{GPa}$。试确定槽钢型号。

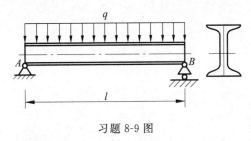

习题 8-9 图

8-10 试求图示梁的约束力,并画出剪力图和弯矩图。

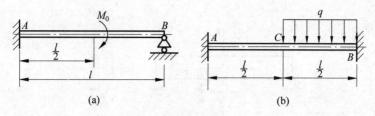

习题 8-10 图

8-11 梁 AB 和 BC 在 B 处用铰链连接，A、C 两端固定，两梁的弯曲刚度均为 EI，受力及各部分尺寸均示于图中。$F_P=40\text{kN}$，$q=20\text{kN/m}$。试画出梁的剪力图与弯矩图。

8-12 图示梁 AB 和 CD 横截面尺寸相同，梁在加载之前，B 与 C 之间存在间隙 $\delta_0=1.2\text{mm}$。若两梁的材料相同，弹性模量 $E=105\text{GPa}$，$q=30\text{kN/m}$，试求 A、D 端的约束力。

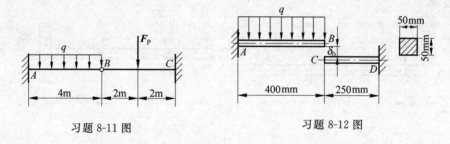

习题 8-11 图　　　　　　　习题 8-12 图

第9章 应力状态与强度理论及其工程应用

前面几章中,分别讨论了拉伸、压缩、弯曲与扭转时杆件的强度问题,这些强度问题的共同特点一是危险截面上的危险点只承受正应力或剪应力;二是都通过实验直接确定失效时的极限应力,并以此为依据建立强度条件。

工程上还有一些构件或结构,其横截面上的一些点同时承受正应力与剪应力。这种情形下,怎样建立强度条件?强度条件中的危险应力如何确定?

为了解决这些问题,一方面需要引入应力状态的概念,另一方面还要研究不同的应力状态下构件的破坏规律,寻找破坏的共同原因。

前面几章的分析结果表明,除了轴向拉伸与压缩外,杆件横截面上不同点的应力是不相同的。本章还将证明,过同一点的不同方向面上的应力,一般情形下也是不相同的。

所谓**应力状态**(stress-state),是指过一点不同方向面上应力的总称。

在复杂荷载作用下,危险点的应力状态大都比较复杂。复杂应力状态种类繁多,不可能一一通过实验确定失效时的极限应力。因而,必须研究在各种不同的复杂应力状态下强度失效的共同规律,假定失效的共同原因,从而有可能利用单向拉伸的实验结果,建立复杂受力时的失效判据与强度条件。

本章将首先介绍一点应力状态的基本概念,过一点任意方向面上的应力以及这些应力的极大值和极小值;在此基础上,建立复杂应力状态下的强度条件;作为工程应用实例,最后将介绍考虑正应力与剪应力同时存在时梁强度的全面校核以及承受弯曲与扭转共同作用的圆轴与薄壁容器的强度问题。

9.1 应力状态的基本概念

9.1.1 应力状态概述

前几章中,讨论了拉伸(压缩)、弯曲和扭转时,杆件横截面上的应力;并且根据横截面上的应力以及相应的实验结果,建立了只有正应力和只有剪应力作用时的强度条件。但这些对于分析复杂情形下的强度问题是远远不够的。

例如,仅仅根据横截面上的应力,不能分析为什么低碳钢试样拉伸至屈服时,表面会出现与轴线夹 45°角的滑移线;也不能分析铸铁圆试样扭转时,为什么沿 45°螺旋面断开;以及铸铁压缩试样的破坏面为什么不像铸铁扭转试样破坏面那样呈颗粒状,而是呈错动光滑状。

又例如,根据横截面上的应力分析和相应的实验结果,不能直接建立既有正应力又有剪应力存在时的失效判据与强度条件。

事实上,杆件受力变形后,不仅在横截面上会产生应力,而且在斜截面上也会产生应力。例如图 9-1(a)所示之拉杆,受力之前在其表面画一斜置的正方形,受力后,正方形变成了菱形(图中虚线所示)。这表明在拉杆的斜截面上有剪应力存在。又如在图 9-1(b)所示之圆轴,受扭之前在其表面上画一圆,受扭后,此圆变为一斜置椭圆,长轴方向表示承受拉应力而伸长,短轴方向表示承受压应力而缩短。这表明,扭转时,圆轴的斜截面上存在着正应力。

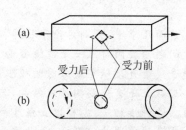

图 9-1 杆件斜截面上存在应力的实例

本章后面的分析还将进一步证明:围绕一点截取一微小单元体,即微元,一般情形下,微元的不同方位面上的应力各不相同。

一点的应力状态分析,不仅可以解释上面所提到的那些实验中的破坏现象,而且是建立构件在复杂受力(既有正应力,又有剪应力)时失效判据与强度条件的重要基础。

9.1.2 描述一点应力状态的基本方法

为了描述一点的应力状态,在一般情形下,总是围绕所考察的点截取一个三对面互相垂直的六面体,当各边边长足够小时,六面体便趋于宏观上的"点"。这种六面体就是前面所提到的微元。

当受力物体处于平衡状态时,从物体中截取的微元是平衡的,微元的任意一个局部也必然是平衡的。所以,当微元三对面上的应力已知时,就可以应用假想截面将微元从任意方向面处截开,考察截开后的任意一部分的平衡,由平衡条件就可以求得任意方位面上的应力。因此,通过微元及其三对互相垂直的面上的应力,可以描述一点的应力状态。

为了确定一点的应力状态,需要确定代表这一点的微元的三对互相垂直的面上的应力。为此,围绕一点截取微元时,应尽量使其三对面上的应力容易确定。例如,矩形截面杆与圆截面杆中微元的取法便有所区别。对于矩形截面杆,三对面中的一对面为杆的横截面,另外两对面为平行于杆表面的纵截面。对于圆截面杆,除一对面为横截面外,另外两对面中有一对为同轴圆柱面,另一对则为通过杆轴线的纵截面。截取微元时,还应注意相对面之间的距离应为无限小。

由于构件受力的不同,应力状态多种多样。只受一个方向正应力作用的应力状态,称为**单向应力状态**(one dimensional state of stress)。只受剪应力作用的应力状态,称为**纯剪应力状态**(shearing state of stress)。所有应力作用线都处于同一平面内的应力状态,称为**平面应力状态**(plane state of stress)。单向应力状态与纯剪应力状态都是平面应力状态的特例。本书主要讨论平面应力状态以及空间应力状态的某些特例。

9.2 平面应力状态任意方向面上的应力

当微元三对面上的应力已经确定时,为求某个方向面(或称斜截面)上的应力,可用一假想截面将微元从所考察的方向面处截为两部分,考察其中任意一部分的平衡,即可由平衡条件求得这一方向面上的正应力和剪应力。这是分析微元斜截面上的应力的基本方法。下面应用这一方法确定平面一般应力状态中任意方向面上的应力。

9.2.1 正负号规则

对于平面应力状态,由于微元有一对面上没有应力作用,所以三维微元可以用一平面微元表示。图 9-2(a)中所示即平面应力状态的一般情形,其两对互相垂直的面上都有正应力和剪应力作用。

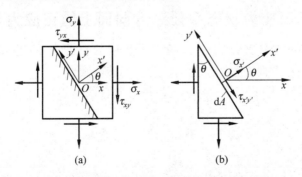

图 9-2 正负号规则

在平面应力状态下,任意方向面(法线为 x')的位置是由它的法线 x' 与水平坐标轴 x 正向的夹角 θ 所定义的。图 9-2(b)中所示是用法线为 x' 的方向面从微元中截出微元局部。

为了确定任意方向面(任意 θ 角)上的正应力与剪应力,首先需要规定正应力、剪应力以及 θ 角的正负号:

θ 角——从 x 正方向逆时针转至 x' 正方向者为正;反之为负。

正应力——拉为正;压为负。

剪应力——使微元或其局部产生顺时针方向转动趋势者为正;反之为负。

图 9-2 中所示的 θ 角及正应力 σ_x、σ_y 和剪应力 τ_{xy} 均为正;τ_{yx} 为负。

9.2.2 微元的局部平衡方程

为确定平面应力状态中任意方向面(法线为 x',方向角为 θ)上的应力,将微元从任意方向面处截为两部分。考察其中任意部分,例如斜截面左下方部分,其受力如图 9-2(b)所示,假定任意方向面上的正应力 $\sigma_{x'}$ 和剪应力 $\tau_{x'y'}$ 均为正方向。

考虑到参加平衡的量是力而不是应力,应力必须乘以它的作用面积,才能参加平衡。于是,根据 x' 和 y' 方向力的平衡条件,可以写出下列平衡方程:

$\sum F_{x'} = 0$:

$$\sigma_x \mathrm{d}A - (\sigma_x \mathrm{d}A\cos\theta)\cos\theta + (\tau_{xy}\mathrm{d}A\cos\theta)\sin\theta$$
$$- (\sigma_y \mathrm{d}A\sin\theta)\sin\theta + (\tau_{yx}\mathrm{d}A\sin\theta)\cos\theta = 0 \tag{a}$$

$\sum F_{y'} = 0$:

$$-\tau_{x'y'}\mathrm{d}A + (\sigma_x \mathrm{d}A\cos\theta)\sin\theta + (\tau_{xy}\mathrm{d}A\cos\theta)\cos\theta$$
$$- (\sigma_y \mathrm{d}A\sin\theta)\cos\theta - (\tau_{yx}\mathrm{d}A\sin\theta)\sin\theta = 0 \tag{b}$$

9.2.3 平面应力状态中任意方向面上的正应力与剪应力

利用三角倍角公式,根据上述平衡方程式(a)和式(b),可以得到计算平面应力状态中任意方向面上正应力与剪应力的表达式:

$$\left.\begin{aligned}\sigma_{x'} &= \frac{\sigma_x + \sigma_y}{2} + \frac{\sigma_x - \sigma_y}{2}\cos 2\theta - \tau_{xy}\sin 2\theta \\ \tau_{x'y'} &= \frac{\sigma_x - \sigma_y}{2}\sin 2\theta + \tau_{xy}\cos 2\theta\end{aligned}\right\} \tag{9-1}$$

例题 9-1 分析轴向拉伸杆件的最大剪应力的作用面,说明低碳钢拉伸时发生屈服的主要原因。

解：杆件承受轴向拉伸时，其上任意一点都是单向应力状态，如图 9-3 所示。

在本例的情形下，$\sigma_y = 0$，$\tau_{xy} = \tau_{yx} = 0$。于是，根据式(9-1)，任意斜截面上的正应力和剪应力分别为

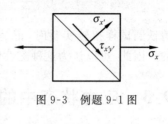

图 9-3 例题 9-1 图

$$\left.\begin{array}{l}\sigma_{x'} = \dfrac{\sigma_x}{2} + \dfrac{\sigma_x}{2}\cos 2\theta \\ \tau_{x'y'} = \dfrac{\sigma_x}{2}\sin 2\theta\end{array}\right\} \quad (9\text{-}2)$$

当 $\theta = 45°$ 时，斜截面上既有正应力又有剪应力，其值分别为

$$\sigma_{45°} = \frac{\sigma_x}{2}$$

$$\tau_{45°} = \frac{\sigma_x}{2}$$

不难看出，在所有的方向面中，45°斜截面上的正应力不是最大值，而剪应力却是最大值。这表明，轴向拉伸时最大剪应力发生在与轴线成 45°角的斜面上，这正是低碳钢试样拉伸至屈服时表面出现滑移线的方向。因此，可以认为屈服是由最大剪应力引起的。

例题 9-2 分析圆轴扭转时最大剪应力的作用面，说明铸铁圆试样扭转破坏的主要原因。

解：圆轴扭转时，由横截面、纵截面以及圆柱面截取的微元，可以近似地看作为平行六面体，六面体与横截面和纵截面对应的面上都只有剪应力作用。因此，圆轴扭转时，其上任意一点的应力状态都是纯剪应力状态，如图 9-4 所示。

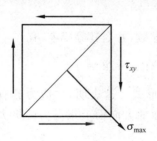

图 9-4 圆轴扭转时斜截面上的应力

纯剪应力状态中，$\sigma_x = \sigma_y = 0$，根据式(9-1)，得到微元任意斜截面上的正应力和剪应力分别为

$$\left.\begin{array}{l}\sigma_{x'} = -\tau_{xy}\sin 2\theta \\ \tau_{x'y'} = \tau_{xy}\cos 2\theta\end{array}\right\} \quad (9\text{-}3)$$

根据这一结果，当 $\theta = \pm 45°$ 时，斜截面上只有正应力，没有剪应力。$\theta = 45°$ 时（自 x 轴逆时针方向转过 45°），压应力最大；$\theta = -45°$ 时（自 x 轴顺时针方向转过 45°），拉应力最大

$$\sigma_{45°} = \sigma_{\max}^- = -\tau_{xy}$$

$$\tau_{45°} = 0$$
$$\sigma_{-45°} = \sigma_{\max}^+ = \tau_{xy}$$
$$\tau_{-45°} = 0$$

铸铁圆试样扭转实验时,正是沿着最大拉应力作用面(即-45°螺旋面)断开的。因此,可以认为这种脆性破坏是由最大拉应力引起的。

9.3 应力状态中的主应力与最大剪应力

9.3.1 主平面、主应力与主方向

根据应力状态任意方向面上的应力表达式(9-1),不同方向面上的正应力和剪应力与方向面的取向(方向角 θ)有关。因而有可能存在某种方向面,其上之剪应力 $\tau_{x'y'}=0$,这种方向面称为**主平面**(principal plane),其方向角用 θ_p 表示。令式(9-1)中的 $\tau_{x'y'}=0$,得到主平面方向角的表达式

$$\tan 2\theta_p = -\frac{2\tau_{xy}}{\sigma_x - \sigma_y} \tag{9-4}$$

主平面上的正应力称为**主应力**(principal stress)。主平面法线方向即主应力作用线方向,称为**主方向**(principal directions),主方向用方向角 θ_p 表示。不难证明:对于确定的主应力 σ_p,其方向角 θ_p 由下式确定:

$$\tan\theta_p = \frac{\sigma_x - \sigma_p}{\tau_{xy}} \tag{9-5}$$

式中 θ_p 为 σ_p 的作用线与 x 轴正方向的夹角。例如,对于 σ_1,应用上式,其主方向 θ_1

$$\theta_1 = \arctan\frac{\sigma_x - \sigma_1}{\tau_{xy}}$$

若将式(9-1)中 $\sigma_{x'}$ 的表达式对 θ 求一次导数,并令其等于零,有

$$\frac{d\sigma_{x'}}{d\theta} = -(\sigma_x - \sigma_y)\sin 2\theta - 2\tau_{xy}\cos 2\theta = 0$$

由此解出的角度与式(9-4)具有完全一致的形式。这表明,主应力具有极值的性质,即主应力是所有垂直于 xy 坐标平面的方向面上正应力的极大值或极小值。

根据剪应力成对定理,当一对方向面为主平面时,另一对与之垂直的方向面($\theta=\theta_p+\pi/2$)上的剪应力也等于零,因而也是主平面,其上的正应力也是主应力。

需要指出的是,对于平面应力状态,平行于 xy 坐标平面的那一对平面,其上既没有正应力作用,也没有剪应力作用,因而也是主平面。只不过这一主

平面上的主应力等于零。

9.3.2 平面应力状态的三个主应力

将由式(9-4)解得的主应力方向角 θ_p，代入式(9-1)，得到平面应力状态的两个不等于零的主应力。这两个不等于零的主应力以及上述平面应力状态固有的等于零的主应力，分别用 σ'、σ''、σ''' 表示：

$$\sigma' = \frac{\sigma_x + \sigma_y}{2} + \frac{1}{2}\sqrt{(\sigma_x - \sigma_y)^2 + 4\tau_{xy}^2} \quad (9\text{-}6\text{a})$$

$$\sigma'' = \frac{\sigma_x + \sigma_y}{2} - \frac{1}{2}\sqrt{(\sigma_x - \sigma_y)^2 + 4\tau_{xy}^2} \quad (9\text{-}6\text{b})$$

$$\sigma''' = 0 \quad (9\text{-}6\text{c})$$

以后将按三个主应力 σ'、σ''、σ''' 代数值由大到小顺序排列，并分别用 σ_1、σ_2、σ_3 表示，且 $\sigma_1 \geqslant \sigma_2 \geqslant \sigma_3$。

根据主应力的大小与方向，可以确定材料何时发生失效或破坏，并确定失效或破坏的形式。因此，可以说主应力是反映应力状态本质的特征量。

9.3.3 面内最大剪应力

与正应力相类似，一般情形下，不同方向面上的剪应力也是各不相同的，因而剪应力亦可能存在极值。为求此极值，将式(9-1)的第 2 式对 θ 求一次导数，并令其等于零，得到

$$\frac{\mathrm{d}\tau_{x'y'}}{\mathrm{d}\theta} = (\sigma_x - \sigma_y)\cos2\theta - 2\tau_{xy}\sin2\theta = 0$$

由此得出另一特征角，用 θ_s 表示

$$\tan2\theta_s = -\frac{\sigma_x - \sigma_y}{2\tau_{xy}} \quad (9\text{-}7)$$

从中解出 θ_s，将其代入式(9-1)的第 2 式，得到 $\tau_{x'y'}$ 的极值。根据剪应力成对定理以及剪应力的正负号规则，$\tau_{x'y'} = -\tau_{y'x'}$，因而，$\tau_{x'y'}$ 和 $\tau_{y'x'}$ 中，若一个为极大值，另一个必为极小值，其数值由下式确定：

$$\begin{matrix}\tau'\\\tau''\end{matrix} = \pm\frac{1}{2}\sqrt{(\sigma_x - \sigma_y)^2 + 4\tau_{xy}^2} \quad (9\text{-}8)$$

需要特别指出的是，上述剪应力极值仅对垂直于 xy 坐标平面的一组方向面而言，因而称为这一组方向面内的最大和最小剪应力，简称为**面内最大剪应力**(maximum shearing stresses in plane)与面内最小剪应力。二者不一定是过一点的所有方向面中剪应力的最大值和最小值。

9.3.4 过一点所有方向面中的最大剪应力

为确定过一点所有方向面上的最大剪应力，可以将平面应力状态视为有

三个主应力(σ_1、σ_2、σ_3)作用的应力状态的特殊情形,即三个主应力中有一个等于零。

考察微元三对面上分别作用着三个主应力($\sigma_1 > \sigma_2 > \sigma_3 \neq 0$)的应力状态,如图 9-5(a)所示。

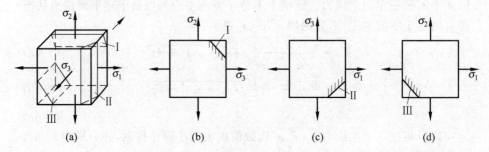

图 9-5 三组平面内的最大剪应力

在平行于主应力 σ_1 方向的任意方向面 I 上,正应力和剪应力都与 σ_1 无关。因此,当研究平行于 σ_1 的这一组方向面上的应力时,所研究的应力状态可视为图 9-5(b)所示之平面应力状态,其方向面上的正应力和剪应力可由式(9-1)计算。这时,式中的 $\sigma_x = \sigma_3$,$\sigma_y = \sigma_2$,$\tau_{xy} = 0$。

同理,对于在平行于主应力 σ_2 和平行于 σ_3 的任意方向面 II 和 III 上,正应力和剪应力分别与 σ_2 和 σ_3 无关。因此,当研究平行于 σ_2 和 σ_3 的这两组方向面上的应力时,所研究的应力状态可视为图 9-5(c)和(d)所示之平面应力状态,其方向面上的正应力和剪应力都可以由式(9-1)计算。

应用式(9-8),可以得到 I、II 和 III 三组方向面内的最大剪应力分别为

$$\tau' = \frac{\sigma_2 - \sigma_3}{2} \tag{9-9}$$

$$\tau'' = \frac{\sigma_1 - \sigma_3}{2} \tag{9-10}$$

$$\tau''' = \frac{\sigma_1 - \sigma_2}{2} \tag{9-11}$$

一点应力状态中的最大剪应力,必然是上述三者中的最大的,即

$$\tau_{\max} = \tau'' = \frac{\sigma_1 - \sigma_3}{2} \tag{9-12}$$

例题 9-3 薄壁圆管受扭转和拉伸同时作用,如图 9-6(a)所示。已知圆管的平均直径 $D = 50 \text{mm}$,壁厚 $\delta = 2 \text{mm}$。外加力偶的力偶矩 $M_e = 600 \text{N} \cdot \text{m}$,轴向荷载 $F_P = 20 \text{kN}$。薄壁管截面的扭转截面模量可近似取为 $W_p = \dfrac{\pi D^2 \delta}{2}$。试求:

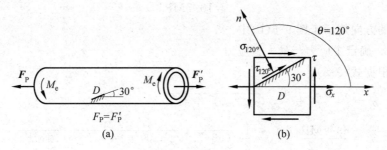

图 9-6 例题 9-3 图

1. 圆管表面上过 D 点与圆管母线夹角为 $30°$ 的斜截面上的应力；
2. D 点主应力和最大剪应力。

解：1. 取微元，确定微元各个面上的应力

围绕 D 点用横截面、纵截面和圆柱面截取微元，其受力如图 9-6(b) 所示。利用拉伸和圆轴扭转时横截面上的正应力和剪应力公式计算微元各面上的应力：

$$\sigma = \frac{F_P}{A} = \frac{F_P}{\pi D \delta} = \frac{20 \times 10^3}{\pi \times 50 \times 10^{-3} \times 2 \times 10^{-3}}$$

$$= 63.7 \times 10^6 \text{Pa} = 63.7 \text{MPa}$$

$$\tau = \frac{M_x}{W_p} = \frac{2M_e}{\pi D^2 \delta} = \frac{2 \times 600}{\pi \times (50 \times 10^{-3})^2 \times 2 \times 10^{-3}}$$

$$= 76.4 \times 10^6 \text{Pa} = 76.4 \text{MPa}$$

2. 求斜截面上的应力

根据图 9-6(b) 所示之应力状态以及关于 θ、σ_x、σ_y、τ_{xy} 的正负号规则，本例中有：$\sigma_x = 63.7 \text{MPa}$，$\sigma_y = 0$，$\tau_{xy} = -76.4 \text{MPa}$，$\theta = 120°$。将这些数据代入式(9-1)，求得过 D 点与圆管母线夹角为 $30°$ 的斜截面上的应力：

$$\sigma_{120°} = \frac{\sigma_x + \sigma_y}{2} + \frac{\sigma_x - \sigma_y}{2}\cos 2\theta - \tau_{xy}\sin 2\theta$$

$$= \frac{63.7 \text{MPa} + 0}{2} + \frac{63.7 \text{MPa} - 0}{2}\cos(2 \times 120°)$$

$$- (-76.4 \text{MPa})\sin(2 \times 120°)$$

$$= -50.3 \text{MPa}$$

$$\tau_{120°} = \frac{\sigma_x - \sigma_y}{2}\sin 2\theta + \tau_{xy}\cos 2\theta$$

$$= \frac{63.7 \text{MPa} - 0}{2}\sin(2 \times 120°) + (-76.4 \text{MPa})\cos(2 \times 120°)$$

$$= 10.7 \mathrm{MPa}$$

二者的方向均示于图 9-6(b)中。

3. 确定主应力与最大剪应力

根据式(9-6),

$$\sigma' = \frac{\sigma_x + \sigma_y}{2} + \frac{1}{2}\sqrt{(\sigma_x - \sigma_y)^2 + 4\tau_{xy}^2}$$

$$= \frac{63.7\mathrm{MPa} + 0}{2} + \frac{1}{2}\sqrt{(63.7\mathrm{MPa} - 0)^2 + 4 \times (-76.4\mathrm{MPa})^2}$$

$$= 114.6\mathrm{MPa}$$

$$\sigma'' = \frac{\sigma_x + \sigma_y}{2} - \frac{1}{2}\sqrt{(\sigma_x - \sigma_y)^2 + 4\tau_{xy}^2}$$

$$= \frac{63.7\mathrm{MPa} + 0}{2} - \frac{1}{2}\sqrt{(63.7\mathrm{MPa} - 0)^2 + 4 \times (-76.4\mathrm{MPa})^2}$$

$$= -50.9\mathrm{MPa}$$

$$\sigma''' = 0$$

于是,根据主应力代数值大小顺序排列,D 点的三个主应力为

$$\sigma_1 = 114.6\mathrm{MPa}, \quad \sigma_2 = 0, \quad \sigma_3 = -50.9\mathrm{MPa}$$

根据式(9-12);D 点的最大剪应力为

$$\tau_{\max} = \frac{\sigma_1 - \sigma_3}{2} = \frac{114.6\mathrm{MPa} - (-50.9\mathrm{MPa})}{2} = 82.75\mathrm{MPa}$$

9.4 应力圆及其应用

9.4.1 应力圆方程

由微元任意方向面上的正应力与剪应力表达式(9-1),即

$$\sigma_{x'} = \frac{\sigma_x + \sigma_y}{2} + \frac{\sigma_x - \sigma_y}{2}\cos2\theta - \tau_{xy}\sin2\theta$$

$$\tau_{x'y'} = \frac{\sigma_x - \sigma_y}{2}\sin2\theta + \tau_{xy}\cos2\theta$$

将第1式等号右边的第1项移至等号的左边,然后将两式平方后再相加,得到一个新的方程

$$\left(\sigma_{x'} - \frac{\sigma_x + \sigma_y}{2}\right)^2 + \tau_{x'y'}^2 = \left(\frac{1}{2}\sqrt{(\sigma_x - \sigma_y)^2 + 4\tau_{xy}^2}\right)^2 \quad (9-13)$$

在以 $\sigma_{x'}$ 为横轴、$\tau_{x'y'}$ 为纵轴的坐标系中,上述方程为圆方程。这种圆称为**应力圆**(stress circle)或**莫尔圆**(Mohr circle)。应力圆的圆心位于横轴上,其坐

标为

$$\left(\frac{\sigma_x+\sigma_y}{2},0\right)$$

应力圆的半径为

$$\frac{1}{2}\sqrt{(\sigma_x-\sigma_y)^2+4\tau_{xy}^2}$$

9.4.2 应力圆的画法

上述分析结果表明,对于平面应力状态,根据其上的应力分量 σ_x、σ_y 和 τ_{xy},由圆心坐标以及圆的半径,即可画出与给定的平面应力状态相对应的应力圆。但是,这样做并不方便。

为了简化应力圆的绘制方法,需要考察表示平面应力状态微元相互垂直的一对面上的应力与应力圆上点的坐标值之间的对应关系。

图 9-7(a)、(b)所示为相互对应的应力状态与应力圆。

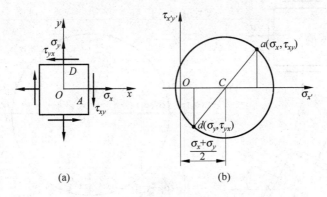

图 9-7 平面应力状态应力圆

假设应力圆上点 a 的坐标对应着微元 A 面上的应力(σ_x,τ_{xy})。将点 a 与圆心 C 相连,并延长 aC 交应力圆于点 d。根据图中的几何关系,不难证明,应力圆上点 d 坐标对应微元 D 面上的应力$(\sigma_y,-\tau_{xy})$。

根据上述类比,可以得到平面应力状态微元相互垂直的一对面上的应力与应力圆上点的坐标值之间的几种对应关系:

(1) **点面对应**——应力圆上某一点的坐标值对应着微元某一方向面上的正应力和剪应力值。

(2) **转向对应**——应力圆半径旋转时,半径端点的坐标随之改变,对应地,微元上方向面的法线亦沿相同方向旋转,才能保证微元方向面上的应力与应力圆上半径端点的坐标值相对应。

(3) **2 倍角对应**——应力圆上半径转过的角度,等于微元方向面法线旋转角度的 2 倍。

9.4.3 应力圆的应用

基于上述对应关系,不仅可以根据微元两相互垂直面上的应力确定应力圆一直径上的两端点,并由此确定圆心 C,进而画出应力圆,从而使应力圆绘制过程大为简化。而且,还可以确定任意方向面上的正应力和剪应力,以及主应力和面内最大剪应力。

以图 9-8(a)中所示的平面应力状态为例。首先在图 9-8(b)所示的 $O\sigma_{x'}\tau_{x'y'}$ 坐标系中找到与微元 A、D 面上的应力 (σ_x,τ_{xy})、$(\sigma_y,-\tau_{yx})$ 对应的两点 a、d,连接 ad 交 $\sigma_{x'}$ 轴于点 C,以点 C 为圆心,以 Ca 或 Cd 为半径作圆,即为与所给应力状态对应的应力圆。

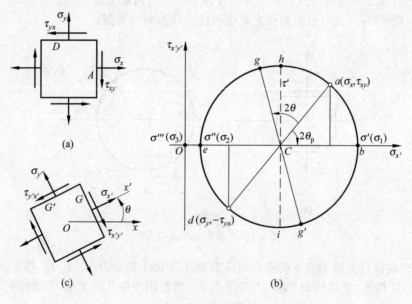

图 9-8 应力圆的应用

其次,为求 x 轴逆时针旋转 θ 角至 x' 轴位置时微元方向面 G 上的应力,可将应力圆上的半径 Ca 按相同方向旋转 2θ,得到点 g,则点 g 的坐标值即为 G 面上的应力值(图 9-8(c))。这一结论留给读者自己证明。

应用应力圆上的几何关系,可以得到平面应力状态主应力与面内最大剪应力表达式,结果与前面所得到的完全一致。

从图 9-8(b)中所示应力圆可以看出,应力圆与 $\sigma_{x'}$ 轴的交点 b 和 e,对应着平面应力状态的主平面,其横坐标值即为主应力 σ' 和 σ''。此外,对于平面应力状态,根据主平面的定义,其上没有应力作用的平面亦为主平面,只不过这一主平面上的主应力 σ''' 为零。

图 9-8(b)中应力圆的最高和最低点(h 和 i)的剪应力绝对值最大,均为面内最大剪应力。不难看出,在剪应力最大处,正应力不一定为零。即在最大剪应力作用面上,一般存在正应力。

需要指出的是,在图 9-8(b)中,应力圆在坐标轴 $\tau_{x'y'}$ 的右侧,因而 σ' 和 σ'' 均为正值。这种情形不具有普遍性。当 $\sigma_x < 0$ 或在其他条件下,应力圆也可能在坐标轴 $\tau_{x'y'}$ 的左侧,或者与坐标轴 $\tau_{x'y'}$ 相交,因此 σ' 和 σ'' 也有可能为负值,或者一正一负。

还需要指出的是,应力圆的功能主要不是作为图解法的工具用以量测某些量。它一方面通过明晰的几何关系帮助读者导出一些基本公式,而不是死记硬背这些公式;另一方面,也是更重要的方面,就是它能够作为一种思考问题的工具,用以分析和解决一些难度较大的应力状态问题。请读者分析本章中的某些习题时注意充分利用这种工具。

例题 9-4 对于图 9-9(a)中所示之平面应力状态,若要求面内最大剪应力 $\tau' < 85\text{MPa}$,试求:τ_{xy} 的取值范围。图中应力的单位为 MPa。

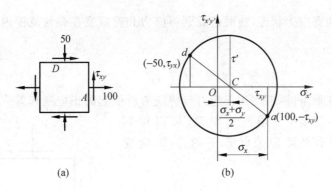

图 9-9 例题 9-4 图

解:因为 σ_y 为负值,故所给应力状态的应力圆如图 9-9(b)所示。根据图中的几何关系,不难得到

$$\left(\sigma_x - \frac{\sigma_x + \sigma_y}{2}\right)^2 + \tau_{xy}^2 = \tau'^2$$

将 $\sigma_x = 100\text{MPa}, \sigma_y = -50\text{MPa}, \tau' \leqslant 85\text{MPa}$,代入上式后,根据题意,得到

$$\tau_{xy}^2 \leqslant \left[(85\text{MPa})^2 - \left(\frac{100\text{MPa} + 50\text{MPa}}{2}\right)^2\right]$$

由此解得
$$\tau_{xy} \leqslant 40\text{MPa}$$

9.5 广义胡克定律

9.5.1 广义胡克定律

根据各向同性材料在弹性范围内应力-应变关系的实验结果,可以得到单向应力状态下微元沿正应力方向的正应变:

$$\varepsilon_x = \frac{\sigma_x}{E}$$

实验结果还表明,在σ_x作用下,除x方向的正应变外,在与其垂直的y、z方向亦有反号的正应变ε_y、σ_z存在,二者与ε_x之间存在下列关系:

$$\varepsilon_y = -\nu\varepsilon_x = -\nu\frac{\sigma_x}{E}$$

$$\varepsilon_z = -\nu\varepsilon_x = -\nu\frac{\sigma_x}{E}$$

其中,ν为材料的泊松比。对于各向同性材料,上述二式中的泊松比是相同的。

对于纯剪应力状态,前面已提到剪应力和剪应变在弹性范围内也存在比例关系,即

$$\gamma = \frac{\tau}{G}$$

在小变形条件,考虑到正应力与剪应力所引起的正应变和剪应变都是相互独立的,因此,应用叠加原理,可以得到图9-10所示平面应力状态下的应力-应变关系:

$$\left.\begin{aligned}\varepsilon_x &= \frac{1}{E}(\sigma_x - \nu\sigma_y)\\ \varepsilon_y &= \frac{1}{E}(\sigma_y - \nu\sigma_x)\\ \varepsilon_z &= -\frac{\nu}{E}(\sigma_x + \sigma_y)\\ \gamma_{xy} &= \frac{\tau_{xy}}{G}\end{aligned}\right\} \quad (9\text{-}14)$$

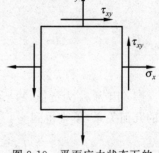

图 9-10 平面应力状态下的应力-应变关系

上式称为平面应力状态下的**广义胡克定律**(generalization Hooke law)。

9.5.2 各向同性材料各弹性常数之间的关系

对于同一种各向同性材料,广义胡克定律中的三个弹性常数并不完全独立,它们之间存在下列关系:

$$G = \frac{E}{2(1+\nu)} \tag{9-15}$$

需要指出的是,对于绝大多数各向同性材料,泊松比一般在 0~0.5 之间取值,因此,切变模量 G 的取值范围为:$E/3 < G < E/2$。

9.6 应变能与应变能密度

9.6.1 应变能与应变能密度

考察图 9-11(a)中以主应力表示的三向应力状态,其主应力和主应变分别为 σ_1、σ_2、σ_3 和 ε_1、ε_2、ε_3。假设应力和应变都同时自零开始逐渐增加至终值。

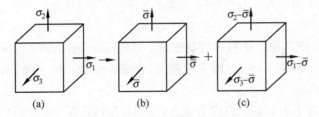

图 9-11 三向应力状态微元及其形状改变与体积改变

根据能量守恒原理,材料在弹性范围内工作时,微元三对面上的力(其值为应力与面积之乘积)在由各自对应应变所产生的位移上所作之功,全部转变为一种能量,储存于微元内。这种能量称为**弹性应变能**,简称为**应变能**(strain energy),用 V_ε 表示。若以 dV 表示微元的体积,则定义 $V_\varepsilon/{\rm d}V$ 为**应变能密度**(strain-energy density),用 v_ε 表示。

当材料的应力-应变满足广义胡克定律时,在小变形的条件下,相应的力和位移亦存在线性关系。如图 9-12 所示,这时力作功为

$$W = \frac{1}{2} F_{\rm P} \Delta \tag{9-16}$$

对于弹性体,此功将转变为弹性应变能 V_ε。

设微元的三对边长分别为 dx、dy、dz,则作用在微元三对面上的力分别为

$\sigma_1 dydz$、$\sigma_2 dxdz$、$\sigma_3 dxdy$,与这些力对应的位移分别为 $\varepsilon_1 dx$、$\varepsilon_2 dy$、$\varepsilon_3 dz$。这些力在各自位移上所作之功,都可以用式(9-16)计算。于是,作用在微元上的所有力作功之和为

$$dW = \frac{1}{2}(\sigma_1\varepsilon_1 + \sigma_2\varepsilon_2 + \sigma_3\varepsilon_3)dxdydz$$

储存于微元体内的应变能为

$$dV_\varepsilon = dW = \frac{1}{2}(\sigma_1\varepsilon_1 + \sigma_2\varepsilon_2 + \sigma_3\varepsilon_3)dV$$

根据应变能密度的定义,并应用式(9-16),得到三向应力状态下,总应变能密度表达式:

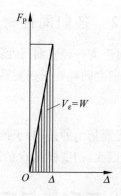

图 9-12 外力功与应变能密度

$$v_\varepsilon = \frac{1}{2E}[\sigma_1^2 + \sigma_2^2 + \sigma_3^2 - 2\nu(\sigma_1\sigma_2 + \sigma_2\sigma_3 + \sigma_3\sigma_1)] \qquad (9\text{-}17)$$

9.6.2 体积改变能密度与畸变能密度

一般情形下,物体变形时,同时包含了体积改变与形状改变。因此,总应变能密度包含相互独立的两种应变能密度,即

$$v_\varepsilon = v_V + v_d \qquad (9\text{-}18)$$

式中 v_V 和 v_d 分别称为**体积改变能密度**(strain-energy density corresponding to the change of volume)和**畸变能密度**(strain-energy density corresponding to the distortion)。

将用主应力表示的三向应力状态(图9-11(a))分解为图9-11(b)、(c)中所示之两种应力状态的叠加。其中,$\bar{\sigma}$ 称为**平均应力**(average stress):

$$\bar{\sigma} = \frac{1}{3}(\sigma_1 + \sigma_2 + \sigma_3) \qquad (9\text{-}19)$$

图9-11(b)中所示为三向等拉应力状态,在这种应力状态作用下,微元只产生体积改变,而没有形状改变。图9-11(c)中所示之应力状态,读者可以证明,它将使微元只产生形状改变,而没有体积改变。

对于图9-11(b)中的微元,将式(9-19)代入式(9-17),算得其体积改变能密度

$$v_V = \frac{1-2\nu}{6E}(\sigma_1 + \sigma_2 + \sigma_3)^2 \qquad (9\text{-}20)$$

将式(9-17)和式(9-20)代入式(9-18),得到微元的畸变能密度

$$v_d = \frac{1+\nu}{6E}[(\sigma_1-\sigma_2)^2 + (\sigma_2-\sigma_3)^2 + (\sigma_3-\sigma_1)^2] \qquad (9\text{-}21)$$

9.7 强度理论概述

拉伸和弯曲强度问题中所建立的强度条件,是材料在单向应力状态下不发生失效、并且具有一定的安全裕度的依据;扭转强度条件则是材料在纯剪应力状态下不发生失效、并且具有一定的安全裕度的依据。这些强度条件建立了工作应力与极限应力之间的关系。

复杂受力时的强度条件,实际上是材料在各种复杂应力状态下不发生失效、并且具有一定的安全裕度的依据。同样是要建立工作应力与极限应力之间的关系。

大家知道,单向应力状态和纯剪应力状态下的极限应力值,是直接由实验确定的。但是,复杂应力状态下则不能。这是因为:一方面复杂应力状态各式各样,可以说有无穷多种,不可能一一通过实验确定极限应力;另一方面,有些复杂应力状态的实验,技术上难以实现。

大量的关于材料失效的实验结果以及工程构件强度失效的实例表明,复杂应力状态虽然各式各样,但是材料在各种复杂应力状态下的强度失效的形式却是共同的,而且是有限的。

大量实验结果表明,无论应力状态多么复杂,材料在常温、静载作用下主要发生两种形式的强度失效:一种是**屈服**;另一种是**断裂**。

对于同一种失效形式,有可能在引起失效的原因中包含着共同的因素。建立复杂应力状态下的强度失效判据,就是提出关于材料在不同应力状态下失效共同原因的各种假说。根据这些假说,就有可能利用单向拉伸的实验结果,建立材料在复杂应力状态下的失效判据。就可以预测材料在复杂应力状态下,何时发生失效,以及怎样保证不发生失效,进而建立复杂应力状态下强度条件。

本节将通过对屈服和断裂原因的假说,直接应用单向拉伸的实验结果,建立材料在各种应力状态下的屈服与断裂的强度理论。

9.8 关于脆性断裂的强度理论

关于断裂的强度理论有第一强度理论与第二强度理论,由于第二强度理论只与少数材料的实验结果相吻合,工程上已经很少应用。

9.8.1 第一强度理论(最大拉应力准则)

第一强度理论又称为**最大拉应力准则**(maximum tensile stress criterion)最早由英国的兰金(Rankine. W. J. M.)提出,他认为引起材料断裂破坏的原因是由于最大正应力达到某个共同的极限值。对于拉、压强度不相同的材料,这一理论现在已被修正为最大拉应力理论。

第一强度理论认为:无论材料处于什么应力状态,只要发生脆性断裂,其共同原因都是由于微元内的最大拉应力 $\sigma_{\max}$ 达到了某个共同的极限值 $\sigma_{\max}^0$。

根据这一理论,"无论什么应力状态",当然包括单向应力状态。脆性材料单向拉伸实验结果表明,当横截面上的正应力 $\sigma = \sigma_b$ 时发生脆性断裂;对于单向拉伸,横截面上的正应力,就是微元所有方向面中的最大正应力,即 $\sigma_{\max} = \sigma$;所以 σ_b 就是所有应力状态发生脆性断裂的极限值:

$$\sigma_{\max}^0 = \sigma_b \tag{a}$$

同时,无论什么应力状态,只要存在大于零的正应力,σ_1 就是最大拉应力

$$\sigma_{\max} = \sigma_1 \tag{b}$$

比较式(a)、式(b)二式,所有应力状态发生脆性断裂的失效判据为

$$\sigma_1 = \sigma_b \tag{9-22}$$

相应的强度条件为

$$\sigma_1 \leqslant [\sigma] = \frac{\sigma_b}{n_b} \tag{9-23}$$

式中,σ_b 为材料的强度极限;n_b 为对应的安全因数。

第一强度理论与均质的脆性材料(如玻璃、石膏以及某些陶瓷)的实验结果吻合得较好。

*9.8.2 第二强度理论(最大拉应变准则)

第二强度理论又称为**最大拉应变准则**(maximum tensile strain criterion)也是关于无裂纹脆性材料构件的断裂失效的理论。

这一理论认为:无论材料处于什么应力状态,只要发生脆性断裂,其共同原因都是由于微元的最大拉应变 ε_1 达到了某个共同的极限值 ε_1^0。

根据这一理论以及胡克定律,单向应力状态的最大拉应变 $\varepsilon_{\max} = \frac{\sigma_{\max}}{E} = \frac{\sigma}{E}$,$\sigma$ 为横截面上的正应力;脆性材料单向拉伸实验结果表明,当 $\sigma = \sigma_b$ 时发生脆性断裂,这时的最大应变值为 $\varepsilon_{\max}^0 = \frac{\sigma_{\max}}{E} = \frac{\sigma_b}{E}$;所以 $\frac{\sigma_b}{E}$ 就是所有应力状态发

生脆性断裂的极限值

$$\varepsilon_{\max}^0 = \frac{\sigma_b}{E} \quad \text{(c)}$$

同时,对于主应力为 σ_1、σ_2、σ_3 的任意应力状态,根据广义胡克定律,最大拉应变为

$$\varepsilon_{\max} = \frac{\sigma_1}{E} - \nu\frac{\sigma_2}{E} - \nu\frac{\sigma_3}{E} = \frac{1}{E}(\sigma_1 - \nu\sigma_2 - \nu\sigma_3) \quad \text{(d)}$$

比较式(c)、式(d)二式,所有应力状态发生脆性断裂的失效判据为

$$\sigma_1 - \nu(\sigma_2 + \sigma_3) = \sigma_b \quad (9\text{-}24)$$

相应的强度条件为

$$\sigma_1 - \nu(\sigma_2 + \sigma_3) \leqslant [\sigma] = \frac{\sigma_b}{n_b} \quad (9\text{-}25)$$

式中,σ_b 为材料的强度极限;n_b 为对应的安全因数。

这一理论只与少数脆性材料的实验结果吻合。

9.9 关于屈服的强度理论

关于屈服的强度理论主要有第三强度理论和第四强度理论。

9.9.1 第三强度理论(最大剪应力准则)

第三强度理论又称为**最大剪应力准则**(maximum shearing stress criterion)。

这一理论认为:无论材料处于什么应力状态,只要发生屈服(或剪断),其共同原因都是由于微元内的最大剪应力 $\tau_{\max}$ 达到了某个共同的极限值 $\tau_{\max}^0$。

根据这一理论,由拉伸实验得到的屈服应力 σ_s,即可确定各种应力状态下发生屈服时最大剪应力的极限值 $\tau_{\max}^0$。

轴向拉伸实验发生屈服时,横截面上的正应力达到屈服强度,即 $\sigma = \sigma_s$,此时最大剪应力

$$\tau_{\max} = \frac{\sigma_1 - \sigma_3}{2} = \frac{\sigma}{2} = \frac{\sigma_s}{2}$$

因此,根据第三强度理论,$\sigma_s/2$ 即为所有应力状态下发生屈服时最大剪应力的极限值

$$\tau_{\max}^0 = \frac{\sigma_s}{2} \quad \text{(e)}$$

同时,对于主应力为 σ_1、σ_2、σ_3 的任意应力状态,其最大剪应力为

$$\tau_{\max} = \frac{\sigma_1 - \sigma_3}{2} \quad \text{(f)}$$

比较式(e)、式(f)二式,任意应力状态发生屈服时的失效判据可以写成

$$\sigma_1 - \sigma_3 = \sigma_s \tag{9-26}$$

据此,得到相应的强度条件

$$\sigma_1 - \sigma_3 \leqslant [\sigma] = \frac{\sigma_s}{n_s} \tag{9-27}$$

式中,$[\sigma]$为许用应力;n_s为安全因数。

第三强度理论最早由法国工程师、科学家库仑(Coulomb, C.-A. de)于1773年提出,是关于剪断的强度理论,并应用于建立土的破坏条件;1864年特雷斯卡(Tresca)通过挤压实验研究屈服现象和屈服准则,将剪断准则发展为屈服准则,因而第三强度理论又称为特雷斯卡准则。

试验结果表明,这一准则能够较好地描述低强化韧性材料(例如退火钢)的屈服状态。

9.9.2 第四强度理论(畸变能密度准则)

第四强度理论又称为畸变能密度准则(criterion of strain energy density corresponding to distortion)。

这一理论认为:无论材料处于什么应力状态,只要发生屈服(或剪断),其共同原因都是由于微元内的畸变能密度 v_d 达到了某个共同的极限值 v_d^0。

根据这一理论,由拉伸屈服试验结果 σ_s,即可确定各种应力状态下发生屈服时畸变能密度的极限值 v_d^0。

因为单向拉伸实验至屈服时,$\sigma_1 = \sigma_s$,$\sigma_2 = \sigma_3 = 0$,这时的畸变能密度,就是所有应力状态发生屈服时的极限值

$$v_d^0 = \frac{1+\nu}{6E}[(\sigma_1-\sigma_2)^2+(\sigma_2-\sigma_3)^2+(\sigma_3-\sigma_1)^2]=\frac{1+\nu}{3E}\sigma_s^2 \tag{g}$$

同时,对于主应力为 σ_1、σ_2、σ_3 的任意应力状态,其畸变能密度为

$$v_d = \frac{1+\nu}{6E}[(\sigma_1-\sigma_2)^2+(\sigma_2-\sigma_3)^2+(\sigma_3-\sigma_1)^2] \tag{h}$$

比较式(g)、式(h)二式,主应力为 σ_1、σ_2、σ_3 的任意应力状态屈服失效判据为

$$\frac{1}{2}[(\sigma_1-\sigma_2)^2+(\sigma_2-\sigma_3)^2+(\sigma_3-\sigma_1)^2]=\sigma_s^2 \tag{9-28}$$

相应的强度条件为

$$\sqrt{\frac{1}{2}[(\sigma_1-\sigma_2)^2+(\sigma_2-\sigma_3)^2+(\sigma_3-\sigma_1)^2]} \leqslant [\sigma] = \frac{\sigma_s}{n_s} \tag{9-29}$$

第四强度理论由米泽斯(R. von Mises)于1913年从修正最大剪应力准则出发提出的。1924年德国的亨奇(H. Hencky)从畸变能密度出发对这一

准则作了解释,从而形成了畸变能密度准则,因此,这一理论又称为米泽斯准则。

1926年,德国的洛德(Lode, W.)通过薄壁圆管同时承受轴向拉伸与内压力时的屈服实验,验证了第四强度理论。他发现:对于碳素钢和合金钢等韧性材料,这一理论与实验结果吻合得相当好。其他大量的试验结果还表明,第四强度理论能够很好地描述铜、镍、铝等众多工程韧性材料的屈服状态。

例题 9-5 已知铸铁构件上危险点处的应力状态如图 9-13 所示。若铸铁拉伸许用应力为 $[\sigma]^+ = 30\text{MPa}$,试校核该点处的强度是否安全。

解:根据所给的应力状态,在微元各个面上只有拉应力而无压应力。因此,可以认为铸铁在这种应力状态下可能发生脆性断裂,故采用第一强度理论,即

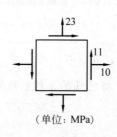

图 9-13 例题 9-5 图

$$\sigma_1 \leqslant [\sigma]^+$$

对于所给的平面应力状态,可以算得非零主应力值为

$$\begin{matrix}\sigma' \\ \sigma''\end{matrix} = \frac{\sigma_x + \sigma_y}{2} \pm \frac{1}{2}\sqrt{(\sigma_x - \sigma_y)^2 + 4\tau_{xy}^2}$$

$$= \left\{ \left[\frac{10+23}{2} \pm \frac{1}{2}\sqrt{(10-23)^2 + 4\times(-11)^2} \right] \times 10^6 \right\} \text{Pa}$$

$$= (16.5 \pm 12.78)\times 10^6 \text{Pa} = \begin{matrix}29.28 \\ 3.72\end{matrix} \text{MPa}$$

因为是平面应力状态,有一个主应力为零,故三个主应力分别为

$$\sigma_1 = 29.28\text{MPa}, \quad \sigma_2 = 3.72\text{MPa}, \quad \sigma_3 = 0$$

显然,

$$\sigma_1 = 29.28\text{MPa} < [\sigma] = 30\text{MPa}$$

故此危险点强度是安全的。

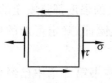

图 9-14 例题 9-6 图

例题 9-6 某结构上危险点处的应力状态如图 9-14 所示,其中 $\sigma = 116.7\text{MPa}, \tau = 46.3\text{MPa}$。材料为钢,许用应力 $[\sigma] = 160\text{MPa}$。试校核此结构是否安全。

解:对于这种平面应力状态,不难求得非零的主应力为

$$\begin{matrix}\sigma' \\ \sigma''\end{matrix} = \frac{\sigma}{2} \pm \frac{1}{2}\sqrt{\sigma^2 + 4\tau^2}$$

因为有一个主应力为零,故有

$$\left.\begin{array}{l}\sigma_1 = \dfrac{\sigma}{2} + \dfrac{1}{2}\sqrt{\sigma^2 + 4\tau^2} \\ \sigma_2 = 0 \\ \sigma_3 = \dfrac{\sigma}{2} - \dfrac{1}{2}\sqrt{\sigma^2 + 4\tau^2}\end{array}\right\} \qquad (9\text{-}30)$$

钢材在这种应力状态下可能发生屈服;故可采用第三或第四强度理论作强度计算。于是,相应的强度条件为

$$\sigma_1 - \sigma_3 = \sqrt{\sigma^2 + 4\tau^2} \leqslant [\sigma] \qquad (9\text{-}31)$$

$$\sqrt{\dfrac{1}{2}\left[(\sigma_1 - \sigma_2)^2 + (\sigma_2 - \sigma_3)^2 + (\sigma_3 - \sigma_1)^2\right]} = \sqrt{\sigma^2 + 3\tau^2} \leqslant [\sigma] \qquad (9\text{-}32)$$

将已知的 σ 和 τ 数值代入上述二式不等号的左侧,得

$$\begin{aligned}\sqrt{\sigma^2 + 4\tau^2} &= \sqrt{116.7^2 \times 10^{12} + 4 \times 46.3^2 \times 10^{12}}\,\text{Pa} \\ &= 149.0 \times 10^6\,\text{Pa} = 149.0\,\text{MPa}\end{aligned}$$

$$\begin{aligned}\sqrt{\sigma^2 + 3\tau^2} &= \sqrt{116.7^2 \times 10^{12} + 3 \times 46.3^2 \times 10^{12}}\,\text{Pa} \\ &= 141.6 \times 10^6\,\text{Pa} = 141.6\,\text{MPa}\end{aligned}$$

二者均小于 $[\sigma] = 160$ MPa。可见,采用第三或第四强度理论进行强度校核,该结构都是安全的。

9.10 工程应用之一——组合截面梁的强度全面校核

工程中一些大型钢结构的构件,例如大型工字形、槽型截面杆件都是由钢板焊接而成。这些构件称为组合截面构件或组合截面梁。组合截面梁的特点是,在某些受力情形下,尽管保证了横截面上最大正应力点的强度是安全的,但不能保证横截面上剪应力最大点或剪应力与正应力都比较大的点的强度是安全的。

所谓强度全面校核,就是必须保证梁中的 3 类危险点的强度都是安全的。

为此,必须首先画出剪力图与弯矩图,判断可能的危险面,确定可能的危险点,然后对 3 类危险点分别进行强度计算。

关于最大正应力和最大剪应力作用点的强度计算,本书第 8 章中已经作了详细介绍。这里着重介绍怎样应用应力状态和强度理论对正应力和剪应力都比较大的点进行强度计算。

下面举例说明。

例题 9-7 组合截面梁如图 9-15(a)所示。已知 $q=40\text{kN/m}$，$F_P=48\text{kN}$，梁材料的许用应力 $[\sigma]=160\text{MPa}$。试根据第四强度理论对梁的强度作全面校核。

解：本例的剪力图和弯矩图如图 9-15(b)所示，根据 F_Q、M 图及组合截面上的正应力与剪应力分布规律(图 9-15(c))，可以看出：梁横截面上的最大正应力将发生在梁跨度中点截面 D 的上、下边缘上各点，例如点①；最大剪应力发生在梁支承处内侧的截面中性轴上，如图 9-15(c)所示的点③；剪应力和正应力都比较大的点，位于集中力作用点偏于支承一侧的截面 E（或 F）上翼缘与腹板交接处，如图 9-15(c)中标出的点②。这三类危险点的应力状态均示于图 9-15(e)中。

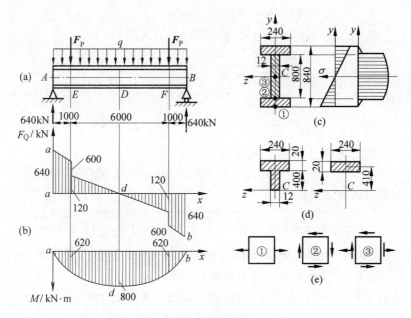

图 9-15 例题 9-7 图（单位：mm）

现将上述各点的强度校核分述如下：

1. 对于横截面上最大正应力作用点①

$$\sigma = \frac{My_{\max}}{I_z}$$

其中，

$$M_{\max} = 800\text{kN}\cdot\text{m}$$
$$y_{\max} = 420\text{mm}$$

$$I_z = \left[\frac{240 \times 10^{-3} \times 840 \times 10^{-3}}{12} - \frac{(240-12) \times 10^{-3} \times 800 \times 10^{-3}}{12}\right] \text{m}^4$$
$$= 2.126 \times 10^{-3} \text{m}^4$$

于是,
$$\sigma = \frac{800 \times 10^3 \times 420 \times 10^{-3}}{2.126 \times 10^{-3}} \text{Pa} = 158 \times 10^6 \text{Pa} = 158 \text{MPa} < [\sigma]$$

因此,截面 D 上的点①是安全的。

2. 横截面上最大剪应力作用点③

$$\tau_{\max} = \frac{|F_Q|_{\max} S_{z\max}}{\delta I_z}$$

其中,
$$F_{Q\max} = 640 \text{kN}, \quad \delta = 12 \text{mm}$$
$$S_{z\max} = [(240 \times 10^{-3} \times 20 \times 10^{-3}) \times 410 \times 10^{-3}$$
$$+ 12 \times 10^{-3} \times 400 \times 10^{-3} \times 200 \times 10^{-3}] \text{m}^3$$
$$= 2.93 \times 10^{-3} \text{m}^3$$

于是,得
$$\tau_{\max} = \frac{640 \times 10^3 \times 2.93 \times 10^{-3}}{12 \times 10^{-3} \times 2.126 \times 10^{-3}} \text{Pa} = 73.5 \times 10^3 \text{Pa} = 73.5 \text{MPa}$$

该点为纯剪应力状态,其三个主应力分别为
$$\sigma_1 = 73.5 \text{MPa}, \quad \sigma_2 = 0, \quad \sigma_3 = -73.5 \text{MPa}$$

根据第四强度理论
$$\sigma_{r4} = \sqrt{\frac{1}{2}[(\sigma_1-\sigma_2)^2 + (\sigma_2-\sigma_3)^2 + (\sigma_3-\sigma_4)^2]} = 127 \text{MPa} < [\sigma]$$

因此,最大剪力作用面上的最大剪应力作用点也是安全的。

3. 横截面上正应力和剪应力都比较大的点②

这一点在截面 E(或 F)上,该截面上的剪力和弯矩分别为
$$F_Q = 600 \text{kN}, \quad M = 620 \text{kN} \cdot \text{m}$$

该点的正应力为
$$\sigma = \frac{My}{I_z} = \frac{620 \times 10^3 \times 400 \times 10^{-3}}{2.126 \times 10^{-3}} \text{Pa} = 116.7 \times 10^6 \text{Pa} = 116.7 \text{MPa}$$

该点的剪应力为
$$\tau = \frac{F_Q S_z^*}{\delta I_z}$$

其中,
$$S_z^* = [(240 \times 10^{-3} \times 20 \times 10^{-3}) \times 410 \times 10^{-3}] \text{m}^3 = 1.968 \times 10^{-3} \text{m}^3$$

代入上式后得

$$\tau = \frac{F_Q S_z^*}{\delta I_z} = \frac{600 \times 10^3 \times 1.968 \times 10^{-3}}{12 \times 10^{-3} \times 2.126 \times 10^{-5}} = 46.3 \times 10^6 \text{Pa} = 46.3 \text{MPa}$$

对于这种平面应力状态，根据第四强度理论，有

$$\sigma_{r4} = \sqrt{\sigma^2 + 3\tau^2} = \sqrt{116.7^2 \times 10^{12} + 3 \times 46.3^2 \times 10^{12}}$$
$$= 141.6 \times 10^6 \text{Pa} = 141.6 \text{MPa} < [\sigma]$$

因此，点②也是安全的。

上述各项计算结果表明，组合梁在给定荷载作用下，强度是安全的。

9.11　工程应用之二——圆轴承受弯曲与扭转共同作用时的强度计算

9.11.1　计算简图

借助于带轮或齿轮传递功率的传动轴，如图 9-16(a)所示。工作时在齿轮的齿上均有外力作用。将作用在齿轮上的力向轴的截面形心简化便得到与之等效的力和力偶，这表明轴将承受横向荷载和扭转荷载，如图 9-16(b)所示。为简单起见，可以用轴线受力图代替图 9-16(b)中的受力图，如图 9-16(c)所示。这种图称为传动轴的计算简图。

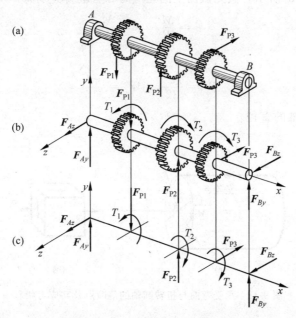

图 9-16　传动轴及其计算简图

为对承受弯曲与扭转共同作用下的圆轴进行强度设计,一般需画出弯矩图和扭矩图(剪力一般忽略不计),并据此确定传动轴上可能的危险面。因为是圆截面,所以当危险面上有两个弯矩 M_y 和 M_z 同时作用时,应按矢量求和的方法,确定危险面上总弯矩 M 的大小与方向,如图 9-17 所示。

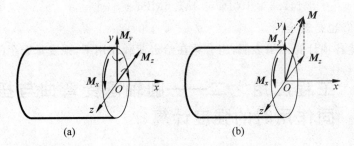

图 9-17 危险截面上的内力分量

9.11.2 危险点及其应力状态

根据截面上的总弯矩 M 和扭矩 M_x 的实际方向,以及它们分别产生的正应力和剪应力分布,即可确定承受弯曲与扭转圆轴的危险点及其应力状态,如图 9-18(a)、(b)所示。微元截面上的正应力和剪应力分别为

$$\sigma = \frac{M}{W}, \quad \tau = \frac{M_x}{W_p}$$

其中,

$$W = \frac{\pi d^3}{32}, \quad W_p = \frac{\pi d^3}{16}$$

式中,d 为圆轴的直径。

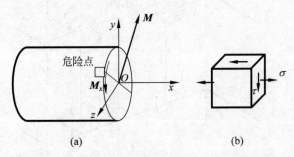

图 9-18 承受弯曲与扭转圆轴的危险点及其应力状态

9.11.3 强度条件与设计公式

这一应力状态与例题 9-6 中的应力状态相同。因为承受弯曲与扭转的圆轴一般由韧性材料制成，故可用第三或第四强度理论作为强度设计的依据。于是，得到与式(9-31)、式(9-32)完全相同的强度条件：

$$\sqrt{\sigma^2 + 4\tau^2} \leqslant [\sigma]$$

$$\sqrt{\sigma^2 + 3\tau^2} \leqslant [\sigma]$$

将 σ 和 τ 的表达式代入上式，并考虑到 $W_p = 2W$，便得到

$$\frac{\sqrt{M^2 + M_x^2}}{W} \leqslant [\sigma] \tag{9-33}$$

$$\frac{\sqrt{M^2 + 0.75 M_x^2}}{W} \leqslant [\sigma] \tag{9-34}$$

引入记号

$$M_{r3} = \sqrt{M^2 + M_x^2} = \sqrt{M_x^2 + M_y^2 + M_z^2} \tag{9-35}$$

$$M_{r4} = \sqrt{M^2 + 0.75 M_x^2} = \sqrt{0.75 M_x^2 + M_y^2 + M_z^2} \tag{9-36}$$

式(9-33)、式(9-34)变为

$$\frac{M_{r3}}{W} \leqslant [\sigma] \tag{9-37}$$

$$\frac{M_{r4}}{W} \leqslant [\sigma] \tag{9-38}$$

式中，M_{r3} 和 M_{r4} 分别称为基于第三和第四强度理论的**计算弯矩**或**相当弯矩**（equivalent bending moment）。

将 $W = \frac{\pi d^3}{32}$ 代入式(9-37)、式(9-38)，便得到承受弯曲与扭转的圆轴直径的设计公式：

$$d \geqslant \sqrt[3]{\frac{32 M_{r3}}{\pi [\sigma]}} \approx \sqrt[3]{10 \frac{M_{r3}}{[\sigma]}} \tag{9-39}$$

$$d \geqslant \sqrt[3]{\frac{32 M_{r4}}{\pi [\sigma]}} \approx \sqrt[3]{10 \frac{M_{r4}}{[\sigma]}} \tag{9-40}$$

需要指出的是，对于承受纯扭转的圆轴，只要令 M_{r3} 的表达式(9-35)或 M_{r4} 的表达式(9-36)中的弯矩 $M=0$，即可进行同样的设计计算。

例题 9-8 图 9-19 中所示的电动机的功率 $P=9\mathrm{kW}$，转速 $n=715\mathrm{r/min}$，带轮的直径 $D=250\mathrm{mm}$，皮带松边拉力为 F_P，紧边拉力为 $2F_\mathrm{P}$。电动机轴外伸部分长度 $l=120\mathrm{mm}$，轴的直径 $d=40\mathrm{mm}$。若已知许用应力 $[\sigma]=60\mathrm{MPa}$，

试用第三强度理论校核电动机轴的强度。

解：1. 计算外加力偶的力偶矩以及皮带拉力

电动机通过带轮输出功率，因而承受由皮带拉力引起的扭转和弯曲共同作用。根据轴传递的功率、轴的转速与外加力偶矩之间的关系，作用在带轮上的外加力偶矩为

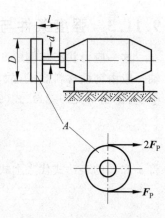

图 9-19 例题 9-8 图

$$M_e = 9549 \times \frac{P}{n} = 9549 \times \frac{9\text{kW}}{715\text{r/min}} = 120.2\text{N} \cdot \text{m}$$

根据作用在皮带上的拉力与外加力偶矩之间的关系，有

$$2F_P \times \frac{D}{2} - F_P \times \frac{D}{2} = M_e$$

据此解出

$$F_P = \frac{2M_e}{D} = \frac{2 \times 120.2}{250 \times 10^{-3}} = 961.6\text{N}$$

2. 确定危险面上的弯矩和扭矩

将作用在带轮上的皮带拉力向轴线简化，得到一个力和一个力偶

$$F_R = 3F_P = 3 \times 961.6\text{N} = 2884.8\text{N}, \quad M_e = 120.2\text{N} \cdot \text{m}$$

轴的左端可以看作自由端，右端可视为固定端约束。由于问题比较简单，可以不必画出弯矩图和扭矩图，就可以直接判断出固定端处的横截面为危险面，其上之弯矩和扭矩分别为

$$M_{\max} = F_R \times l = 3F_P \times l = 3 \times 961.6 \times 120 \times 10^{-3} = 346.2\text{N} \cdot \text{m},$$

$$M_x = M_e = 120.2\text{N} \cdot \text{m}$$

应用第三强度理论，由式(9-34)，有

$$\frac{\sqrt{M^2 + M_x^2}}{W} = \frac{\sqrt{(346.2)^2 + (120.2)^2}}{\frac{\pi \times (40 \times 10^{-3})^3}{32}}$$

$$= 58.32 \times 10^6 \text{Pa} = 58.32\text{MPa} \leqslant [\sigma]$$

所以，电动机轴的强度是安全的。

例题 9-9 图 9-20 所示之圆杆 BD，左端固定，右端与刚性杆 AB 固结在一起。刚性杆的 A 端作用有平行于 y 坐标轴的力 $\boldsymbol{F}_P$。若已知 $F_P = 5\text{kN}$，$a = 300\text{mm}$，$b = 500\text{mm}$，材料为 Q235 钢，许用应力 $[\sigma] = 140\text{MPa}$。试分别用第三和第四强度理论，设计圆杆 BD 的直径 d。

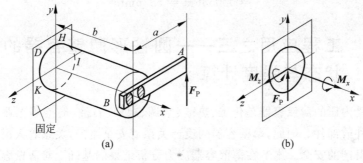

图 9-20 例题 9-9 图

解：1. 将外力向轴线简化

将外力 F_P 向 BD 杆的 B 端简化，得到一个向上的力和一个绕 x 轴转动的力偶，其值分别为

$$F_P = 5, \quad M_e = F_P \times a = 5 \times 10^3 \times 300 \times 10^{-3} = 1500 \text{N} \cdot \text{m}$$

2. 确定危险截面以及其上的内力分量

BD 杆相当于一端固定的悬臂梁，在自由端承受集中力和扭转力偶的作用，同时发生弯曲和扭转变形。

不难看出，BD 杆的所有横截面上的扭矩都是相等的，弯矩却不等，在固定端 D 处弯矩取最大值。因此固定端处的横截面为危险面。此外，危险面上还存在剪力，考虑到剪力的影响较小，可以忽略不计。

危险面上的扭矩和弯矩的数值分别为

弯矩： $M_z = F_P \times b = 5 \times 10^3 \times 500 \times 10^{-3} = 2500 \text{N} \cdot \text{m}$

扭矩： $M_x = M_e = F_P \times a = 5 \times 10^3 \times 300 \times 10^{-3} = 1500 \text{N} \cdot \text{m}$

3. 应用设计准则设计 BD 杆的直径

应用第三和第四强度理论，由式(9-40)和式(9-41)有

$$d \geqslant \sqrt[3]{10 \frac{M_{r3}}{[\sigma]}} = \sqrt[3]{\frac{10 \times \sqrt{M_z^2 + M_x^2}}{[\sigma]}}$$

$$= \sqrt[3]{\frac{10 \times \sqrt{2500^2 + 1500^2}}{140 \times 10^6}} = 0.0593 \text{m} = 59.3 \text{mm}$$

$$d \geqslant \sqrt[3]{10 \frac{M_{r4}}{[\sigma]}} = \sqrt[3]{\frac{10 \times \sqrt{M_z^2 + 0.75 M_x^2}}{[\sigma]}}$$

$$= \sqrt[3]{\frac{10 \times \sqrt{2500^2 + 0.75 \times 1500^2}}{140 \times 10^6}}$$

$$= 0.0586\text{m} = 58.6\text{mm}$$

9.12 工程应用之三——圆柱形薄壁容器的应力状态与强度计算

承受内压的薄壁容器是化工、热能、空调、制药、石油、航空等工业部门重要的零件或部件。因此,薄壁容器的设计关系着安全生产,关系着人民的生命与国家财产的安全。本节在薄壁容器应力分析结果的基础上对薄壁容器的强度计算作一简述。

9.12.1 薄壁容器的二向应力状态

圆柱形薄壁容器承受内压后,在横截面和纵截面上都将产生应力。作用在横截面上的正应力沿着容器轴线方向,故称为**轴向应力**或**纵向应力**(longitudinal stress),用 σ_m 表示;作用在纵截面上正应力沿着圆周的切线方向,故称为**环向应力**(hoop stress),用 σ_t 表示。

因为容器壁较薄($D/\delta \gg 1$),若不考虑端部效应,可认为上述两种应力均沿容器厚度方向均匀分布。因此,可以采用平衡方法和由流体静力学得到的结论,导出纵向应力和环向应力与 D、δ、p 的关系式。而且,由于壁很薄,可用平均直径近似代替内径。

用横截面和纵截面分别将容器截开,其受力分别如图 9-21(b)、(c)所示。根据平衡方程

$$\sum F_x = 0, \quad \sum F_y = 0$$

可以写出

$$\sigma_m(\pi D \delta) - p \times \frac{\pi D^2}{4} = 0$$

$$\sigma_t(l \times 2\delta) - p \times D \times l = 0$$

由此解出:

$$\left. \begin{array}{l} \sigma_m = \dfrac{pD}{4\delta} \\[6pt] \sigma_t = \dfrac{pD}{2\delta} \end{array} \right\} \tag{9-41}$$

例题 9-10 为测量圆柱形薄壁容器(图 9-21)所承受的内压力值,在容器表面用电阻应变片测得环向应变 $\varepsilon_t = 350 \times 10^{-6}$。若已知容器平均直径 $D=$

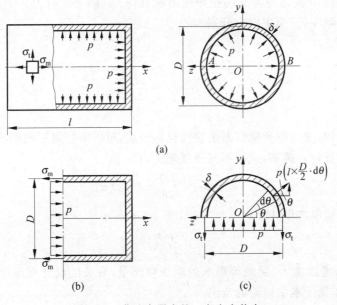

图 9-21 薄壁容器中的二向应力状态

500mm，壁厚 $\delta=10$mm，容器材料的 $E=210$GPa，$\nu=0.25$。试计算容器所受的内压力。

解：容器表面各点均承受二向拉伸应力状态，如图 9-21(a)所示。所测得的环向应变不仅与环向应力有关，而且与纵向应力有关。根据广义胡克定律，

$$\varepsilon_t = \frac{\sigma_t}{E} - \nu \frac{\sigma_m}{E}$$

将式(9-41)和有关数据代入上式，解得

$$p = \frac{2E\delta\varepsilon_t}{D(1-0.5\nu)} = \left[\frac{2\times 210\times 10^9 \times 10\times 10^{-3} \times 350\times 10^{-6}}{500\times 10^{-3} \times (1-0.5\times 0.25)}\right]\text{Pa}$$

$$= 3.36\times 10^6 \text{Pa} = 3.36\text{MPa}$$

上述分析中，只涉及了容器表面的应力状态。在容器内壁，由于内压作用，还存在垂直于内壁的**径向应力**，$\sigma_r = -p$。但是，对于薄壁容器，由于 $D/\delta \gg 1$，故 $\sigma_r = -p$ 与 σ_m 和 σ_t 相比甚小。而且 σ_r 自内向外沿壁厚方向逐渐减小，至外壁时变为零。因此，忽略 σ_r 是合理的。

9.12.2 薄壁容器的强度计算

根据上面的分析结果，承受内压的薄壁容器，在忽略径向应力的情形下，

其各点的应力状态均为二向拉伸应力状态，σ_m、σ_t 都是主应力。于是，按照代数值大小顺序，三个主应力分别为

$$\left.\begin{array}{l}\sigma_1 = \sigma_t = \dfrac{pD}{2\delta} \\[2mm] \sigma_2 = \sigma_m = \dfrac{pD}{4\delta} \\[2mm] \sigma_3 = 0\end{array}\right\} \quad (9\text{-}42)$$

以此为基础，考虑到薄壁容器由韧性材料制成，可以采用第三或第四强度理论进行强度设计。例如，应用第三强度理论，有

$$\sigma_1 - \sigma_3 = \frac{pD}{2\delta} - 0 \leqslant [\sigma]$$

由此得到壁厚的设计公式

$$\delta \geqslant \frac{pD}{2[\sigma]} + C \quad (9\text{-}43)$$

其中 C 为考虑加工、腐蚀等影响的附加壁厚量，有关的设计规范中都有明确的规定，不属于本书讨论的范围。

例题 9-11 已知薄壁容器的平均直径 $D=500\text{mm}$，承受的内压力 $p=3.36\text{MPa}$，材料的许用应力 $[\sigma]=3.36\text{MPa}$，附加壁厚为 1mm。试用第三强度理论设计容器的壁厚。

解：根据式(9-43)，

$$\begin{aligned}\delta &\geqslant \frac{pD}{2[\sigma]} + C \\ &= \frac{(3.36 \times 10^6)(500 \times 10^{-3})}{2(160 \times 10^6)} + 1 \times 10^{-3}\text{m} \\ &= 6.25 \times 10^{-3}\text{m} = 6.25\text{mm}\end{aligned}$$

其中 5.25mm 为理论壁厚；1.00mm 为附加壁厚。

9.13 结论与讨论

9.13.1 关于应力状态的几点重要结论

关于应力状态，有以下几点重要结论：

(1) 应力状态的概念，不仅是工程力学的基础，而且也是其他变形体力学的基础。

(2) 应力状态方向面上的应力与应力圆的类比关系，为分析应力状态提供了一种重要手段。需要注意的是，不应当将应力圆作为图解工具，因而无需

用绘图仪器画出精确的应力圆,只要徒手画出即可。根据应力圆中的几何关系,就可以得到所需要的答案。

(3) 要注意区分面内最大剪应力与应力状态中的最大剪应力。为此,对于平面应力状态,要正确确定 σ_1、σ_2、σ_3,然后由式(9-12)计算一点处的最大剪应力。

9.13.2 平衡方法是分析应力状态最重要、最基本的方法

本章应用平衡方法建立了不同方向面上应力的转换关系。但是,平衡方法的应用不仅限于此,在分析和处理某些复杂问题时,也是非常有效的。例如图 9-22(a)中所示的承受轴向拉伸的锥形杆(矩形截面),应用平衡方法可以证明:横截面 A-A 上各点的应力状态不会完全相同。

需要注意的是,考察微元及其局部平衡时,参加平衡的量只能是力,而不是应力。应力只有乘以其作用面的面积才能参与平衡。

又比如,图 9-22(b)中所示为从点 A 取出的应力状态,请读者应用平衡的方法,分析哪一种是正确的?

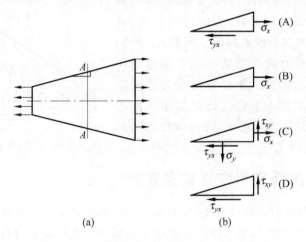

图 9-22 承受轴向拉伸的锥形杆的应力状态

9.13.3 关于应力状态的不同的表示方法

同一点的应力状态可以有不同的表示方法,但以主应力表示的应力状态最为重要。

对于图 9-23 中所示的四种应力状态,请读者分析哪几种是等价的?为了回答这一问题,首先,需要应用本章的分析方法,确定两个应力状态等价不仅

要主应力的数值相同,而且主应力的作用线方向也必须相同。据此,才能判断哪些应力状态是等价的。

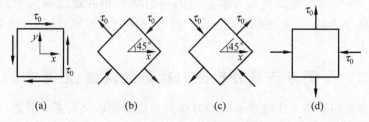

图 9-23　判断应力状态是否等价

9.13.4　学会应用应力圆求解复杂的应力状态问题

与应力状态相对应的应力圆,几乎包含了应力状态的全部信息:主应力、主方向、最大剪应力以及任意方向面上的应力,等等。利用应力状态与应力圆的三种对应关系(点面对应、2 倍角对应、转向对应),正确地画出应力圆,由此可以分析、处理比较复杂的应力状态问题。例如,图 9-24 中所示为从受力物体中某一点 C 取出的应力状态,若 p 为已知,怎样应用应力圆确定这一点处的主应力?建议读者应用平衡方法和应力圆方法分别求解,并对两种方法加以比较。

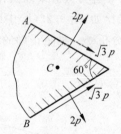

图 9-24　应用应力圆求解比较复杂的应力状态问题

9.13.5　正确应用广义胡克定律

对于一般应力状态的微元,其上某一方向的正应变不仅与这一方向上的正应力有关,而且还与单元体的另外两个垂直方向上的正应力有关。在小变形的条件下,剪应力在其作用方向以及与之垂直的方向都不会产生正应变,但在其余方向仍将产生正应变。

对于图 9-25 所示的承受内压的薄壁容器,怎样从表面一点处某一方向上的正应变(例如 $\varepsilon_{45°}$)推知容器所受内压,或间接测量容器壁厚。这一问题具有重要的工程意义,请读者自行研究。

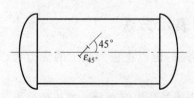

图 9-25　正确应用广义胡克定律

9.13.6 关于强度理论的结论与讨论

根据本章分析以及工程实际应用的要求,应用强度理论时,需要注意以下几方面问题。

(1) 要注意不同强度理论的适用范围

上述强度理论只适用于某种确定的失效形式。因此,在实际应用中,应当先判别将会发生什么形式的失效——屈服还是断裂,然后选用合适的强度理论。在大多数应力状态下,脆性材料将发生脆性断裂,因而应选用第一强度理论;而在大多数应力状态下,韧性材料将发生屈服和剪断,故应选用第三或第四强度理论。

但是,必须指出,材料的失效形式,不仅取决于材料的力学行为,而且与其所处的应力状态、温度和加载速度等都有一定的关系。试验表明,韧性材料在一定的条件下(例如低温或三向拉伸时),会表现为脆性断裂;而脆性材料在一定的应力状态(例如三向压缩)下,会出现塑性屈服或剪断。

(2) 要注意强度设计的全过程

上述强度理论并不包括强度设计的全过程,只是在确定了危险点及其应力状态之后的计算过程。因此,在对构件或零部件进行强度计算时,要根据强度设计步骤进行。特别要注意的是,在复杂受力形式下,要正确确定危险点的应力状态,并根据可能的失效形式选择合适的强度理论。

(3) 注意关于计算应力和应力强度在设计准则中的应用

工程上为了计算方便起见,常常将强度条件中直接与许用应力$[\sigma]$相比较的量,称为**计算应力**或**相当应力**(equivalent stress),用σ_{ri}表示,$i=1,2,3,4$,分别表示强度理论的序号。

一些科学技术文献中也将相当应力称为**应力强度**(stress strength),用S_i表示。不论是"计算应力"还是"应力强度",它们本身都没有确切的物理含义,只是为了计算方便起见而引进的名词和记号。

对于不同的强度理论,强度条件中的σ_{ri}和S_i都是主应力σ_1、σ_2、σ_3的不同函数:

$$\left.\begin{aligned}
\sigma_{r1} &= S_1 = \sigma_1 \\
\sigma_{r2} &= S_2 = \sigma_1 - (\sigma_2 + \nu\sigma_3) \\
\sigma_{r3} &= S_3 = \sigma_1 - \sigma_3 \\
\sigma_{r4} &= S_4 = \sqrt{\frac{1}{2}[(\sigma_1-\sigma_2)^2 + (\sigma_2-\sigma_3)^2 + (\sigma_3-\sigma_1)^2]}
\end{aligned}\right\} \quad (9\text{-}44)$$

于是,对于本书所介绍的四个强度理论,强度条件可以概括为

$$\sigma_{ri} \leqslant [\sigma] \quad (i = 1,2,3,4) \tag{9-45}$$

或

$$S_i \leqslant [\sigma] \quad (i = 1,2,3,4) \tag{9-46}$$

习题

9-1 木制构件中的微元受力如图所示,其中所示的角度为木纹方向与铅垂方向的夹角。试求:

1. 面内平行于木纹方向的剪应力;
2. 垂直于木纹方向的正应力。

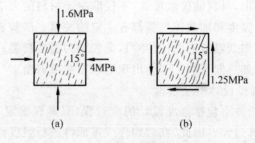

习题 9-1 图

9-2 层合板构件中微元受力如图所示,各层板之间用胶粘接,接缝方向如图中所示。若已知胶层剪应力不得超过 1MPa。试分析是否满足这一要求。

9-3 从构件中取出的微元受力如图所示,其中 AC 为自由表面(无外力作用)。试求 σ_x 和 τ_{xy}。

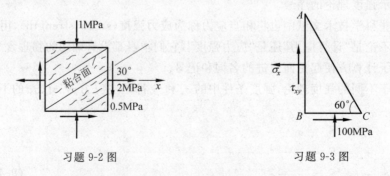

习题 9-2 图 习题 9-3 图

9-4 构件微元表面 AC 上作用有数值为 14MPa 的压应力,其余受力如图所示。试求 σ_x 和 τ_{xy}。

9-5 试确定图示应力状态中的最大正应力和最大剪应力。图中应力的单位为 MPa。

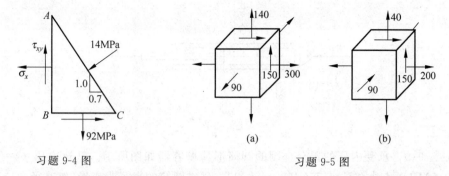

习题 9-4 图   习题 9-5 图

9-6 图示外径为 300mm 的钢管由厚度为 8mm 的钢带沿 20°角的螺旋线卷曲焊接而成。试求下列情形下，焊缝上沿焊缝方向的剪应力和垂直于焊缝方向的正应力。

1. 只承受轴向荷载 $F_P = 250$kN；
2. 只承受内压 $p = 5.0$MPa（两端封闭）；
3. 同时承受轴向荷载 $F_P = 250$kN 和内压 $p = 5.0$MPa（两端封闭）。

9-7 结构中某一点处的应力状态如图所示。

1. 当 $\tau_{xy} = 0$，$\sigma_x = 200$MPa，$\sigma_y = 100$MPa 时，测得由 σ_x、σ_y 引起的 x、y 方向的正应变分别为 $\varepsilon_x = 242 \times 10^{-3}$，$\varepsilon_y = 0.49 \times 10^{-3}$。求：结构材料的弹性模量 E 和泊松比 ν 的数值。

2. 在上述所求的 E、ν 值条件下，当剪应力 $\tau_{xy} = 80$MPa，$\sigma_x = 200$MPa，$\sigma_y = 100$MPa 时，求：γ_{xy}。

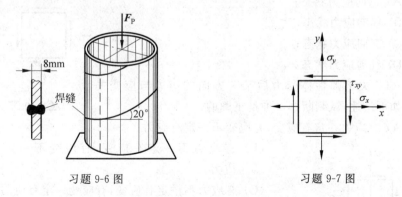

习题 9-6 图   习题 9-7 图

9-8 液压缸及柱形活塞的纵剖面如图所示。缸体材料为钢，$E = 205$GPa，$\nu = 0.30$。试求当内压 $p = 10$MPa 时，液压缸平均直径的改变量（忽略径向应力的影响）。

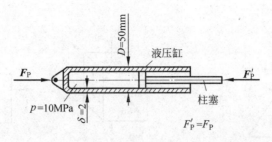

习题 9-8 图

9-9 承受内压的铝合金制的圆筒形薄壁容器如图所示。已知内压 $p = 3.5\text{MPa}$,材料的 $E = 75\text{GPa}$,$\nu = 0.33$。试求圆筒的半径改变量(忽略径向应力的影响)。

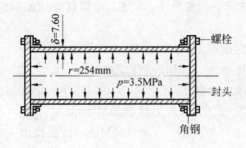

习题 9-9 图

9-10 微元受力如图所示,图中应力单位为 MPa。根据不为零主应力的数目判断它是:

(A) 二向应力状态;
(B) 单向应力状态;
(C) 三向应力状态;
(D) 纯剪应力状态。

9-11 关于弹性体受力后某一方向的应力与应变关系,有如下论述,试判断哪一种是正确的。

(A) 有应力一定有应变,有应变不一定有应力;

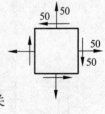

习题 9-10 图

(B) 有应力不一定有应变,有应变不一定有应力;
(C) 有应力不一定有应变,有应变一定有应力;
(D) 有应力一定有应变,有应变一定有应力。

9-12 对于图示的应力状态,若测出 x、y 方向的正应变 ε_x、ε_y,可以确定的材料弹性常数有:

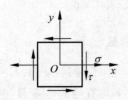

习题 9-12 图

(A) E 和 ν;

(B) E 和 G;

(C) ν 和 G;

(D) E、G 和 ν。

9-13 构件中危险点的应力状态如图所示。试选择合适的强度理论对以下两种情形作强度校核:

1. 构件为钢制

$\sigma_x = 45\text{MPa}, \sigma_y = 135\text{MPa}, \sigma_z = 0, \tau_{xy} = 0$,许用应力$[\sigma] = 160\text{MPa}$。

2. 构件材料为铸铁

$\sigma_x = 20\text{MPa}, \sigma_y = -25\text{MPa}, \sigma_z = 30\text{MPa}, \tau_{xy} = 0, [\sigma] = 30\text{MPa}$。

9-14 对于图示平面应力状态,各应力分量的可能组合有以下几种情形,试按第三强度理论和第四强度理论分别计算此几种情形下的计算应力。

1. $\sigma_x = 40\text{MPa}, \sigma_y = 40\text{MPa}, \tau_{xy} = 60\text{MPa}$;

2. $\sigma_x = 60\text{MPa}, \sigma_y = -80\text{MPa}, \tau_{xy} = -40\text{MPa}$;

3. $\sigma_x = -40\text{MPa}, \sigma_y = 50\text{MPa}, \tau_{xy} = 0$;

4. $\sigma_x = 0, \sigma_y = 0, \tau_{xy} = 45\text{MPa}$。

习题 9-13 图   习题 9-14 图

9-15 厚度 $\delta = 8\text{mm}$ 的箱形截面梁,受力如图所示。已知 $[\sigma] = 150\text{MPa}$,试设计截面宽度 b,并用第四强度理论对梁的强度作全面校核。

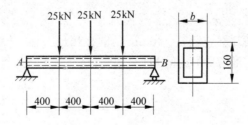

习题 9-15 图(单位:mm)

9-16 图示 4.5m 长的四根小梁,一端支承在长 10.5m 的大梁 AB 上,另一端支承于混凝土墙上。每根小梁上承受集度为 $q = 16\text{kN/m}$ 的均布荷载。已知材料的 $[\sigma] = 165\text{MPa}$，且大、小梁均采用普通热轧工字型钢。试选择用于大梁和小梁的最小型号，并应用第四强度理论对大梁 AB 的强度作全面校核。

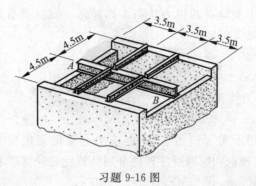

习题 9-16 图

9-17 传动轴受力如图所示。若已知材料的 $[\sigma] = 120\text{MPa}$，试设计该轴的直径。

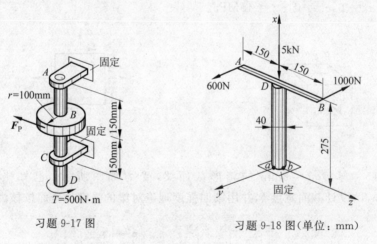

习题 9-17 图   习题 9-18 图（单位：mm）

9-18 直杆 AB 与直径 $d = 40\text{mm}$ 的圆柱焊成一体，结构受力如图所示。试确定点 a 和点 b 的应力状态，并计算 σ_{r4}。

第 10 章

压杆的稳定问题

主要承受压缩荷载的结构构件称为压杆或柱。柱的失效主要分为两类：强度失效与稳定失效。关于柱的强度问题，本书已经在第 7 章和第 9 章中作了详细介绍，本章主要讨论稳定问题。

与刚体平衡类似，弹性体平衡也存在稳定与不稳定问题。

细长杆件承受轴向压缩荷载作用时，将会由于平衡的不稳定性而发生失效，这种失效称为**稳定性失效**（failure by lost stability），又称为**屈曲失效**（failure by buckling）。

什么是受压杆件的稳定性，什么是屈曲失效，按照什么准则进行设计，才能保证压杆安全可靠地工作，这是工程常规设计的重要任务之一。

本章首先介绍关于弹性压杆稳定性的基本概念，包括：平衡构形、平衡构形的分叉、分叉点、屈曲以及有关平衡稳定性的静力学判别准则。然后根据微弯的屈曲平衡构形，由平衡条件和小挠度微分方程以及端部约束条件，确定弹性压杆的临界力。最后，本章将介绍工程中常用的压杆稳定设计方法——安全因数法。

10.1 压杆稳定的基本概念

10.1.1 压杆的平衡构形、平衡路径及其分叉

结构构件、机器的零件或部件在压缩荷载或其他特定荷载作用下，在某一位置保持平衡，这一平衡位置称为**平衡构形**（equilibrium configuration）或**平衡状态**。

轴向受压的理想细长直杆（图 10-1(a)），当轴向压力 F_P 小于一定数值时，压杆只有直线一种平衡构形。若以 w_0 表示压杆在弯曲时中间截面的侧向位移，则在 F_P-w_0 坐标中，当压力 F_P 小于某一数值时，F_P-w_0 关系由竖直线 AB 所描述，如图 10-1(b) 所示。

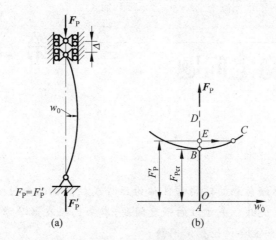

图 10-1 压杆的平衡路径

当压力超过一定数值时,压杆仍可能具有直线的平衡构形,但在外界扰动下,使其偏离直线构形,扰动除去后,不能再回到原来的直线平衡构形,而在某一屈曲构形下达到新的平衡。这表明,当压力大于一定数值时,压杆存在两种可能的平衡构形——直线的和屈曲的。前者侧向位移 $w_0=0$,后者 $w_0 \neq 0$。精确的非线性理论分析结果表明,在 F_P-w_0 坐标中,上述两种平衡构形分别由竖直线 BD(图 10-1(b)中的虚线)和曲线 BC(图 10-1(b)中实曲线)所表示。

不同压缩荷载下的 F_P-w_0 曲线称为压杆的**平衡路径**(equilibrium path)。

可以看出,当压力小于某一数值时平衡路径 AB 是惟一的,它对应着直线的平衡构形。当压力大于某一数值时,其平衡路径出现分支 BD 和 BC。其中一个分支 BD 对应着直线的平衡构形;另一个分支 BC 对应着弯曲的平衡构形。前者是不稳定的;后者是稳定的。这种出现分支平衡路径的现象称为**平衡构形分叉**(bifurcation of equilibrium configuration)或**平衡路径分叉**(bifurcation of equilibrium path)。

10.1.2 判别弹性平衡稳定性的静力学准则

当压缩荷载小于一定的数值时,微小外界**扰动**(disturbance)使压杆偏离直线平衡构形;外界扰动除去后,压杆仍能回复到直线平衡构形,则称直线平衡构形是**稳定的**(stable);当压缩荷载大于一定的数值时,外界扰动使压杆偏离直线平衡构形,扰动除去后,压杆不能回复到直线平衡构形,则称直线平衡构形是**不稳定的**(unstable)。此即判别压杆稳定性的**静力学准则**(statical criterion for elastic stability)。

当压缩荷载大于一定的数值时,在任意微小的外界扰动下,压杆都要由直线的平衡构形转变为弯曲的平衡构形,这一过程称为**屈曲**(buckling)或**失稳**(lost stability)。对于细长压杆,由于屈曲过程中出现平衡路径的分叉,所以又称为**分叉屈曲**(bifurcation buckling)。

稳定的平衡构形与不稳定的平衡构形之间的分界点称为**临界点**(critical point)。对于细长压杆,因为从临界点开始,平衡路径出现分叉,故又称为分叉点。临界点所对应的荷载称为**临界荷载**(critical load)或**分叉荷载**(bifurcation load),用 F_{Pcr} 表示。

很多情形下,屈曲将导致构件失效,这种失效称为**屈曲失效**(failure by buckling)。由于屈曲失效往往具有突发性,常常会产生灾难性后果,因此工程设计中需要认真加以考虑。

10.1.3 细长压杆临界点平衡的稳定性

线性理论认为,细长压杆在临界点以及临界点以后的平衡路径都是随机的,即荷载不增加,屈曲位移不断增加。精确的非线性理论分析结果表明,细长压杆在临界点以及临界点以后的平衡路径都是稳定的,如图 10-1(b)所示。著者于 20 世纪 90 年代初所作的细长杆屈曲实验结果证明了非线性分析所得到的结论。

10.2 两端铰支压杆的临界荷载 欧拉公式

为简化分析,并且为了得到可应用于工程的、简明的表达式。在确定压杆的临界荷载时作如下简化:

(1) 剪切变形的影响可以忽略不计;

(2) 不考虑杆的轴向变形。

从图 10-1(b)所示的平衡路径可以看出,当 $w_0 \to 0$ 时,$F_P \to F_{Pcr}$。这表明,当 F_P 无限接近临界荷载 F_{Pcr} 时,在直线平衡构形附近无穷小的邻域内,存在微弯的平衡构形。根据这一平衡构形,由平衡条件和小挠度微分方程,以及端部约束条件,即可确定临界荷载。

考察图 10-2(a)所示两端铰支、承受轴向压缩荷载的理想直杆,由图 10-2(b)所示与直线平衡构形无限接近的微弯构形局部(图 10-2(c))的平衡条件,得到任意截面(位置坐标为 x)上的弯矩为

$$M(x) = F_P w(x) \qquad (a)$$

根据小挠度微分方程

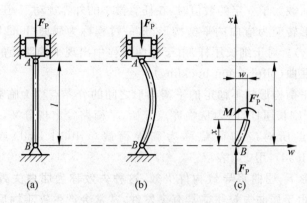

图 10-2 两端铰支的压杆

$$M(x) = -EI \frac{d^2 w}{dx^2} \tag{b}$$

得到

$$\frac{d^2 w}{dx^2} + k^2 w = 0 \tag{10-1}$$

这是压杆在微弯曲状态下的平衡微分方程,是确定临界荷载的主要依据,其中

$$k^2 = \frac{F_P}{EI} \tag{10-2}$$

微分方程(10-1)的通解是

$$w = A\sin kx + B\cos kx \tag{10-3}$$

对于两端铰支的压杆,利用两端的位移边界条件,

$$w(0) = 0, \quad w(l) = 0$$

由式(10-3)得到

$$\left. \begin{array}{l} 0 \cdot A + B = 0 \\ \sin kl \cdot A + \cos kl \cdot B = 0 \end{array} \right\} \tag{c}$$

方程组(c)中,A、B 不全为零的条件是

$$\begin{vmatrix} 0 & 1 \\ \sin kl & \cos kl \end{vmatrix} = 0 \tag{d}$$

由此解得

$$\sin kl = 0 \tag{10-4}$$

于是,有

$$kl = n\pi \quad (n = 1, 2, \cdots)$$

将 $k = n\pi/l$ 代入式(10-2),即可得到所要求的临界荷载的表达式

$$F_{\text{Pcr}} = \frac{n^2\pi^2 EI}{l^2} \tag{10-5}$$

这一表达式称为**欧拉公式**。

当欧拉公式中 $n=1$ 时，所得到的就是具有实际意义的、最小的临界荷载表达式

$$F_{\text{Pcr}} = \frac{\pi^2 EI}{l^2} \tag{10-6}$$

上述二式中，E 为压杆材料的弹性模量；I 为压杆横截面的形心主惯性矩；如果两端在各个方向上的约束都相同，I 则为压杆横截面的最小形心主惯性矩。

从式(c)中的第 1 式解出 $B=0$，连同 $k=n\pi/l$ 一齐代入式(10-3)，得到与直线平衡构形无限接近的屈曲位移函数，又称为**屈曲模态**(buckling mode)：

$$w(x) = A\sin\frac{n\pi x}{l} \tag{10-7}$$

其中 A 为不定常数，称为**屈曲模态幅值**(amplitude of buckling mode)；n 为屈曲模态的正弦半波数。式(10-7)表明，与直线平衡构形无限接近的微弯屈曲位移是不确定的，这与本节一开始所假定的任意微弯屈曲构形是一致的。

10.3 不同刚性支承对压杆临界荷载的影响

不同刚性支承条件下的压杆，由静力学平衡方法得到的平衡微分方程和边界条件都可能各不相同，临界荷载的表达式亦因此而异，但基本分析方法和分析过程却是相同的。对于细长杆，这些公式可以写成通用形式：

$$F_{\text{Pcr}} = \frac{\pi^2 EI}{(\mu l)^2} \tag{10-8}$$

其中 μl 为不同压杆屈曲后挠曲线上正弦半波的长度(图 10-3)，称为**有效长度**(effective length)；μ 为反映不同支承影响的系数，称为**长度系数**(coefficient of length)，可由屈曲后的正弦半波长度与两端铰支压杆初始屈曲时的正弦半波长度的比值确定。

例如，一端固定、另一端自由的压杆，其微弯屈曲波形如图 10-3(a)所示，屈曲波形的正弦半波长度等于 $2l$。这表明，一端固定、另一端自由、杆长为 l 的压杆，其临界荷载相当于两端铰支、杆长为 $2l$ 压杆的临界荷载。所以长度系数 $\mu=2$。

又如，图 10-3(c)中所示一端铰支、另一端固定压杆的屈曲波形，其正弦半波长度等于 $0.7l$，因而，临界荷载与两端铰支、长度为 $0.7l$ 的压杆相同。

再如，图 10-3(d)中所示两端固定压杆的屈曲波形，其正弦半波长度等于

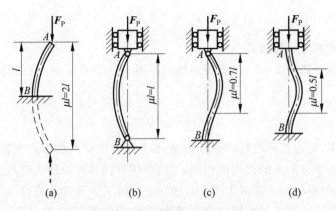

图 10-3 有效长度与长度系数

$0.5l$,因而,临界荷载与两端铰支、长度为 $0.5l$ 的压杆相同。

需要注意的是,上述临界荷载公式,只有压杆在微弯曲状态下仍然处于弹性状态时才是成立的。

10.4 临界应力与临界应力总图

10.4.1 临界应力与长细比的概念

前面已经提到欧拉公式只有在弹性范围内才是适用的。这就要求在临界荷载作用下,压杆在直线平衡构形时,其横截面上的正应力小于或等于材料的比例极限,即

$$\sigma_{cr} = \frac{F_{Pcr}}{A} \leqslant \sigma_p \tag{10-9}$$

式中 σ_{cr} 称为**临界应力**(critical stress);σ_p 为材料的比例极限。

对于某一压杆,当临界荷载 F_P 尚未确定时,不能判断式(10-9)是否成立;当临界荷载确定后,如果式(10-9)不满足,则还需采用超过比例极限的临界荷载计算公式。这些都会给计算带来不便。

能否在计算临界荷载之前,预先判断哪一类压杆将发生弹性屈曲?哪一类压杆将发生超过比例极限的非弹性屈曲?哪一类不发生屈曲而只有强度问题?回答当然是肯定的。为了说明这一问题,需要引进**长细比**(slenderness ratio)的概念。

长细比是综合反映压杆长度、约束条件、截面尺寸和截面形状对压杆临界荷载影响的量,用 λ 表示,由下式确定:

$$\lambda = \frac{\mu l}{i} \tag{10-10}$$

其中,i 为压杆横截面的惯性半径:

$$i = \sqrt{\frac{I}{A}} \tag{10-11}$$

10.4.2 三类不同压杆的不同失效形式

根据长细比的大小可将压杆分为三类:

(1) 细长杆

长细比 λ 大于或等于某个极限值 λ_p 时,压杆将发生**弹性屈曲**。这时,压杆在直线平衡构形下横截面上的正应力不超过材料的比例极限,这类压杆称为**细长杆**。

(2) 中长杆

长细比 λ 小于 λ_p,但大于或等于另一个极限值 λ_s 时,压杆也会发生屈曲。这时,压杆在直线平衡构形下横截面上的正应力已经超过材料的比例极限,截面上某些部分已进入塑性状态。这种屈曲称为**非弹性屈曲**。这类压杆称为**中长杆**。

(3) 粗短杆

长细比 λ 小于极限值 λ_s 时,压杆不会发生屈曲,但将会发生屈服。这类压杆称为**粗短杆**。

需要特别指出的是,细长杆和中长杆在轴向压缩荷载作用下,虽然都会发生屈曲,但这是两类不同的屈曲:从平衡路径看,细长杆的轴向压力超过临界力后(图 10-1),平衡路径的分叉点即为临界点。这类屈曲称为分叉屈曲。中长杆在轴向压缩荷载作用下,其平衡路径无分叉和分叉点,只有极值点,如图 10-4 所示(图中 w_0 为屈曲侧向位移),这类屈曲称为**极值点屈曲**(limited point buckling)。

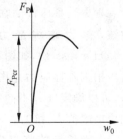

图 10-4 极值点屈曲

10.4.3 三类压杆的临界应力公式

对于细长杆,根据临界力公式(10-6)和式(10-8),临界应力为

$$\sigma_{cr} = \frac{\pi^2 E}{\lambda^2} \tag{10-12}$$

对于中长杆,由于发生了塑性变形,理论计算比较复杂,工程中大多采用

经验公式计算其临界应力,最常用是直线公式:

$$\sigma_{cr} = a - b\lambda \tag{10-13}$$

其中 a 和 b 为与材料有关的常数,单位为 MPa。常用工程材料的 a 和 b 数值列于表 10-1 中。

表 10-1 常用工程材料的 a 和 b 数值

材料(σ_s,σ_b 的单位为 MPa)	a/MPa	b/MPa
Q235 钢($\sigma_s=235$,$\sigma_b\geqslant372$)	304	1.12
优质碳素钢($\sigma_s=306$,$\sigma_b\geqslant417$)	461	2.568
硅钢($\sigma_s=353$,$\sigma_b=510$)	578	3.744
铬钼钢	9807	5.296
铸铁	332.2	1.454
强铝	373	2.15
木材	28.7	0.19

对于粗短杆,因为不发生屈曲,而只发生屈服(韧性材料),故其临界应力即为材料的屈服应力,亦即

$$\sigma_{cr} = \sigma_s \tag{10-14}$$

将上述各式乘以压杆的横截面面积,即得到三类压杆的临界荷载。

10.4.4 临界应力总图与 λ_p、λ_s 值的确定

根据三种压杆的临界应力表达式,在 $O\sigma_{cr}\lambda$ 坐标系中可以作出 σ_{cr}-λ 关系曲线,称为**临界应力总图**(figures of critical stresses),如图 10-5 所示。

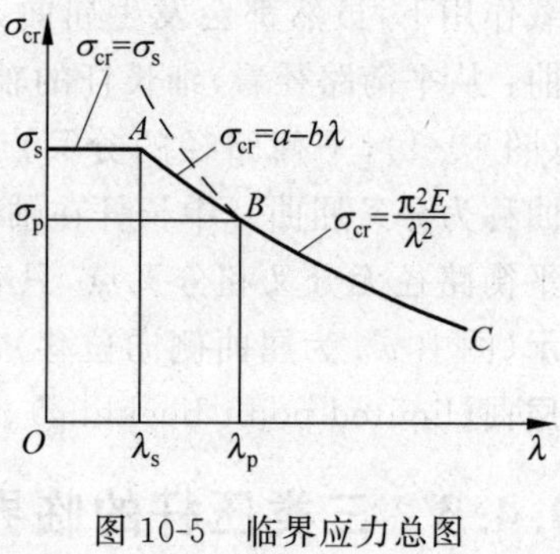

根据临界应力总图中所示之 σ_{cr}-λ 关系,可以确定区分不同材料三类压杆的长细比极限值 λ_p 和 λ_s。

令细长杆的临界应力等于材料的比例极限(图 10-5 中的 B 点),得到

$$\lambda_p = \sqrt{\frac{\pi^2 E}{\sigma_p}} \tag{10-15}$$

图 10-5 临界应力总图

对于不同的材料,由于 E、σ_p 各不相同,λ_p 的数值亦不相同。一旦给定 E、σ_p,即可算得 λ_p。例如,对于 Q235 钢,$E=206$GPa、$\sigma_p=200$MPa,由式(10-15)算得 $\lambda_p=101$。

若令中长杆的临界应力等于屈服强度(图 10-5 中的 A 点),得到

$$\lambda_s = \frac{a-\sigma_s}{b} \tag{10-16}$$

例如,对于 Q235 钢,$\sigma_s=235\text{MPa}$,$a=304\text{MPa}$,$b=1.12\text{MPa}$,由上式可以算得 $\lambda_s=61.6$。

例题 10-1 图 10-6(a)、(b)中所示之压杆,其直径均为 d,材料都是 Q235 钢,但二者长度和约束条件各不相同。试:

1. 分析哪一根杆的临界荷载较大?
2. 计算 $d=160\text{mm}$,$E=206\text{GPa}$ 时,二杆的临界荷载。

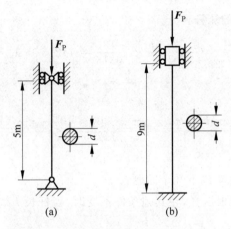

图 10-6 例题 10-1 图

解:1. 计算长细比,判断哪一根杆的临界荷载大

因为 $\lambda=\mu l/i$,其中 $i=\sqrt{I/A}$,而二者均为圆截面且直径相同,故有

$$i=\sqrt{\frac{\pi d^4/64}{\pi d^2/4}}=\frac{d}{4}$$

因二者约束条件和杆长都不相同,所以 λ 也不一定相同。

对于两端铰支的压杆(图 10-6(a)),$\mu=1$,$l=5000\text{mm}$

$$\lambda_a=\frac{\mu l}{i}=\frac{1\times 5\text{m}}{\dfrac{d}{4}}=\frac{20\text{m}}{d}$$

对于两端固定的压杆(图 10-6(b)),$\mu=0.5$,$l=9000\text{mm}$,

$$\lambda_b=\frac{\mu l}{i}=\frac{0.5\times 9\text{m}}{\dfrac{d}{4}}=\frac{18\text{m}}{d}$$

可见本例中两端铰支压杆的临界荷载,小于两端固定压杆的临界荷载。

2. 计算各杆的临界荷载

对于两端铰支的压杆

$$\lambda_a = \frac{\mu l}{i} = \frac{1 \times 5\mathrm{m}}{\dfrac{d}{4}} = \frac{20}{0.16} = 125 > \lambda_p = 101$$

属于细长杆,利用欧拉公式计算临界力

$$F_{Pcr} = \sigma_{cr} A = \frac{\pi^2 E}{\lambda^2} \times \frac{\pi d^2}{4} = \frac{\pi^2 \times 206 \times 10^9}{125^2} \times \frac{\pi \times (160 \times 10^{-3})^2}{4}$$

$$= 2.6 \times 10^6 \mathrm{N} = 2.60 \times 10^3 \mathrm{kN}$$

对于两端固定的压杆

$$\lambda_b = \frac{\mu l}{i} = \frac{0.5 \times 9\mathrm{m}}{\dfrac{d}{4}} = \frac{18}{0.16} = 112.5 > \lambda_p = 101$$

也属于细长杆,

$$F_{Pcr} = \sigma_{cr} A = \frac{\pi^2 E}{\lambda^2} \times \frac{\pi d^2}{4} = \frac{\pi^2 \times 206 \times 10^9}{112.5^2} \times \frac{\pi \times (160 \times 10^{-3})^2}{4}$$

$$= 3.21 \times 10^6 \mathrm{N} = 3.21 \times 10^3 \mathrm{kN}$$

最后,请读者思考以下几个问题:

1. 本例中的两根压杆,在其他条件不变时,当杆长 l 减小一半时,其临界荷载将增加几倍?

2. 对于以上二杆,如果改用高强度钢(屈服强度比 Q235 钢高 2 倍以上,E 相差不大)能否提高临界荷载?

例题 10-2 Q235 钢制成的矩形截面杆,两端约束以及所承受的压缩荷载如图 10-7 所示(图 10-7(a)为正视图;图 10-7(b)为俯视图),在 A、B 两处为销钉连接。若已知 $l = 2300\mathrm{mm}$,$b = 40\mathrm{mm}$,$h = 60\mathrm{mm}$。材料的弹性模量 $E = 205\mathrm{GPa}$。试求此杆的临界荷载。

解:给定的压杆在 A、B 两处为销钉连接,这种约束与球铰约束不同。在正视图平面内屈曲时,A、B 两处可以自由转动,相当于铰链约束;而在俯视图平面内屈曲时,A、B 两处不能转动,这时可近似视为固定端约束。又因为是矩形截面,压杆在正视图平面内屈曲时,截面将绕 z 轴转动;而在俯视图平面内屈曲时,截面将绕 y 轴转动。

根据以上分析,为了计算临界力,应首先计算压杆在两个平面内的长细比,以确定它将在哪一平面内发生屈曲。

在正视图平面(图 10-7(a))内:

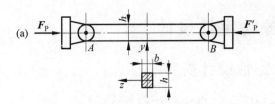

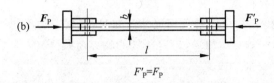

图 10-7 例题 10-2 图

$$I_z = \frac{bh^3}{12}, \quad A = bh, \quad \mu = 1.0$$

$$i_z = \sqrt{\frac{I_z}{A}} = \frac{h}{2\sqrt{3}}$$

$$\lambda_z = \frac{\mu l}{i_z} = \frac{\mu l}{\frac{h}{2\sqrt{3}}} = \frac{(1 \times 2300 \times 10^{-3}) \times 2\sqrt{3}}{60 \times 10^{-3}} = 132.8 > \lambda_p = 101$$

在俯视图平面（图 10-7(b)）内：

$$I_y = \frac{hb^3}{12}, \quad A = bh, \quad \mu = 0.5$$

$$i_y = \sqrt{\frac{I_y}{A}} = \frac{b}{2\sqrt{3}}$$

$$\lambda_y = \frac{\mu l}{i_y} = \frac{\mu l}{\frac{b}{2\sqrt{3}}} = \frac{(0.5 \times 2300 \times 10^{-3}) \times 2\sqrt{3}}{40 \times 10^{-3}} = 99.6 < \lambda_p = 101$$

比较上述结果，可以看出，$\lambda_z > \lambda_y$。所以，压杆将在正视图平面内屈曲。又因为在这一平面内，压杆的长细比 $\lambda_z > \lambda_p$，属于细长杆，可以用欧拉公式计算压杆的临界荷载：

$$F_{Pcr} = \sigma_{cr} A = \frac{\pi^2 E}{\lambda_z^2} \times bh$$

$$= \frac{\pi^2 \times 205 \times 10^9 \times 40 \times 10^{-3} \times 60 \times 10^{-3}}{132.8^2}$$

$$= 275.3 \times 10^3 \text{N} = 275.3 \text{kN}$$

10.5 压杆稳定性设计

10.5.1 稳定性设计内容

稳定性设计(stability design)一般包括：

(1) 确定临界荷载

当压杆的材料、约束以及几何尺寸已知时，根据三类不同压杆的临界应力公式(式(10-12)~式(10-14))，确定压杆的临界荷载。

(2) 稳定性安全校核

当外加荷载、杆件各部分尺寸、约束以及材料性能均为已知时，验证压杆是否满足稳定性安全条件。

10.5.2 安全因数法与稳定性安全条件

为了保证压杆具有足够的稳定性，设计中，必须使杆件所承受的实际压缩荷载(又称为工作荷载)小于杆件的临界荷载，并且具有一定的安全裕度。

压杆的稳定性设计一般采用安全因数法与折减系数法。本书只介绍安全因数法。

采用安全因数法时，**稳定性安全条件**一般可表示为

$$n_w \geqslant [n]_{st} \tag{10-17}$$

这一条件又称为**稳定性设计准则**(criterion of design for stability)，式中 n_w 为工作安全因数，由下式确定：

$$n_w = \frac{F_{Pcr}}{F} = \frac{\sigma_{cr} A}{F} \tag{10-18}$$

式中，F 为压杆的工作荷载；A 为压杆的横截面面积。

式(10-17)中，$[n]_{st}$ 为规定的稳定安全因数。在静荷载作用下，稳定安全因数应略高于强度安全因数。这是因为实际压杆不可能是理想直杆，而具有一定的初始缺陷(例如初曲率)，压缩荷载也可能具有一定的偏心度。这些因素都会使压杆的临界荷载降低。对于钢材，取 $[n]_{st}=1.8\sim3.0$；对于铸铁，取 $[n]_{st}=5.0\sim5.5$；对于木材，取 $[n]_{st}=2.8\sim3.2$。

10.5.3 稳定性设计过程

根据上述稳定性安全条件，进行压杆的稳定性的设计，首先必须根据材料的弹性模量与比例极限 E、σ_p，由式(10-15)和式(10-16)计算出长细比的极限值 λ_p、λ_s；再根据压杆的长度 l、横截面的惯性矩 I 和面积 A，以及两端的支承

条件 μ，计算压杆的实际长细比 λ；然后比较压杆的实际长细比值与极限值，判断属于哪一类压杆，选择合适的临界应力公式，确定临界荷载；最后，由式(10-18)计算压杆的工作安全因数，并验算是否满足稳定性设计准则(10-17)。

对于简单结构，则需应用受力分析方法，首先确定哪些杆件承受压缩荷载，然后再按上述过程进行稳定性计算与设计。

例题 10-3 图 10-8 所示的结构中，梁 AB 为 No.14 普通热轧工字钢，CD 为圆截面直杆，其直径为 $d=20$mm，二者材料均为 Q235 钢。结构受力如图所示，A、C、D 三处均为球铰约束。若已知 $F_P=25$kN，$l_1=1.25$m，$l_2=0.55$m，$\sigma_s=235$MPa。强度安全因数 $n_s=1.45$，稳定安全因数 $[n]_{st}=1.8$。试校核此结构是否安全？

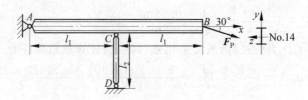

图 10-8 例题 10-3 图

解：在给定的结构中共有两个构件：梁 AB，承受拉伸与弯曲的组合作用，属于强度问题；杆 CD 承受压缩荷载，属于稳定问题。现分别校核如下：

1. 大梁 AB 的强度校核

大梁 AB 在截面 C 处弯矩最大，该处横截面为危险截面，其上的弯矩和轴力分别为

$$M_{max} = (F_P \sin 30°)l_1 = (25 \times 10^3 \times 0.5) \times 1.25$$
$$= 15.63 \times 10^3 \text{N} \cdot \text{m} = 15.63 \text{kN} \cdot \text{m}$$
$$F_N = F_P \cos 30° = 25 \times 10^3 \times \cos 30°$$
$$= 21.65 \times 10^3 \text{N} = 21.65 \text{kN}$$

由型钢表查得 No.14 普通热轧工字钢的

$$W_z = 102 \text{cm}^3 = 102 \times 10^3 \text{mm}^3$$
$$A = 21.5 \text{cm}^2 = 21.5 \times 10^2 \text{mm}^2$$

由此得到

$$\sigma_{max} = \frac{M_{max}}{W_z} + \frac{F_N}{A} = \frac{15.63 \times 10^3}{102 \times 10^3 \times 10^{-9}} + \frac{21.65 \times 10^3}{21.5 \times 10^2 \times 10^{-4}}$$
$$= 163.2 \times 10^6 \text{Pa} = 163.2 \text{MPa}$$

Q235 钢的许用应力

$$[\sigma] = \frac{\sigma_s}{n_s} = \frac{235\text{MPa}}{1.45} = 162\text{MPa}$$

$\sigma_{\max}$ 略大于 $[\sigma]$，但 $(\sigma_{\max}-[\sigma])\times 100\%/[\sigma]=0.7\%<5\%$，工程上仍认为是安全的。

　　2. 校核压杆 CD 的稳定性

　　由平衡方程求得压杆 CD 的轴向压力

$$F_{NCD} = 2F_P\sin 30° = F_P = 25\text{kN}$$

因为是圆截面杆，故惯性半径

$$i = \sqrt{\frac{I}{A}} = \frac{d}{4} = 5\text{mm}$$

又因为两端为球铰约束 $\mu=1.0$，所以

$$\lambda = \frac{\mu l}{i} = \frac{1.0\times 0.55\text{m}}{5\times 10^{-3}\text{m}} = 110 > \lambda_p = 101$$

这表明，压杆 CD 为细长杆，故需采用式(10-12)计算其临界应力

$$F_{Pcr} = \sigma_{cr}A = \frac{\pi^2 E}{\lambda^2}\times\frac{\pi d^2}{4} = \frac{\pi^2\times 206\times 10^9}{110^2}\times\frac{\pi\times(20\times 10^{-3})^2}{4}$$

$$= 52.8\times 10^3\text{N} = 52.8\text{kN}$$

于是，压杆的工作安全因数

$$n_w = \frac{\sigma_{cr}}{\sigma_w} = \frac{F_{Pcr}}{F_{NCD}} = \frac{52.8}{25} = 2.11 > [n]_{st} = 1.8$$

这一结果说明，压杆的稳定性是安全的。

　　上述两项计算结果表明，整个结构的强度和稳定性都是安全的。

10.5.4　稳定计算中的折减系数法

　　折减系数法，就是规定压杆在压缩荷载作用下保持直线平衡构形时，其横截面上的正应力必须满足下列稳定性安全条件

$$\sigma = \frac{F_P}{A} \leqslant [\sigma]_{st} = \varphi[\sigma] \tag{10-19}$$

其中，$[\sigma]_{st}$ 为压杆的稳定许用应力，$[\sigma]$ 为强度许用应力，φ 称为折减系数。

　　因为稳定许用应力由下式确定：

$$[\sigma]_{st} = \frac{\sigma_{cr}}{[n]_{st}} \tag{10-20}$$

比较式(10-19)和式(10-20)，得到

$$\varphi = \frac{[\sigma]_{st}}{[\sigma]} = \frac{\dfrac{\sigma_{cr}}{[n]_{st}}}{\dfrac{\sigma^0}{n^0}} = \frac{\sigma_{cr} n^0}{\sigma^0 [n]_{st}} \tag{10-21}$$

其中 σ^0 为材料强度的危险应力,对于韧性材料和脆性材料分别取为屈服强度和强度极限,即

$$韧性材料：\sigma^0 = \sigma_s \qquad (10\text{-}22a)$$

$$脆性材料：\sigma^0 = \sigma_b \qquad (10\text{-}22b)$$

n^0 为与材料的屈服强度和强度极限对应的强度安全因数：

$$韧性材料：n^0 = n_s \qquad (10\text{-}23a)$$

$$脆性材料：n^0 = n_b \qquad (10\text{-}23b)$$

式(10-21)表明,σ^0 与材料有关；n^0 和 $[n]_{st}$ 都是规定的系数,因此折减系数 φ 将随 σ_{cr} 的变化而改变,而 σ_{cr} 又与压杆的长细比 λ 有关,因此,对于确定的材料,折减系数为压杆长细比的函数,即

$$\varphi = \varphi(\lambda)$$

表 10-2 中,所列为几种常用工程材料的压杆折减系数与长细比对应的数值。对于长细比数值介于表中两相邻长细比 λ 的压杆,其折减系数采用"直线内插法"确定。

表 10-2　几种常用工程材料的压杆折减系数与长细比的对应数值

$\lambda = \mu l/i$	φ			
	Q235 钢	16Mn 钢	铸铁	木材
0	1.000	1.000	1.00	1.00
10	0.995	0.993	0.97	0.99
20	0.981	0.973	0.91	0.97
30	0.958	0.940	0.81	0.93
40	0.927	0.895	0.69	0.87
50	0.888	0.840	0.57	0.80
60	0.842	0.776	0.44	0.71
70	0.789	0.705	0.34	0.60
80	0.731	0.627	0.26	0.48
90	0.669	0.546	0.20	0.38
100	0.604	0.462	0.16	0.31
110	0.536	0.384		0.26
120	0.466	0.325		0.22

续表

$\lambda=\mu l/i$	φ			
	Q235 钢	16Mn 钢	铸铁	木材
130	0.401	0.279		0.18
140	0.349	0.242		0.16
150	0.306	0.213		0.14
160	0.272	0.188		0.12
170	0.243	0.168		0.11
180	0.218	0.151		0.10
190	0.197	0.136		0.09
200	0.180	0.124		0.08

例题 10-4 图 10-9(a)所示为承受轴向压缩荷载的组合柱示意图,组合柱由两根 No.32a 的普通热轧槽钢所组成,槽钢的组合方式如图 10-9(b)所示。已知组合柱的总长度 $l=8\text{m}$,柱的两端均为球铰约束。两根槽钢通过若干连接板用铆钉连成一体,各连接板之间的距离均为 a,铆钉孔的直径 $d=17\text{mm}$。所有材料均为 Q235 钢,其许用应力$[\sigma]=160\text{MPa}$。

1. 如果要使组合柱整体在各个方向上都具有相同的临界荷载,两根槽钢横截面外边缘的距离 b(图 10-9(b))应取多大?
2. 当距离 b 的数值确定后,采用折减系数法求组合柱的许可压缩荷载;
3. 在许可荷载确定后,连接板之间的距离 a 为多大,才能保证两相邻连接板之间的单根槽钢不发生局部失稳?

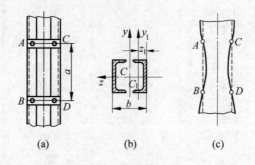

图 10-9 例题 10-4 图

解: 1. 确定两根槽钢横截面外边缘的距离 b

因为组合柱两端为球铰约束,即端部在各个方向具有相同的约束。所以,本例中要求组合柱整体在各个方向上都具有相同的临界荷载,也就是要求组合柱的组合截面对于所有形心轴具有相同的惯性矩,为了满足这一条件,横截面对于通过形心的一对相互垂直轴的惯性矩相等,即

$$I_y = I_z$$

这就是确定两根槽钢横截面外边缘距离 b 的条件。

又因为铆钉孔对槽钢局部横截面的削弱不影响稳定临界力,所以,计算惯性矩时可以不计及铆钉孔的影响。于是,根据惯性矩的移轴定理,由 $I_y = I_z$ 和图 10-9(b),可以写出:

$$2I_z(1) = 2I_y(I) = 2\left[I_{y1}(1) + \left(\frac{b}{2} - z_1\right)^2 A(1)\right] \quad \text{(a)}$$

其中 $I_z(1)$、$I_{y1}(1)$ 分别为单根槽钢对于自身的形心主轴 z 和 y_1 的惯性矩;$A(1)$ 为单根槽钢的横截面面积;z_1 为单根槽钢的形心坐标。

由型钢表查得 No.32a 普通热轧槽钢横截面的几何性质如下:

$$I_z(1) = 7.60 \times 10^7 \text{mm}^4$$
$$I_{y1}(1) = 0.305 \times 10^7 \text{mm}^4$$
$$A(1) = 4.87 \times 10^3 \text{mm}^2$$
$$z_1 = 22.4 \text{mm}$$

代入式(a)后,得到

$$7.60 \times 10^7 = 0.305 \times 10^7 + \left(\frac{b}{2} - 22.4\right)^2 \times 4.87 \times 10^3$$

据此解出

$$b = 289.6 \text{mm}$$

2. 采用折减系数法计算许可压缩荷载

首先,计算组合柱的长细比。组合截面的惯性半径

$$i = \sqrt{\frac{I_z}{A}} = \sqrt{\frac{2I_z(1)}{2A(1)}} = \sqrt{\frac{I_z(1)}{A(1)}} = \sqrt{\frac{7.60 \times 10^7}{4.87 \times 10^3}} = 1.249 \times 10^2 \text{mm}$$

于是,组合柱的长细比

$$\lambda = \frac{\mu l}{i} = \frac{1 \times 8 \times 10^3}{1.249 \times 10^2} = 64.1$$

其次,根据长细比确定折减系数。从表 10-2 中 Q235 钢的折减系数与长细比之间的关系查得:

$$\lambda = 60, \quad \varphi = 0.842$$

$$\lambda = 70, \quad \varphi = 0.789$$

应用直线内插法,得到 $\lambda = 64.1$ 时的折减系数

$$\lambda = 0.842 + \frac{0.789 - 0.842}{70 - 60} \times (64.1 - 60) = 0.820$$

于是,稳定的许用应力

$$[\sigma]_{st} = \varphi[\sigma] = 0.820 \times 160 = 131.2 \text{MPa}$$

据此得到组合柱的许可压缩荷载

$$[F_P]_1 = [\sigma]_{st} A$$
$$= 131.2 \times (2 \times 4.87 \times 10^3) = 1.278 \times 10^6 \text{N} = 1.278 \times 10^3 \text{kN}$$

以上计算,只考虑了稳定问题,没有考虑铆钉孔对槽钢强度的影响。

考虑到铆钉孔对槽钢强度的削弱,由强度条件

$$\sigma = \frac{F_P}{A_n} \leqslant [\sigma]$$

其中,A_n 为组合柱横截面除去铆钉孔的净面积。

$$[F_P]_2 \leqslant A_n[\sigma] = 2(A - 2 \times d \times \delta)[\sigma]$$
$$= 2 \times (4.87 \times 10^3 - 2 \times 17 \times 9) \times 160$$
$$= 1.46 \times 10^6 \text{N} = 1.46 \times 10^3 \text{kN}$$

最后,组合柱的许可压缩荷载应为 $[F_P]_1$、$[F_P]_2$ 中的较小者,即

$$[F_P] = [F_P]_1 = 1.278 \times 10^3 \text{kN}$$

3. 计算相邻连接板之间的距离 a

连接板之间的那一段槽钢,可以看成是两端铰支的压杆,因此如果连接板之间的距离过大,则有可能在组合柱整体失稳之前,两相邻连接板之间的单根槽钢发生局部失稳,如图 10-9(c)所示。

最优的方案要求组合柱整体与局部具有相同的承受压缩荷载的能力。这要求组合柱整体与两相邻连接板之间的单根槽钢具有相同的长细比:

$$\lambda_l = \lambda \tag{b}$$

其中 λ_l、λ 分别为连接板之间单根槽钢的长细比和组合柱的长细比,前面已经算得 $\lambda = 64.1$。而

$$\lambda_l = \frac{\mu a}{i_l} \tag{c}$$

其中,i_l 是单根槽钢横截面对于 z_1 轴的惯性半径,由型钢表查得 $i_l = 25$ mm。铆钉处可以看成铰链约束,因而有 $\mu = 1.0$。将其代入式(c),并由式(b)得到

$$\lambda_l = \frac{1.0 \times a}{25} = \lambda = 64.1$$

由此解得相邻连接板之间的距离

$$a = 1603\text{mm}$$

10.6 其他形式的屈曲问题

本章只介绍了承受轴向压缩荷载的压杆稳定性问题及其屈曲失效。工程构件的屈曲问题并非仅此一种,其他形式的屈曲问题还有多种。

10.6.1 狭长截面梁的侧向屈曲

狭长截面(例如狭长矩形截面)的两个形心主惯性矩相差较大时,如果外力作用线都处在弯曲刚度较大的主轴平面内,梁将在这一主轴平面内弯曲。但是,当荷载增加到一定数值后,在外界扰动下,梁将偏离在这一主轴平面内的平衡状态,在与加载平面垂直的平面内发生弯曲,同时伴随有扭转变形(图 10-10)。这种平衡状态的转变,也是一种屈曲,称为**侧向屈曲**(lateral buckling)。

10.6.2 圆环及圆拱的屈曲

承受均匀径向压力荷载的圆环或圆弧形拱,工程上如地下输水管道、水库中的拱坝等,当荷载较小时,其横截面上只有沿圆弧切线方向的轴力,并且保持圆弧形状。当荷载增加到某一数值时,在外界扰动下,其曲率将发生突然转变(图 10-11),这又是一种屈曲。

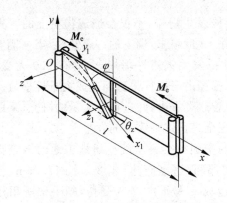

图 10-10 狭长截面梁的侧向屈曲

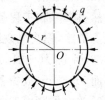

图 10-11 圆环的屈曲

10.6.3 薄壁圆管或圆柱形壳体的屈曲

薄壁圆管或圆柱形壳体在轴向压缩荷载、扭转荷载(力偶)作用下,也都会发生屈曲。图 10-12(a)和(b)所示,分别为薄壁铝筒承受轴向压缩荷载和扭转荷载时所发生的屈曲现象。

(a) 轴向荷载下圆柱壳体的屈曲　　(b) 扭转荷载下圆柱壳体的屈曲

图 10-12　薄壁铝筒的屈曲

10.7　结论与讨论

10.7.1　稳定设计的重要性

由于受压杆的失稳而使整个结构发生坍塌,不仅会造成物质上的巨大损失,而且还危及人民的生命安全。在 19 世纪末,瑞士的一座铁桥,当一辆客车通过时,桥桁架中的压杆失稳,致使桥发生灾难性坍塌,大约有 200 人受难。加拿大和原苏联的一些铁路桥梁也曾经由于压杆失稳而造成灾难性事故。

虽然科学家和工程师早就面对着这类灾害,并进行了大量的研究,采取了很多预防措施,但直到现在还不能完全终止这种灾害的发生。

1983 年 10 月 4 日,地处北京的中国社会科学院科研楼工地的钢管脚手架距地面 5m～6m 处突然外弓。刹那间,这座高达 54.2m、长 17.25m、总重 565.4kN 的大型脚手架轰然坍塌,造成 5 人死亡,7 人受伤,脚手架所用建筑材料大部分报废,工期推迟一个月。现场调查结果表明,脚手架结构本身存在严重缺陷,致使结构失稳坍塌是这次灾难性事故的直接原因。

脚手架由里、外层竖杆和横杆绑结而成。调查中发现支搭技术上存在以下问题:

(1) 钢管脚手架是在未经清理和夯实的地面上搭起的。这样在自重和外加荷载作用下必然使某些竖杆受力大,另外一些杆受力小。

(2) 脚手架未设"扫地横杆",各大横杆之间的距离太大,最大达 2.2m,超过规定值 0.5m。两横杆之间的竖杆,相当于两端铰支的压杆,横杆之间的距离越大,竖杆临界荷载便越小。

(3) 高层脚手架在每层均应设有与建筑墙体相连的牢固连接点。而这座脚手架竟有 8 层没有与墙体的连接点。

(4) 这类脚手架的稳定安全因数规定为 3.0,而这座脚手架的安全因数,内层杆为 1.75,外层杆仅为 1.11。

这些是导致脚手架失稳的必然因素。

10.7.2 影响压杆承载能力的因素

对于细长杆,由于其临界荷载为

$$F_{\text{Pcr}} = \frac{\pi^2 EI}{(\mu l)^2}$$

所以,影响承载能力的因素较多。临界荷载不仅与材料的弹性模量(E)有关,而且与长细比有关。长细比包含了截面形状、几何尺寸以及约束条件等多种因素。

对于中长杆,临界荷载

$$F_{\text{Pcr}} = \sigma_{\text{cr}} A = (a - b\lambda) A$$

影响其承载能力的主要因素是材料常数 a 和 b,以及压杆的长细比,当然还有压杆的横截面面积。

对于粗短杆,因为不发生屈曲,而只发生屈服或破坏,故

$$F_{\text{Pcr}} = \sigma_{\text{cr}} A = \sigma_s A$$

临界荷载主要取决于材料的屈服强度和杆件的横截面面积。

10.7.3 提高压杆承载能力的主要途径

为了提高压杆承载能力,必须综合考虑杆长、支承、截面的合理性以及材料性能等因素的影响。可能的措施有以下几方面:

(1) 尽量减小压杆杆长

对于细长杆,其临界荷载与杆长平方成反比。因此,减小杆长可以显著地提高压杆承载能力,在某些情形下,通过改变结构或增加支点可以达到减小杆长,从而提高压杆承载能力的目的。例如,图 10-13(a)、(b)中所示之两种桁架,读者不难分析,两种桁架中的①、④杆均为压杆,但图 10-13(b)中压杆承

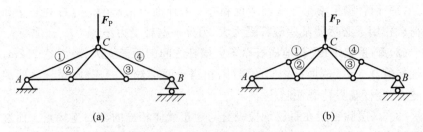

图 10-13 减小压杆的长度提高结构的承载能力

载能力要远远高于图 10-13(a)中的压杆。

(2) 增强支承的刚性

支承的刚性越大,压杆长度系数值越低,临界荷载越大。例如,将两端铰支的细长杆,变成两端固定约束的情形,临界荷载将呈数倍增加。

(3) 合理选择截面形状

当压杆两端在各个方向弯曲平面内具有相同的约束条件时,压杆将在刚度最小的主轴平面内屈曲,这时,如果只增加截面某个方向的惯性矩(例如只增加矩形截面高度),并不能提高压杆的承载能力,最经济的办法是将截面设计成中空的,且尽量使 $I_y = I_z$,从而加大横截面的惯性矩,并使截面对各个方向轴的惯性矩均相同。因此,对于一定的横截面面积,正方形截面或圆截面比矩形截面好;空心正方形或环形截面比实心截面好。

当压杆端部在不同的平面内具有不同的约束条件时,应采用最大与最小主惯性矩不等的截面(例如矩形截面),并使主惯性矩较小的平面内具有较强刚性的约束,尽量使两主惯性矩平面内,压杆的长细比相互接近。

(4) 合理选用材料

在其他条件均相同的条件下,选用弹性模量大的材料,可以提高细长压杆的承载能力。例如钢杆临界荷载大于铜、铸铁或铝制压杆的临界荷载。但是,普通碳素钢、合金钢以及高强度钢的弹性模量数值相差不大。因此,对于细长杆,若选用高强度钢,对压杆临界荷载影响甚微,意义不大,反而造成材料的浪费。

但对于粗短杆或中长杆,其临界荷载与材料的比例极限或屈服强度有关,这时选用高强度钢会使临界荷载有所提高。

10.7.4 稳定设计中需要注意的几个重要问题

(1) 正确地进行受力分析,准确地判断结构中哪些杆件承受压缩荷载,对于这些杆件必须按稳定性安全条件进行稳定性计算或稳定性设计。

例如，图 10-14 所示之某种仪器中的微型钢制圆轴，在室温下安装，这时轴既不沿轴向移动，也不承受轴向荷载，当温度升高时，轴和机架将同时因热膨胀而伸长，但二者材料的线膨胀系数不同，而且轴的线膨胀系数大于机架的线膨胀系数。请读者分析，当温度升高时，轴有没有稳定问题？

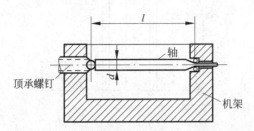

图 10-14　微型钢制圆轴因热膨胀受限而失稳

（2）要根据压杆端部约束条件以及截面的几何形状，正确判断可能在哪一个平面内发生屈曲，从而确定欧拉公式中的截面惯性矩，或压杆的长细比。

例如，图 10-15 所示为两端球铰约束细长杆的各种可能截面形状，请读者自行分析，压杆屈曲时横截面将绕哪一根轴转动？

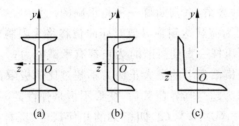

图 10-15　不同横截面形状压杆的稳定问题

（3）确定压杆的长细比，判断属于哪一类压杆，采用合适的临界应力公式计算临界荷载。

例如，图 10-16 所示之 4 根圆轴截面压杆，若材料和圆截面尺寸都相同，请读者判断哪一根杆最容易失稳？哪一根杆最不容易失稳？

（4）应用稳定性设计准则进行稳定安全校核或设计压杆横截面尺寸。

本章前面几节所讨论的压杆，都是理想化的，即压杆必须是直的，没有任何初始曲率；荷载作用线沿着压杆的中心线；由此导出的欧拉临界荷载公式只适用于应力不超过比例极限的情形。

工程实际中的压杆大都不满足上述理想化的要求。因此实际压杆的设计都是以经验公式为依据的。这些经验公式是以大量实验结果为基础建立起来的。

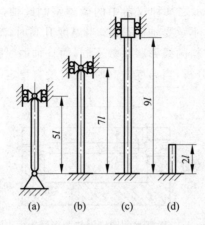

图 10-16 材料和横截面尺寸都相同的压杆稳定问题

习题

10-1 关于钢制细长压杆承受轴向压力达到临界荷载之后,还能不能继续承载,有如下四种答案,试判断哪一种是正确的。

（A）不能。因为荷载达到临界值时屈曲位移将无限制地增加；
（B）能。因为压杆一直到折断时为止都有承载能力；
（C）能。只要横截面上的最大正应力不超过比例极限；
（D）不能。因为超过临界荷载后,变形不再是弹性的。

10-2 图示(a)、(b)、(c)、(d)四桁架的几何尺寸、圆杆的横截面直径、材料、加力点及加力方向均相同。关于四桁架所能承受的最大外力 F_{Pmax} 有如下四种结论,试判断哪一种是正确的。

（A）$F_{Pmax}(a) = F_{Pmax}(c) < F_{Pmax}(b) = F_{Pmax}(d)$；
（B）$F_{Pmax}(a) = F_{Pmax}(c) = F_{Pmax}(b) = F_{Pmax}(d)$；
（C）$F_{Pmax}(a) = F_{Pmax}(d) < F_{Pmax}(b) = F_{Pmax}(c)$；
（D）$F_{Pmax}(a) = F_{Pmax}(b) < F_{Pmax}(c) = F_{Pmax}(d)$。

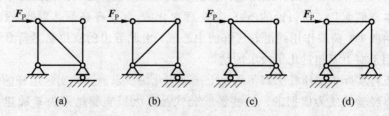

习题 10-2 图

10-3 图中四杆均为圆截面直杆,杆长相同,且均为轴向加载,关于四者临界荷载的大小,有四种解答,试判断哪一种是正确的(其中弹簧的刚度较大)。

(A) $F_{Pcr}(a) < F_{Pcr}(b) < F_{Pcr}(c) < F_{Pcr}(d)$;

(B) $F_{Pcr}(a) > F_{Pcr}(b) > F_{Pcr}(c) > F_{Pcr}(d)$;

(C) $F_{Pcr}(b) > F_{Pcr}(c) > F_{Pcr}(d) > F_{Pcr}(a)$;

(D) $F_{Pcr}(b) > F_{Pcr}(a) > F_{Pcr}(c) > F_{Pcr}(d)$。

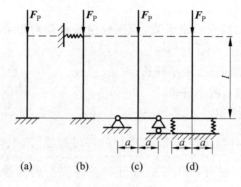

习题 10-3 图

10-4 一端固定、另一端由弹簧侧向支承的细长压杆,可采用欧拉公式 $F_{Pcr} = \pi^2 EI/(\mu l)^2$ 计算。试确定压杆的长度系数 μ 的取值范围:

(A) $\mu > 2.0$;

(B) $0.7 < \mu < 2.0$;

(C) $\mu < 0.5$;

(D) $0.5 < \mu < 0.7$。

10-5 正三角形截面压杆,其两端为球铰链约束,加载方向通过压杆轴线。当荷载超过临界值,压杆发生屈曲时,横截面将绕哪一根轴转动?现有四种答案,请判断哪一种是正确的。

(A) 绕 y 轴;

(B) 绕通过形心 C 的任意轴;

(C) 绕 z 轴;

(D) 绕 y 轴或 z 轴。

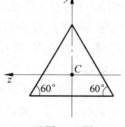

习题 10-5 图

10-6 相同材料、相同截面尺寸和长度的两根管状细长压杆两端由球铰链支承,承受轴向压缩荷载,其中,管 a 内无内压作用,管 b 内有内压作用。关于二者横截面上的真实应力 $\sigma(a)$ 与 $\sigma(b)$、临界应力 $\sigma_{cr}(a)$ 与 $\sigma_{cr}(b)$ 之间的关系,有如下结论。试判断哪一结论是正确的。

(A) $\sigma(a) > \sigma(b)$, $\sigma_{cr}(a) = \sigma_{cr}(b)$;

(B) $\sigma(a) = \sigma(b)$, $\sigma_{cr}(a) < \sigma_{cr}(b)$;

(C) $\sigma(a) < \sigma(b)$, $\sigma_{cr}(a) < \sigma_{cr}(b)$;

(D) $\sigma(a) < \sigma(b)$, $\sigma_{cr}(a) = \sigma_{cr}(b)$。

10-7 提高钢制细长压杆承载能力有如下方法。试判断哪一种是最正确的。

(A) 减小杆长,减小长度系数,使压杆沿横截面两形心主轴方向的长细比相等;

(B) 增加横截面面积,减小杆长;

(C) 增加惯性矩,减小杆长;

(D) 采用高强度钢。

10-8 根据压杆稳定设计准则,压杆的许可荷载 $[F_P] = \dfrac{\sigma_{cr} A}{[n]_{st}}$。当横截面面积 A 增加 1 倍时,试分析压杆的许可荷载将按下列四种规律中的哪一种变化?

(A) 增加 1 倍;

(B) 增加 2 倍;

(C) 增加 1/2 倍;

(D) 压杆的许可荷载随着 A 的增加呈非线性变化。

*10-9 图示结构中两根柱子下端固定,上端与一可活动的刚性块固结在一起。已知 $l=3$m,直径 $d=20$mm,柱子轴线之间的间距 $a=60$mm。柱子的材料均为 Q235 钢,$E=200$GPa,柱子所受荷载 F_P 的作用线与两柱子等间距,并作用在两柱子的轴线所在的平面内。假设,各种情形下,欧拉公式均适用,试求结构的临界荷载。

10-10 图示托架中杆 AB 的直径 $d=40$mm,长度 $l=800$mm。两端可视为球铰链约束,材料为 Q235 钢。试:

1. 求托架的临界荷载;

2. 若已知工作荷载 $F_P=70$kN,并要求杆 AB 的稳定安全因数 $[n]_{st}=2.0$,校核托架是否安全;

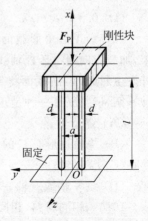

习题 10-9 图

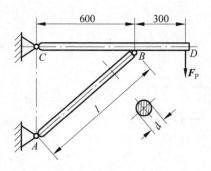

习题 10-10 图

3. 若横梁为 No.18 普通热轧工字钢，$[\sigma]=160\text{MPa}$，则托架所能承受的最大荷载有没有变化？

10-11 长 $l=50\text{mm}$，直径 $d=6\text{mm}$ 的 40Cr 钢制微型圆轴，在温度为 $t_1=-60℃$ 时安装，这时轴既不能沿轴向移动，又不承受轴向荷载，温度升高时，轴和架身将同时因热膨胀而伸长。轴材料的线膨胀系数 $\alpha_1=12.5\times10^{-6}/℃$；架身材料的线膨胀系数 $\alpha_2=7.5\times10^{-6}/℃$。40Cr 钢的 $\sigma_s=300\text{MPa}$，$E=210\text{GPa}$。若规定轴的稳定工作安全因数 $[n]_{st}=2.0$，并且忽略架身因受力而引起的微小变形，试校核当温度升高到 $t_2=60℃$ 时，该轴是否安全。

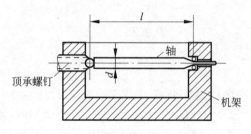

习题 10-11 图

10-12 图示结构中，AB 为圆截面杆，直径 $d=80\text{mm}$，杆 BC 为正方形截面，边长 $a=70\text{mm}$，两杆材料均为 Q235 钢，$E=200\text{GPa}$。两部分可以各自独立发生屈曲而互不影响。已知 A 端固定，B、C 端为球铰链。$l=3\text{m}$，稳定安全因数 $[n]_{st}=2.5$。试求此结构的许可荷载。

10-13 图示正方形桁架结构，由五根圆截面钢杆组成，连接处均为铰链，各杆直径均为 $d=40\text{mm}$，$a=1\text{m}$。材料均为 Q235 钢，$E=200\text{GPa}$，$[n]_{st}=1.8$。试：

1. 求结构的许可荷载；
2. 若 F_P 力的方向与图中相反，问：许可荷载是否改变，若有改变，应为多少？

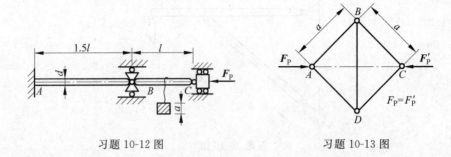

习题 10-12 图　　　　　　习题 10-13 图

10-14　图示结构中，梁与柱的材料均为 Q235 钢，$E=200\text{GPa}$，$\sigma_s=240\text{MPa}$。均匀分布荷载集度 $q=24\text{kN/m}$。竖杆为两根 63mm×63mm×5mm 的等边角钢（焊接成一整体）。试确定梁与柱的工作安全因数。

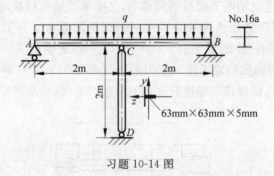

习题 10-14 图

10-15　图示刚性杆 AD 在 A 端铰支；点 B 与直径 $d_1=50\text{mm}$ 的钢圆杆铰接，钢杆材料为 Q235 钢，$E_1=200\text{GPa}$，$[\sigma]_1=160\text{MPa}$；点 C 与直径 $d_2=100\text{mm}$ 的铸铁圆柱铰接，铸铁的 $E_2=120\text{GPa}$，$[\sigma]_2=120\text{MPa}$。试用折减系数法确定结构的许可荷载。

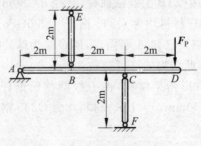

习题 10-15 图

*10-16 图示工字钢直杆在温度 $t_1=20℃$ 时安装,此时杆不受力。已知杆长 $l=6\text{m}$,材料为 Q235 钢,$E=200\text{GPa}$。试问:当温度升高到多少度时,杆将失稳(材料的线膨胀系数 $\alpha=12.5\times10^{-6}/℃$)。

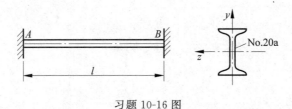

习题 10-16 图

10-17 图示桅杆杆塔由 4 根 $45\text{mm}\times45\text{mm}\times5\text{mm}$ 的等边角钢焊制而成,材料为 Q235 钢,$\lambda_p=100$,$E=206\text{GPa}$,规定安全因数 $[n]_{st}=2.32$,杆长 $l=12\text{m}$。若将塔上端视为自由,下端视为固定端约束,顶部压力 $F=100\text{kN}$,试:

1. 求最合理的 b 值;
2. 讨论连接板之间的间距 a 对承载能力有无影响,a 为多大时最为合理。

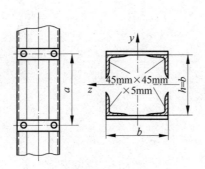

习题 10-17 图

专 题 篇

第 11 章　材料力学中的能量法
第 12 章　简单的静不定系统
第 13 章　动荷载与疲劳强度概述
第 14 章　新材料的材料力学概述

第 11 章 材料力学中的能量法

承载的构件或结构发生变形时,加力点的位置都要发生变化,从而使荷载位能减少。如果不考虑加载过程中其他形式的能量损耗,根据机械能守恒定理,减少了的荷载位能将全部转变为应变能储存于构件或结构内。据此,通过计算构件或结构的应变能,可以确定构件或结构在加力点处沿加力方向的位移。

但是,机械能守恒定律难以确定构件或结构上任意点沿任意方向的位移,因此也不能确定构件或结构上各点的位移函数。

应用更广泛的能量方法,不仅可以确定构件或结构上加力点沿加力方向的位移,而且可以确定构件或结构上任意点沿任意方向的位移。不仅可以确定特定点的位移,而且可以确定杆件的位移函数。

本章将首先介绍关于功和能的基本概念,然后介绍工程上常用的虚位移原理、莫尔积分以及计算莫尔积分的图乘法,重点是图乘法。

11.1 基本概念

11.1.1 作用在弹性杆件上的力所作的常力功和变力功

作用在弹性杆件上的力,由于力作用点的位移是随着杆件受力和变形的增加而增加的,所以,这种情形下,力所作的功是变力作功,简称变力功。

对于材料满足胡克定律,又在小变形条件下工作的弹性杆件,作用在杆件上的力与位移呈线性关系(图 11-1)。则有 $F_P = k\Delta$(k 为比例常数)。据此,当力从零逐渐增加到 F_P 时,位移也逐渐从零增加到 Δ,这是一个变力作功的过程。这时,力所作的功(图 11-2(a))为

$$W = \int_0^\Delta F_P \mathrm{d}\Delta = \int_0^\Delta k\Delta \mathrm{d}\Delta$$

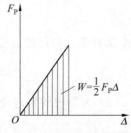

图 11-1 力与位移的线性关系

$$= \frac{1}{2}k\Delta^2 = \frac{1}{2}F_P\Delta \tag{11-1}$$

构件或结构在平衡力系的作用下,在一定的变形状态保持平衡,这时,如果某种外界因素使这一变形状态发生改变,加力点将发生位移,原来作用在构件或结构上的力也要作功。因为发生位移前,力已经存在,所以,这时力所作之功不是变力功,而是常力功(图 11-2(b)):

$$W = F_P\Delta' \tag{11-2}$$

需要指出的是,上述功的表达式(11-1)和式(11-2)中,力和位移都是广义的。F_P 可以是一个力,也可以是一个力偶;当 F_P 是一个力时,对应的位移 Δ 和 Δ' 是线位移,当 F_P 是一个力偶时,对应的位移 Δ 和 Δ' 则是角位移。

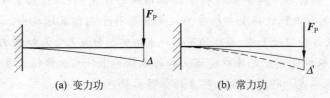

(a) 变力功　　　　　　　(b) 常力功

图 11-2　作用在弹性体上的力所作的变力功和常力功

11.1.2　杆件的弹性应变能

杆件在外力作用下发生弹性变形时,外力功转变为一种能量,储存于杆件内,从而使弹性杆件具有对外作功的能力,这种能量称为弹性应变能,简称**应变能**(elastic energy),用 V_ε 表示。

考察微段杆件的受力和变形,应用弹性范围内力和变形之间的线性关系,可以得到微段应变能表达式,然后通过积分即可得到计算杆件应变能的公式。

对于拉伸和压缩杆件,作用在 dx 微段上的轴力 F_N,使微段的两相邻横截面产生相对位移 $d(\Delta l)$,轴力 F_N 因而作功,用 dW 表示,其值为

$$dW = \frac{1}{2}F_N d(\Delta l)$$

此功全部转变为微段的应变能。若用 dV_ε 表示。于是有

$$dV_\varepsilon = dW = \frac{1}{2}F_N d(\Delta l)$$

其中 $d(\Delta l)$ 为微段的轴向变形量,Δl 为杆件的总伸长或缩短量。将

$$d(\Delta l) = \frac{F_N}{EA}dx$$

代入上式,并沿杆长 l 积分后,得到杆件的应变能表达式

$$V_\varepsilon = \int_0^l \frac{F_N^2}{2EA}\mathrm{d}x = \frac{F_N^2 l}{2EA} \tag{11-3}$$

对于承受弯曲的梁,忽略剪力影响,作用在 $\mathrm{d}x$ 微段上的弯矩 M,使微段的两相邻横截面产生相对转角 $\mathrm{d}\theta$,弯矩 M 因而作功,其值为

$$\mathrm{d}W = \frac{1}{2}M\mathrm{d}\theta$$

此功全部转变为微段梁的应变能。于是,有

$$\mathrm{d}V_\varepsilon = \mathrm{d}W = \frac{1}{2}M\mathrm{d}\theta$$

其中 $\mathrm{d}\theta$ 为微段两截面绕中性轴相对转的角度,应用梁弯曲时的曲率公式

$$\frac{1}{\rho} = \frac{\mathrm{d}\theta}{\mathrm{d}x} = \frac{M}{EI}, \quad \mathrm{d}\theta = \frac{M}{EI}\mathrm{d}x$$

代入上式,并沿梁的全长上积分后,得到梁弯曲时的应变能的表达式

$$V_\varepsilon = \frac{1}{2}\int_0^l M\mathrm{d}\theta = \frac{M^2 l}{2EI} \tag{11-4}$$

对于承受扭转的圆轴,作用在 $\mathrm{d}x$ 微段上的扭矩 M_x,使微段的两相邻横截面产生相对转角 $\mathrm{d}\varphi$,扭矩 M_x 因而作功,其值为

$$\mathrm{d}W = \frac{1}{2}M_x\mathrm{d}\varphi$$

此功全部转变为微段圆轴的应变能。于是,有

$$\mathrm{d}V_\varepsilon = \mathrm{d}W = \frac{1}{2}M_x\mathrm{d}\varphi$$

应用圆轴微段两截面绕杆轴线的相对扭转角的公式:

$$\mathrm{d}\varphi = \frac{M_x}{GI_\mathrm{p}}\mathrm{d}x$$

代入上式,并沿圆轴的全长上积分后,得到圆轴扭转时的应变能表达式

$$V_\varepsilon = \frac{1}{2}\int_0^l M_x \mathrm{d}\varphi = \frac{M_x^2 l}{2GI_\mathrm{p}} \tag{11-5}$$

对于一般受力形式,在小变形的情形下,杆件的横截面上同时有轴力、弯矩和扭矩作用时,由于这三种内力分量引起的变形是互相独立的,因而总应变能等于三者单独作用时的应变能之和。于是,有

$$V_\varepsilon = \frac{F_N^2 l}{2EA} + \frac{M^2 l}{2EI} + \frac{M_x^2 l}{2GI_\mathrm{p}} \tag{11-6}$$

对于杆件长度上各段的内力分量不等的情形,需要分段计算然后相加:

$$V_\varepsilon = \sum_i \frac{F_{Ni}^2 l_i}{2EA} + \sum_i \frac{M_i^2 l_i}{2EI} + \sum_i \frac{M_{xi}^2 l_i}{2GI_\mathrm{p}} \tag{11-7a}$$

或者采用积分计算:

$$V_\varepsilon = \int_l \frac{F_N^2}{2EA} dx + \int_l \frac{M^2}{2EI} dx + \int_l \frac{M_x^2}{2GI_p} dx \tag{11-7b}$$

需要注意的是,上述应变能表达式(11-3)~式(11-7)必须在小变形条件下,并且在线弹性范围内加载时才适用。

11.2 互等定理

应用能量守恒原理和叠加原理,可以导出功的互等定理与位移互等定理。

11.2.1 功的互等定理

假设两个不同的力系:$F_{Pi}(i=1,2,\cdots,m)$ 和 $F_{Sj}(j=1,2,\cdots,n)$ 作用在两个相同的梁(或结构)上,在弹性范围内加载和小变形的条件下,有下列重要结论:

力系 $F_{Pi}(i=1,2,\cdots,m)$ 在力系 $F_{Sj}(j=1,2,\cdots,n)$ 引起的位移上所作之功,等于力系 $F_{Sj}(j=1,2,\cdots,n)$ 在力系 $F_{Pi}(i=1,2,\cdots,m)$ 引起的位移上所作之功。

这一结论称为**功的互等定理**(reciprocal theorem of work)。这一定理的数学表达式为

$$\sum_{i=1}^m F_{Pi}\Delta_{ij} = \sum_{j=1}^n F_{Sj}\Delta_{ji} \tag{11-8}$$

其中,Δ_{ij} 是力系 F_{Sj} 在 F_{Pi} 作用点处沿 F_{Pi} 方向引起的位移;Δ_{ji} 是力系 F_{Pi} 在 F_{Sj} 作用点处沿 F_{Sj} 方向引起的位移。

现在,以图 11-3 中所示之梁为例,证明如下。

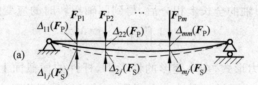

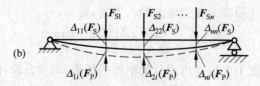

图 11-3 功的互等定理

考察两种加载过程：一种是先加 $F_{Pi}(i=1,2,\cdots,m)$，后加 $F_{Sj}(j=1,2,\cdots,n)$；另一种是先加 $F_{Sj}(j=1,2,\cdots,n)$，再加 $F_{Pi}(i=1,2,\cdots,m)$。

对于线性问题，根据叠加原理，变形状态与加力的顺序无关。因此，两种加力过程所产生的最后变形状态是相同的，故两种情形下所引起的应变能相等，即

$$(V_\varepsilon)_{P \to S} = (V_\varepsilon)_{S \to P} \tag{a}$$

应用能量守恒原理，

$$\left.\begin{aligned}(V_\varepsilon)_{P \to S} &= \sum_{i=1}^{m} \frac{1}{2} F_{Pi}\Delta_{ii} + \sum_{j=1}^{n} \frac{1}{2} F_{Sj}\Delta_{jj} + \sum_{i=1}^{m} F_{Pi}\Delta_{ij} \\ (V_\varepsilon)_{S \to P} &= \sum_{j=1}^{n} \frac{1}{2} F_{Sj}\Delta_{jj} + \sum_{i=1}^{m} \frac{1}{2} F_{Pi}\Delta_{ii} + \sum_{j=1}^{n} F_{Sj}\Delta_{ji}\end{aligned}\right\} \tag{b}$$

上述二式中，Δ_{ii} 和 Δ_{jj} 分别为力 F_{Pi} 和 F_{Sj} 在自身作用点处、沿自身作用线方向引起的位移，因此，等号右边的第一项和第二项为各个力在加载过程中在自身位移上所作的功，故为变力功。Δ_{ji} 和 Δ_{ij} 分别为一个力系中的力在另一个力系中的力的作用点处引起的位移，因此上述二式等号右边的第三项为先加力系中各个力在后加力系引起的位移上所作的功，故为常力功。

将式(b)代入式(a)，消去等号两侧相同的项，即可得到所要证明的功的互等定理，即式(11-8)。

11.2.2 位移互等定理

当力系 $F_{Pi}(i=1,2,\cdots,m)$ 和力系 $F_{Sj}(j=1,2,\cdots,n)$ 中各自只有一个力 F_P 和 F_S 时，功的互等定理表达式(11-8)变为

$$F_P\Delta_{ij} = F_S\Delta_{ji} \tag{11-9}$$

这一结果表明，力 F_P 在其作用点处由于力 F_S 引起的位移所作之功，等于力 F_S 在其作用点处由于力 F_P 引起的位移所作之功。

如果这两个力在数值上又相等，则由上式得到

$$\Delta_{ij} = \Delta_{ji} \tag{11-10}$$

这表明：力 F_S 在 F_P 作用点 i 处引起的与力 F_P 相对应的位移，在数值上等于力 F_P 在 F_S 作用点 j 处引起的与 F_S 相对应的位移。这就是**位移互等定理**(reciprocal theorem of displacement)。

需要注意的是，Δ_{ij} 和 Δ_{ji} 中的第 1 个下标表示产生位移的点；第 2 个下标表示产生位移的力的作用点。

还需要指出的是,在式(11-9)中,若力 F_P、F_S 数值均等于 1 单位[①],这时的位移称为单位位移,用 δ 表示。这时,式(11-10)可以写成:

$$\delta_{ij} = \delta_{ji} \tag{11-11}$$

同样,上述功的互等定理表达式(11-8)和位移互等定理表达式(11-10)中,力和位移都是广义的。F_{Pi}、F_{Sj} 可以是力,也可以是力偶;位移 Δ_{ij} 和 Δ_{ji} 可以是线位移,也可以是角位移。

图 11-4 中所示为几种位移互等的实例。

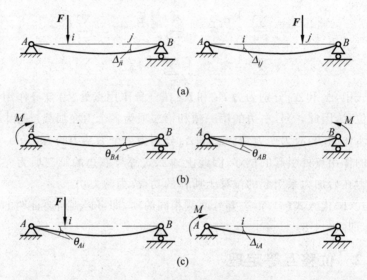

图 11-4 位移互等定理应用实例

在图 11-4(a)中,$\Delta_{ij} = \Delta_{ji}$;在图 11-4(b)中,$\theta_{BA} = \theta_{AB}$;在图 11-4(c)中,当 F 和 M 数值相等时,$\theta_{Ai} = \Delta_{iA}$。

例题 11-1 图 11-5(a)所示的悬臂梁,设其自由端只作用集中力 F 时,梁的应变能为 $V_\varepsilon(F)$;自由端只作用弯曲力偶 M 时,梁的应变能为 $V_\varepsilon(M)$。若同时施加 F 和 M 时,梁的应变能有以下四种答案,试判断哪几种是正确的。

(A) $V_\varepsilon(F) + V_\varepsilon(M)$;

(B) $V_\varepsilon(F) + V_\varepsilon(M) + M\theta$($\theta$ 为 F 作用时自由端转角);

(C) $V_\varepsilon(F) + V_\varepsilon(M) + \dfrac{1}{2} F w_{\max}$($w_{\max}$ 为 M 作用时自由端挠度);

---

① 根据中华人民共和国国家标准 GB 3101—93,单位力 F_{Pi}、F_{Sj} 的正规的写法应为 $\{F_{Pi}\} = 1$ 和 $\{F_{Sj}\} = 1$,即采用某一力单位时,该力的数值为 1。本书中为了书写方便,以后均简写为 $F_{Pi} = 1$,$F_{Sj} = 1$。其他单位力的写法类似。同理,本书中单位位移的写法也与此类同。

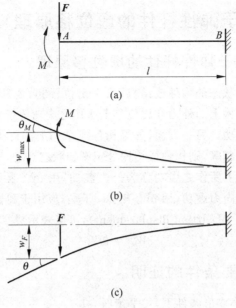

图 11-5　例题 11-1 图

(D) $V_\varepsilon(\boldsymbol{F}) + V_\varepsilon(M) + \dfrac{1}{2}(M\theta + Fw_{\max})$。

解：正确答案是(B)和(D)。

因为,对于线性弹性的悬臂梁,先加 M 时,梁内的应变能为

$$V_\varepsilon(M) = \frac{1}{2}M\theta_M$$

再加 F 时,梁内应变能将增加:

$$\frac{1}{2}Fw_F + M\theta = V_\varepsilon(F) + M\theta$$

因为,梁的应变能与加载先后顺序无关,而只与最后的变形状态有关,所以,同时施加 F、M 时的应变能与先加 M 后加 F,或者与先加 F 后加 M 时的应变能完全相同。因此,同时施加 F、M 时的应变能等于上述二项之和,即

$$V_\varepsilon(\boldsymbol{F}, M) = V_\varepsilon(M) + V_\varepsilon(\boldsymbol{F}) + M\theta$$

根据功的互等定理,由图 11-5(b)和(c),有 $M\theta = Fw_{\max}$,故有

$$V_\varepsilon(\boldsymbol{F}) + V_\varepsilon(M) + \frac{1}{2}(M\theta + Fw_{\max}) = V_\varepsilon(\boldsymbol{F}) + V_\varepsilon(M) + M\theta$$

因此答案(B)和(D)中应变能表达式是一致的。

11.3 应用于弹性杆件的虚位移原理

11.3.1 应用于弹性杆件的虚位移原理

对于处于平衡状态的构件或结构,自平衡位置起,令其有一微小虚位移,则作用在构件或结构上的外力在虚位移上所作之虚功等于构件或结构内力在虚位移上所作之虚功。另一方面,如果构件或结构上的外力与内力在各自的虚位移上所作之功相等,则构件或结构处于平衡状态。

外力在虚位移上所作之虚功称为外力虚功,用 δW_e 表示;内力在虚位移上所作之虚功称为内力虚功,用 δW_i 表示。于是,应用于弹性构件或结构的**虚位移原理**(principle of virtual displacement),可以表示成

$$\delta W_e = \delta W_i \tag{11-12}$$

*11.3.2 必要条件的证明

以梁为例,在小变形条件下,梁平衡时,有

$$\frac{dF_Q}{dx} = q(x), \quad \frac{dM}{dx} = F_Q, \quad \frac{d^2 M}{dx^2} = q(x) \tag{a}$$

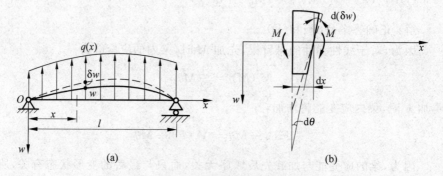

图 11-6 虚位移原理的简单证明

令简支梁自变形后的平衡位置 $w(x)$ 开始有一虚位移 δw(图 11-6),则外力虚功为

$$\delta W_e = \int_l [q(x) dx] \delta w$$

将式(a)中的第 3 式代入,并对上式作分部积分,有

$$\delta W_e = \int_l \left(\frac{d^2 M}{dx^2} dx \right) \delta w$$

$$= \left.\frac{\mathrm{d}M}{\mathrm{d}x}\delta w\right|_0^l - \left.M\frac{\mathrm{d}(\delta w)}{\mathrm{d}x}\right|_0^l + \int_l M\frac{\mathrm{d}^2(\delta w)}{\mathrm{d}x^2}\mathrm{d}x \tag{b}$$

虚位移是任意的但必须满足约束条件,即

$$\delta w(0) = \delta w(l) = 0 \tag{c}$$

加上边界处力的条件

$$M(0) = M(l) = 0 \tag{d}$$

根据式(c)和式(d),可知式(b)中的第1项和第2项都等于零。于是,外力虚功可以写成

$$\delta W_e = \int_l M\frac{\mathrm{d}^2(\delta w)}{\mathrm{d}x^2}\mathrm{d}x \tag{e}$$

可以证明,式(e)等号右侧项即为内力的虚功。

考察梁上的任意 $\mathrm{d}x$ 微段,如图 11-6(b)所示。其中

$$\mathrm{d}\theta = \frac{\mathrm{d}w}{\mathrm{d}x}$$

为梁的真实位移引起的微段两截面的转角。当梁自平衡位置有一虚位移 δw 时,微段的相邻截面又在已经转过 $\mathrm{d}\theta$ 的基础上,再增加一个虚转角

$$\delta(\mathrm{d}\theta) = \mathrm{d}(\delta\theta) = \mathrm{d}\left(\frac{\mathrm{d}\delta w}{\mathrm{d}x}\right) = \frac{\mathrm{d}^2\delta w}{\mathrm{d}x^2}\mathrm{d}x \tag{f}$$

因此,内力 M 的虚功为

$$\delta W_i = \int_l M \cdot \delta(\mathrm{d}\theta) = \int_l M\frac{\mathrm{d}^2(\delta w)}{\mathrm{d}x^2}\mathrm{d}x \tag{g}$$

比较式(e)和式(g),便得到虚位移原理的表达式

$$\delta W_e = \delta W_i$$

需要指出的是,以上推证是以简支梁为例进行的,读者不难证明,对于其他支承条件下的梁,同样可以导出上述结论。

11.3.3 虚位移模式的多样性

上述分析过程表明,虚位移可以是任意的微小位移,但必须满足变形协调条件。例如,对于杆件必须满足约束条件和连续条件。在这一前提下,虚位移模式可以是多样的:

(1) 虚位移可以是与真实位移无关的位移,也可以是与真实位移有关的位移。

(2) 虚位移可以是真实位移的增量,在这种情形下,外力虚功全部转变为应变能增量。假设与真实位移相对应的应变能为 V_ε,虚位移之后,应变能变为 $V_\varepsilon + \delta V_\varepsilon$,其中 δV_ε 为虚位移引起的应变能增量。这时,虚位移原理的表达

式变为

$$\delta W_e = \delta V_\varepsilon \qquad (11\text{-}13)$$

（3）虚位移也可以是某一部分或某些部分真实位移的增量，而不一定是全部真实位移的增量。例如，图 11-7 中的虚位移（虚线所示），与 w_1 和 w_n 等对应的虚位移为零，只有 $\delta w_i \neq 0$。

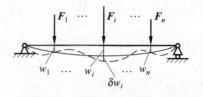

图 11-7　以某一部分真实位移的增量作为虚位移

（4）虚位移还可以是另一个与之相关系统的真实位移。例如，图 11-8(a)、(b)所示之两悬臂梁，除荷载外完全相同，则可以将图 11-8(a)中梁的真实位移 $w_1(x)$ 作为图 11-8(b)中梁的虚位移。

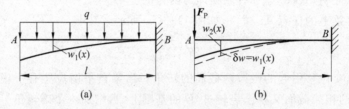

图 11-8　以真实位移作为虚位移

需要指出的是，以上推证虚位移原理过程中，只涉及小变形条件下的平衡微分方程和变形几何关系，并没有涉及材料的应力-应变关系。因此，虚位移原理的应用便只有小变形的限制，而与材料的应力-应变关系无关。

11.4　计算位移的莫尔积分

通过建立**单位力系统**（unit-force system），应用虚位移原理，并以真实位移作为单位荷载系统的虚位移，可以得到确定线性材料弹性构件或结构上任意点、沿着任意方向的位移。

以图 11-9(a)中承受均布荷载的悬臂梁为例，为了确定点 A 处沿铅垂方向的位移，首先需要建立一个单位力系统。这一系统中的结构与所要求位移的结构完全相同。例如，原来的结构为悬臂梁，单位力系统中的结构也应该是悬臂梁。其次，在单位力系统的结构上与原来结构上所要求的那一点，沿所要求的位移方向施加**单位力**（unit-force）。然后，将原来结构的真实位移作为单位力系统中结构的虚位移（图 11-9(b)），并应用虚位移原理。

对于图 11-9 中的问题，将图 11-9(a)中的悬臂梁的真实位移，作为图 11-9(b)中悬臂梁的虚位移，由虚位移原理得到

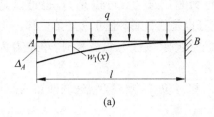
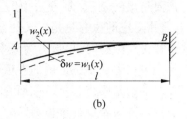

(a)　　　　　　　　　　　(b)

图 11-9　由虚位移原理导出莫尔积分

$$1 \times \Delta_A = \int_l \overline{M} \times \mathrm{d}\theta \tag{a}$$

其中，Δ_A 为所要求的位移；$\overline{M}$ 为单位力系统中梁横截面上的弯矩；$\mathrm{d}\theta$ 为所要求位移的梁在荷载作用下，微段截面相互转过的角度。

根据本书前面几章中关于杆件变形分析的结果，如果材料满足胡克定律，又在弹性范围内加载，则微段的变形与微段横截面上的内力呈线性关系。对于承受弯曲变形的梁，有

$$\mathrm{d}\theta = \frac{M}{EI}\mathrm{d}x \tag{b}$$

将式（b）代入式（a），得到

$$\Delta_A = \int_l \frac{\overline{M}M}{EI}\mathrm{d}x \tag{c}$$

这是杆件横截面上只有弯矩一个内力分量的情形。

如果杆件横截面同时存在弯矩、扭矩和轴力时，根据上述分析过程可以得到包含所有内力分量的积分表达式

$$\Delta = \int_l \frac{\overline{F}_N F_N}{EA}\mathrm{d}x + \int_l \frac{\overline{M}M}{EI}\mathrm{d}x + \int_l \frac{\overline{M}_x M_x}{GI_\mathrm{p}}\mathrm{d}x \tag{11-14}$$

这就是确定结构上任意点、沿任意方向位移的**莫尔积分**（Mohr integration），这种方法称为**莫尔法**（Mohr method），又称为**单位力法**（unit-force method）或**单位荷载法**（unit-load method）。其中，F_N, M, M_x 为所要求位移的结构在外荷载作用下杆件横截面上的轴力、弯矩和扭矩；$\overline{F}_N, \overline{M}, \overline{M}_x$ 为结构在单位力作用下杆件横截面上的轴力、弯矩和扭矩。

对于由两根及两根以上杆组成的系统，当各杆内力分量为常量时，式（11-14）变为

$$\Delta = \sum_i \frac{\overline{F}_{Ni} F_{Ni}}{EA_i}l_i + \sum_i \frac{\overline{M}_i M_i}{EI_i}l_i + \sum_i \frac{\overline{M}_{xi} M_{xi}}{GI_\mathrm{p}}l_i \tag{11-15}$$

当各杆内力分量沿杆件长度方向变化时，式（11-14）变为

$$\Delta = \sum_i \int_l \frac{\overline{F}_{Ni} F_{Ni}}{EA_i}\mathrm{d}x + \sum_i \int_l \frac{\overline{M}_i M_i}{EI_i}\mathrm{d}x + \sum_i \int_l \frac{\overline{M}_{xi} M_{xi}}{GI_\mathrm{p}}\mathrm{d}x \tag{11-16}$$

需要指出的是,莫尔方法中的单位力是广义力:可以是力,也可以是力偶;与之相对应的位移也是广义的:既可以是线位移,也可以是角位移。当所求的位移为线位移时,单位力为集中力;当所求位移为角位移时,单位力为集中力偶。单位力和单位力偶的数值均为 1。

若要求的是两点(或两截面)间的相对位移,则在两点(或两截面)处同时施加一对方向相反的单位力。

需要指出的是,莫尔法可用于确定直杆和曲杆及其系统上任意点、沿任意方向的线位移和角位移,但杆件的材料必须满足胡克定律,并且在弹性范围内加载,这是因为在导出莫尔积分的过程中,利用了弹性变形 $d\theta$、$d\varphi$、$d(\Delta l)$ 等与弯矩、扭矩、轴力的线弹性关系式。

例题 11-2 图 11-10(a)所示的线弹性结构中,杆各部分的弯曲刚度 EI 均相同。若 F_P,EI,R 等均为已知,试用莫尔法求 A、B 两点的相对位移。

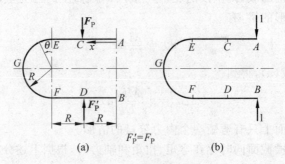

图 11-10 例题 11-2 图

解:为求相对位移,需在所求位移的那两点上、沿着所要求相对位移方向施加一对大小相等、方向相反的单位力,建立单位力系统,如图 11-10(b)所示。

本例中,构件受轴力、剪力和弯矩的同时作用,但以弯曲变形为主,轴力、剪力对所求位移的影响与弯矩相比要小得多,故常略去。

设 A、B 两点的相对位移记为 Δ_{AB},结构由两段直杆和一段半圆弧杆组成,所以采用式 (11-16) 计算所要求的相对位移,不考虑轴力,又没有扭矩作用,故有

$$\Delta_{AB} = \sum_{i=1}^{3} \int_l \frac{\overline{M}_i M_i}{EI_i} dx \tag{a}$$

由于结构和受力的对称性,上述积分只需沿直杆 ACE 和曲杆 EG 分别进行,但需将所得结果乘以 2。

对于曲杆,规定使曲率减少的弯矩为正;使曲率增大的弯矩为负。由

图 11-10(a)和(b)有

$$
\begin{rcases}
AC: & M_1 = 0 \quad (0 \leqslant x \leqslant R) \\
CE: & M_2 = -F_P(x-R) \quad (R \leqslant x \leqslant 2R) \\
EG: & M_3 = -F_P R(1+\sin\theta) \quad \left(0 \leqslant \theta \leqslant \dfrac{\pi}{2}\right)
\end{rcases} \quad (b)
$$

$$
\begin{rcases}
AC: & \overline{M}_1 = -1 \times x \quad (0 \leqslant x \leqslant R) \\
CE: & \overline{M}_2 = -1 \times x \quad (R \leqslant x \leqslant 2R) \\
EG: & \overline{M}_3 = -1 \times R(2+\sin\theta) \quad \left(0 \leqslant \theta \leqslant \dfrac{\pi}{2}\right)
\end{rcases} \quad (c)
$$

将式(b)和式(c)代入式(a),得到

$$
\Delta_{AB} = 2\left[\int_0^R \frac{0 \times (-x)}{EI}\mathrm{d}x + \int_R^{2R} \frac{F_P(x-R)x}{EI}\mathrm{d}x \right.
$$
$$
\left. + \int_0^{\frac{\pi}{2}} \frac{F_P R(1+\sin\theta)R(2+\sin\theta)R}{EI}\mathrm{d}\theta\right]
$$
$$
= \frac{F_P R^3}{EI}\left(\frac{23}{3} + \frac{5\pi}{2}\right)
$$

所得结果为正,表示 A、B 两点相对位移的方向与所加单位力方向相同。

11.5 计算莫尔积分的图乘法

当杆件为等截面直杆时,莫尔积分式(11-16)中各项的分母 EA、EI、GI_p 等均为常量,可以移至积分号外。这时,单位力引起的内力分量的图形与荷载引起的各个内力分量图形中,只要一个为直线,另一个无论是何种形状,都可以采用图形相乘的方法(简称图乘法)计算莫尔积分。

现以仅含弯矩项的莫尔积分为例,说明图乘法的原理和应用。

当 EI 为常数时,有

$$\Delta = \int_l \frac{\overline{M}M}{EI}\mathrm{d}x = \frac{1}{EI}\int_l \overline{M}M\mathrm{d}x \quad (a)$$

假设荷载引起的弯矩图(简称荷载弯矩图)为任意形状(图 11-11(a)),单位力的弯矩图(简称单位弯矩图)则为任意直

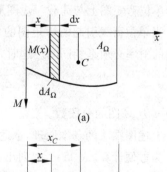

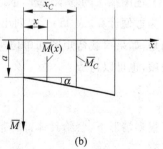

图 11-11 计算莫尔积分的图乘法

线(图 11-11(b))。

从图中可以看出，荷载弯矩图的微元面积为
$$dA_\Omega = M dx \tag{b}$$
单位弯矩图上任意点的纵坐标可以表示为
$$\overline{M} = a + x\tan\alpha \tag{c}$$
其中 α 为单位弯矩图直线与 x 轴的夹角。

利用式(b)和式(c)，莫尔积分式(a)可以写成
$$\Delta = \frac{1}{EI}\int_l \overline{M}M dx = \frac{1}{EI}\times a\int_{A_\Omega} dA_\Omega + \frac{1}{EI}\times \tan\alpha \int_{A_\Omega} x dA_\Omega \tag{d}$$

其中
$$\int_{A_\Omega} dA_\Omega = A_\Omega \text{（荷载弯矩图的面积）} \tag{e}$$

$$\int_{A_\Omega} x dA_\Omega = x_C A_\Omega \text{（荷载弯矩图的面积对 } M \text{ 坐标轴的静矩）} \tag{f}$$

将式(e)和式(f)代入式(d)，得到
$$\Delta = \frac{1}{EI}\int_l \overline{M}M dx = \frac{A_\Omega}{EI}(a + x_C\tan\alpha) = \frac{A_\Omega \overline{M}_C}{EI} \tag{11-17}$$

式中，
$$\overline{M}_C = a + x_C\tan\alpha$$
即为单位弯矩图上与荷载弯矩图形心处对应的纵坐标值。

当单位荷载引起的弯矩图的斜率变化时，图形互乘时需要分段进行，每一段内的斜率必须是相同的。这时式(11-17)变成
$$\Delta = \sum_{i=1}^n \frac{A_\Omega \overline{M}_{Ci}}{EI} \tag{11-18}$$

式中 n 为 $\overline{M}$ 图的分段数。

上述图乘法的基本原理，也适用于计算其他内力分量 F_N、M_x 的莫尔积分。

为方便计算，表 11-1 中列出了一些常见图形的面积与形心坐标。需要指出的是，如果荷载弯矩图和单位弯矩图均为直线，则应用式(11-17)时，其等号右边的项，也可以写成
$$\Delta = \frac{\overline{A}_\Omega M_C}{EI} \tag{11-19}$$

这在很多情形下，会给具体计算带来方便。这一问题请读者在练习的过程中自己研究。

表 11-1　几种基本图形的面积与形心坐标

序号	图形	面积 A_Ω	形心坐标 x_C	形心坐标 $l-x_C$
1		$\dfrac{lh}{2}$	$\dfrac{2}{3}l$	$\dfrac{1}{3}l$
2		$\dfrac{(h_1+h_2)l}{2}$	$\dfrac{h_1+2h_2}{3(h_1+h_2)}l$	$\dfrac{2h_1+h_2}{3(h_1+h_2)}l$
3		$\dfrac{lh}{2}$	$\dfrac{a+l}{3}$	$\dfrac{b+l}{3}$
4	二次抛物线	$\dfrac{lh}{3}$	$\dfrac{3}{4}l$	$\dfrac{1}{4}l$
5	二次抛物线之半	$\dfrac{2}{3}lh$	$\dfrac{5}{8}l$	$\dfrac{3}{8}l$
6	二次抛物线	$\dfrac{2}{3}lh$	$\dfrac{1}{2}l$	$\dfrac{1}{2}l$

例题 11-3 简支梁受力如图 11-12(a)所示。若 F_P, a, EI 等均为已知,试用图乘法确定 C 点的挠度。

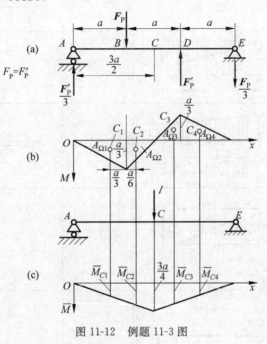

图 11-12 例题 11-3 图

解:1. 画出梁的弯矩图,如图 11-12(b)所示。

2. 建立单位荷载系统,在所要求位移处 C 施加单位力,画出单位荷载引起的弯矩($\overline{M}$)图,如图 11-12(c)所示。

3. 图形互乘:因为单位荷载引起的弯矩图是一折线,所以图形互乘需要分段进行。根据 $\overline{M}$ 图的斜率变化,图形互乘时,可以分成 AC 和 CE 两段进行。但是,为了便于确定荷载弯矩图的形心位置以及形心处单位荷载弯矩图上 $\overline{M}$ 的数值,将 AC 和 CE 两段的荷载弯矩图都划分为两个直角三角形。

根据图 11-12(b)和(c)各个三角形的面积、其形心处单位荷载弯矩图上 $\overline{M}$ 的数值分别计算如下:

$$A_{\Omega 1} = \frac{1}{2}a \times \frac{F_P a}{3} = \frac{F_P a^2}{6}$$

$$\overline{M}_{C1} = \frac{2a}{3} \times \frac{1.5a}{2} \div \frac{3a}{2} = \frac{a}{3}$$

$$A_{\Omega 2} = \frac{1}{2} \times 0.5a \times \frac{F_P a}{3} = \frac{F_P a^2}{12}$$

$$\overline{M}_{C2} = \frac{7a}{6} \times \frac{1.5a}{2} \div \frac{3a}{2} = \frac{7a}{12}$$

$$A_{\Omega 3} = -A_{\Omega 2} = -\frac{F_P a^2}{12}$$

$$\overline{M}_{C3} = \overline{M}_{C2} = \frac{7a}{12}$$

$$A_{\Omega 4} = -A_{\Omega 1} = -\frac{F_P a^2}{6}$$

$$\overline{M}_{C4} = \overline{M}_{C1} = \frac{a}{3}$$

应用图形互乘公式(11-18),根据上述结果,可以得到梁在中点 C 处的挠度:

$$\begin{aligned}\Delta_C &= \sum_{i=1}^{4} \frac{A_{\Omega i}\overline{M}_G}{EI} \\ &= \frac{1}{EI}\left[\frac{F_P a^2}{6} \times \frac{a}{3} + \frac{F_P a^2}{12} \times \frac{7a}{12} + \left(-\frac{F_P a^2}{12}\right) \times \frac{7a}{12} + \left(-\frac{F_P a^2}{6}\right) \times \frac{a}{3}\right] \\ &= 0\end{aligned}$$

读者如果画出这一梁的挠度曲线,或者根据反对称性,可以分析出 C 处的挠度等于零,证明上述结果是正确的。

本例的计算过程表明,进行图形互乘时荷载弯矩图的面积,以及单位荷载弯矩图上与荷载弯矩图形心处对应的 $\overline{M}_G$ 都是有正、负之分的。二者的正、负号由 M 图和 $\overline{M}$ 图分别确定。

11.6 卡氏定理

11.6.1 卡氏定理及其证明

构件或结构在若干外部荷载 $\boldsymbol{F}_{P1}, \boldsymbol{F}_{P2}, \cdots, \boldsymbol{F}_{Pn}$ 作用下,其内部储藏的应变位能 V_ε 是荷载大小 $F_{P1}, F_{P2}, \cdots, F_{Pn}$ 的函数

$$V_\varepsilon = V_\varepsilon(F_{P1}, F_{P2}, \cdots, F_{Pn}) \tag{11-20}$$

构件或结构的应变能对于某一个荷载的一阶偏导数,等于这一荷载的作用点处、沿着这一荷载作用方向上的位移。其数学表达式为

$$\Delta_1 = \frac{\partial V_\varepsilon}{\partial F_{P1}}, \quad \Delta_2 = \frac{\partial V_\varepsilon}{\partial F_{P2}}, \quad \cdots, \quad \Delta_n = \frac{\partial V_\varepsilon}{\partial F_{Pn}} \tag{11-21}$$

这就是**卡氏定理**(Castigliano's theorem)。

下面以梁为例对这一定理作简单证明。

假设作用在构件或结构上的荷载系统 $F_{P1}, F_{P2}, \cdots, F_{Pn}$ 中的每一个力都有一增量 $dF_{P1}, dF_{P2}, \cdots, dF_{Pn}$，根据全微分理论，以及式(11-20)，应变能的增量为

$$dV_\varepsilon = \frac{\partial V_\varepsilon}{\partial F_{P1}}dF_{P1} + \frac{\partial V_\varepsilon}{\partial F_{P2}}dF_{P2} + \cdots + \frac{\partial V_\varepsilon}{\partial F_{Pn}}dF_{Pn} \qquad (11\text{-}22)$$

如果荷载系统 $F_{P1}, F_{P2}, \cdots, F_{Pn}$ 中只有某一个力，例如第 i 个力 F_{Pi} 有一增量 dF_{Pi}，则应变能的增量表达式(11-22)变为

$$dV_\varepsilon = \frac{\partial V_\varepsilon}{\partial F_{Pi}}dF_{Pi} \qquad (11\text{-}23)$$

现在分别考察两种加载顺序情形下的应变能：

1. 在构件或结构施加 $F_{P1}, F_{P2}, \cdots, F_{Pi} + dF_{Pi}, \cdots, F_{Pn}$，这时的应变能为

$$V'_\varepsilon = V_\varepsilon + dV_\varepsilon = V_\varepsilon(F_{P1}, F_{P2}, \cdots, F_{Pn}) + \frac{\partial V_\varepsilon}{\partial F_{Pi}}dF_{Pi} \qquad (a)$$

2. 先在构件或结构上施加 dF_{Pi}，然后再施加 $F_{P1}, F_{P2}, \cdots, F_{Pi}, \cdots, F_{Pn}$，这时的应变能由三部分组成：

第 1 部分是施加 dF_{Pi} 引起的应变能，其值等于施加 dF_{Pi} 的工程中 dF_{Pi} 所作的功(变力功)：

$$\frac{1}{2}dF_{Pi} \times d\Delta_i$$

第 2 部分是 $F_{P1}, F_{P2}, \cdots, F_{Pi}, \cdots, F_{Pn}$ 引起的应变能：

$$V_\varepsilon(F_{P1}, F_{P2}, \cdots, F_{Pn})$$

第 3 部分是施加 $F_{P1}, F_{P2}, \cdots, F_{Pi}, \cdots, F_{Pn}$ 的过程中，力 dF_{Pi} 由于加力点随之位移而引起的应变能，其值等于 dF_{Pi} 与 F_{Pi} 加力点位移 Δ_i 的乘积，即 dF_{Pi} 在 F_{Pi} 加力点位移 Δ_i 上所作的常力功：

$$dF_{Pi} \times \Delta_i$$

将上述三部分应变能相加，便得到第 2 种加载顺序下的应变能，即

$$V'_\varepsilon = \frac{1}{2}dF_{Pi} \times d\Delta_i + V_\varepsilon(F_{P1}, F_{P2}, \cdots, F_{Pn}) + dF_{Pi} \times \Delta_i \qquad (b)$$

根据力的独立作用原理，构件或结构的应变能只与其最终的变形状态有关，而与加载的顺序无关。这表明，两种加载顺序情形下的应变能应该是相等的，于是(a)、(b)二式相等，据此得到

$$V_\varepsilon(F_{P1}, F_{P2}, \cdots, F_{Pn}) + \frac{\partial V_\varepsilon}{\partial F_{Pi}}dF_{Pi}$$

$$= \frac{1}{2}dF_{Pi} \times d\Delta_i + V_\varepsilon(F_{P1}, F_{P2}, \cdots, F_{Pn}) + dF_{Pi} \times \Delta_i$$

等号右边第 1 项相对于其他项为高阶项，可以略去，得到

$$\frac{\partial V_\varepsilon}{\partial F_{\text{P}i}} = \Delta_i$$

于是,卡氏定理便得到证明。

11.6.2 卡氏定理的内力分量形式

各种受力形式下的应变能都是以内力分量的形式出现,而内力分量又都是外加荷载的函数。因此,应变能对荷载的偏导数都是以内力分量对荷载偏导数形式出现的。现将各种受力形式下,卡氏定理的形式分述如下:

对于**轴向拉伸或压缩**:

$$\Delta_i = \frac{\partial V_\varepsilon}{\partial F_{\text{P}i}} = \frac{\partial}{\partial F_{\text{P}i}}\left(\int_l \frac{F_\text{N}^2}{2EA}\text{d}x\right) = \int_l \frac{F_\text{N}}{EA}\frac{\partial F_\text{N}}{\partial F_{\text{P}i}}\text{d}x \qquad (11\text{-}24)$$

对于**圆轴扭转**:

$$\Delta_i = \frac{\partial V_\varepsilon}{\partial F_{\text{P}i}} = \frac{\partial}{\partial F_{\text{P}i}}\left(\int_l \frac{M_x^2}{2GI_\text{p}}\text{d}x\right) = \int_l \frac{M_x}{GI_\text{p}}\frac{\partial M_x}{\partial F_{\text{P}i}}\text{d}x \qquad (11\text{-}25)$$

对于**平面弯曲**:

$$\Delta_i = \frac{\partial V_\varepsilon}{\partial F_{\text{P}i}} = \frac{\partial}{\partial F_{\text{P}i}}\left(\int_l \frac{M^2}{2EI}\text{d}x\right) = \int_l \frac{M}{EI}\frac{\partial M}{\partial F_{\text{P}i}}\text{d}x \qquad (11\text{-}26)$$

对于**组合受力与变形形式**:

$$\begin{aligned}\Delta_i &= \frac{\partial V_\varepsilon}{\partial F_{\text{P}i}} \\ &= \int_l \frac{F_\text{N}}{EA}\frac{\partial F_\text{N}}{\partial F_{\text{P}i}}\text{d}x + \int_l \frac{M_x}{GI_\text{p}}\frac{\partial M_x}{\partial F_{\text{P}i}}\text{d}x \\ &\quad + \int_l \frac{M_y}{EI_y}\frac{\partial M_y}{\partial F_{\text{P}i}}\text{d}x + \int_l \frac{M_z}{EI_z}\frac{\partial M_z}{\partial F_{\text{P}i}}\text{d}x \end{aligned} \qquad (11\text{-}27)$$

上述各式中 F_P 和 Δ 分别为广义力和广义位移。

需要指出的是:当应用卡氏定理确定没有外力作用的点之位移(或所求的位移与加力方向不一致)时,可在所求位移的点、沿着所求位移的方向假设一个力 F'_P(广义力),写出所有力(包括 F'_P)作用下的应变能 V_ε 的表达式,并将其对 F'_P 求偏导数,然后再令其中的 F'_P 等于零,便得到所要求的位移。

最后,还必须指出,卡氏定理只适用于小变形情形,而且力与位移必须满足线性关系。

例题 11-4 悬臂梁在自由端受有集中力 F_P,梁的长度为 l、弯曲刚度为 EI。若 F_P、l、EI 等均已知,并且忽略剪力影响,试求:

1. 自由端 A 处的挠度；
2. 梁中点 B 处的挠度。

解：1. 求 A 点的挠度

因为 A 点有力 F_P 作用，所以可以直接应用平面弯曲时的卡氏定理表达式，

$$\Delta_A = \frac{\partial V_\varepsilon}{\partial F_P} = \frac{\partial}{\partial F_P}\left(\int_0^l \frac{M^2}{2EI} \mathrm{d}x\right)$$

$$= \int_0^l \frac{M}{EI} \frac{\partial M}{\partial F_P} \mathrm{d}x \tag{a}$$

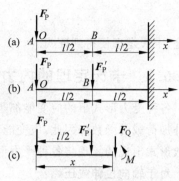

图 11-13　例题 11-4 图

可以看出，应用这一定理时，并不要求写出应变能的表达式，而只要写出弯矩方程 $M(x)$ 即可。

应用截面法和平衡条件得到

$$\left.\begin{aligned} M(x) &= -F_P x & (0 \leqslant x \leqslant l) \\ \frac{\partial M}{\partial F_P} &= -x & (0 \leqslant x \leqslant l) \end{aligned}\right\} \tag{b}$$

将式（b）代入式（a），得

$$\Delta_A = \int_0^l \frac{M}{EI} \frac{\partial M}{\partial F_P} \mathrm{d}x = \int_0^l \frac{(-F_P x)}{EI}(-x)\mathrm{d}x = \frac{F_P l^3}{3EI} \tag{c}$$

所得结果为正，位移方向与力的方向一致。读者不难验证这一结果与由挠度微分方程积分所得到的结果是一致的。

2. 求中点 B 处的挠度

由于 B 处没有外力作用，所以不能直接应用卡氏定理。为了应用卡氏定理，必须在 B 处作用一假想力 F'_P，其方向如图 11-13(b) 所示，可以写出这时的弯矩方程为

$$\left.\begin{aligned} M(x) &= -F_P x & \left(0 \leqslant x \leqslant \frac{l}{2}\right) \\ \frac{\partial M}{\partial F'_P} &= 0 & \left(0 \leqslant x \leqslant \frac{l}{2}\right) \\ M(x) &= -F_P x - F'_P\left(x - \frac{l}{2}\right) & \left(\frac{l}{2} \leqslant x \leqslant l\right) \\ \frac{\partial M}{\partial F'_P} &= -\left(x - \frac{l}{2}\right) & \left(\frac{l}{2} \leqslant x \leqslant l\right) \end{aligned}\right\} \tag{d}$$

应用卡氏定理

$$\Delta_B = \frac{\partial V}{\partial F'_P} = \frac{\partial}{\partial F'_P}\left(\int_0^l \frac{M^2}{2EI} \mathrm{d}x\right)$$

$$= \int_0^{\frac{l}{2}} \frac{M_1}{EI} \frac{\partial M_1}{\partial F_P'} \mathrm{d}x + \int_{\frac{l}{2}}^{l} \frac{M_2}{EI} \frac{\partial M_2}{\partial F_P'} \mathrm{d}x$$

$$= 0 + \frac{1}{EI}\int_{\frac{l}{2}}^{l} -\left(x-\frac{l}{2}\right)\left[-F_P x - F_P'\left(x-\frac{l}{2}\right)\right]\mathrm{d}x \tag{e}$$

令式(e)中的 $F_P'=0$，最后得到

$$\Delta_B = 0 + \frac{1}{EI}\int_{\frac{l}{2}}^{l}\left(F_P x^2 - \frac{1}{2}F_P l x\right)\mathrm{d}x = \frac{5}{48}\frac{F_P l^3}{EI}$$

11.7 结论与讨论

11.7.1 关于单位力的讨论

莫尔方法中的单位力是广义力：可以是力，也可以是力偶；与之相对应的位移也是广义的：既可以是线位移，也可以是角位移。当所求的位移为线位移时，单位力为集中力；当所求位移为角位移时，单位力为集中力偶。单位力和单位力偶的数值均为1。

若要求的是两点(或两截面)间的相对位移，则在两点(或两截面)处同时施加一对方向相反的单位力。

11.7.2 应用图乘法时弯矩图的另一种画法

应用图乘法时，为了易于确定弯矩图的面积与弯矩图形的形心位置，有时需要对弯矩图的画法作一些改进。

以图 11-14(a)中所示之简支梁为例，按照常规的画法，其剪力图和弯矩图分别如图 11-14(b)和(c)所示。如果需要确定梁上点 D 处的挠度，则施加在点 D 处的单位力所引起的弯矩图如图 11-14(e)所示。根据图乘法，荷载弯矩图需要分成 3 块计算，于是，点 D 处的挠度由下式确定：

$$\Delta_D = \sum_{i=1}^{3} \frac{A_{\Omega i}\overline{M}_{Ci}}{E_i I_i}$$

其中 3 块荷载弯矩图的面积 $A_{\Omega 1}$、$A_{\Omega 2}$、$A_{\Omega 3}$，以及单位弯矩图上与荷载弯矩图面积形心对应的数值 $\overline{M}_{C1}$、$\overline{M}_{C2}$、$\overline{M}_{C3}$ 都不易确定。

现在，介绍一种有利于图乘法的画法。

考察图 11-14(f)中所示梁的受力，令梁在截面 D 处固定，则梁的受力与图 11-14(a)中的简支梁外力等效，内力也等效(变形不等效)，因此，可以画出这一梁的弯矩图，如图 11-14(g)所示。这一弯矩图与图 11-14(c)中所示原来简支梁的弯矩图等效。所以，可以将这一弯矩图作为图乘法的依据。读者不难发现，这时，图 11-14(g)中弯矩图的面积 $A_{\Omega 1}$、$A_{\Omega 2}$、$A_{\Omega 3}$、$A_{\Omega 4}$ 等容易计算，单

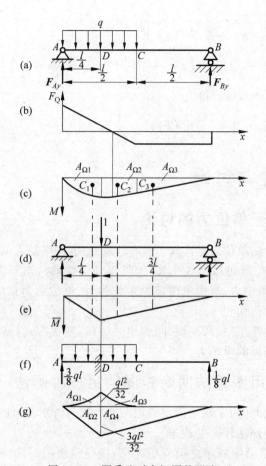

图 11-14 图乘法时弯矩图的画法

位弯矩图上的 $\overline{M}_{C1}$、$\overline{M}_{C2}$、$\overline{M}_{C3}$、$\overline{M}_{C4}$ 等也容易确定。

习题

11-1 图示简支梁中点只承受集中力 F 时,最大转角为 $\theta_{\max}$,应变能为 $V_\varepsilon(F)$;中点只承受集中力偶 M 时,最大挠度为 $w_{\max}$,梁的应变能为 $V_\varepsilon(M)$。当同时在中点施加 F 和 M 时,梁的应变能有以下四种答案,试判断哪一种是正确的。

(A) $V_\varepsilon(F) + V_\varepsilon(M)$;

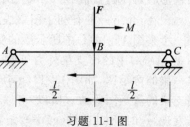

习题 11-1 图

(B) $V_\varepsilon(\boldsymbol{F})+V_\varepsilon(\boldsymbol{M})+M\theta_{\max}$;

(C) $V_\varepsilon(\boldsymbol{F})+V_\varepsilon(\boldsymbol{M})+Fw_{\max}$;

(D) $V_\varepsilon(\boldsymbol{F})+V_\varepsilon(\boldsymbol{M})+\dfrac{1}{2}(M\theta+Fw_{\max})$。

11-2 图示圆柱体承受轴向拉伸,已知 F、l、d 以及材料弹性常数 E、ν。试用功的互等定理,求圆柱体的体积改变量。

11-3 具有中间铰的线弹性材料梁,受力如图(a)所示,两段梁的弯曲刚度均为 EI。用莫尔法确定中间铰两侧截面的相对转角有下列四种分段方法,试判断哪一种是正确的。

(A) 按图(b)所示施加一对单位力偶,积分时不必分段;

(B) 按图(b)所示施加一对单位力偶,积分时必须分段;

(C) 按图(c)所示施加一对单位力偶,积分时不必分段;

(D) 按图(c)所示施加一对单位力偶,积分时必须分段。

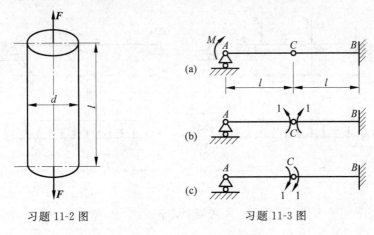

习题 11-2 图　　　　　习题 11-3 图

11-4 图示 M 和 $\overline{M}$ 图分别为同一等截面梁的荷载弯矩图和单位弯矩图,则在下列四种情形下,$\overline{A}_\Omega$ 与 M_{Ci} 或 $A_{\Omega i}$ 与 $\overline{M}_{Ci}$ 相乘,试判断哪一种是正确的。

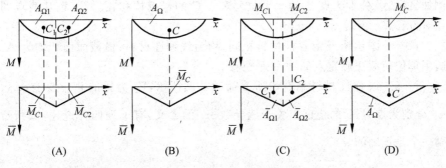

习题 11-4 图

11-5 图示 M 和 $\overline{M}$ 图分别为等截面梁的荷载弯矩图和单位弯矩图。试判断下列四种图乘方法哪一种是正确的。

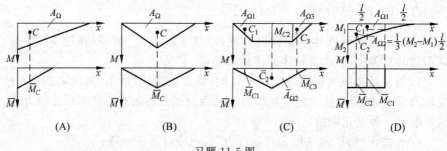

习题 11-5 图

11-6 图示各梁中 F、M、q、l 以及弯曲刚度 EI 等均已知,忽略剪力影响。试用图乘法求点 A 的挠度;截面 B 的转角。

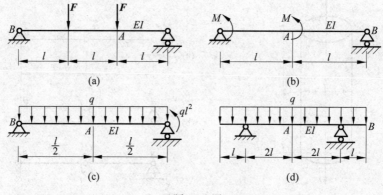

习题 11-6 图

11-7 平面刚架受力如图所示,各刚架中的 F、q、l 以及 EI 等均已知,若忽略轴力和剪力的影响,试用图乘法求指定截面的指定位移(均标示于图中,例如 Δ_{Bx}、Δ_{Cy} 分别为点 B 的水平位移和点 C 的铅垂位移;Δ_{AB} 为 A、B 两点的相对位移;θ_{CD} 为转角)。

11-8 图示桁架中各杆材料相同,均为线弹性材料;横截面面积均为 A。试用单位荷载法确定点 A 的铅垂位移。

11-9 线弹性材料悬臂梁所受荷载如图所示,V_ε 为梁的总应变能,w_B、w_C 分别为点 B、C 的挠度。关于偏导数 $\dfrac{\partial V_\varepsilon}{\partial F_P}$ 的含义,有下列四种论述,试判断哪一个是正确的。

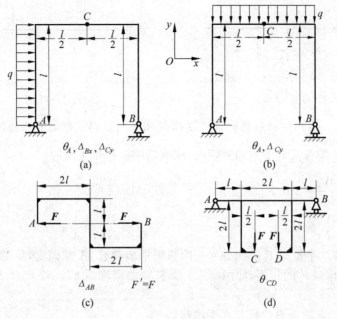

习题 11-7 图

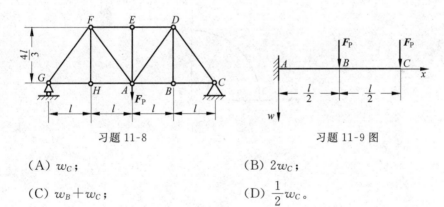

习题 11-8　　　　　　　　　习题 11-9 图

(A) w_C；　　　　　　　　　(B) $2w_C$；

(C) $w_B + w_C$；　　　　　　(D) $\dfrac{1}{2} w_C$。

11-10　线弹性材料的悬臂梁所受荷载如图所示，其中 $F'_P = F_P$，V_ε 为梁的总应变能，$V_{\varepsilon AB}$ 和 $V_{\varepsilon BC}$ 分别为 AB 和 BC 段梁的应变能，w_B、w_C 分别为点 B、C 的挠度。关于这些量之间的关系有下列四个等式，试判断哪一个是正确的：

(A) $\dfrac{\partial V_\varepsilon}{\partial F_P} = w_B + w_C$；　　　　　　(B) $\dfrac{\partial V_\varepsilon}{\partial F_P} = w_B - w_C$；

(C) $\dfrac{\partial V_{\varepsilon AB}}{\partial F_P} = w_B$，$\dfrac{\partial V_{\varepsilon BC}}{\partial F_P} = w_C$；　　(D) $\dfrac{\partial V_{\varepsilon AB}}{\partial F_P} = w_B$，$\dfrac{\partial V_\varepsilon}{\partial F_P} = w_C$。

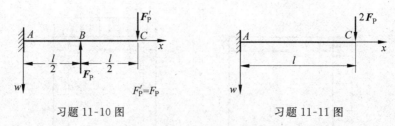

习题 11-10 图　　　　　　　　　习题 11-11 图

11-11　线弹性材料悬臂梁所受荷载如图所示，V_ε 为梁的总应变能，关于偏导数 $\dfrac{\partial V_\varepsilon}{\partial F_P}$ 的含义有下列四种答案，试判断哪一种是正确的。

(A) $\dfrac{\partial V_\varepsilon}{\partial F_P} = 2w_C$；

(B) $\dfrac{\partial V_\varepsilon}{\partial F_P} = \dfrac{1}{2}w_C$；

(C) $\dfrac{\partial V_\varepsilon}{\partial F_P} = 4w_C$；

(D) $\dfrac{\partial V_\varepsilon}{\partial F_P} = \dfrac{1}{4}w_C$。

11-12　半径为 R 的四分之一圆弧形平面曲杆，A 端固定，B 端承受铅垂平面内的荷载 F 的作用，如图所示。曲杆弯曲刚度为 EI。若 F、R、EI 等均为已知。

求：B 点的垂直位移与水平位移。

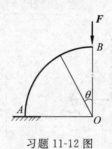

习题 11-12 图

第 12 章 简单的静不定系统

第 8 章曾经介绍了静不定梁的概念及求解静不定问题的基本方法。本章将在第 8 章的基础上,介绍求解一般静不定系统的方法,为学习有关的后续课程和进行初步的工程设计打好基础。

本章首先介绍一般静不定系统的有关概念和求解方法,然后着重介绍工程上常用的"力法"与力法中的"正则方程"。

12.1 静不定系统的几个基本概念

12.1.1 静不定结构的类型、内力静不定的概念、静不定次数

在第 8 章中介绍静不定梁时,曾经指出,所谓静不定结构,都是由于在静定结构的基础上附加上"多余约束"而形成的。这一定义现在依然是正确的。

但是,第 8 章中所介绍的静不定梁多是"外力静不定结构",简称"外静不定"。这种结构是由于附加了外部的多余约束而成的,即用平衡方程不能确定全部外部约束力。

工程上还有一些结构,虽然可以用平衡方程确定全部外部约束力,却不能确定其内力,这种结构也是静不定结构,称为"内力静不定结构"或简称"内静不定"。

此外,还有一些结构既是外静不定又是内静不定的。

这样,关于静不定的定义便扩充为:凡是仅用静力学平衡方程无法确定任意荷载作用下产生的全部约束力和内力的结构统称为**静不定结构**或**静不定系统**。

因此,在分析问题性质以及判断静不定次数时,必须区别上述三种不同类型的静不定结构。而且要特别注意对内静不定结构的判断和分析。

1. 外静不定系统

首先，应根据约束性质确定约束力的个数；并根据所受力系的类型确定有几个独立的平衡方程。二者之差即为系统的静不定次数。例如，图 12-1(a) 中所示的结构，在两个插入端处共有 2×3=6 个约束力；而结构所受的为平面力系，在一般情形下有 3 个独立的平衡方程，因而该系统为 6-3=3 次静不定。如果上述结构所承受的不是平面力系，而是一般空间力系，则在两个插入端处共有 2×6=12 个约束力；而空间力系有 6 个独立的平衡方程，因而系统的静不定次数变为 12-6=6 次。

2. 内静不定系统

判断内力静不定的次数，必须用截面法将结构截开一个或几个截面，使其变成静定的。在截开的截面上有几个独立的内力分量就是几次静不定。在平面系统（结构与受力同处在一个平面内）中，每个闭合框架只需要截一个截面，系统就变成静定的，而这种情况下杆件截面上一般有 3 个独立的内力分量（轴向力 F_N，弯矩 M，剪力 F_Q），故为 3 次静不定。图 12-1(b) 中所示之框架即为 3 次内力静不定结构。在大型结构中，如果是平面系统，则每增加 1 个闭合框架，系统的静不定次数就增加 3 次。

平面闭合框架如果承受空间力系，或者是空间封合框架，则由于每个截面上将有 6 个内力分量，故若截开 1 个截面结构便变为静定的，则原系统为 6 次静不定。余此类推。

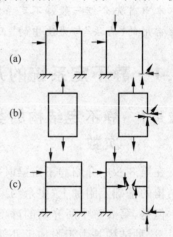

图 12-1 三种不同类型的静不定结构

3. 既是外力静不定又是内力静不定的系统

判断这种系统的静不定次数时，应先判断它的外力静不定次数，然后再判断其内静不定次数。二者之和即为系统的总静不定次数。例如，图 12-1(c) 所示之平面结构承受平面力系的系统，从外部约束力看，它有 3 个多余未知力，为 3 次外静不定；从内力看，也有 3 个多余未知力，为 3 次内静不定。因而该系统是一个 3+3=6 次静不定系统。

需要指出的是，利用结构和荷载的对称性，可以直接判断出某些未知约束力或内力的大小与方向(包括等于零),可以使求解静不定系统的过程简化,但是并不改变静不定的次数。

12.1.2 静定基本系统、相当系统与变形协调条件

为了建立求解多余未知力的补充方程,必须在多余约束处寻找变形条件,即按多余约束处位移应当受到的限制,建立变形协调方程;利用力与位移之间的关系建立物理方程。

在求解一般静不定系统时,采用静定基本系统和相当系统,与原静不定系统比较,有利于在多余约束处找到变形条件,建立变形协调方程。

1. 静定基本系统

解除多余约束后的静不定系统变成了静定系统,称为**静定基本系统**,简称**基本系统**或**静定基**。随着多余约束的不同选择,同一静不定系统的基本系统也会有不同形式,如果基本系统选择得好,计算过程可大为简化。特别是具有对称性的系统,基本系统的选择就更加重要。但是,在选择基本系统的过程中,必须注意:所解除的约束应该确实对于平衡是多余的,这样所得到的基本系统才是静定的而且是几何形状不可变的。

2. 相当系统

在静定基本系统上加上荷载与多余未知力(外部约束力或内力),这样的系统称为对于原静不定系统的**相当系统**。所谓"相当"包含两层意思:一是如果作用在相当系统上的荷载和多余约束力与原静不定系统完全相同,则二者变形相当;二是如果二者变形完全相同,则二者所受的荷载与多余约束力相当。总之相当系统与原静不定系统,在受力与变形两方面完全相当。

3. 变形协调条件

根据二者受力与变形相当,一方面可以将相当系统与原静不定系统进行比较,在多余约束处,根据该处位移所应当受到的限制,即可找到变形条件,进而建立补充方程。另一方面,当多余约束力确定之后,又可以通过计算相当系统的变形,确定原静不定系统的变形,从而使变形计算过程大为简化。

12.2 力法与正则方程

由变形条件和物理条件可以得到求解静不定系统的补充方程。在补充方程中如以位移作为未知量,而将未知力均表示为未知位移的形式,从而通过求

解未知位移来求解未知力,这种方法称为**位移法**。如果以力作为未知量,而将位移均表示为力的形式,从而解出未知力,进而亦可解得位移,此法称为**力法**。本书只介绍**力法**。

在力法中,反映多余约束处位移受到限制的变形条件可以写成规则的未知力的线性方程组,称为**正则方程**。

对于一个 n 次静不定系统,则有 n 个多余约束力分别用

$$X_1, X_2, \cdots, X_n$$

表示。如果在 n 个多余约束处的位移(广义的)均被限制为零,则 n 个变形条件为

$$\left.\begin{array}{l} \Delta_{1P} + \Delta_{1X_1} + \Delta_{1X_2} + \cdots + \Delta_{1X_n} = 0 \\ \Delta_{2P} + \Delta_{2X_1} + \Delta_{2X_2} + \cdots + \Delta_{2X_n} = 0 \\ \qquad\qquad\qquad\vdots \\ \Delta_{nP} + \Delta_{nX_1} + \Delta_{nX_2} + \cdots + \Delta_{nX_n} = 0 \end{array}\right\} \qquad (12\text{-}1)$$

其中

$$\Delta_{1P}, \quad \Delta_{2P}, \quad \cdots, \quad \Delta_{nP}$$

为荷载单独作用在静定基本系统上时在多余约束处引起的位移,下标 P 不是指一个 F_P 力,而是指整个荷载系统:

$$\Delta_{1X_1}, \quad \Delta_{2X_2}, \quad \cdots, \quad \Delta_{nX_n}$$

等为多余约束力单独作用在静定基本系统上时在多余约束处引起的位移。

位移中第一个下标表示多余约束处的位移方向;第二个下标表示引起位移的力。例如,Δ_{1P} 为荷载在第一个多余约束力 X_1 方向引起的位移;Δ_{1X_1} 和 Δ_{1X_2} 则分别为多余约束力 X_1 和 X_2 在多余约束力 X_1 方向引起的位移等。

因此,式(12-1)中的第 1 个方程即表示荷载和全部多余约束力在 X_1 方向引起的位移之和为零。余此类推。

引入单位位移的概念,则式(12-1)中的位移 $\Delta_{1X_1}, \Delta_{1X_2}, \cdots, \Delta_{nX_n}$ 等均可以表示成

$$\Delta_{1X_1} = X_1 \delta_{11}$$
$$\Delta_{1X_2} = X_2 \delta_{12}$$
$$\vdots$$
$$\Delta_{1X_n} = X_n \delta_{1n}$$

等。其中

$$\delta_{11}, \quad \delta_{12}, \quad \cdots, \quad \delta_{1n}$$

等为单位力引起的位移,它们的第 1 个下标表示多余约束处的位移方向;第 2

个下标表示所加单位力的方向。例如 δ_{12} 为在 X_2 的方向上施加单位力、在 X_1 方向引起的位移。这些位移称为单位位移。

对于线弹性问题,因为力与位移之间的线性关系,于是式(12-1)中的变形条件可以改写成:

$$\left.\begin{array}{r}X_1\delta_{11}+X_2\delta_{12}+\cdots+X_n\delta_{1n}+\Delta_{1P}=0\\ X_1\delta_{21}+X_2\delta_{22}+\cdots+X_n\delta_{2n}+\Delta_{2P}=0\\ \vdots\\ X_1\delta_{n1}+X_2\delta_{n2}+\cdots+X_n\delta_{nn}+\Delta_{nP}=0\end{array}\right\} \quad (12\text{-}2)$$

这就是力法中的正则方程。

在理解和应用正则方程时,注意以下几点是很重要的:

(1) 不同的方程表示不同的多余约束方向的变形条件。对于外静不定,它表示绝对位移(线位移或角位移)等于零;对内静不定,则表示相对位移(相对移动或相对转动)等于零。

(2) 同一方程中的不同的项分别表示不同的多余约束力及荷载在同一个多余约束方向所引起的位移。

(3) 式中的单位位移都可根据它们各自的定义,利用能量法求得。对于曲杆用莫尔积分较为方便;对于直杆所组成的系统,用图形互乘法更方便。但是必须注意计算单位位移时的单位力都是分别加在静定基本系统的不同的多余约束方向。

(4) 根据位移互等定理,有

$$\delta_{ij}=\delta_{ji} \quad (12\text{-}3)$$

例如

$$\delta_{12}=\delta_{21},\quad \delta_{23}=\delta_{32},\quad \cdots$$

等。

(5) 单位位移中两个下标号码相同,其值恒为正,即

$$\delta_{ii}>0 \quad (12\text{-}4)$$

下标号码不同者则可能为正,亦可能为负或零。

12.3 对称性与反对称性在求解静不定问题中的应用

利用对称性和反对称性以及小变形的概念,可以在求解静不定问题之前,将某些未知约束力变为已知(包括等于零),从而少解联立方程甚至无需求解联立方程。

12.3.1 对称结构的对称变形

若结构的几何形状、尺寸、构件材料及约束条件均对称于某一轴,则称为**对称结构**(symmetric structure)。在不同的荷载作用下,对称结构可能产生对称变形、反对称变形或一般变形。如能正确而巧妙地应用对称性和反对称性,不仅可以推知某些未知量,而且可以使分析和计算过程大为简化。

当对称结构承受对称荷载时,其约束力、内力分量以及位移都是对称的。

例如图 12-2(a)所示的承受平面对称荷载的平面刚架,各杆弯曲刚度相同,不仅约束力对称,而且内力分量和位移都是对称于 I-I 轴。这是一个三次静不定问题。但是,若通过 I-I 轴将结构截成两部分,如图 12-2(b)所示,则在截开的两侧截面上,根据对称性要求,将只有对称的内力分量 X_1(未知轴力)和 X_3(未知弯矩),而不会出现反对称内力分量 X_2(未知剪力)。即在截开的截面上只有两个未知量。于是,只需要两个补充方程即可求得全部未知约束力和内力。根据截开处两侧截面与 X_1 和 X_3 相对应的相对位移(水平方向

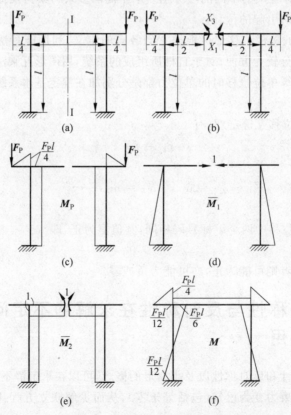

图 12-2 对称结构的对称变形

的相对位移和相对转动)等于零,这时的变形协调方程可简写为
$$\Delta_1=0$$
$$\Delta_3=0$$

12.3.2 对称结构的反对称变形

当对称结构承受反对称荷载时,其上的约束力、内力分量以及位移都具有反对称的特征。

所谓反对称荷载是指,若将结构对称轴一侧的荷载反向,荷载系统便变为对称的,则原来的荷载系统称为反对称荷载。约束力、内力和分量以及位移的反对称含义与荷载反对称的含义相同。根据反对称特征也可以确定某些未知量,使计算过程简化。

以图 12-3(a)所示的三次静不定结构为例。考虑到 Ⅰ-Ⅰ 为结构的对称轴,荷载是反对称的。这时,为保证反对称性,A、E 二处的支座反力应大小相等,方向如图 12-3(a)所示,故为三次静不定。

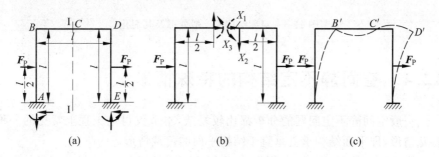

图 12-3　对称结构的反对称变形

如果从对称轴处截面 C 截开,则两侧截面上的未知轴力 X_1、未知剪力 X_2 和未知弯矩 X_3 都应当是反对称的。对于未知剪力当然是正确的;但对于未知轴力和未知弯矩则是不正确的(图 12-3(b)),因为同一截面两侧的内力分量为作用力与反作用力关系,即大小相等、方向相反。这样,只有 $X_1=X_3=0$ 才能满足内力分量为反对称的要求。

从实际变形看,如图 12-3(c)所示,由于荷载反对称,对称竖杆的变形完全相同,因此在小变形条件下,B、D 两端的水平位移相同,横杆 BD 不发生轴向变形,故其轴力为零。此外,水平杆 BC 和 CD 两端的弯曲变形是反对称的,在截面 C(变形后位移至 C')处为变形曲线的拐点,即该处曲率 $\dfrac{1}{\rho}=0$,因而该截面上的弯矩 $X_3=0$。

经过以上分析,多余未知数减少为 1 个。这时在荷载和多余约束力 X_2 作用下,C 处两侧截面的相对铅垂位移为零。由此不难写出求解 X_2 的变形

协调方程：

$$\Delta_2 = 0$$

12.3.3 对称结构的一般变形及其简化

对称结构在一般荷载作用下将产生一般变形，即既非对称变形，亦非反对称变形。但是，将一般荷载分解为对称荷载与反对称荷载叠加的结果，同样可以使问题得到简化。以图 12-4(a)中所示的结构为例，它可以分解为图 12-4(b)中的对称荷载与图 12-4(c)中的反对称荷载的叠加。

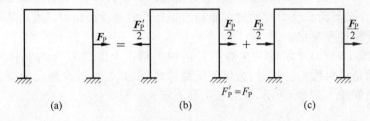

图 12-4　对称结构的一般变形及其简化

12.4　空间静不定结构的特殊情形

一般空间静不定问题的分析都比较复杂，本节仅讨论工程上常见的一种特殊情形，即平面结构承受垂直于结构平面的荷载情形。

当平面结构承受平面内荷载时，根据小变形的概念，结构只在自身的平面内发生位移，称为**面内位移**(displacement in plane)；仅发生结构平面以外的位移，这种位移称为**面外位移**(displacement out of plane)。

但是，当平面结构承受垂直于其自身平面的荷载时，则将只产生面外位移而不产生面内位移。

图 12-5(a)、(b)中所示分别为小变形条件下只发生面内位移和只发生面外位移的情形。

上述结论不难由能量方法得到证明。例如对于线性结构，可采用莫尔法。当平面结构承受面内荷载时，其内力都在结构平面内；为求面外位移，需施加垂直于结构平面的单位荷载，它们所产生的内力均处在垂直于结构平面内，在结构平面内引起的内力均为零，因而由莫尔法计算得面外位移等于零。

对于荷载垂直于结构平面的情形，采用类似的方法可以确定面内位移等于零。

根据以上分析，可以使某些空间静不定问题大为简化。荷载垂直于静不定结构平面时即属此例。

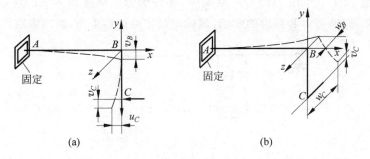

图 12-5 面内位移与面外位移

例如固定端约束，当平面结构承受一般空间力系时，有 6 个约束力；但当荷载垂直于结构平面时，由于没有面内位移，与这些位移相对应的约束力便等于零。因而，只剩下与面外位移相对应的 3 个约束力。

图 12-6(a) 中所示的两端固定的平面结构，在一般空间力系作用下为 6 次静不定。当荷载垂直于结构平面时，两个固定端共有 6 个非面内约束力，另有 6 个面内约束力为零，故 3 个面内力平衡方程自然满足。

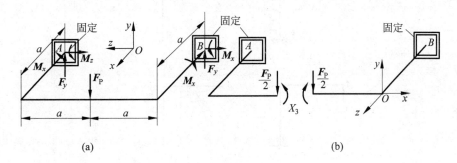

图 12-6 空间超静定问题的特殊情形

再应用对称性，从加力点一侧截开，其横截面上便只有对称的非面内的内力分量 X_3（未知弯矩）。因此，只要建立一个变形协调方程，即可求得未知弯矩，进而应用平衡方程解出全部未知约束力。

12.5 能量法在求解静不定问题中的应用

12.5.1 图乘法的应用

应用图乘法解静不定问题，实际上只是应用图乘法确定变形协调方程中由已知荷载与未知约束力引起的位移。其余过程与求解一般静不定问题时完全相同。

例题 12-1 图 12-7(a)所示刚架中,各杆的弯曲刚度均为 EI,且 q、l、EI 等为已知,忽略剪力和轴力的影响,试确定固定端的约束力,画出弯矩图。

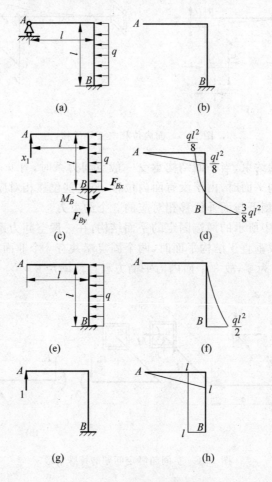

图 12-7 例题 12-1 图

解:1. 分析约束和约束力,确定静不定次数

因为 A 处为辊轴约束,有 1 个铅垂方向的约束力;B 处为固定端约束,有 2 个约束力和 1 个约束力偶,而平面力系只有 3 个独立的平衡方程,所以

$$4 - 3 = 1$$

据此,本例所示之刚架为 1 次静不定结构。有 1 个多余约束。

2. 解除多余约束,建立静定基本系统与相当系统

因为只有 1 个约束是多余的,所以只要解除 1 个多余约束就可以得到相应的静定基本系统。现在,将 A 处的辊轴约束除去,得到的结构为静定结构,

如图 12-7(b)所示,这就是本例的静定基本系统。

在静定基本系统上加上荷载以及多余约束力,便得到与原来静不定系统相当的系统,如 12-7(c)所示,此即相当系统。

3. 建立平衡方程与变形协调方程

根据图 12-7(c)的受力图,可以写出 3 个平衡方程:

$$\left.\begin{array}{l} \sum F_x = 0, \quad F_{Bx} - ql = 0 \\ \sum F_y = 0, \quad X_1 - F_{By} = 0 \\ \sum M_B = 0, \quad -X_1 l + ql \times \dfrac{l}{2} + M_B = 0 \end{array}\right\} \quad (a)$$

将图 12-7(c)所示之相当系统与图 12-7(a)所示之静不定结构相比较,两个系统完全相当,相当系统在 A 处的铅垂位移必须等于零,这就是变形协调条件。据此,可以写出变形协调方程

$$\Delta_{Ay} = 0 \quad (b)$$

将变形系统方程写成正则方程的形式:

$$X_1 \delta_{11} + \Delta_{1F_P} = 0 \quad (c)$$

其中 $X_1 \delta_{11}$ 为多余约束力 X_1 在多余约束力方向(X_1 方向)引起的位移;Δ_{1F_P} 为荷载在多余约束力方向(X_1 方向)引起的位移;δ_{11} 为施加在多余约束处、沿着多余约束力方向的单位荷载在多余约束力方向(X_1 方向)引起的位移。

4. 建立单位荷载系统,计算变形协调方程中的位移

为了利用图乘法计算变形协调方程(c)中的各项位移,在静定基本系统的多余约束力 X_1 作用处沿着多余约束力的方向施加单位力,得到单位荷载系统如图 12-7(g)所示。

分别画出荷载系统(图 12-7(e))所产生的弯矩图,以及单位荷载系统引起的弯矩图,二者分别如图 12-7(f)和(h)所示。

于是,应用图乘法,由图 12-7(h)自乘,求得

$$\delta_{11} = \frac{1}{EI}\left(\frac{1}{2}l \times l \times \frac{2}{3}l + l \times l \times l\right) = \frac{4l^3}{3EI} \quad (d)$$

由图 12-7(f)与(h)相乘,得到

$$\Delta_{1F_P} = \frac{1}{EI}\left(-\frac{1}{3} \times \frac{ql^2}{2} \times l \times l\right) = -\frac{ql^4}{6EI} \quad (e)$$

将式(d)和式(e)代入式(c),得到

$$X_1 \delta_{11} + \Delta_{1F_P} = X_1 \frac{4l^3}{3EI} - \frac{ql^4}{6EI} = 0$$

化简后,有

$$X_1 - \frac{ql}{8} = 0 \tag{f}$$

5. 求解约束力并画出弯矩图

将式(f)与式(a)联立,解得全部约束力：

$$X_1 = \frac{ql}{8} \quad (\uparrow)$$

$$F_{Bx} = ql \quad (\rightarrow)$$

$$F_{By} = \frac{ql}{8} \quad (\downarrow)$$

$$M_B = -\frac{3}{8}ql^2 \quad (与图12-7(c)中设方向相反)$$

据此,即可画出所给静不定刚架的弯矩图,如图12-7(d)所示。

例题 12-2　图12-8(a)所示的结构中,主梁 AD 为 No.20b 的普通热轧工字钢,下面用桁架加固,B、C、E、F 处均为铰链约束。图中 $l=2\text{m}$,桁架各杆的横截面面积为 $A=8.0\times10^{-4}\text{m}^2$,材料的弹性模量 $E=210\text{GPa}$。若杆 EF 因制造误差比要求的尺寸短了10mm,试求：装配后在杆 EF 内所产生的拉力。

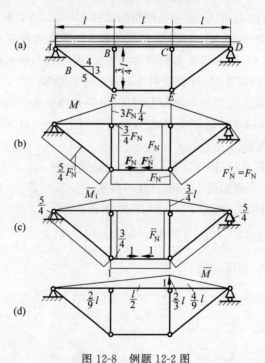

图12-8　例题12-2图

解：根据外部约束力与独立的平衡方程的数目，这一结构是外力静定的。因为没有荷载作用，故两端支座处约束力均为零。

但是，仅仅应用平衡方程却无法求得桁架各杆内力，当然也无法求得主梁的内力，这种静不定结构称为内力静不定结构。

1. 求解静不定问题

桁架各杆均为二力杆。

将杆 EF 截开，使其成为静定的。只要确定 EF 杆的轴力，结构其余各部分的内力即可由平衡方程求得。

设截开截面上的轴力为多余约束力 F_N，将其加在静定结构上如图 12-8(b) 所示。

由于制造误差，因而截开处左右两侧截面的相对轴向位移不再为零，而必须等于制造误差值，即

$$\Delta_{F_N} + \Delta_P = \Delta_a \tag{a}$$

式中，Δ_P 为荷载引起的轴向相对位移，由于无荷载作用，故 $\Delta_P = 0$；Δ_a 为制造误差（缩短值），本例中 $\Delta_a = 10 \text{mm}$；Δ_{F_N} 为 F_N 在其作用方向引起的位移，可由图乘法求得。根据图 12-8(b) 和 (c) 中所示的 F_N 和单位轴力 $\overline{F}_N = 1$ 引起的内力图互乘，得

$$\Delta_{F_N} = \frac{15 F_N l^3}{16 EI} + \frac{23 F_N l}{4 EA} = \frac{F_N l}{E} \left(\frac{15 l^2}{16 I} + \frac{23}{4 A} \right) \tag{b}$$

将其连同已知数据，以及 No. 20b 工字钢惯性矩 $I = 2.5 \times 10^{-5} \text{m}^4$，代入式 (a)，解得

$$F_N = \frac{\Delta_a E}{l \left(\dfrac{15 l^2}{16 I} + \dfrac{23}{4 A} \right)}$$

$$= \frac{10 \times 10^{-3} \times 210 \times 10^9}{2 \left(\dfrac{15}{16} \times \dfrac{2^2}{2.5 \times 10^{-5}} + \dfrac{23}{4 \times 8.0 \times 10^{-4}} \right)} = 6.68 \times 10^3 \text{N} = 6.68 \text{kN}$$

2. 求静不定结构上指定处的位移

比较图 12-8(a) 和 (b) 中的静不定结构与静定结构，当作用在静定结构上轴力 F_N 即为静不定结构上同一处的多余约束力时，二者的受力和约束条件完全相同，因而必然具有相同的变形和位移。于是，确定静不定结构上某处的位移，便演变为确定相应的静定结构上同一处的位移。

应用图乘法求主梁上点 B、C 的铅垂位移。根据对称性，B、C 两点具有相同的位移，因此只需求其中一点（例如点 C）的位移。

今在静定结构主梁的截面 C 处施加铅垂方向的单位力，它只引起主梁产生弯矩，不会在桁架杆中产生轴力，于是，单位内力图如图 12-8(d) 所示。将其与 F_N 引起的弯矩图相乘，得

$$\Delta_{By} = \Delta_{Cy}$$
$$= \frac{I}{EI}\left(\frac{3}{4}F_N l \times l \times \frac{l}{2} + \frac{1}{2} \times \frac{3}{4}F_N l \times l \times \frac{2}{9}l + \frac{1}{2} \times \frac{3}{4}F_N l \times l \times \frac{4}{9}l\right)$$
$$= \frac{5F_N l^3}{8EI} = \frac{5 \times 6.68 \times 2^3}{8 \times 210 \times 10^6 \times 2.5 \times 10^{-5}}$$
$$= 6.36 \times 10^{-3}\,\mathrm{m} = 6.36\,\mathrm{mm}$$

请读者思考一下，为使计算简化，能否利用对称性，在 B、C 二处同时加一对相同方向的单位力，求得 B、C 二截面铅垂位移之和，进而求得这两点的铅垂位移。请读者自行验证上述结果的正确性。

12.5.2 卡氏定理的应用

将解除多余约束后所出现的未知力均作为已知量，从而写出结构的应变能表达式，以只有弯矩和扭矩作用的情形为例：

$$V_\varepsilon(X_1, X_2, \cdots, X_n) = \int_l \frac{M_y^2}{2EI_y}\mathrm{d}x + \int_l \frac{M_z^2}{2EI_z}\mathrm{d}x + \int_l \frac{M_x^2}{2GI_\mathrm{p}}\mathrm{d}x$$

式中，$X_1, X_2, \cdots, X_n$ 等为多余约束力（外力或内力）。根据多余约束处的约束条件，应用卡氏定理即可建立求解这些多余约束力的变形协调方程：

$$\left.\begin{aligned}\Delta_1 &= \frac{\partial V_\varepsilon}{\partial X_1} = \int_l \frac{\partial M_y}{\partial X_1}\frac{M_y}{EI_y}\mathrm{d}x + \int_l \frac{\partial M_z}{\partial X_1}\frac{M_z}{EI_z}\mathrm{d}x + \int_l \frac{\partial M_x}{\partial X_1}\frac{M_x}{GI_\mathrm{p}}\mathrm{d}x = 0 \\ \Delta_2 &= \frac{\partial V_\varepsilon}{\partial X_2} = \int_l \frac{\partial M_y}{\partial X_2}\frac{M_y}{EI_y}\mathrm{d}x + \int_l \frac{\partial M_z}{\partial X_2}\frac{M_z}{EI_z}\mathrm{d}x + \int_l \frac{\partial M_x}{\partial X_2}\frac{M_x}{GI_\mathrm{p}}\mathrm{d}x = 0 \\ &\vdots \\ \Delta_n &= \frac{\partial V_\varepsilon}{\partial X_n} = \int_l \frac{\partial M_y}{\partial X_n}\frac{M_y}{EI_y}\mathrm{d}x + \int_l \frac{\partial M_z}{\partial X_n}\frac{M_z}{EI_z}\mathrm{d}x + \int_l \frac{\partial M_x}{\partial X_n}\frac{M_x}{GI_\mathrm{p}}\mathrm{d}x = 0 \end{aligned}\right\} \quad (12\text{-}5)$$

由此即可解出全部未知力。

上述方程中 $\Delta_i = 0 \;(i = 1, 2, \cdots, n)$ 是对刚性约束而言；对于弹性约束，Δ_i 也可能不为零，而等于某一常量。

例题 12-3 图 12-9(a) 所示半圆形平面曲杆，其圆弧半径为 R，曲杆截面直径为 d，材料的杨氏模量为 E，曲杆两端铰接于 A、B 二处，受力如图 12-9(a) 所示。若 F_P、R、E、d 均为已知，并且忽略剪力和轴力的影响，求：A、B 二处的水平约束力。

第 12 章 简单的静不定系统

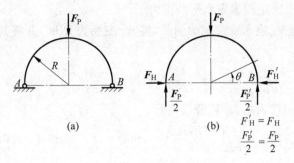

$F'_H = F_H$

$\dfrac{F'_P}{2} = \dfrac{F_P}{2}$

图 12-9　例题 12-3 图

解：根据约束性质，A、B 二处均有两个约束力；又根据对称性，两处的约束力对应相等。而且根据平衡条件可以确定垂直约束力为 $\dfrac{F_P}{2}$，水平约束力 $F_H = F'_H$ 则无法由平衡条件求得，故为一次静不定问题。

应用卡氏定理，由 A、B 二处的水平位移等于零这一变形协调条件，可以确定水平约束力 F_H。

首先，采用角坐标 θ，写出曲杆任意横截面上的弯矩方程，即将弯矩 M 表示成 F_P 和 F_H 的函数：

$$M = \dfrac{F_P}{2}(R - R\cos\theta) - F_H R\sin\theta$$

$$= \dfrac{F_P R}{2}(1 - \cos\theta) - F_H R\sin\theta \quad \left(0 \leqslant \theta \leqslant \dfrac{\pi}{2}\right) \tag{a}$$

$$\dfrac{\partial M}{\partial F_H} = -R\sin\theta$$

在曲杆中，规定：使曲杆的曲率减小的弯矩为正；使曲杆的曲率增加的弯矩为负。

1. 利用对称性

整个曲杆的应变能等于左、右两部分应变能之和。于是，卡氏定理可以写成

$$\Delta_i = \dfrac{\partial V_\varepsilon}{\partial F_{Pi}} = \dfrac{\partial(V_{\varepsilon r} + V_{\varepsilon l})}{\partial F_{Pi}} = \dfrac{2\partial V_{\varepsilon r}}{\partial F_{Pi}} \tag{b}$$

利用 A、B 二处的约束条件，即 A、B 二点的相对位移等于零，式(b)可以写成

$$\Delta_{AB} = \dfrac{\partial V_\varepsilon}{\partial F_H} = \dfrac{\partial(V_{\varepsilon r} + V_{\varepsilon l})}{\partial F_H} = \dfrac{2\partial V_{\varepsilon r}}{\partial F_H} = 0 \tag{c}$$

$$\dfrac{\partial V_{\varepsilon r}}{\partial F_H} = 0 \tag{d}$$

其中 $V_{\varepsilon r}$ 是右半部分的应变能。

2. 应用卡氏定理确定水平约束力

将应变能 $V_{\varepsilon r}$ 表示成弯矩的函数,将 $\mathrm{d}x$ 变换为 $R\mathrm{d}\theta$,并将其对约束力 F_H 求偏导数

$$\frac{\partial V_{\varepsilon r}}{\partial F_H} = \frac{\partial}{\partial F_H}\left(\int_0^{\frac{\pi}{2}} \frac{M^2}{2EI} R\mathrm{d}\theta\right) = \int_0^{\frac{\pi}{2}} \frac{M}{EI} \frac{\partial M}{\partial F_H} R\mathrm{d}\theta = 0 \tag{e}$$

将弯矩方程(a)代入后,并积分,得到

$$\int_0^{\frac{\pi}{2}} \frac{M}{EI} \frac{\partial M}{\partial F_H} R\mathrm{d}\theta = \frac{1}{EI} \int_0^{\frac{\pi}{2}} \left[\frac{F_P R}{2}(1-\cos\theta) - F_H R\sin\theta\right](-R\sin\theta)R\mathrm{d}\theta$$

$$= \frac{1}{EI} \int_0^{\frac{\pi}{2}} \left(-\frac{F_P R^3}{2}\sin\theta + \frac{F_P R^3}{2}\cos\theta\sin\theta + F_H R^3 \sin^2\theta\right)\mathrm{d}\theta$$

$$= \frac{\dfrac{\pi F_H R^3}{4} - \dfrac{F_P R^3}{4}}{EI} = 0 \tag{f}$$

由此解出 A、B 二处的水平约束力

$$F_H = F'_H = \frac{F_P}{\pi}$$

例题 12-4 半径为 R 的闭合圆环,其弯曲刚度为 EI,受力如图 12-10(a)所示。忽略剪力和轴力的影响。试用卡氏定理求圆环任意横截面上的弯矩表达式。

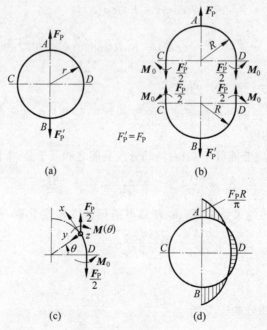

图 12-10 例题 12-4 图

解：确定闭合圆环内力分量属于静不定问题。因为荷载作用在闭合圆环的平面内，圆环横截面仅存在三个内力分量：轴力 F_{N0} 和剪力 F_{Q0}、弯矩 M_0。故为三次静不定问题。

1. 对称性分析

根据结构和受力状况，圆环存在一对对称轴，即 AB 和 CD。因此，如图 12-10(b)所示，在 C、D 两截面上的内力分量对应相等，并且只有对称的内力分量：弯矩 M_0 和轴力 F_{N0}，其中 $F_{N0} = \dfrac{F_P}{2}$。这样，原来的三个未知内力分量中的两个变成已知量，仅剩下弯矩 M_0 为未知量，如图 12-10(b)所示。

2. 确定总应变能表达式

由于存在两互相垂直的对称轴，闭合圆环的 4 个 $\dfrac{\pi}{2}$ 圆环段的受力完全相同，因而具有相同的应变能。于是，对于线弹性材料，闭合圆环的总应变能为

$$V_\varepsilon = 4 \int_0^{\frac{\pi}{2}} \frac{M^2(\theta)}{2EI} R \, d\theta \tag{a}$$

3. 建立弯矩方程

根据图 12-10(c)，任意 θ 角表示的横截面上的弯矩

$$M(\theta) = M_0 - \frac{F_P R}{2}(1 - \cos\theta) \quad \left(0 \leqslant \theta \leqslant \frac{\pi}{2}\right) \tag{b}$$

4. 应用卡氏定理建立变形协调方程

与未知内力分量 M_0 对应的位移是截开处两侧截面的相对转角，根据闭合圆环的变形协调要求，这一位移必须等于零。于是，应用卡氏定理，有

$$\frac{\partial V_\varepsilon}{\partial M_0} = 4 \int_0^{\frac{\pi}{2}} \frac{\partial M(\theta)}{\partial M_0} \frac{M(\theta)}{EI} R \, d\theta = 0 \tag{c}$$

由式(b)，得

$$\frac{\partial M(\theta)}{\partial M_0} = 1 \tag{d}$$

将式(b)、式(d)代入式(c)并积分，最终得到

$$M_0 = \frac{F_P R}{2}\left(1 - \frac{2}{\pi}\right) \tag{e}$$

5. 圆环中各横截面上弯矩变化状况

将式(e)代入式(b)，得到 $\dfrac{\pi}{2}$ 圆弧段上弯矩方程：

$$M(\theta) = \frac{F_P R}{2}\left(\cos\theta - \frac{2}{\pi}\right) \quad \left(0 \leqslant \theta \leqslant \frac{\pi}{2}\right) \tag{f}$$

据此，并应用对称性，不难画出闭合圆环上各处弯矩的变化曲线，如图 12-10(d)

所示。图中仍将弯矩画在受拉边。

由 $M(\theta)$ 表达式,可以看出最大弯矩发生在 $\theta = \frac{\pi}{2}$ 处,即加力点的截面 A 和 B 上,其值为

$$|M|_{\max} = \frac{F_P R}{\pi} \tag{g}$$

12.6 结论与讨论

12.6.1 应用力法解静不定问题的步骤

根据以上各节的分析,应用力法解静不定问题的步骤如下:

1. 判断问题的性质与静不定次数。

对于给定的结构,在解题前应先判断它是静定的还是静不定的;是外力静不定还是内力静不定,并进而确定它们的静不定次数。

2. 判断哪些约束是真正的多余约束,并分析可供选择的基本系统,注意利用对称性,确定合适的基本系统。

3. 在基本系统上加上给定的外部荷载及多余约束力,建立相当系统。

4. 将相当系统与原静不定系统比较,在多余约束处,寻找变形条件,并写出相应的正则方程。

5. 在基本系统的不同的多余约束方向分别施加广义单位力(当多余约束力为集中力时,施加单位力;多余约束力为力偶时,则施加单位力偶),建立若干个单位荷载系统。

6. 用莫尔积分或图形互乘法计算单位位移与荷载引起的位移。

7. 将相应的位移代入正则方程,解出全部多余约束力。

8. 画出在荷载和多余约束力作用在基本系统上引起的内力图,作为强度和刚度计算的依据。

12.6.2 关于静定基本系统的不同选择

求解静不定问题时,静定基本系统可以有不同的选择,选择静定基本系统的原则是:必须是静定的、几何不可变的系统。

例如,对于例题 12-1 中静不定刚架(图 12-7(a)),也可以通过解除 B 处的转动约束,也就是将固定端约束变为固定铰支座,如图 12-11 所示。这时的变形协调方程

$$\Delta_{B\theta} = 0$$

表示 B 处的转角等于零。

但是,如果解除的不是一个约束而是两个约束,例如图 12-12 所示,就不是静定基本系统,而是一个可动机构。因为,原来的静不定结构,是一次静不定,只有一个约束是多余的,因此,只能解除一个约束。

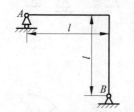
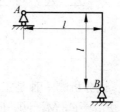

图 12-11　例题 12-1 静定基本系统的另一种选择　　　图 12-12　几何可变系统

12.6.3　静不定系统的位移计算

当静不定系统的全部未知力确定之后,应用第 11 章中的能量法,可以确定系统上任意点沿任意方向的位移。

现在的问题是:如果采用单位荷载法确定静不定结构上某一点的位移时,单位力加在静不定系统上还是加在解除多余约束后的静定基本系统上?

单位力加在静不定系统上,当然是正确的;加在静定基本系统上也是正确的。这是因为:当静定基本系统承受荷载和根据平衡和变形协调方程求得的多余约束力以后,也就是与原来的静不定结构相当的系统,即相当系统。例如例题 12-1 中的图 12-7(c)中的相当系统与图 12-7(a)中的静不定系统相当。

所谓相当,就是两个系统的受力和变形完全相同。因此求静不定系统上某一点的位移,就等于求相当系统在同一点的位移。

为求相当系统的位移,单位荷载当然就可以施加在静定基本系统上。

习题

12-1　关于求解图(a)所示的静不定结构,解除多余约束力有图(b)、(c)、(d)、(e)所示四种选择,试判断下列结论哪一种是正确的。

　　(A) (b)、(c)、(d)正确;　　　　(B) (b)、(d)正确;
　　(C) (b)、(c)、(e)正确;　　　　(D) 仅(e)正确。

12-2　两个弯曲刚度 EI 相同、半径为 R 的半圆环,在 A、C 二处铰链连接,加力方式如图所示。关于 A、B 二处截面上的内力分量的绝对值,有如下

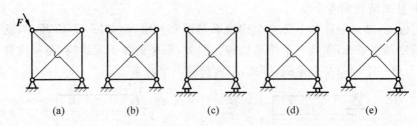

习题 12-1 图

四种结论,试分析哪一种是正确的。

(A) $F_{QA}=F$, $M_A=0$, $F_{NB}=F$, $M_B=FR$;

(B) $F_{QA}=F$, $M_A=0$, $F_{NB}=\dfrac{F}{2}$, $M_B=\dfrac{FR}{2}$;

(C) $F_{QA}=\dfrac{F}{2}$, $M_A=0$, $F_{NB}=F$, $M_B=FR$;

(D) $F_{QA}=\dfrac{F}{2}$, $M_A=0$, $F_{NB}=\dfrac{F}{2}$, $M_B=\dfrac{FR}{2}$。

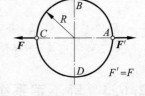

习题 12-2 图

12-3 两个弯曲刚度 EI 相同、半径为 R 的半圆环,在 A、C 二处铰链连接,加力方式如图所示。关于 A、B 二处截面上的内力分量数值有以下四种结论,试分析哪一种是正确的。

(A) $F_{NA}=\dfrac{F}{2}$, $M_A=0$, $F_{NB}=\dfrac{F}{2}$, F_{QA}、F_{NB}、M_B 需求解静不定才能确定;

(B) $F_{NA}=\dfrac{F}{2}$, $F_{QA}=\dfrac{F}{\pi}$, $M_A=\dfrac{F}{\pi}$, $F_{NB}=\dfrac{F}{\pi}$, $F_{QB}=\dfrac{F}{2}$, $M_B=\left(\dfrac{F}{2}-\dfrac{F}{\pi}\right)R$;

(C) $F_{NA}=\dfrac{F}{2}$, $F_{QA}=0$, $M_A=0$, $F_{NB}=0$, $F_{QB}=\dfrac{F}{2}$, $M_B=\dfrac{FR}{2}$;

(D) $F_{NA}=F_{QA}=F_{NB}=F_{QB}=\dfrac{F}{2}$, $M_A=M_B=0$。

12-4 闭口圆环在三个等分点 C、D、E 处,分别承受力偶矩数值相等、绕杆轴的外加力偶作用,如图所示。关于圆环横截面上的内力分量,有以下四种结论,试分析哪一种是正确的。

(A) $F_{QA}=F_{QB}=0$, $F_{NA}=F_{NB}=0$; $M_A=M_B\sqrt{3}\left(\dfrac{M}{3}\right)$;

(B) 需解静不定才能确定;

(C) $F_{QA}=F_{QB}=0$, $F_{NA}=F_{NB}=0$; M_A、M_B 需解静不定才能确定;

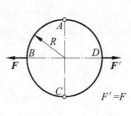

习题 12-3 图

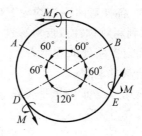

习题 12-4 图

(D) $F_{QA}=F_{QB}=F_{NA}=F_{NB}$,但需解静不定才能确定具体数值,$M_A=M_B=\dfrac{M}{2}$。

12-5 三根长度为 l,横截面面积为 A,材料均为线弹性的直杆,在 A、B、C、D 四处铰接成图示的结构,F、l、E、A 已知。试用卡氏定理确定各杆的拉力。

12-6 平面刚架各杆的刚度都相同,所受荷载如图所示。若忽略轴力和剪力影响,试用图乘法确定其约束力,确定最大弯矩值。

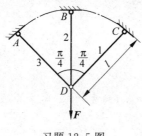

习题 12-5 图

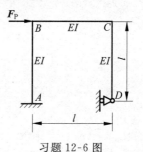

习题 12-6 图

12-7 平面刚架各杆的刚度都相同,所受荷载如图所示。若忽略轴力和剪力影响,试用图乘法确定其约束力,并画出弯矩图,确定绝对值最大的弯矩值及其所在横截面。

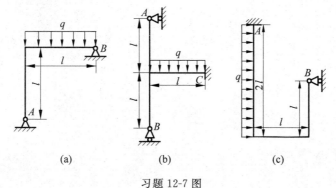

习题 12-7 图

12-8 各杆弯曲刚度均为 EI 的平面刚架承受荷载如图所示，且已知 F_P、l、EI。试利用对称性或反对称性：

1. 确定支座处的约束力；
2. 绘制弯矩图；
3. 求加力点 E 的水平位移。

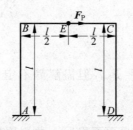

习题 12-8 图

第13章 动荷载与疲劳强度概述

本书前面几章所讨论的都是静荷载作用下所产生的变形和应力,这种应力称为**静载应力**(statical stress),简称**静应力**。静应力的特点,一是与加速度无关;二是不随时间的改变而变化。

工程中一些高速旋转或者以很高的加速度运动的构件,以及承受冲击物作用的构件,其上作用的荷载,称为**动荷载**(dynamical load)。构件上由于动荷载引起的应力,称为**动应力**(dynamic stress)。这种应力有时会达到很高的数值,从而导致构件或零件失效。

工程结构中还有一些构件或零部件中的应力虽然与加速度无关,但是,这些应力的大小或方向却随着时间而变化,这种应力称为**交变应力**(alternative stress)。在交变应力作用下发生的失效,称为疲劳失效,简称为**疲劳**(fatigue)。对于矿山、冶金、动力、运输机械以及航空航天等工业部门,疲劳是零件或构件的主要失效形式。统计结果表明,在各种机械的断裂事故中,大约有80%以上是由于疲劳失效引起的。疲劳失效过程往往不易被察觉,所以常常表现为突发性事故,从而造成灾难性后果。因此,对于承受交变应力的构件,疲劳分析在设计中占有重要的地位。

本章将首先应用达朗贝尔原理和机械能守恒定律,分析两类动荷载和动应力。然后将简要介绍疲劳失效的主要特征与失效原因,以及影响疲劳强度的主要因素。

13.1 等加速度直线运动时构件上的惯性力与动应力

对于以等加速度作直线运动的构件,只要确定其上各点的加速度 a,就可以应用达朗贝尔原理施加惯性力,如果为集中质量 m,则惯性力为集中力,即

$$\boldsymbol{F}_\mathrm{I} = -m\boldsymbol{a} \tag{13-1}$$

如果是连续分布质量,则作用在质量微元上的惯性力为

$$d\boldsymbol{F}_\mathrm{I} = -\,dm\boldsymbol{a} \tag{13-2}$$

然后,按照静荷载作用下的应力分析方法对构件进行应力计算以及强度与刚度设计。

以图 13-1 中的起重机起吊重物为例,在开始吊起重物的瞬时,重物具有向上的加速度 a,重物上便有方向向下的惯性力,如图 13-1 所示。这时吊起重物的钢丝绳,除了承受重物的重量,还承受由此而产生的惯性力,这一惯性力就是钢丝绳所受的**动荷载**;而重物的重量则是钢丝绳的**静荷载**(statics load)。作用在钢丝绳的总荷载是动荷载与静荷载之和:

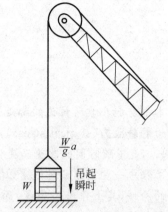

图 13-1 吊起重物时钢丝绳的动荷载与动应力

$$F_\mathrm{T} = F_\mathrm{I} + F_\mathrm{st} = ma + W = \frac{W}{g}a + W \tag{13-3}$$

式中,F_T 为总荷载;F_st 与 F_I 分别为静荷载与惯性力引起的动荷载。

按照单向拉伸时杆件的应力公式,钢丝绳横截面上的总正应力为

$$\sigma_\mathrm{T} = \sigma_\mathrm{st} + \sigma_\mathrm{I} = \frac{F_\mathrm{N}}{A} = \frac{F_\mathrm{T}}{A} \tag{13-4}$$

其中

$$\sigma_\mathrm{st} = \frac{W}{A}, \quad \sigma_\mathrm{I} = \frac{W}{Ag}a \tag{13-5}$$

分别为**静应力**和**动应力**。

根据上述二式,总正应力表达式可以写成静应力乘以一个大于 1 的系数的形式:

$$\sigma_\mathrm{T} = \sigma_\mathrm{st} + \sigma_\mathrm{I} = \left(1 + \frac{a}{g}\right)\sigma_\mathrm{st} = K_\mathrm{I}\sigma_\mathrm{st} \tag{13-6}$$

系数 K_I 称为**动载系数**或**动荷系数**(coefficient in dynamic load)。对于作等加速度直线运动的构件,根据式(13-6),动荷系数

$$K_\mathrm{I} = 1 + \frac{a}{g} \tag{13-7}$$

13.2　旋转构件的受力分析与动应力计算

旋转构件由于动应力而引起的失效问题在工程中也是很常见的。处理这类问题时,首先是分析构件的运动,确定其加速度,然后应用达朗贝尔原理,在构件上施加惯性力,最后按照静荷载的分析方法,确定构件的内力和应力。

考察图 13-2(a)中所示之以等角速度 ω 旋转的飞轮。飞轮材料密度为 ρ,轮缘平均半径为 R,轮缘部分的横截面积为 A。

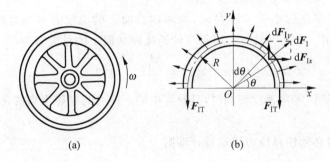

图 13-2　飞轮中的动应力

设计轮缘部分的截面尺寸时,为简单起见,可以不考虑轮辐的影响,从而将飞轮简化为平均半径等于 R 的圆环。

由于飞轮作等角速度转动,其上各点均只有向心加速度,故惯性力均沿着半径方向、背向旋转中心,且为沿圆周方向连续均匀分布力。图 13-2(b)中所示为半圆环上惯性力的分布情形。

为求惯性力,沿圆周方向截取 ds 微段,其弧长为

$$ds = R d\theta \tag{a}$$

圆环微段的质量为

$$dm = \rho A ds = \rho A R d\theta \tag{b}$$

于是,圆环上微段的惯性力大小为

$$dF_I = R\omega^2 dm = R\omega^2 \rho A R d\theta \tag{c}$$

为计算圆环横截面上的应力,采用截面法,沿直径将圆环截为两个半环,其中一个半环的受力如图 13-2(b)所示。图中 F_{IT} 为环向拉力,其值等于应力与面积的乘积。

以圆心为原点,建立 Oxy 坐标系,由平衡方程,

$$\sum F_y = 0 \tag{d}$$

有

$$\int_0^\pi dF_{Iy} - 2F_{IT} = 0 \tag{e}$$

式中，dF_{Iy} 为半圆环质量微元惯性力 $d\boldsymbol{F}_I$ 在 y 轴上的投影，根据式(c)其值为

$$dF_{Iy} = \rho A R^2 \omega^2 \sin\theta \, d\theta \tag{f}$$

将式(f)代入式(e)，飞轮轮缘横截面上的轴力为

$$F_{IT} = \frac{1}{2}\int_0^\pi \rho A R^2 \omega^2 \sin\theta \, d\theta = \rho A R^2 \omega^2 = \rho A v^2 \tag{g}$$

其中，v 为飞轮轮缘上任意点的速度。

当轮缘厚度远小于半径 R 时，圆环横截面上的正应力可视为均匀分布，并用 σ_{IT} 表示。于是，由式(g)可得飞轮轮缘横截面上的总应力为

$$\sigma_{IT} = \frac{F_{IN}}{A} = \frac{F_{IT}}{A} = \rho v^2 \tag{h}$$

这说明，飞轮以等角速度转动时，其轮缘中的正应力与轮缘上点的速度平方成正比。

设计时必须使总应力满足设计准则

$$\sigma_{IT} \leqslant [\sigma] \tag{i}$$

于是，由式(h)和式(i)，得到一个重要结果

$$v \leqslant \sqrt{\frac{[\sigma]}{\rho}} \tag{13-8}$$

这一结果表明，为保证飞轮具有足够的强度，对飞轮轮缘点的速度必须加以限制，使之满足式(13-8)。工程上将这一速度称为**极限速度**(limited velocity)；对应的转动速度称为**极限转速**(limited rotational velocity)。

上述结果还表明：飞轮中的总应力与轮缘的横截面积无关。因此，增加轮缘部分的横截面积，无助于降低飞轮轮缘横截面上的总应力，对于提高飞轮的强度没有任何意义。

例题 13-1 图 13-3(a)所示结构中，钢制 AB 轴的中点处固结一与之垂直的均质杆 CD，二者的直径均为 d。长度 $AC=CB=CD=l$。轴 AB 以等角速度 ω 绕自身轴旋转。已知：$l=0.6\text{m}, d=80\text{mm}, \omega=40\text{rad/s}$；材料密度 $\rho=7.95\times 10^3 \text{kg/m}^3$，许用应力 $[\sigma]=70\text{MPa}$。试校核轴 AB 和杆 CD 的强度。

解：1. 分析运动状态，确定动荷载

当轴 AB 以 ω 等角速度旋转时，杆 CD 上的各个质点具有数值不同的向心加速度，其值为

$$a_n = x\omega^2 \tag{a}$$

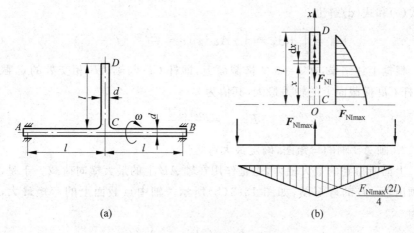

图 13-3 例题 13-1 图

式中,x 为质点到 AB 轴线的距离。AB 轴上各质点,因距轴线 AB 极近,加速度 a_n 很小,故不予考虑。

杆 CD 上各质点到轴线 AB 的距离各不相等,因而各点的加速度和惯性力也不相同。

为了确定作用在杆 CD 上的最大轴力,以及杆 CD 作用在轴 AB 上的最大荷载。首先必须确定杆 CD 上的动荷载——沿杆 CD 轴线方向分布的惯性力。

为此,在杆 CD 上建立 Ox 坐标,如图 13-3(b)所示。设沿杆 CD 轴线方向单位长度上的惯性力为 q_1,则微段长度 $\mathrm{d}x$ 上的惯性力为

$$q_1 \mathrm{d}x = (\mathrm{d}m) a_n = (\rho A \mathrm{d}x)(x\omega^2) \qquad (b)$$

由此得到

$$q_1 = \rho A \omega^2 x \qquad (c)$$

其中 A 为杆 CD 的横截面积。

式(c)表明,杆 CD 上各点的轴向惯性力与各点到轴线 AB 的距离 x 成正比。

为求杆 CD 横截面上的轴力,并确定轴力最大的作用面,用假想截面从任意处(坐标为 x)将杆截开,假设这一横截面上的轴力为 F_{NI},考察截面以上部分的平衡,如图 13-3(b)中所示。

建立平衡方程

$$\sum F_x = 0 \quad F_{NI} - \int_x^l q_1 \mathrm{d}x = 0 \qquad (d)$$

由式(c)和式(d)解出

$$F_{NI} = \int_x^l q_1 dx = \int_x^l \rho A \omega^2 x dx = \frac{\rho A \omega^2}{2}(l^2 - x^2) \quad (e)$$

根据上述结果，在 $x=0$ 的横截面上，即杆 CD 与轴 AB 相交处的 C 截面上，杆 CD 横截面上的轴力最大，其值为

$$F_{NImax} = \frac{\rho A \omega^2 l^2}{2} \quad (f)$$

2. 画 AB 轴的弯矩图，确定最大弯矩

上面所得到的最大轴力，也是作用在轴 AB 上的最大横向荷载。于是，可以画出轴 AB 的弯矩图，如图 13-3(b)所示。轴中点截面上的弯矩最大，其值为

$$M_{Imax} = \frac{F_{NImax}(2l)}{4} = \frac{\rho A \omega^2 l^3}{4} \quad (g)$$

3. 应力计算与强度校核

对于杆 CD，最大拉应力发生在 C 截面处，其值为

$$\sigma_{Imax} = \frac{F_{NImax}}{A} = \frac{\rho \omega^2 l^2}{2} \quad (h)$$

将已知数据代入上式后，得到

$$\sigma_{Imax} = \frac{\rho \omega^2 l^2}{2} = \frac{7.95 \times 10^3 \times 40^2 \times 0.6^2}{2} = 2.29 \text{MPa}$$

对于轴 AB，最大弯曲正应力为

$$\sigma_{Imax} = \frac{M_{Imax}}{W} = \frac{\rho A \omega^2 l^3}{4} \times \frac{1}{W} = \frac{2\rho \omega^2 l^3}{d}$$

将已知数据代入后，得到

$$\sigma_{Imax} = \frac{2 \times 7.95 \times 10^3 \times 40^2 \times 0.6^3}{80 \times 10^{-3}} = 68.7 \text{MPa}$$

13.3 构件上的冲击荷载与冲击应力计算

13.3.1 计算冲击荷载所用的基本假定

具有一定速度的运动物体，向着静止的构件冲击时，冲击物的速度在很短的时间内发生了很大变化，即冲击物得到了很大的负值加速度。这表明，冲击物受到与其运动方向相反的很大的力作用。同时，冲击物也将很大的力施加于被冲击的构件上，这种力工程上称为**冲击力**或**冲击荷载**(impact load)。

由于冲击过程中，构件上的应力和变形分布比较复杂，因此，精确地计算

冲击荷载,以及被冲击构件中由冲击荷载引起的应力和变形,是很困难的。工程中大多采用简化计算方法,这种简化计算基于以下假设:

(1) 假设冲击物的变形可以忽略不计;从开始冲击到冲击产生最大位移时,冲击物与被冲击构件一起运动,而不发生回弹。

(2) 忽略被冲击构件的质量,认为冲击荷载引起的应力和变形,在冲击瞬时遍及被冲击构件;并假设被冲击构件仍处在弹性范围内。

(3) 假设冲击过程中没有其他形式的能量转换,机械能守恒定律仍成立。

13.3.2 机械能守恒定律的应用

现以简支梁为例,说明应用机械能守恒定律计算冲击荷载的简化方法。

图 13-4 中所示之简支梁,在其上方高度 h 处,有一重量为 W 的物体,自由下落后,冲击在梁的中点。

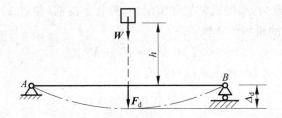

图 13-4 冲击荷载的简化计算方法

冲击终了时,冲击荷载及梁中点的位移都达到最大值,二者分别用 F_d 和 Δ_d 表示,其中下标 d 表示冲击力引起的动荷载,以区别惯性力引起的动荷载。

该梁可以视为一线性弹簧,弹簧的刚度系数为 k。

设冲击之前,梁没有发生变形时的位置为位置 1;冲击终了的瞬时,即梁和重物运动到梁的最大变形时的位置为位置 2。考察这两个位置时系统的动能和势能。

重物下落前和冲击终了时,其速度均为零,因而在位置 1 和位置 2,系统的动能均为零,即

$$T_1 = T_2 = 0 \tag{a}$$

以位置 1 为势能零点,即系统在位置 1 的势能为零

$$V_1 = 0 \tag{b}$$

重物和梁(弹簧)在位置 2 时的势能分别记为 $V_2(W)$ 和 $V_2(k)$:

$$V_2(W) = -W(h + \Delta_d) \tag{c}$$

$$V_2(k) = -\frac{1}{2}k\Delta_d^2 \qquad (d)$$

上述二式中，$V_2(W)$ 为重物的重力从位置 2 回到位置 1（势能零点）所作的功，因为力与位移方向相反，故为负值；$V_2(k)$ 为梁发生变形（从位置 1 到位置 2）后，储存在梁内的应变能，又称为弹性势能，数值上等于冲击力从位置 1 到位置 2 时所作的功。

因为假设在冲击过程中，被冲击构件仍在弹性范围内，故冲击力 F_d 和冲击位移 Δ_d 之间存在线性关系，即

$$F_d = k\Delta_d \qquad (e)$$

这一表达式与静荷载作用下力与位移的关系相似：

$$F_s = k\Delta_s \qquad (f)$$

上述二式中 k 为类似线性弹簧刚度系数，动载与静载时弹簧的刚度系数相同。式(f)中的 Δ_s 为 F_d 作为静载施加在冲击处时，梁在该处的位移。

因为只有重力，根据机械能守恒定律，重物下落前（位置 1）到冲击终了后（位置 2），系统的机械能守恒，即

$$T_1 + V_1 = T_2 + V_2 \qquad (g)$$

将式(a)、(b)、(c)、(d)代入式(g)后，有

$$\frac{1}{2}k\Delta_d^2 - W(h+\Delta_d) = 0 \qquad (h)$$

再从式(f)中解出常数 k，并且考虑到静荷载时 $F_s=W$，一并代入上式，即可消去常数 k，从而得到关于 Δ_d 的二次方程：

$$\Delta_d^2 - 2\Delta_s\Delta_d - 2\Delta_s h = 0 \qquad (i)$$

由此解出

$$\Delta_d = \Delta_s\left(1 + \sqrt{1 + \frac{2h}{\Delta_s}}\right) \qquad (13\text{-}9)$$

根据解(13-9)以及式(e)和式(f)，得到

$$F_d = F_s \times \frac{\Delta_d}{\Delta_s} = W\left(1 + \sqrt{1 + \frac{2h}{\Delta_s}}\right) \qquad (13\text{-}10)$$

这一结果表明，最大冲击荷载与静位移有关，即与梁的刚度有关；梁的刚度愈小，静位移愈大，冲击荷载将相应地减小。设计承受冲击荷载的构件时，应当充分利用这一特性，以减小构件所承受的冲击力。

若令式(13-10)中 $h=0$，得到

$$F_d = 2W \qquad (13\text{-}11)$$

这等于将重物突然放置在梁上，这时梁上的实际荷载是重物重量的 2 倍。这时的荷载称为**突加荷载**。

13.3.3 冲击时的动荷系数

为计算方便,工程上通常也将式(13-10)写成动荷系数的形式:

$$F_d = K_d F_s \tag{13-12}$$

其中 K_d 为冲击时的**动荷系数**,它表示构件承受的冲击荷载是静荷载的若干倍数。

对于图 13-4 中所示之简支梁,由式(13-10),动荷系数

$$K_d = 1 + \sqrt{1 + \frac{2h}{\Delta_s}} \tag{13-13}$$

构件中由冲击荷载引起的应力和位移也可以写成动荷系数的形式:

$$\sigma_d = K_d \sigma_s \tag{13-14}$$

$$\Delta_d = K_d \Delta_s \tag{13-15}$$

例题 13-2 图 13-5 所示之悬臂梁,A 端固定,自由端 B 的上方有一重物自由落下,撞击到梁上。已知:梁材料为木材,弹性模量 $E=10\text{GPa}$;梁长 $l=2\text{m}$;截面为 $120\text{mm} \times 200\text{mm}$ 的矩形,重物高度为 40mm。重量 $W=1\text{kN}$。求:

1. 梁所受的冲击荷载;
2. 梁横截面上的最大冲击正应力与最大冲击挠度。

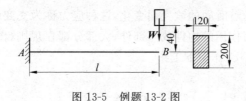

图 13-5 例题 13-2 图

解:1. 梁横截面上的最大静应力和冲击处最大挠度

悬臂梁在静荷载 W 的作用下,横截面上的最大正应力发生在固定端处弯矩最大的截面上,其值为

$$\sigma_{s\max} = \frac{M_{\max}}{W} = \frac{Wl}{\frac{bh^2}{6}} = \frac{1 \times 10^3 \times 2 \times 6}{120 \times 10^{-3} \times (200 \times 10^{-3})^2} = 2.5\text{MPa} \quad (a)$$

由梁的挠度表,可以查得自由端承受集中力的悬臂梁的最大挠度发生在自由端处,其值为

$$w_{s\max} = \frac{Wl^3}{3EI} = \frac{Wl^3}{3 \times E \times \frac{bh^3}{12}} = \frac{4Wl^3}{E \times b \times h^3}$$

$$= \frac{4 \times 1 \times 10^3 \times 2^3}{10 \times 10^9 \times 120 \times (200 \times 10^{-3})^2} = \frac{10}{3} \text{mm} \tag{b}$$

2. 确定动荷系数

根据式(13-13)和本例的已知数据,动荷系数

$$K_d = 1 + \sqrt{1 + \frac{2h}{\Delta_s}} = 1 + \sqrt{1 + \frac{2 \times 40}{\frac{10}{3}}} = 6 \tag{c}$$

3. 计算冲击荷载、最大冲击应力和最大冲击挠度

冲击荷载:

$$F_d = K_d F_s = K_d W = 6 \times 1 \times 10^3 = 6 \times 10^3 \text{N} = 6 \text{kN}$$

最大冲击应力:

$$\sigma_{d\max} = K_d \sigma_{s\max} = 6 \times 2.5 \text{MPa} = 15 \text{MPa}$$

最大冲击挠度:

$$w_{d\max} = K_d w_{s\max} = 6 \times \frac{10}{3} \text{mm} = 20 \text{mm}$$

13.4 疲劳强度概述

13.4.1 交变应力的名词和术语

一点的应力随着时间的改变而变化,这种应力称为**交变应力**。

承受交变应力作用的构件或零部件,大部分都在规则(图 13-6)或不规则(图 13-7)变化的应力作用下工作。

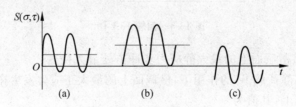

图 13-6 规则的交变应力

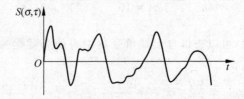

图 13-7 不规则的交变应力

材料在交变应力作用下的力学行为首先与应力变化状况（包括应力变化幅度）有很大关系。因此，在强度设计中必然涉及有关应力变化的若干名词和术语。

图 13-8 中所示为杆件横截面上一点应力随时间 t 的变化曲线。其中 S 为广义应力，它可以是正应力，也可以是剪应力

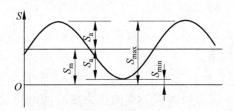

图 13-8　一点应力随时间变化曲线

根据应力随时间变化的状况，定义下列名词与术语：

应力循环（stress cycle）——应力变化一个周期，称为应力的一次循环。例如应力从最大值变到最小值，再从最小值变到最大值。

应力比（stress ratio）——应力循环中最小应力与最大应力的比值，用 r 表示：

$$r = \frac{S_{\min}}{S_{\max}} \quad (当\ |S_{\min}| \leqslant |S_{\max}|\ 时) \tag{13-16a}$$

或

$$r = \frac{S_{\max}}{S_{\min}} \quad (当\ |S_{\min}| \geqslant |S_{\max}|\ 时) \tag{13-16b}$$

平均应力（mean stress）——最大应力与最小应力的算术平均值，用 S_m 表示：

$$S_m = \frac{S_{\max} + S_{\min}}{2} \tag{13-17}$$

应力幅值（stress amplitude）——最大应力与最小应力差值的一半，用 S_a 表示：

$$S_a = \frac{S_{\max} - S_{\min}}{2} \tag{13-18}$$

最大应力（maximum Stress）——应力循环中的最大值：

$$S_{\max} = S_m + S_a \tag{13-19}$$

最小应力（minimum stress）——应力循环中的最小值：

$$S_{\min} = S_m - S_a \tag{13-20}$$

对称循环（symmetrical reversed cycle）——应力循环中应力数值与正负

号都反复变化,且有 $S_{max} = -S_{min}$,这种应力循环称为对称循环。这时

$$r = -1, \quad S_m = 0, \quad S_a = S_{max}$$

脉冲循环(fluctuating cycle)——应力循环中,只有应力数值随时间变化,应力的正负号不发生变化,且最小应力或最大应力等于零($S_{min} = 0$ 或 $S_{max} = 0$),这种应力循环称为脉冲循环。这时

$$r = 0$$

静应力(statical stress)——静荷载作用时的应力,静应力是交变应力的特例。在静应力作用下:

$$r = 1, \quad S_{max} = S_{min} = S_m, \quad S_a = 0$$

需要注意的是:应力循环指一点的应力随时间的变化循环,最大应力与最小应力等都是指一点的应力循环中的数值。它们既不是指横截面上由于应力分布不均匀所引起的最大和最小应力,也不是指一点应力状态中的最大和最小应力。

上述广义应力记号 S 泛指正应力和剪应力。若为拉、压交变或反复弯曲交变,则所有符号中的 S 均为 σ;若为反复扭转交变,则所有 S 均为 τ,其余关系不变。

上述应力均未计及应力集中的影响,即由理论应力公式算得。如

$$\sigma = \frac{F_N}{A} \quad \text{(拉伸)}$$

$$\sigma = -\frac{M_z y}{I_z}, \quad \sigma = \frac{M_y z}{I_y} \quad \text{(平面弯曲)}$$

$$\tau = \frac{M_x \rho}{I_p} \quad \text{(圆截面杆扭转)}$$

这些应力统称为**名义应力**(nominal stress)。

13.4.2 疲劳失效特征

大量的试验结果以及实际零件和部件的破坏现象表明,构件在交变应力作用下发生失效时,具有以下明显的特征:

(1) 破坏时的名义应力值远低于材料在静荷载作用下的强度极限,甚至低于屈服强度。

(2) 构件在一定量的交变应力作用下发生破坏有一个过程,即需要经过一定数量的应力循环。

(3) 构件在破坏前没有明显的塑性变形,即使塑性很好的材料,也会呈现脆性断裂。

(4) 同一疲劳破坏断口,一般都有明显的光滑区域与颗粒状区域。

上述破坏特征与疲劳破坏的起源和传递过程(统称"损伤传递过程")密切相关。

经典理论认为:在一定数值的交变应力作用下,金属零件或构件表面处的某些晶粒(图 13-9(a)),经过若干次应力循环之后,其原子晶格开始发生剪切与滑移,逐渐形成**滑移带**(slip bands)。随着应力循环次数的增加,滑移带变宽并不断延伸。这样的滑移带可以在某个滑移面上产生初始疲劳裂纹,如图 13-9(b)所示;也可以逐步积累,在零件或构件表面形成切口样的凸起与凹陷,在"切口"尖端处由于应力集中,因而产生初始疲劳裂纹,如图 13-9(c)所示。初始疲劳裂纹最初只在单个晶粒中发生,并沿着滑移面扩展,在裂纹尖端应力集中作用下,裂纹从单个晶粒贯穿到若干晶粒。图 13-10 中所示为滑移带的微观图像。

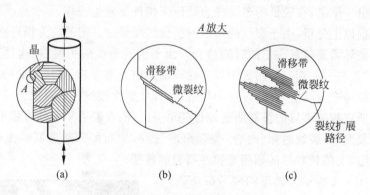

图 13-9 由滑移带形成的初始疲劳裂纹

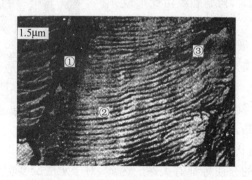

图 13-10 滑移带的微观图像
① 晶界;② 滑移带;③ 初始裂纹

金属晶粒的边界以及夹杂物与金属相交界处,由于强度较低因而也可能是初始裂纹的发源地。

近年来,新的疲劳理论认为疲劳起源是由于位错运动所引起的。所谓**位错**(dislocation),是指金属原子晶格的某些空穴、缺陷或错位。微观尺度的塑性变形就能引起位错在原子晶格间运动。从这个意义上讲,可以认为,位错通过运动聚集在一起,便形成了初始的疲劳裂纹。这些裂纹长度一般为 10^{-4}m ~ 10^{-7}m 的量级,故称为**微裂纹**(microcrack)。

形成微裂纹后,在微裂纹处又形成新的应力集中,在这种应力集中和应力反复交变的条件下,微裂纹不断扩展、相互贯通,形成较大的裂纹,其长度大于 10^{-4}m,能为裸眼所见,故称为**宏观裂纹**(macrocrack)。

再经过若干次应力循环后,宏观裂纹继续扩展,致使截面削弱,类似在构件上形成尖锐的"切口"。这种切口造成的应力集中使局部区域内的应力达到很大数值。结果,在较低的名义应力数值下构件便发生破坏。

根据以上分析,由于裂纹的形成和扩展需要经过一定的应力循环次数,因而疲劳破坏需要经过一定的时间过程。由于宏观裂纹的扩展,在构件上形成尖锐的"切口",在切口的附近不仅形成局部的应力集中,而且使局部的材料处于三向拉伸应力状态,在这种应力状态下,即使塑性很好的材料也会发生脆性断裂。所以疲劳破坏时没有明显塑性变形。此外,在裂纹扩展的过程中,由于应力反复交变,裂纹时张、时合,类似研磨过程,从而形成疲劳断口上的光滑区;而断口上的颗粒状区域则是脆性断裂的特征。

图 13-11 所示为典型的疲劳破坏断口,其上有三个不同的区域:

① 为疲劳源区,初始裂纹由此形成并扩展开去;

② 为疲劳扩展区,有明显的条纹,类似贝壳或被海浪冲击后的海滩,它是由裂纹的传播所形成的;

③ 为瞬间断裂区。

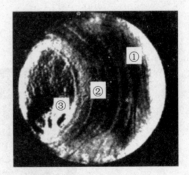

图 13-11 疲劳破坏断口

需要指出的是,裂纹的生成和扩展是一个复杂过程,它与构件的外形、尺寸、应力变化情况以及所处的介质等都有关系。因此,对于承受交变应力的构件,不仅在设计中要考虑疲劳问题,而且在使用期限需进行中修或大修,以检测构件是否发生裂纹及裂纹扩展的情况。对于某些维系人民生命的重要构件,还需要作经常性的检测。

乘坐过火车的读者可能会注意到,火车停站后,都有铁路工人用小铁锤轻轻敲击车厢车轴的情景。这便是检测车轴是否发生裂纹,以防止发生突然事故的一种简易手段。因为火车车厢及所载旅客的重力方向不变,而车轴不断转动,其横截面上任意一点的位置均随时间不断变化,故该点的应力亦随时间而变化,车轴因而可能发生疲劳破坏。用小铁锤敲击车轴,可以从声音直观判断是否存在裂纹以及裂纹扩展的程度。

13.5 疲劳极限与应力-寿命曲线

所谓疲劳极限是指经过无穷多次应力循环而不发生破坏时的最大应力值。又称为**持久极限**(endurance limit)。

为了确定疲劳极限,需要用若干光滑小尺寸试样(图 13-12(a)),在专用的疲劳试验机上进行试验,图 13-12(b)中所示为对称循环疲劳试验机。

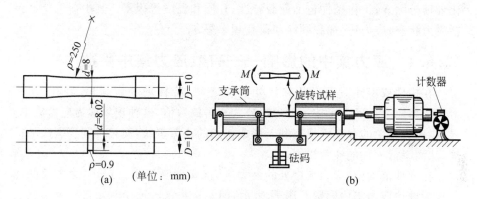

图 13-12　疲劳试样与对称循环疲劳试验机简图

将试样分成若干组,各组中的试样最大应力值分别由高到低(即不同的应力水平),经历应力循环,直至发生疲劳破坏。记录下每根试样中最大应力 S_{max}(名义应力)以及发生破坏时所经历的应力循环次数(又称寿命)N。将这些试验数据标在 S-N 坐标中,如图 13-13 所示。可以看出,疲劳试验结果具有明显的分散性,但是通过这些点可以画出一条曲线表明试件寿命随其承受的应力而变化的趋势。这条曲线称为应力-寿命曲线,简称 S-N 曲线。

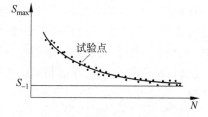

图 13-13　一般的应力-寿命曲线

S-N 曲线若有水平渐近线,则表示试样经历无穷多次应力循环而不发生破坏,渐近线的纵坐标即为光滑小试样的疲劳极限。对于应力比为 r 的情形,其疲劳极限用 S_r 表示;对称循环下的疲劳极限为 S_{-1}。

所谓"无穷多次"应力循环,在试验中是难以实现的。工程设计中通常规定:对于 S-N 曲线有水平渐近线的材料(如结构钢),若经历 10^7 次应力循环而不破坏,即认为可承受无穷多次应力循环;对于 S-N 曲线没有水平渐近线的材料(例如铝合金),规定某一循环次数(例如 2×10^7 次)下不破坏时的最大应力作为条件疲劳极限。

13.6 影响疲劳寿命的因素

光滑小试样的疲劳极限,并不是零件的疲劳极限,零件的疲劳极限与零件状态和工作条件有关。零件状态包括应力集中、尺寸、表面加工质量和表面强化处理等因素;工作条件包括荷载特性、介质和温度等因素。其中荷载特性包括应力状态、应力比、加载顺序和荷载频率等。

13.6.1 应力集中的影响——有效应力集中因数

在构件或零件截面形状和尺寸突变处(如阶梯轴轴肩圆角、开孔、切槽等),局部应力远远大于按一般理论公式算得的数值,这种现象称为应力集中。显然,应力集中的存在不仅有利于形成初始的疲劳裂纹,而且有利于裂纹的扩展,从而降低零件的疲劳极限。

在弹性范围内,应力集中处的最大应力(又称峰值应力)与名义应力的比值称为**理论应力集中因数**。用 K_t 表示,即

$$K_t = \frac{S_{\max}}{S_n} \tag{13-21}$$

式中,$S_{\max}$ 为峰值应力;S_n 为名义应力。对于正应力 $K_t \to K_{t\sigma}$,对于剪应力 $K_t \to K_{t\tau}$。

理论应力集中因数只考虑了零件的几何形状和尺寸的影响,没有考虑不同材料对于应力集中具有不同的敏感性。因此,根据理论应力集中因数不能直接确定应力集中对疲劳极限的影响程度。考虑应力集中对疲劳极限的影响,工程上采用**有效应力集中因数**(efective stress concentration factor),它是在材料、尺寸和加载条件都相同的前提下,光滑试样与缺口试样的疲劳极限的比值

$$K_f = \frac{S_{-1}}{S'_{-1}} \tag{13-22}$$

式中,S_{-1} 和 S'_{-1} 分别为光滑试样与缺口试样的疲劳极限,S 仍为广义应力记号。

有效应力集中因数不仅与零件的形状和尺寸有关,而且与材料有关。前者由理论应力集中因数反映;后者由**缺口敏感因数**(notch sensitivity factor)q 反映。三者之间有如下关系:

$$K_f = 1 + q(K_t - 1) \tag{13-23}$$

此式对于正应力和剪应力集中都适用。

13.6.2 零件尺寸的影响——尺寸因数

前面所讲的疲劳极限为光滑小试样(直径 6mm~10mm)的试验结果,称为"试样的疲劳极限"或"材料的疲劳极限"。试验结果表明,随着试样直径的增加,疲劳极限将下降,而且对于钢材,强度愈高,疲劳极限下降愈明显。因此,当零件尺寸大于标准试样尺寸时,必须考虑尺寸的影响。

尺寸引起疲劳极限降低的原因主要有以下几种:一是毛坯质量因尺寸而异,大尺寸毛坯所包含的缩孔、裂纹、夹杂物等要比小尺寸毛坯多;二是大尺寸零件表面积和表层体积都比较大,而裂纹源一般都在表面或表面层下,故形成疲劳源的概率也比较大;三是应力梯度的影响:如图 13-14 所示,大、小零件横截面上的正应力从相同的最大值 σ_{max} 降低到同一数值 σ_0,所涉及的表层厚度不同,大尺寸零件表层的厚度要大于小尺寸零件表层的厚度,其中所包含的缺陷前者高于后者,因此,大尺寸零件形成初始裂纹以及裂纹扩展的概率要高于小尺寸零件,从而导致大尺寸零件的疲劳极限低于小尺寸零件。

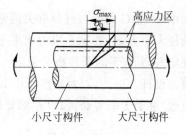

图 13-14 尺寸对疲劳极限的影响

零件尺寸对疲劳极限的影响用尺寸因数 ε 度量:

$$\varepsilon = \frac{(\sigma_{-1})_d}{\sigma_{-1}} \tag{13-24}$$

式中,σ_{-1} 和 $(\sigma_{-1})_d$ 分别为试样和光滑零件在对称循环下的疲劳极限。式(13-24)也适用于剪应力循环的情形。

13.6.3 表面加工质量的影响——表面质量因数

零件承受弯曲或扭转时,表层应力最大,对于几何形状有突变的拉压构件,表层处也会出现较大的峰值应力。因此,表面加工质量将会直接影响裂纹的形成和扩展,从而影响零件的疲劳极限。

表面加工质量对疲劳极限的影响,用表面质量因数 β 度量:

$$\beta = \frac{(\sigma_{-1})_\beta}{\sigma_{-1}} \tag{13-25}$$

式中,σ_{-1} 和 $(\sigma_{-1})_\beta$ 分别为磨削加工和其他加工情况时的对称循环疲劳极限。

上述各种影响零件疲劳极限的因数都可以从有关的设计手册中查到,本书不再赘述。

13.7 基于无限寿命设计方法的疲劳强度

13.7.1 构件寿命的概念

若将 S_{max}-N 试验数据标在 lg$S$-lg$N$ 坐标中,所得到应力-寿命曲线可近似视为由两段直线所组成,如图 13-15 所示。两直线的交点之横坐标值 N_0,称为循环基数;与循环基数对应的应力值(交点的纵坐标)即为疲劳极限。因为循环基数都比较大(10^6 次以上),故按疲劳极限进行强度设计,称为无限寿命设计。双对数坐标中 lg$S$-lg$N$ 曲线的斜直线部分,可以表示成

$$S_i^m N_i = C \tag{13-26}$$

式中,m 和 C 均为与材料有关的常数。斜直线上一点的纵坐标为试样所承受的最大应力 S_i,在这一应力水平下试样发生疲劳破坏的寿命为 N_i。S_i 称为在规定寿命 N_i 下的条件疲劳极限。按照条件疲劳极限进行强度设计,称为有限寿命设计。因此,双对数坐标中 lg$S$-lg$N$ 曲线上循环基数 N_0 以右部分(水平直线)称为无限寿命区;以左部分(斜直线)称为有限寿命区。

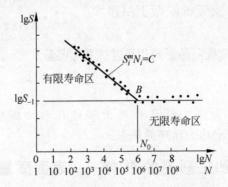

图 13-15 双对数坐标中的应力-寿命曲线

从工程角度,构件的寿命包括裂纹萌生期和裂纹扩展期,在传统的 S-N 曲线中,裂纹萌生很难辨别出来。有的材料对疲劳抵抗较弱,一旦形成初始裂纹很快就破坏;有的材料对疲劳抵抗较强,能够带裂纹持续工作相当长一段时间。对前一种材料,设计上是不允许裂纹存在的;对后一种材料允许一定尺寸的裂纹存在,这是有限寿命设计的基本思路。对于航空、国防和核电站等重要结构上的构件设计,如能保证在安全的条件下,延长使用寿命,则具有重大意义。

13.7.2 无限寿命设计方法——安全因数法

若交变应力的应力幅值均保持不变,则称为**等幅交变应力**(alternative stress with equal amplitude)。

工程设计中一般都是根据静载设计准则首先确定构件或零部件的初步尺寸,然后再根据疲劳强度设计准则对危险部位作疲劳强度校核。通常将疲劳强度设计准则写成安全因数的形式,即

$$n \geqslant [n] \tag{13-27}$$

式中,n 为零部件的工作安全因数,又称计算安全因数;$[n]$ 为规定安全因数,又称许用安全因数。

当材料较均匀,且荷载和应力计算精确时,取 $[n]=1.3$;当材料均匀程度较差、荷载和应力计算精确度又不高时,取 $[n]=1.5\sim1.8$;当材料均匀程度和荷载、应力计算精确度都很差时取 $[n]=1.8\sim2.5$。

疲劳强度计算的主要工作是计算工作安全因数 n。

13.7.3 等幅对称应力循环下的工作安全因数

在对称应力循环下,应力比 $r=-1$,对于正应力循环,平均应力 $\sigma_m=0$,应力幅值 $\sigma_a=\sigma_{\max}$;对于剪应力循环,则有 $\tau_m=0, \tau_a=\tau_{\max}$。考虑到 13.6 节中关于应力集中、尺寸和表面加工质量的影响,正应力和剪应力循环时的工作安全因数分别为

$$n_\sigma = \frac{\sigma_{-1}}{\dfrac{K_{f\sigma}}{\varepsilon\beta}\sigma_a} \tag{13-28}$$

$$n_\tau = \frac{\tau_{-1}}{\dfrac{K_{f\tau}}{\varepsilon\beta}\tau_a} \tag{13-29}$$

式中,n_σ、n_τ 为工作安全因数;

σ_{-1}、τ_{-1} 为光滑小试样在对称应力循环下的疲劳极限;

$K_{f\sigma}$、$K_{f\tau}$ 为有效应力集中因数；

ε 为尺寸因数；

β 为表面质量因数。

13.7.4 等幅交变应力作用下的疲劳寿命估算

对于等幅应力循环，可以根据光滑小试样的 $S\text{-}N$ 曲线，也可以根据构件或零件的 $S\text{-}N$ 曲线，确定给定应力幅下的寿命。

以对称循环为例，根据光滑小试样的 $S\text{-}N$ 曲线确定疲劳寿命时，首先需要确定构件或零件上的可能危险点，并根据荷载变化状况，确定危险点应力循环中的最大应力或应力幅（$S_{\max}=S_a$）；然后考虑应力集中、尺寸、表面质量等因素的影响，得到 $K_{fs}S_a/\varepsilon\beta$。据此，由 $S\text{-}N$ 曲线，求得在应力 $S=K_{fs}S_a/\varepsilon\beta$ 作用下发生疲劳断裂时所需的应力循环次数 N，此即所要求的寿命（图 13-16(a)）。

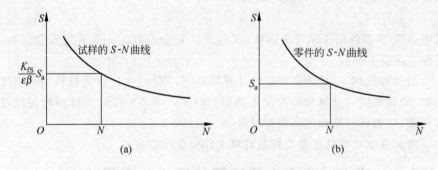

图 13-16 等幅应力循环时疲劳寿命估算

当根据零件试验所得到的应力-寿命曲线确定疲劳寿命时，由于试验结果已经包含了应力集中、尺寸和表面质量的影响，在确定了危险点的应力幅 S_a 之后，可直接根据 S_a 由 $S\text{-}N$ 曲线求得这一应力水平下发生疲劳断裂时的循环次数 N（图 13-16(b)）。

13.8 结论与讨论

13.8.1 不同情形下动荷因数具有不同的形式

比较式（13-13）和式（13-7），可以看出，冲击荷载的动荷系数与等加速度运动构件的动荷系数有着明显的差别。即使同是冲击荷载，有初速度的落体冲击与没有初速度的自由落体冲击时的动荷系数也是不同的。落体冲击与非落体冲击(例如,图 13-17 所示之水平冲击)时的动荷系数也是不同的。

因此,使用动荷系数计算动荷载与动应力时一定要选择与动荷载情形相一致的动荷系数表达式,切勿张冠李戴。

有兴趣的读者,不妨应用机械能守恒定律导出图 13-17 所示之水平冲击时的动荷系数。

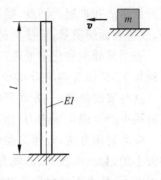

图 13-17　水平冲击

13.8.2　运动物体突然制动或突然刹车的动荷载与动应力

运动物体或运动构件突然制动或突然刹车时也会在构件中产生冲击荷载与冲击应力。例如,图 13-18 中所示之鼓轮绕点 D、垂直于纸平面的轴等速转动,并且绕在其上的缆绳带动重物以等速度升降。当鼓轮突然被制动而停止转动时,悬挂重物的缆绳就会受到很大的冲击荷载作用。

这种情形下,如果能够正确选择势能零点,分析重物在不同位置时的动能和势能,应用机械能守恒定律也可以确定缆绳受的冲击荷载。为了简化,可以不考虑鼓轮的质量。有兴趣的读者也可以一试。

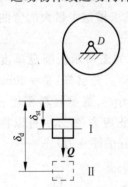

图 13-18　制动时的冲击荷载

13.8.3　提高构件疲劳强度的途径

所谓提高疲劳强度,通常是指在不改变构件的基本尺寸和材料的前提下,通过减小应力集中和改善表面质量,以提高构件的疲劳极限。通常有以下一些途径:

(1) 缓和应力集中

截面突变处的应力集中是产生裂纹以及裂纹扩展的重要原因,通过适当加大截面突变处的过渡圆角以及其他措施,有利于缓和应力集中,从而可以明显地提高构件的疲劳强度。

(2) 提高构件表面层质量

在应力非均匀分布的情形(例如弯曲和扭转)下,疲劳裂纹大都从构件表面开始形成和扩展。因此,通过机械的或化学的方法对构件表面进行强化处理,改善表面层质量,将使构件的疲劳强度有明显的提高。

表面热处理和化学处理(例如表面高频淬火、渗碳、渗氮和氰化等),冷压机械加工(例如表面滚压和喷丸处理等),都有助于提高构件表面层的质量。这些表面处理,一方面可以使构件表面的材料强度提高;另一方面可以在表面层中产生残余压应力,抑制疲劳裂纹的形成和扩展。

喷丸处理方法,近年来得到广泛应用,并取得了明显的效益。这种方法是将很小的钢丸、铸铁丸、玻璃丸或其他硬度较大的小丸以很高的速度喷射到构件表面上,使表面材料产生塑性变形而强化,同时产生较大的残余压应力。

习题

13-1 图示的 No.20a 普通热轧槽钢以等减速度下降,若在 0.2s 时间内速度由 1.8m/s 降至 0.6m/s,已知 $l=6$m,$b=1$m。试求槽钢中最大的弯曲正应力。

13-2 钢制圆轴 AB 上装有一开孔的匀质圆盘如图所示。圆盘厚度为 δ,孔直径 300mm。圆盘和轴一起以匀角速度 ω 转动。若已知:$\delta=30$mm,$a=1000$mm,$e=300$mm;轴直径 $d=120$mm,$\omega=40$rad/s;圆盘材料密度 $\rho=7.8\times10^3$kg/m³。试求由于开孔引起的轴内最大弯曲正应力(提示:可以将圆盘上的孔作为一负质量($-m$),计算由这一负质量引起的惯性力)。

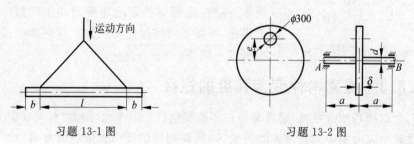

习题 13-1 图   习题 13-2 图

13-3 质量为 m 的匀质矩形平板用两根平行且等长的轻杆悬挂着,如图所示。已知平板的尺寸为 h、l。若将平板在图示位置无初速度释放,试求此瞬时两杆所受的轴向力。

13-4 计算图示汽轮机叶片的受力时,可近似将叶片视为等截面匀质杆。若已知叶轮的转速 $n=3000$r/min,叶片长度 $l=250$mm,叶片根部处叶轮的半径 $R=600$mm。试求叶片根部横截面上的最大拉应力。

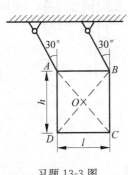

习题 13-3 图

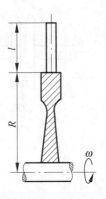

习题 13-4 图

13-5　图示结构中,质量为 m 的重物 C 可以绕 A 轴（垂直于纸面）转动,重物在铅垂位置时,具有水平速度 v,然后冲击到 AB 梁的中点。梁的长度为 l、材料的弹性模量为 E；梁横截面的惯性矩为 I、弯曲截面模量为 W。如果 l、E、m、I、W、v 等均为已知。求：梁内的最大弯曲正应力。

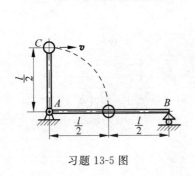

习题 13-5 图

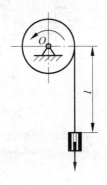

习题 13-6 图

13-6　铰车起吊重量为 $W=50\text{kN}$ 的重物,以等速度 $v=1.6\text{m/s}$ 下降。当重物与铰车之间的钢索长度 $l=240\text{m}$ 时,突然刹住铰车。若钢索横截面积 $A=1000\text{mm}^2$,$E=210\text{GPa}$。

求：钢索内的最大正应力（不计钢索自重）。

13-7　试确定下列各题中轴上点 B 的应力比：

1. 图(a)为轴固定不动,滑轮绕轴转动,滑轮上作用着不变荷载 F_P；
2. 图(b)为轴与滑轮固结成一体转动,滑轮上作用着不变荷载 F_P。

13-8　确定下列各题中构件上指定点 B 的应力比：

1. 图(a)为一端固定的圆轴,在自由端处装有一绕轴转动的轮子,轮上有

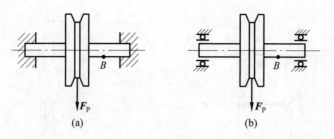

习题 13-7 图

一偏心质量 m。

2. 图(b)为旋转轴,其上安装有偏心零件 AC。

3. 图(c)为梁上安装有偏心转子电机,引起振动,梁的静载挠度为 δ,振幅为 a。

4. 图(d)为小齿轮(主动轮)驱动大齿轮时,小齿轮上的点 B。

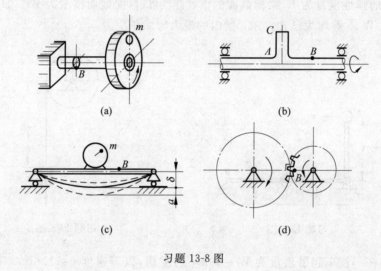

习题 13-8 图

第 14 章 新材料的材料力学概述

经典材料力学以钢、铁为主体,研究这些材料在荷载作用下的应力和变形,这些材料的特点,一是各向同性;二是应力与应变与时间无关。

20 世纪 60 年代以来,由于航空、航天工业以及机械、电子、生物医学、土木工程、水利工程领域的需要,各种新材料不断出现,并且应用于广泛的科学、技术以及工业领域。复合材料以及高分子材料都是新材料家族的重要成员。

复合材料具有较高的比强度和比刚度。所谓比强度和比刚度是指:以较轻的重量得到较高的强度和刚度。近几十年来,复合材料在航空、航天、能源、交通、建筑、机械、生物医学和体育运动等部门日益得到广泛的应用。可以预言,21 世纪将进入复合材料的时代。随着复合材料的开发和应用,复合材料力学已初步形成学科体系并处于蓬勃发展阶段。根据复合材料中增强材料的几何形状,复合材料可分为三大类:颗粒复合材料,由颗粒增强材料和基体组成;纤维增强复合材料,由纤维和基体组成;层合复合材料,由多种片状材料层合组成。

高分子材料,又称**聚合物**(polymer),是由各类单体分子通过聚合反应而形成的。高分子材料,包括塑料、化纤、橡胶、粘结剂等门类。所谓高分子,是指它们是由各原子呈共价键结合的长键状大分子组成的。聚合物具有轻巧、价廉和便于加工成形等优点,这类材料在用途上和用量上都在迅速增长。目前全世界聚合物的产量在体积上已经超过钢产量,预计 21 世纪将在重量上超过钢产量。高分子所具有的一些独特性能,如橡胶体的高弹性和粘结剂的高粘结性等,更是其他材料无法替代的。

本章将首先介绍复合材料力学的基础,包括单层纤维增强复合材料弹性模量和增强效应。然后介绍聚合物的粘弹性行为以及工程设计中所采用的伪弹性设计方法。

14.1 复合材料概述

所谓**复合材料**(composite materials),通常是指两种或两种以上互不相溶(熔)的材料通过一定的方式组合成一种新型的材料。这种材料工程上并不少见。例如，各种输电线路上所用的电缆，通常是在钢线外绕以铜线，铜线主要用以输送电流，钢线则用以承受由电缆自重或风载、雪载引起的拉力。最近若干年来，**纤维增强复合材料**（fibre-reinforced composite materials）在工程中的应用迅速增长，例如，一架飞机的结构重量中，复合材料约占 50%～70%，重量可减轻 30% 以上。

纤维增强复合材料（图 14-1）是以韧性好的金属或塑料为基体将**纤维**（fibre, filament）材料镶嵌在其中，二者牢固地粘结成整体。纤维材料可以是玻璃、碳、硼、石棉或其他高强度脆性材料。

图 14-1　复合材料模型

由于纤维材料的嵌入，使材料的性能有了极明显的改善。例如碳纤维增强的环氧树脂基体复合材料，其弹性模量比基体材料提高了约 60 倍，强度提高了 30 倍。近年来，应用基因工程合成的蜘蛛纤维复合材料，在基体相同的情形下，其强度则是钢纤维复合材料的 10 倍。

纤维增强复合材料不同于金属等各向同性材料，它具有极明显的各向异性，在平行于纤维方向的"增强"性能极其明显，而在垂直于纤维方向则不显著。

表 14-1 中所列为几种单向铺层纤维增强复合材料与铝合金的弹性模量和密度，其中 E_x 和 E_y 分别为平行和垂直于纤维方向的弹性模量。

表 14-1　几种复合材料的密度与弹性模量

材　料	E_x/GPa	E_y/GPa	密度/kg·m^{-3}
碳纤维/环氧树脂（Carbon Fibre/Epoxy）	180	10	1600
芳伦纤维/环氧树脂（Kvelar/Epoxy）	76	5.5	1460
玻璃纤维/环氧树脂（Glass/Epoxy）	39	8.4	1800
铝合金	70	70	2770

在很多工业部门，例如航空航天部门，要求其零件或构件在各个方向上的性能都很高。这时，如果只采用一个方向纤维增强复合材料（称为单层复合材料）是不能满足这一要求的，而必须采用一种叠层结构，其中每一层的纤维都是按一定要求的方向铺设的，如图 14-1 所示，称为**叠层复合材料**（laminated composite）。本书只介绍单层纤维复合材料。

14.2 单层纤维复合材料的弹性模量

复合材料的弹性模量不仅与基体和纤维材料的弹性模量有关,而且与两种材料的体积比有关。本节将应用拉、压静定问题和超静定问题的两种模型与分析方法,分别确定单层纤维复合材料垂直于纤维方向和平行于纤维方向的弹性模量。

14.2.1 垂直于纤维方向的弹性模量

考察图 14-2(a)中两种材料粘结而成的复合材料拉杆,这是确定垂直于纤维方向的弹性模量的串联模型。

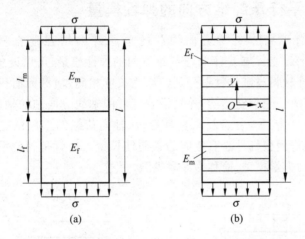

图 14-2 确定垂直于纤维方向的弹性模量的串联模型

假设两种材料的弹性模量分别为 E_m 和 E_f。二者具有相同的横截面面积,长度分别为 l_m 和 l_f。

当杆承受轴向拉伸时,两种材料杆的横截面上具有相同的应力,设为 σ,则两部分的伸长量分别为

$$\left.\begin{aligned} \Delta l_m &= \varepsilon_m l_m = \sigma \frac{l_m}{E_m} \\ \Delta l_f &= \varepsilon_f l_f = \sigma \frac{l_f}{E_f} \end{aligned}\right\} \tag{14-1}$$

于是,复合材料拉杆的总伸长为

$$\Delta l = \Delta l_m + \Delta l_f = \sigma \left(\frac{l_m}{E_m} + \frac{l_f}{E_f} \right) \tag{14-2}$$

若令杆的总体积为 1,两种材料的体积与总体积之比分别为 V_m 和 V_f,则式(14-2)可以写成体积的形式：

$$\Delta l = \sigma l \left(\frac{V_f}{E_f} + \frac{1 - V_f}{E_m} \right) \tag{14-3}$$

或写成

$$\Delta l = \sigma \frac{l}{E_y} \tag{14-4}$$

其中，

$$E_y = \frac{E_m E_f}{V_f E_m + (1 - V_f) E_f} \tag{14-5}$$

这就是确定垂直于纤维方向弹性模量的一般表达式。

14.2.2 平行于纤维方向的弹性模量

考察沿着平行于纤维方向加载的单层纤维增强复合材料直杆,如图 14-3(a)所示。为了确定平行于纤维方向的弹性模量,可以设想：将复合材料杆中的纤维材料与基体材料分别归结为长度相同、横截面面积不同的两根直杆,二者组成一超静定结构,并且沿着杆件的轴线方向施加轴向荷载,如图 14-3(b)所示。为了与复合材料杆件等价,轴向荷载的作用位置不能是任意的,而必须使得两根杆件具有相同的轴向伸长量。这就是确定平行于纤维方向弹性模量的力学模型,简称为并联模型。

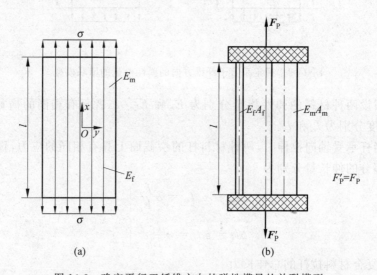

图 14-3 确定平行于纤维方向的弹性模量的并联模型

假设二者的拉伸刚度分别为 $E_f A_f$ 和 $E_m A_m$；长度均为 l。荷载 F_P 加在某一位置，两种材料杆产生相同的轴向变形 Δl。因为二者拉伸刚度不同，故轴力不同，分别设为 F_{Nf} 和 F_{Nm}。于是有

$$\Delta l = \frac{F_{Nf} l}{E_f A_f} = \frac{F_{Nm} l}{E_m A_m} \tag{14-6}$$

由此解出

$$F_{Nf} = E_f A_f \frac{\Delta l}{l}, \quad F_{Nm} = E_m A_m \frac{\Delta l}{l} \tag{14-7}$$

根据平衡方程：

$$F_P = F_{Nf} + F_{Nm} \tag{14-8}$$

将式(14-7)代入式(14-8)，得到

$$F_P = E_f A_f \frac{\Delta l}{l} + E_m A_m \frac{\Delta l}{l} \tag{14-9}$$

由此解出

$$\Delta l = \frac{F_P l}{E_f A_f + E_m A_m} \tag{14-10}$$

或改写成

$$\Delta l = \frac{F_P l}{E_x A} \tag{14-11}$$

其中，A 为两种材料杆横截面面积之和，则

$$E_x = \frac{E_f A_f + E_m A_m}{A} \tag{14-12}$$

写成体积比的形式，有

$$E_x = E_f V_f + E_m (1 - V_f) \tag{14-13}$$

此即为确定单层纤维增强复合材料杆平行于纤维方向弹性模量的表达式。

例题 14-1 某种复合材料由 1kg 的长玻璃纤维单方向嵌入 5kg 的环氧树脂内复合而成。已知：玻璃纤维的弹性模量为 85GPa，密度为 2500kg/m³，环氧树脂的弹性模量为 5GPa，密度为 1200kg/m³。试求这种复合材料垂直于纤维和平行于纤维方向的弹性模量。

解：根据两种材料的密度，纤维和基体的总体积为

$$V = \left(\frac{1}{2500} + \frac{5}{1200}\right) \text{m}^3$$

于是，纤维体积与复合材料总体积之比为

$$V_f = \frac{\left(\frac{1}{2500}\right) \text{m}^3}{\left(\frac{1}{2500} + \frac{5}{1200}\right) \text{m}^3} = 0.0876$$

根据式(14-5)，垂直于纤维方向的弹性模量为

$$E_y = \frac{E_m E_f}{V_f E_m + (1-V_f) E_f}$$

$$= \left[\frac{5 \times 10^9 \times 85 \times 10^9}{0.0876 \times 5 \times 10^9 + (1-0.0876) \times 85 \times 10^9}\right] \text{Pa}$$

$$= 5.45 \times 10^9 \text{Pa} = 5.45 \text{GPa}$$

根据式(14-13)，平行于纤维方向的弹性模量为

$$E_x = E_f V_f + E_m(1-V_f)$$

$$= [85 \times 10^9 \times 0.0876 + 5 \times 10^9 \times (1-0.0876)] \text{Pa}$$

$$= 12.01 \times 10^9 \text{Pa} = 12.01 \text{GPa}$$

本例的计算结果表明，相对于基体材料，纤维增强复合材料沿垂直和平行于纤维方向的弹性模量都有增加，但平行于纤维方向的增加量高于垂直方向的增加量。同时也看到，由于纤维所占的体积甚微，所以与基体相比，复合材料弹性模量的增加不很显著。

在以上分析中，加力的方向分别垂直和平行于纤维方向，当加力方向既不平行、也不垂直于纤维方向时，复合弹性模量关系将如何确定？有兴趣的读者可以参阅《材料力学》(范钦珊，高等教育出版社，2000)。

还要指出的是，以上分析复合弹性模量时，没有考虑基体与纤维材料横向变形的相互影响，这相当于假定二者具有相同的泊松比。当二者泊松比不等时，泊松比较大材料的横向收缩将会较大，而泊松比较小材料的横向收缩将会较小。因而在二者的交界面上将会产生横向正应力。应用能量原理可以证明，这时的复合弹性模量比按式(14-13)计算的结果要稍大。

14.3 纤维增强效应

对于单层纤维增强复合材料，当加力方向与纤维方向平行(图 14-3(a))时，由于纤维的存在，其所能承受的应力值将会超过基体的极限应力值，这种现象称为**增强**(reinforcement)效应。

增强的效果不仅与纤维和基体的极限应力有关，而且还与纤维在整个复合材料中所占的体积比有关。

14.3.1 复合材料的名义应力与纤维和基体中的实际应力

借助于图 14-3(b)所示的超静定结构模型，设纤维杆和基体材料杆中的轴力分别为 F_{Nf} 和 F_{Nm}；相应的应力分别为 σ_f 和 σ_m，平衡方程为

$$F_{Nf} + F_{Nm} = F$$

当二杆具有相同的轴向伸长时,其横截面都将只产生拉伸应力,由此得

$$\sigma_c A_c = \sigma_f A_f + \sigma_m A_m \tag{14-14}$$

式中,A_c 为复合材料的横截面面积;A_f 和 A_m 分别为纤维和基体的横截面面积;σ_c 称为复合材料的名义应力。

将式(14-14)写成体积比的形式:

$$\sigma_c = \sigma_f V_f + \sigma_m (1 - V_f) \tag{14-15}$$

或者写成

$$\sigma_c = \sigma_m + (\sigma_f - \sigma_m) V_f \tag{14-16}$$

式中,V_f 为纤维在复合材料中所占的体积比。

14.3.2 增强效应

根据纤维与基体的应力-应变曲线(图 14-4),复合材料沿纤维方向受力、纤维横截面上的应力达到强度极限 σ_{fb} 时,相应的极限应变值为 ε_{fb},基体沿纤维方向的应变值与其相等,基体横截面上的应力为 $(\sigma_m)_{\varepsilon_{fb}}$。

应用式(14-15),得到复合材料的强度极限

$$\sigma_{cb} = \sigma_{fb} V_f + (\sigma_m)_{\varepsilon_{fb}} (1 - V_f) \tag{14-17}$$

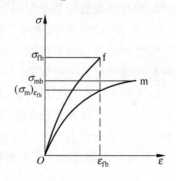

图 14-4 纤维(f)与基体(m)的应力-应变曲线

不难看出,对于确定的纤维体积比 V_f,根据纤维的强度极限 σ_{fb} 以及相应的极限应变值 ε_{fb},并由应力-应变曲线确定基体在这一应变下的应力值 $(\sigma_m)_{\varepsilon_{fb}}$,即可确定复合材料的强度极限 σ_{cb},从而确定增强效果。

以铜为基体、钨丝为增强纤维的复合材料为例,若铜的强度极限为 $\sigma_{mb} = 207\text{MPa}$,钨丝的强度极限 $\sigma_{fb} = 2069\text{MPa}$,钨丝的体积比为 35%,极限应变值为 15%,而铜对应于这一应变值的应力为 55.2MPa。于是,这种复合材料的强度极限值为

$$\sigma_{cb} = [2069 \times 10^6 \times 0.35 + 55.2 \times 10^6 \times (1 - 0.35)]\text{Pa}$$
$$= 760 \times 10^6 \text{Pa} = 760\text{MPa}$$

对于有明显屈服平台的基体材料,如果与纤维极限应变值 ε_{fb} 对应的基体应力 $(\sigma_m)_{\varepsilon_{fb}}$ 等于基体的屈服应力 σ_{ms}(图 14-5),但仍小于其强度极限 σ_{mb},先是基体应力达到 σ_{ms},由于纤维的存在,仍可继续加载,当应变值增加到纤维的极

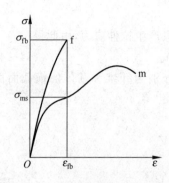

图 14-5 以具有屈服平台的材料为基体的复合材料的应力-应变关系

限应变时,纤维中的应力达到其强度极限 σ_{fb}。于是,由式(14-17)得到这时复合材料的强度极限

$$\sigma_{cb} = \sigma_{fb}V_f + \sigma_{ms}(1 - V_f) \quad (14\text{-}18)$$

对于这种材料,纤维增强必须满足

$$\sigma_{cb} \geqslant \sigma_{mb} \quad (14\text{-}19)$$

式中,σ_{mb} 为基体材料的强度极限。由式(14-18)和式(14-19)可解出这种情形下的纤维体积比,用 V_{fcr} 表示

$$V_{fcr} \geqslant \frac{\sigma_{mb} - \sigma_{ms}}{\sigma_{fb} - \sigma_{ms}} \quad (14\text{-}20)$$

V_{fcr} 称为**纤维增强临界体积比**(critical volume fraction of fibres necessary to give reinforcement)。

需要指出的是,复合材料中的增强效应是一个比较复杂的问题,而且对于不同的材料增强效应各不相同。影响增强效应的因素比较多,例如两种材料的粘合力、聚合力、强度、弹性模量、泊松比以及热膨胀系数等。以上所讨论的只是纤维增强复合材料沿着纤维方向加载的情形。其他形式的增强材料,例如颗粒状增强材料的增强效应,则要复杂得多。

以上分析中建立了单层复合材料的名义应力与各组成部分应力之间的关系。当纤维所占体积比确定之后,根据基体和纤维的力学性能,即可确定复合材料所能承受的最大名义应力。反之,如果给定复合材料所需承受的名义应力,也可由基体和纤维的力学性能确定所需纤维的体积比。

14.4 高分子材料概述

聚合物的力学行为与温度和时间或应变速率关系很大。由于温度和时间或应变速率存在着广泛的对应关系,这里将以温度 T 作为主要的特征参数。图 14-6 所示为非晶态聚合物的弹性模量 E 随温度 T 变化的典型曲线。对于非晶态聚合物,存在玻璃化的转变温度 T_g,以 T_g 为界,聚合物被分为截然不同的两种状态,即玻璃态和橡胶态。前者的性态接近于脆性玻璃,模量取值约为 10^9 Pa 量级;后者却具有很高的非线性弹性变形能力,模量取值约为 10^6 Pa 量级。在不同的条件下,聚合物表现出多种类型的变形,如弹性变形、粘弹性变形、塑性变形等。

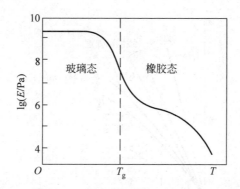

图 14-6　非晶态高聚物的弹性模量随温度变化的典型曲线

14.5　聚合物的粘弹性行为

14.5.1　粘弹性的基本概念

一般工程材料，例如钢铁等，在常温下其应力-应变关系均与时间无关。近代工程中有不少材料，例如混凝土、塑料（增强或非增强塑料）以及某些生物组织，其应力-应变关系都与时间有关，这种现象称为**粘弹性**（viscoelasticity）。聚合物表现出明显的粘弹性变形，是一种介于弹性和粘性之间的变形行为。

粘弹性材料中的应力是应变与时间的函数，因而应力-应变-时间关系可由下述方程描述

$$\sigma = f(\varepsilon, t) \tag{14-21}$$

这就是所谓**非线性粘弹性**（non-linear viscoelasticity）。为了简化分析过程，可以将式（14-21）简化为应力-应变线性方程，但仍包含时间函数，即

$$\sigma = \varepsilon f(t) \tag{14-22}$$

此即为**线性粘弹性**（linear viscoelasticity）。

弹性、线性粘弹性与非线性粘弹性的应力-应变关系的比较，可由图 14-7 加以说明。从图中可以看出，对于粘弹性材料，当应力保持不变时，应变将随时间的增加而增加，这种现象称为**蠕变**（creep）。

当应变保持不变时，应力将随时间的增加而减小，这种现象称为**松弛**（relaxation）。

需要指出的是，一般弹性材料在较高的温度下也会出现蠕变和松弛。所不同的是，粘弹性材料在一般环境温度下，便会产生这两种效应。

此外，粘弹性材料的应力-应变-时间关系还具有温度敏感性，即与温度有

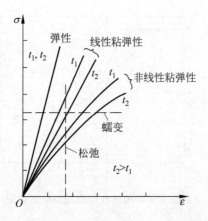

图 14-7　弹性与粘弹性的应力-应变关系

关。大部分金属材料虽然在常温下表现为弹性性态,但在一定温度下却表现出粘弹性性态。

本章所指"粘弹性材料"是广义的,即在一定的条件下具有粘弹性性态的材料。

14.5.2　两种基本元件

弹性固体与粘性流体代表着粘弹性材料的两个极端。弹性固体在荷载除去后其变形能回复到其初始状态;而粘性流体则不具有变形回复的可能性。弹性固体的应力直接与应变有关;而粘性流体中的应力,除静水压力分量外,则与应变速率有关。

弹性固体与粘性流体的上述性态可以分别由螺旋弹簧和阻尼器模拟。二者分别称为**弹性元件**(elastic element)与**粘性元件**(viscous element)。这两种元件以不同方式组合成不同的力学模型,可用以描述线性粘弹性的某些性态。

图 14-8(a)、(b)所示分别为表示弹性元件的线性弹簧和表示粘性元件的阻尼器。

对于弹性元件,有

$$\sigma = E\varepsilon \tag{14-23}$$

对于粘性元件,有

$$\sigma = \eta \frac{d\varepsilon}{dt} \tag{14-24}$$

式中,E 为弹性元件材料的弹性模量,η 为粘度,$d\varepsilon/dt$ 为应变速率。

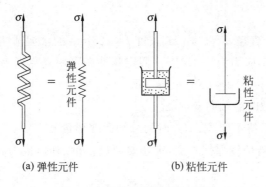

图 14-8　弹性元件与粘性元件

14.5.3　串联模型

由两种基本元件串联而成的模型，称为**麦克斯韦模型**（Maxwell model），如图 14-9 所示。设弹性元件和粘性元件的应变分别为 ε_1 和 ε_2，则模型的总应变为

$$\varepsilon_t = \varepsilon_1 + \varepsilon_2 \quad (14\text{-}25)$$

将其对时间求一次导数，并利用式（14-23）和式（14-24），可得

$$\frac{d\varepsilon_t}{dt} = \frac{1}{E}\frac{d\sigma}{dt} + \frac{\sigma}{\eta} \quad (14\text{-}26)$$

这一方程描述了粘弹性材料串联模型的应力-应变-时间关系，称为**本构方程**（constitutive equation）。

图 14-9　麦克斯韦模型

14.5.4　并联模型

两种基本元件并联而成的模型，称为**开尔文模型**（Kelvin-Voigt model），如图 14-10 所示。模型的总应力为二者应力之和：

$$\sigma = \sigma_1 + \sigma_2 \quad (14\text{-}27)$$

利用式（14-23）和式（14-24），得

$$\sigma = E\varepsilon + \eta\frac{d\varepsilon}{dt} \quad (14\text{-}28)$$

或者通过分离变量后积分，写为

$$\frac{t}{\eta} = -\frac{1}{E}\ln(\sigma - E\varepsilon) + C \quad (14\text{-}29)$$

此即开尔文模型的本构方程，其中 C 为积分常数，由初

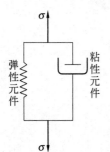

图 14-10　开尔文模型

始条件确定。

例题 14-2 直径 $d=114$mm、长度 $l=225$mm 的水泥圆柱,承受轴向荷载后,横截面上的正应力为 1.4MPa。假定其性态可用麦克斯韦模型模拟,且已知 $E=5.5$GPa, $\eta=3.0\times 10^{14}$Pa·s。试:

1. 求刚加载时的轴向变形 Δl;
2. 若应力保持不变,求 10h 时的总轴向变形量 Δl_t;
3. 10h 后,若应变保持不变,求还要经过多少小时,应力将衰减到初始值的 80%。

解:1. 刚加载时的轴向变形

刚加载时的瞬时变形与时间无关,且其变形为弹性变形,即

$$\Delta l = \frac{\sigma}{E}l = \left(\frac{1.4\times 10^6}{5.5\times 10^9}\times 225\times 10^{-3}\right)\text{m}$$
$$= 57.27\times 10^{-6}\text{m} = 57.27\times 10^{-3}\text{mm}$$

2. 计算 10h 时的瞬时总轴向变形量

因为应力保持不变,根据方程(14-26),有

$$\frac{d\varepsilon_t}{dt} = \frac{\sigma}{\eta}$$

对此式积分,并利用初始应变($t=0, \varepsilon_0 = \Delta l/l$),得到 10h 时的瞬时的总轴向变形为

$$\Delta l_t = \varepsilon_t l = \left(\varepsilon_0 + \frac{\sigma}{\eta}t\right)l$$
$$= \left[\left(\frac{57.27\times 10^{-6}}{225\times 10^{-3}} + \frac{1.4\times 10^6}{3\times 10^{14}}\times 10\times 3600\right)\times 225\times 10^{-3}\right]\text{m}$$
$$= 95.07\times 10^{-6}\text{m} = 95.07\times 10^{-3}\text{mm}$$

3. 10h 后应力松弛到初始值的 80% 时所需的时间

因为应变保持不变,由式(14-26),得

$$-\frac{\eta}{E}\frac{d\sigma}{\sigma} = dt$$

等式两边积分,得

$$\frac{\eta}{E}\ln\frac{\sigma(t_1)}{\sigma(t_2)} = t_2 - t_1 = \Delta t$$

由此算得

$$\Delta t = \left(\frac{3\times 10^{14}}{5.5\times 10^9}\ln\frac{1.0}{0.8}\right)\text{s} = 12170\text{s} = 3.38\text{h}$$

例题 14-3 聚合物制成的拉杆，承受轴向均匀拉伸，横截面上的正应力 $\sigma=1\text{MPa}$。在这一应力下记录拉伸过程中应变与时间的数据如下：

t/s	3.6×10^3	7.2×10^3	36.0×10^3	72.0×10^3
$\varepsilon(\times10^{-3})$	6.0	8.4	10.0	10.0

假定这种聚合物的性态可以用开尔文模型描述，试根据实验数据确定其弹性模量和粘度。

解：方程(14-28)在 $(d\varepsilon/dt)$-ε 坐标中可由一直线描述，该直线在纵坐标上的截距为 σ/η，其斜率为 $-E/\eta$。根据已给实验数据，可取 $d\varepsilon/dt=\Delta\varepsilon/\Delta t$，于是得到如下数据：

$\dfrac{d\varepsilon}{dt}/\text{s}^{-1}(\times10^{-7})$	16.67	6.67	0.56	0
$\varepsilon(\times10^{-4})$	60	84	100	100

据此可画出 $(d\varepsilon/dt)$-ε 曲线，如图 14-11 所示。图中直线在纵坐标上的截距给出：

$$\frac{\sigma}{\eta}=40\times10^{-7}\text{s}^{-1}$$

已知 $\sigma=1\text{MPa}$，代入上式后，得到粘度

$$\eta=\left(\frac{1\times10^6}{40\times10^{-7}}\right)\text{Pa}\cdot\text{s}=2.5\times10^{11}\text{Pa}\cdot\text{s}$$

图中给出直线的斜率：

$$-\frac{E}{\eta}=\left(-\frac{40\times10^{-7}}{100\times10^{-4}}\right)\text{s}^{-1}=-0.40\times10^{-3}\text{s}^{-1}$$

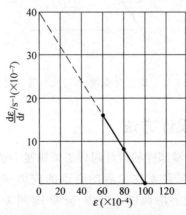

图 14-11 例题 14-3 图

由此求得材料的弹性模量为
$$E = (2.5 \times 10^{11} \times 0.40 \times 10^{-3})\text{Pa} = 1.0 \times 10^{8}\text{Pa} = 0.1\text{GPa}$$

14.6 非线性粘弹性构件设计的工程方法

非线性粘弹性构件的设计，首先需要通过试验确定不同应力水平下应变与时间关系曲线族，称为**蠕变曲线族**（a family of creep curves）。其次，由蠕变曲线族得到同一时间的应力与应变的关系，以及对于同一应变下应力与时间的关系。

14.6.1 等应变线与等时线

通过试验测得某一温度下对应于不同应力的蠕变曲线族，如图 14-12(a) 所示。为方便起见，横坐标采用时间的对数值。根据蠕变曲线族，对于某一时刻，例如 $t = t_1$，不难得到这一时刻不同应力所对应的应变。将这些对应的应力与应变值标在应力-应变坐标中，并绘制成曲线，如图 14-12(b) 所示。这一曲线称为**等时线**（isometric curve）。类似地，对于某一应变值 ε'，还可以得到不同时刻的应力值。在应力与时间对数坐标系中，也可以画出相应的曲线，称为**等应变线**（isochronous curve），如图 14-12(c) 所示。

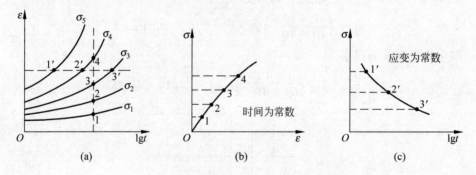

图 14-12 蠕变曲线族、等时线和等应变线

14.6.2 伪弹性设计方法

粘弹性材料构件或零部件的设计同样必须满足力的平衡条件和变形协调条件。问题是，要建立起联系这二者的合适的应力-时间关系却是困难的。因此，尽管基于平衡、变形协调以及应力-应变-时间关系的设计方法比较精确，但过于复杂，故难于为一般设计者所接受。在最近的 20 年内，最容易为大

多数设计者所接受的方法是所谓**伪弹性设计方法**(pseudoelastic design method)。这种方法是将与时间有关的"弹性常数",例如弹性模量、泊松比等,代替经典方程中的真实弹性常数。这时的弹性模量和泊松比分别称为**相当弹性模量**(equivalent elastic modulus)和**相当泊松比**(equivalent Poisson ratio)。分别用 $E(t)$ 和 $\nu(t)$ 表示。试验结果表明,$\nu(t)$ 一般在 $0.3\sim0.4$ 之间。

设计中必须慎重确定与时间有关的上述常数值,以保证构件的在役寿命和极限应变。极限应变值一般由设计者与材料制造者协商确定,一般取为 $10\times10^{-3}\sim20\times10^{-3}$ 量级。这种设计方法必须利用由试验确定的蠕变数据。

例题 14-4 二乙醇塑料制成的实心圆截面悬臂梁,受力如图 14-13(a)所示。已知 $l=0.15\mathrm{m}, F=25\mathrm{N}$。材料在 20℃时的蠕变曲线族如图 14-13(b)所示。为保证在 1 年内最大正应变不超过 0.02,试:

1. 确定梁的直径;
2. 求这一直径下梁的最大挠度。

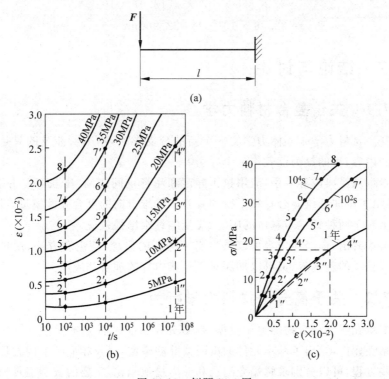

图 14-13 例题 14-4 图

解:根据蠕变曲线族,可以画出不同时刻的等时线,如图 14-13(b)所示。

其中仅 1 年等时线对于本例是有用的。根据 1 年等时线，当最大正应变限制为 0.02 时的应力值为 17.1MPa。梁内的最大正应力为

$$\sigma_{\max} = \frac{M_{\max}}{W} = \frac{32Fl}{\pi d^3}$$

令其等于 17.1MPa，由上式即可确定梁的直径：

$$d = \sqrt[3]{\frac{32Fl}{\pi \sigma_{\max}}} = \left(\sqrt[3]{\frac{32 \times 25 \times 0.15}{\pi \times 17.1 \times 10^6}}\right)\text{m} = 13.07 \times 10^{-3}\text{m} = 13.07\text{mm}$$

根据弹性体悬臂梁最大挠度表达式，最大挠度为

$$w_{\max} = \frac{Fl^3}{3E(t)I} = \frac{64Fl^3}{3E(t)\pi d^4}$$

其中，$E(t)$ 为与时间有关的弹性模量，由图 14-13(b) 中坐标原点至坐标为 $\varepsilon = 0.02$、$\sigma = 17.1$MPa 的点的割线斜率确定，即 $E(t) = 17.1/0.02 = 855$MPa。于是，梁的最大挠度为

$$w_{\max} = \left(\frac{64 \times 25 \times 0.15^3}{3 \times 855 \times 10^6 \times \pi (13.07 \times 10^{-3})^4}\right)\text{m}$$
$$= 22.96 \times 10^{-3}\text{m} = 22.96\text{mm}$$

14.7 结论与讨论

14.7.1 关于复合材料力学

复合材料力学是固体力学的一个新的分支学科，本书所涉及的只是其最基本的内容，目的是为读者作一个导引。

本章从经典内容入手，应用拉压静定和超静定问题的"串联"和"并联"模型，导出了单向纤维复合材料平行和垂直于纤维方向的复合弹性模量。同时，给出了对于两种纤维与基体的应力-应变的纤维增强效应。

不难看出，由经典内容可以派生出一些新的概念、理论和方法；反过来通过引入相关的新内容，又可以加深对于经典内容的理解和应用。

14.7.2 关于高分子材料力学行为

本章在建立聚合物的力学模型时，首先定义了两种基本元件——弹性元件和粘性元件，给出了基本元件的串联或并联模型，以及相应的本构方程。应用这些方程，可以分别求解蠕变问题和应力松弛问题，主要的数学工具为微分方程的积分。

14.7.3 关于复合材料力学的几点讨论

1. 独立的弹性常数

对于各向同性材料，三个弹性常数 E、G、ν 中，只有两个是独立的。因为三者之间存在下列相依关系

$$G = \frac{E}{2(1+\nu)}$$

对于单向纤维复合材料，弹性常数有 E_x、E_y、ν_{xy}、ν_{yx}、G_{xy}。这些常数中有几个是独立的呢？前已说明，由于存在 $E_x\nu_{xy} = E_y\nu_{yx}$，因此 5 个常数中只有 4 个是独立的。关于 $E_x\nu_{xy} = E_y\nu_{yx}$ 这一结论的证明，有兴趣的读者可参阅沈观林编写的《复合材料力学》(清华大学出版社，1996 年)。

2. 增强效应

对于纤维弹性与基体弹性和弹塑性增强效应的分析，都是以相应于纤维极限应变时的基体应力作为确定临界增强体积比条件的。

如果基体达到极限应变，临界增强体积比又如何确定呢？读者不妨假设不同的纤维与基体的应力-应变曲线，加以分析。

14.7.4 关于高分子材料力学行为的几点讨论

1. 粘弹性模型与本构方程

本章的分析过程表明，解决聚合物的线性粘弹性问题，最重要的是建立与聚合物对时间响应相一致或接近的粘弹性模型，并由模型建立相应的本构方程。本章只介绍了两种基本模型——麦克斯韦模型和开尔文模型。但是，这些基本模型所能解决的聚合物的线性粘弹性问题毕竟是有限的。对于不同的聚合物，需要建立与之相对应的粘弹性模型，这往往需要经过"实验—理论分析—实验"这样的多次反复过程，才能逐步完善。

模型建立之后，需要根据基本元件的本构关系以及模型中基本元件的组合方式，建立与模型相对应的本构方程。

* 2. 各种粘弹性模型处理问题的范围

线性粘弹性体在不变应力作用下，应变对时间的响应可以表示为

$$\varepsilon(t) = C_c(t)\sigma_0 \tag{14-30}$$

式中，$C_c(t)$ 为材料在单位应力作用下的应变响应，即蠕变柔量。

类似地，线性粘弹性材料在不变应变作用下的应力响应可以表示为
$$\sigma(t) = E_r(t)\varepsilon_0 \tag{14-31}$$
式中，$E_r(t)$ 表示材料在单位应变作用下的应力响应，即松弛模量。

不难看出，式(14-30)和式(14-31)可以分别用于处理蠕变和应力松弛问题。因此，对于某一种粘弹性模型，若能将其本构方程写成式(14-30)的形式，亦即建立蠕变柔量 $C_c(t)$ 的表达式，则可用这种模型处理蠕变问题；否则不能。类似地，某一种模型的本构方程若能够写成式(14-31)的形式，亦即可以建立松弛模量 $E_r(t)$ 的表达式，则这一模型便可以用于处理应力松弛问题。

以麦克斯韦模型为例，由式(14-23)、式(14-24)和式(14-25)可以导出
$$\varepsilon(t) = \left(\frac{1}{E} + \frac{t}{\eta}\right)\sigma_0 \tag{14-32}$$

于是，这种模型的蠕变柔量为
$$C_c(t) = \frac{1}{E} + \frac{t}{\eta} \tag{14-33}$$

若将式(14-31)代入麦克斯韦模型的本构方程(14-26)，则可得到松弛模量的表达式
$$E_r(t) = e^{-\frac{E}{\eta}t} \tag{14-34}$$

于是，式(14-31)可以写成
$$\sigma(t) = e^{-\frac{E}{\eta}t}\varepsilon_0 \tag{14-35}$$

上述结果表明，麦克斯韦模型既可以处理蠕变问题，又可以处理松弛问题。

读者可以证明，对于开尔文模型，其蠕变柔量为
$$C_c(t) = \frac{1}{E}(1 - e^{-\frac{E}{\eta}t}) \tag{14-36}$$

而松弛模量却为一常量。因此，开尔文模型只能用于处理蠕变问题，而不能用于处理松弛问题。

习题

14-1 图示结构中，两种材料的弹性模量分别为 E_a 和 E_b，且已知 $E_a > E_b$，二杆的横截面面积均为 bh，长度为 l，两轮之间的间距为 a，试求：

1. 二杆横截面上的正应力；
2. 杆的总伸长量及复合弹性模量；
3. 各轮所受的力。

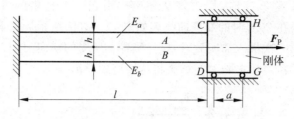

习题 14-1 图

14-2 玻璃纤维/环氧树脂单层复合材料由 2.5kg 纤维与 5kg 树脂组成。已知玻璃纤维的弹性模量 $E_f = 85$GPa，密度 $\rho_f = 2500$kg/m³，环氧树脂的弹性模量 $E_m = 5$GPa，密度 $\rho_m = 1200$kg/m³。试求垂直于纤维方向和平行于纤维方向的弹性模量 E_y 和 E_x。

14-3 已知组成单层复合材料的基体材料具有明显的屈服平台，屈服强度 $\sigma_{ms} = 20$MPa，强度极限 $\sigma_{mb} = 50$MPa，相应的极限应变为 $\varepsilon_{ms} = 0.145$，$\varepsilon_{mb} = 0.30$；纤维的强度极限 $\sigma_{fb} = 2000$MPa，极限应变 $\varepsilon_{fb} = 0.15$。现要求这种复合材料在平行于纤维方向加载时，能承受 1300MPa 的应力，试确定所需纤维的体积比。

14-4 具有明显屈服平台的树脂，其屈服强度 $\sigma_{ms} = 35$MPa，强度极限 $\sigma_{mb} = 65$MPa，相应的极限应变为 $\varepsilon_{ms} = 0.15$，$\varepsilon_{mb} = 0.40$。玻璃纤维的强度极限 $\sigma_{fb} = 1860$MPa，极限应变 $\varepsilon_{fb} = 0.155$。若以树脂为基体，以纤维作为增强材料组成单层复合材料，试求产生增强效果所需的最小纤维体积比，并确定沿纤维方向加载时复合材料横截面上所能承受的最大的名义应力。

14-5 对于麦克斯韦模型，保持初始应力为 σ_0 时的应变不变，试证明经过时间 t 后其应力由下式给出：

$$\sigma(t) = \sigma_0 \exp\left(-\frac{t}{\lambda}\right)$$

并说明其中 λ 的含义。

14-6 承受轴向拉伸的橡皮带，当横截面上应力 $\sigma_0 = 10$MPa 时，其纵向正应变为 0.5，然后保持应变不变，50 天后应力减小为 5MPa。试计算若保持同样应变，再经过 50 天后应力减少到什么数值。

14-7 两端封闭的圆柱薄壁容器由乙二醇塑料制成。已知容器平均直径 $D = 300$mm，壁厚 $\delta = 10$mm，容器承受内压作用。乙二醇塑料的蠕变曲线族如图 14-13(b) 所示，相当泊松比 $\nu(t)$ 可取为常量，即 $\nu(t) = 0.4$。若规定容器的环向应变 ε_t 在 1 年内不得超过 1%。试求容器所能承受的最大内压 p。

*14-8 塑料制成的插座与插头结构如图所示。当施加在插座一侧臂上

的横向力降低到 33N 时，插头将从插座中滑出。若材料的弹性模量 $E = 3.35\text{GPa}$，材料在 20℃时的蠕变曲线族如图 14-13(b)所示。试求：

1. 插头第一次插入插座后，插座一侧臂上所受的横向力；
2. 插入后需经历多长时间插头将从插座中滑出。

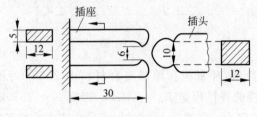

习题 14-8 图（单位：mm）

附 录

附录 A　型钢规格表
附录 B　习题答案
附录 C　索引

附录 A 型钢规格表

表 1 热轧等边角钢(GB 9787—88)

符号意义:

b——边宽度;
d——边厚度;
r——内圆弧半径;
r_1——边端内圆弧半径;
I——惯性矩;
i——惯性半径;
W——截面模量;
z_0——重心距离

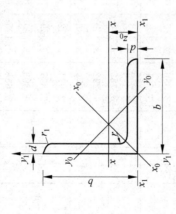

角钢号数	尺寸/mm			截面面积/cm²	理论重量/kg·m⁻¹	外表面积/m²·m⁻¹	参 考 数 值									
							$x-x$			x_0-x_0			y_0-y_0			x_1-x_1	z_0
	b	d	r				I_x/cm⁴	i_x/cm	W_x/cm³	I_{x0}/cm⁴	i_{x0}/cm	W_{x0}/cm³	I_{y0}/cm⁴	i_{y0}/cm	W_{y0}/cm³	I_{x1}/cm⁴	/cm
2	20	3	3.5	1.132	0.889	0.078	0.40	0.59	0.29	0.63	0.75	0.45	0.17	0.39	0.20	0.81	0.60
		4		1.459	1.145	0.077	0.50	0.58	0.36	0.78	0.73	0.55	0.22	0.38	0.24	1.09	0.64
2.5	25	3		1.432	1.124	0.098	0.82	0.76	0.46	1.29	0.95	0.73	0.34	0.49	0.33	1.57	0.73
		4		1.859	1.459	0.097	1.03	0.74	0.59	1.62	0.93	0.92	0.43	0.48	0.40	2.11	0.76

续表

角钢号数	尺寸/mm			截面面积/cm²	理论重量/(kg/m)	外表面积/(m²/m)	参 考 数 值											
							$x-x$			x_0-x_0			y_0-y_0			x_1-x_1		z_0
	b	d	r				I_x /cm⁴	i_x /cm	W_x /cm³	I_{x0} /cm⁴	i_{x0} /cm	W_{x0} /cm³	I_{y0} /cm⁴	i_{y0} /cm	W_{y0} /cm³	I_{x1} /cm⁴		/cm
3.0	30	3	4.5	1.749	1.373	0.117	1.46	0.91	0.68	2.31	1.15	1.09	0.61	0.59	0.51	2.71		0.85
		4		2.276	1.786	0.117	1.84	0.90	0.87	2.92	1.13	1.37	0.77	0.58	0.62	3.63		0.89
3.6	36	3	4.5	2.109	1.656	0.141	2.58	1.11	0.99	4.09	1.39	1.61	1.07	0.71	0.76	4.68		1.00
		4		2.756	2.163	0.141	3.29	1.09	1.28	5.22	1.38	2.05	1.37	0.70	0.93	6.25		1.04
		5		3.382	2.654	0.141	3.95	1.08	1.56	6.24	1.36	2.45	1.65	0.70	1.09	7.84		1.07
4.0	40	3	5	2.359	1.852	0.157	3.59	1.23	1.23	5.69	1.55	2.01	1.49	0.79	0.96	6.41		1.09
		4		3.086	2.422	0.157	4.60	1.22	1.60	7.29	1.54	2.58	1.91	0.79	1.19	8.56		1.13
		5		3.791	2.976	0.156	5.53	1.21	1.96	8.76	1.52	3.01	2.30	0.78	1.39	10.74		1.17
4.5	45	3	5	2.659	2.088	0.177	5.17	1.40	1.58	8.20	1.76	2.58	2.14	0.90	1.24	9.12		1.22
		4		3.486	2.736	0.177	6.65	1.38	2.05	10.56	1.74	3.32	2.75	0.89	1.54	12.18		1.26
		5		4.292	3.369	0.176	8.04	1.37	2.51	12.74	1.72	4.00	3.33	0.88	1.81	15.25		1.30
		6		5.076	3.985	0.176	9.33	1.36	2.95	14.76	1.70	4.64	3.89	0.88	2.06	18.36		1.33
5	50	3	5.5	2.971	2.332	0.197	7.18	1.55	1.96	11.37	1.96	3.22	2.98	1.00	1.57	12.50		1.34
		4		3.897	3.059	0.197	9.26	1.54	2.56	14.70	1.94	4.16	3.82	0.99	1.96	16.60		1.38
		5		4.803	3.770	0.196	11.21	1.53	3.13	17.79	1.92	5.03	4.64	0.98	2.31	20.90		1.42
		6		5.688	4.465	0.196	13.05	1.52	3.68	20.68	1.91	5.85	5.42	0.98	2.63	25.14		1.46
5.6	56	3	6	3.343	2.624	0.221	10.19	1.75	2.48	16.14	2.20	4.08	4.24	1.13	2.02	17.56		1.48
		4		4.390	3.446	0.220	13.18	1.73	3.24	20.92	2.18	5.28	5.46	1.11	2.52	23.43		1.53
5.6	56	5	6	5.415	4.251	0.220	16.02	1.72	3.97	25.42	2.17	6.42	6.61	1.10	2.98	29.33		1.57
		8	7	8.367	6.568	0.219	23.63	1.68	6.03	37.37	2.11	9.44	9.89	1.09	4.16	47.24		1.68

续表

角钢号数	尺寸/mm				截面面积/cm²	理论重量/(kg/m)	外表面积/(m²/m)	参考数值										
								$x-x$			x_0-x_0			y_0-y_0			x_1-x_1	z_0
	b	d		r				I_x/cm⁴	i_x/cm	W_x/cm³	I_{x0}/cm⁴	i_{x0}/cm	W_{x0}/cm³	I_{y0}/cm⁴	i_{y0}/cm	W_{y0}/cm³	I_{x1}/cm⁴	/cm
6.3	63	4		7	4.978	3.907	0.248	19.03	1.96	4.13	30.17	2.46	6.78	7.89	1.26	3.29	33.35	1.70
		5			6.143	4.822	0.248	23.17	1.94	5.08	36.77	2.45	8.25	9.57	1.25	3.90	41.73	1.74
		6			7.288	5.721	0.247	27.12	1.93	6.00	43.03	2.43	9.66	11.20	1.24	4.46	50.14	1.78
		8			9.515	7.469	0.247	34.46	1.90	7.75	54.56	2.40	12.25	14.33	1.23	5.47	67.11	1.85
		10			11.657	9.151	0.246	41.09	1.88	9.39	64.85	2.36	14.56	17.33	1.22	6.36	84.31	1.93
7	70	4		8	5.570	4.372	0.275	26.39	2.18	5.14	41.80	2.74	8.44	10.99	1.40	4.17	45.74	1.86
		5			6.875	5.397	0.275	32.21	2.16	6.32	51.08	2.73	10.32	13.34	1.39	4.95	57.21	1.91
		6			8.160	6.406	0.275	37.77	2.15	7.48	59.93	2.71	12.11	15.61	1.38	5.67	68.73	1.95
		7			9.424	7.398	0.275	43.09	2.14	8.59	68.35	2.69	13.81	17.82	1.38	6.34	80.29	1.99
		8			10.667	8.373	0.274	48.17	2.12	9.68	76.37	2.68	15.43	19.98	1.37	6.98	91.92	2.03
7.5	75	5		9	7.367	5.818	0.295	39.97	2.33	7.32	63.30	2.92	11.94	16.63	1.50	5.77	70.56	2.04
		6			8.797	6.905	0.294	46.95	2.31	8.64	74.38	2.90	14.02	19.51	1.49	6.67	84.55	2.07
		7			10.160	7.976	0.294	53.57	2.30	9.93	84.96	2.89	16.02	22.18	1.48	7.44	98.71	2.11
		8			11.503	9.030	0.294	59.96	2.28	11.20	95.07	2.88	17.93	24.86	1.47	8.19	112.97	2.15
		10			14.126	11.089	0.293	71.98	2.26	13.64	113.92	2.84	21.48	30.05	1.46	9.56	141.71	2.22
8	80	5		9	7.912	6.211	0.315	48.79	2.48	8.34	77.33	3.13	13.67	20.25	1.60	6.66	85.36	2.15
		6			9.397	7.376	0.314	57.35	2.47	9.87	90.98	3.11	16.08	23.72	1.59	7.65	102.50	2.19
		7			10.860	8.525	0.314	65.58	2.46	11.37	104.07	3.10	18.40	27.09	1.58	8.58	119.70	2.23
		8			12.303	9.658	0.314	73.49	2.44	12.83	116.60	3.08	20.61	30.39	1.57	9.46	136.97	2.27
		10			15.126	11.874	0.313	88.43	2.42	15.64	140.09	3.04	24.76	36.77	1.56	11.08	171.74	2.35

续表

角钢号数	尺寸/mm				截面面积/cm²	理论重量/kg·m⁻¹	外表面积/m²·m⁻¹	参考数值										
								$x-x$				x_0-x_0			y_0-y_0			x_1-x_1	z_0/cm
	b	d		r				I_x/cm⁴	i_x/cm	W_x/cm³	I_{x0}/cm⁴	i_{x0}/cm	W_{x0}/cm³	I_{y0}/cm⁴	i_{y0}/cm	W_{y0}/cm³	I_{x1}/cm⁴	
9	90	6		10	10.637	8.350	0.354	82.77	2.79	12.61	131.26	3.51	20.63	34.28	1.80	9.95	145.87	2.44
		7			12.301	9.656	0.354	94.83	2.78	14.54	150.47	3.50	23.64	39.18	1.78	11.19	170.30	2.48
		8			13.944	10.946	0.353	106.47	2.76	16.42	168.97	3.48	26.55	43.97	1.78	12.35	194.80	2.52
		10			17.167	13.476	0.353	128.58	2.74	20.07	203.90	3.45	32.04	53.26	1.76	14.52	244.07	2.59
		12			20.306	15.940	0.352	149.22	2.71	23.57	236.21	3.41	37.12	62.22	1.75	16.49	293.76	2.67
10	100	6		12	11.932	9.366	0.393	114.95	3.01	15.68	181.98	3.90	25.74	47.92	2.00	12.69	200.07	2.67
		7			13.796	10.830	0.393	131.86	3.09	18.10	208.97	3.89	29.55	54.74	1.99	14.26	233.54	2.71
		8			15.638	12.276	0.393	148.24	3.08	20.47	235.07	3.88	33.24	61.41	1.98	15.75	267.09	2.76
		10			19.261	15.120	0.392	179.51	3.05	25.06	284.68	3.84	40.26	74.35	1.96	18.54	334.48	2.84
		12			22.800	17.898	0.391	208.90	3.03	29.48	330.95	3.81	46.80	86.84	1.95	21.08	402.34	2.91
		14			26.256	20.611	0.391	236.53	3.00	33.73	374.06	3.77	52.90	99.00	1.94	23.44	470.75	2.99
		16			29.627	23.257	0.390	262.53	2.98	37.82	414.16	3.74	58.57	110.89	1.94	25.63	539.80	3.06
11	110	7		12	15.196	11.928	0.433	177.16	3.41	22.05	280.94	4.30	36.12	73.38	2.20	17.51	310.64	2.96
		8			17.238	13.532	0.433	199.46	3.40	24.95	316.49	4.28	40.69	82.42	2.19	19.39	355.20	3.01
		10			21.261	16.690	0.432	242.19	3.38	30.60	384.39	4.25	49.42	99.98	2.17	22.91	444.65	3.09
		12			25.200	19.782	0.431	282.55	3.35	36.05	448.17	4.22	57.62	116.93	2.15	26.15	534.60	3.16
		14			29.056	22.809	0.431	320.71	3.32	41.31	508.01	4.18	65.31	133.40	2.14	29.14	625.16	3.24
12.5	125	8		14	19.750	15.504	0.492	297.03	3.88	32.52	470.89	4.88	53.28	123.16	2.50	25.86	521.01	3.37
		10			24.373	19.133	0.491	361.67	3.85	39.97	573.89	4.85	64.93	149.46	2.48	30.62	651.93	3.45
		12			28.912	22.696	0.491	423.16	3.83	41.17	671.44	4.82	75.96	174.88	2.46	35.03	783.42	3.53
		14			33.367	26.193	0.490	481.65	3.80	54.16	763.73	4.78	86.41	199.57	2.45	39.13	915.61	3.61

附录 A 型钢规格表

续表

角钢号数	尺寸/mm			截面面积/cm²	理论重量/(kg/m)	外表面积/(m²/m)	参考数值									z_0/cm
	b	d	r				$x-x$			x_0-x_0			y_0-y_0			x_1-x_1
							I_x/cm⁴	i_x/cm	W_x/cm³	I_{x0}/cm⁴	i_{x0}/cm	W_{x0}/cm³	I_{y0}/cm⁴	i_{y0}/cm	W_{y0}/cm³	I_{x1}/cm⁴	
14	140	10	14	27.373	21.488	0.551	514.65	4.34	50.58	817.27	5.46	82.56	212.04	2.78	39.20	915.11	3.82
		12		32.512	25.522	0.551	603.68	4.31	59.80	958.79	5.43	96.85	248.57	2.76	45.02	1099.28	3.90
		14		37.567	29.490	0.550	688.81	4.28	68.75	1093.56	5.40	110.47	284.06	2.75	50.45	1284.22	3.98
		16		42.539	33.393	0.549	770.24	4.26	77.46	1221.81	5.36	123.42	318.67	2.74	55.55	1470.07	4.06
16	160	10	16	31.502	24.729	0.630	779.53	4.98	66.70	1237.30	6.27	109.36	321.76	3.20	52.76	1365.33	4.31
		12		37.441	29.391	0.630	916.58	4.95	78.98	1455.68	6.24	128.67	377.49	3.18	60.74	1639.57	4.39
		14		43.296	33.987	0.629	1048.36	4.92	90.95	1665.02	6.20	147.17	431.70	3.16	68.244	1914.68	4.47
		16		49.067	38.518	0.629	1175.08	4.89	102.63	1865.57	6.17	164.89	484.59	3.14	75.31	2190.82	4.55
18	180	12	16	42.241	33.159	0.710	1321.35	5.59	100.82	2100.10	7.05	165.00	542.61	3.58	78.41	2332.80	4.89
		14		48.896	38.388	0.709	1514.48	5.56	116.25	2407.42	7.02	189.14	625.53	3.56	88.38	2723.48	4.97
		16		55.467	43.542	0.709	1700.99	5.54	131.13	2703.37	6.98	212.40	698.60	3.55	97.83	3115.29	5.05
		18		61.955	48.634	0.708	1875.12	5.50	145.64	2988.24	6.94	234.78	762.01	3.51	105.14	3502.43	5.13
20	200	14	18	54.642	42.894	0.788	2103.55	6.20	144.70	3343.26	7.82	236.40	863.83	3.98	111.82	3734.10	5.46
		16		62.013	48.680	0.788	2366.15	6.18	163.65	3760.89	7.79	265.93	971.41	3.96	123.96	4270.39	5.54
		18		69.301	54.401	0.787	2620.64	6.15	182.22	4164.54	7.75	294.48	1076.74	3.94	135.52	4808.13	5.62
		20		76.505	60.056	0.787	2867.30	6.12	200.42	4554.55	7.72	322.06	1180.04	3.93	146.55	5347.51	5.69
		24		90.661	71.168	0.785	3338.25	6.07	236.17	5294.97	7.64	374.41	1381.53	3.90	166.55	6457.16	5.87

注：截面图中的 $r_1 = \frac{1}{3}d$ 及表中 r 值的数据用于孔型设计，不作交货条件。

表 2 热轧不等边角钢(GB 9788—88)

符号意义：
B —— 长边宽度；
d —— 边厚度；
r_1 —— 边端内圆弧半径；
i —— 惯性半径；
x_0 —— 重心距离；

b —— 短边宽度；
r —— 内圆弧半径；
I —— 惯性矩；
W —— 截面模量；
y_0 —— 重心距离

角钢号数	尺寸/mm				截面面积 /cm²	理论重量 /(kg/m)	外表面积 /(m²/m)	参 考 数 值													
								$x-x$			$y-y$			x_1-x_1		y_1-y_1		$u-u$			
	B	b	d	r				I_x /cm⁴	i_x /cm	W_x /cm³	I_y /cm⁴	i_y /cm	W_y /cm³	I_{x1} /cm⁴	y_0 /cm	I_{y1} /cm⁴	x_0 /cm	I_u /cm⁴	i_u /cm	W_u /cm³	$\tan\alpha$
2.5/1.6	25	16	3	3.5	1.162	0.912	0.080	0.70	0.78	0.43	0.22	0.44	0.19	1.56	0.86	0.43	0.42	0.14	0.34	0.16	0.392
			4		1.499	1.176	0.079	0.88	0.77	0.55	0.27	0.43	0.24	2.09	0.90	0.59	0.46	0.17	0.34	0.20	0.381
3.2/2	32	20	3		1.492	1.171	0.102	1.53	1.01	0.72	0.46	0.55	0.30	3.27	1.08	0.82	0.49	0.28	0.43	0.25	0.382
			4		1.939	1.522	0.101	1.93	1.00	0.93	0.57	0.54	0.39	4.37	1.12	1.12	0.53	0.35	0.42	0.32	0.374
4/2.5	40	25	3	4	1.890	1.484	0.127	3.08	1.28	1.15	0.93	0.70	0.49	6.39	1.32	1.59	0.59	0.56	0.54	0.40	0.386
			4		2.467	1.936	0.127	3.93	1.26	1.49	1.18	0.69	0.63	8.53	1.37	2.14	0.63	0.71	0.54	0.52	0.381
4.5/2.8	45	28	3	5	2.149	1.687	0.143	4.45	1.44	1.47	1.34	0.79	0.62	9.10	1.47	2.23	0.64	0.80	0.61	0.51	0.383
			4		2.806	2.203	0.143	5.69	1.42	1.91	1.70	0.78	0.80	12.13	1.51	3.00	0.68	1.02	0.60	0.66	0.380

附录 A 型钢规格表

续表

角钢号数	尺寸/mm				截面面积/cm²	理论重量/(kg/m)	外表面积/(m²/m)	参考数值												
								$x-x$			$y-y$			x_1-x_1		y_1-y_1		$u-u$		
	B	b	d	r				I_x/cm⁴	i_x/cm	W_x/cm³	I_y/cm⁴	i_y/cm	W_y/cm³	I_{x1}/cm⁴	y_0/cm	I_{y1}/cm⁴	x_0/cm	I_u/cm⁴	i_u/cm	W_u/cm³	tan α
5/3.2	50	32	3	5.5	2.431	1.908	0.161	6.24	1.60	1.84	2.02	0.91	0.82	12.49	1.60	3.31	0.73	1.20	0.70	0.68	0.404
			4		3.177	2.494	0.160	8.02	1.59	2.39	2.58	0.90	1.06	16.65	1.65	4.45	0.77	1.53	0.69	0.87	0.402
5.6/3.6	56	36	3	6	2.743	2.153	0.181	8.88	1.80	2.32	2.92	1.03	1.05	17.54	1.78	4.70	0.80	1.73	0.79	0.87	0.408
			4		3.590	2.818	0.180	11.45	1.79	3.03	3.76	1.02	1.37	23.39	1.82	6.33	0.85	2.23	0.79	1.13	0.408
			5		4.415	3.466	0.180	13.86	1.77	3.71	4.49	1.01	1.65	29.25	1.87	7.94	0.88	2.67	0.78	1.36	0.404
6.3/4	63	40	4	7	4.058	3.185	0.202	16.49	2.02	3.87	5.23	1.14	1.70	33.30	2.04	8.63	0.92	3.12	0.88	1.40	0.398
			5		4.993	3.920	0.202	20.02	2.00	4.74	6.31	1.12	2.71	41.63	2.08	10.86	0.95	3.76	0.87	1.71	0.396
			6		5.908	4.638	0.201	23.36	1.96	5.59	7.29	1.11	2.43	49.98	2.12	13.12	0.99	4.34	0.86	1.99	0.393
			7		6.802	5.339	0.201	26.53	1.98	6.40	8.24	1.10	2.78	58.07	2.15	15.47	1.03	4.97	0.86	2.29	0.389
7/4.5	70	45	4	7.5	4.547	3.570	0.226	23.17	2.26	4.86	7.55	1.29	2.17	45.92	2.24	12.26	1.02	4.40	0.98	1.77	0.410
			5		5.609	4.403	0.225	27.95	2.23	5.92	9.13	1.28	2.65	57.10	2.28	15.39	1.06	5.40	0.98	2.19	0.407
			6		6.647	5.218	0.225	32.54	2.21	6.95	10.62	1.26	3.12	68.35	2.32	18.58	1.09	6.35	0.98	2.59	0.404
			7		7.657	6.011	0.225	37.22	2.20	8.03	12.01	1.25	3.57	79.99	2.36	21.84	1.13	7.16	0.97	2.94	0.402
(7.5/5)	75	50	5	8	6.125	4.808	0.245	34.86	2.39	6.83	12.61	1.44	3.30	70.00	2.40	21.04	1.17	7.41	1.10	2.74	0.435
			6		7.260	5.699	0.245	41.12	2.38	8.12	14.70	1.42	3.88	84.30	2.44	25.37	1.21	8.54	1.08	3.19	0.435
			8		9.467	7.431	0.244	52.39	2.35	10.52	18.53	1.40	4.99	112.50	2.52	34.23	1.29	10.87	1.07	4.10	0.429
			10		11.590	9.098	0.244	62.71	2.33	12.79	21.96	1.38	6.04	140.80	2.60	43.43	1.36	13.10	1.06	4.99	0.423

续表

角钢号数	尺寸/mm				截面面积/cm²	理论重量/(kg/m)	外表面积/(m²/m)	$x-x$			$y-y$			x_1-x_1		y_1-y_1		$u-u$			
	B	b	d	r				I_x/cm⁴	i_x/cm	W_x/cm³	I_y/cm⁴	i_y/cm	W_y/cm³	I_{x1}/cm⁴	y_0/cm	I_{y1}/cm⁴	x_0/cm	I_u/cm⁴	i_u/cm	W_u/cm³	$\tan\alpha$
8/5	80	50	5	8	6.375	5.005	0.255	41.96	2.56	7.78	12.82	1.42	3.32	85.21	2.60	21.06	1.14	7.66	1.10	2.74	0.388
			6		7.560	5.935	0.255	49.49	2.56	9.25	14.95	1.41	3.91	102.53	2.65	25.41	1.18	8.85	1.08	3.20	0.387
			7		8.724	6.848	0.255	56.16	2.54	10.58	16.96	1.39	4.48	119.33	2.69	29.82	1.21	10.18	1.08	3.70	0.384
			8		9.867	7.745	0.254	62.83	2.52	11.92	18.85	1.33	5.03	136.41	2.73	34.32	1.25	11.38	1.07	4.16	0.381
9/5.6	90	56	5	9	7.212	5.661	0.287	60.45	2.90	9.92	18.32	1.59	4.21	121.32	2.91	29.53	1.25	10.98	1.23	3.49	0.385
			6		8.557	6.717	0.286	71.03	2.88	11.74	21.42	1.58	4.96	145.59	2.95	35.58	1.29	12.90	1.23	4.18	0.384
			7		9.880	7.756	0.286	81.01	2.86	13.49	24.36	1.57	5.70	169.66	3.00	41.71	1.33	14.67	1.22	4.72	0.382
			8		11.183	8.779	0.286	91.03	2.85	15.27	27.15	1.56	6.41	194.17	3.04	47.93	1.36	16.34	1.21	5.29	0.380
10/6.3	100	63	6	10	9.617	7.550	0.320	99.06	3.21	14.64	30.94	1.79	6.35	199.71	3.24	50.50	1.43	18.42	1.38	5.25	0.394
			7		11.111	8.722	0.320	113.45	3.29	16.88	35.26	1.78	7.29	233.00	3.28	59.14	1.47	21.00	1.38	6.02	0.393
			8		12.584	9.878	0.319	127.37	3.18	19.08	39.39	1.77	8.21	266.32	3.32	67.88	1.50	23.50	1.37	6.78	0.391
			10		15.467	12.142	0.319	153.81	3.15	23.32	47.12	1.74	9.98	333.06	3.40	85.73	1.58	28.33	1.35	8.24	0.387
10/8	100	80	6	10	10.637	8.350	0.354	107.04	3.17	15.19	61.24	2.40	10.16	199.83	2.95	102.68	1.97	31.65	1.72	8.37	0.627
			7		12.301	9.656	0.354	122.73	3.16	17.52	70.08	2.39	11.71	233.20	3.00	119.98	2.01	36.17	1.72	9.60	0.626
			8		13.944	10.946	0.353	137.92	3.14	19.81	78.58	2.37	13.21	266.61	3.04	137.37	2.05	40.58	1.71	10.80	0.625
			10		17.167	13.476	0.353	166.87	3.12	24.24	94.65	2.35	16.12	333.63	3.12	172.48	2.13	49.10	1.69	13.12	0.622

附录 A　型钢规格表

续表

角钢号数	尺寸/mm				截面面积/cm²	理论重量/(kg/m)	外表面积/(m²/m)	参考数值												
								$x-x$				$y-y$				x_1-x_1		y_1-y_1		$u-u$			
	B	b	d	r				I_x/cm⁴	i_x/cm	W_x/cm³		I_y/cm⁴	i_y/cm	W_y/cm³		I_{x1}/cm⁴	y_0/cm	I_{y1}/cm⁴	x_0/cm	I_u/cm⁴	i_u/cm	W_u/cm³	$\tan\alpha$
11/7	110	70	6	10	10.637	8.350	0.354	133.37	3.54	17.85		42.92	2.01	7.90		265.78	3.53	69.08	1.57	25.36	1.54	6.53	0.403
			7		12.301	9.656	0.354	153.00	3.53	20.60		49.01	2.00	9.09		310.07	3.57	80.82	1.61	28.95	1.53	7.50	0.402
			8		13.944	10.946	0.353	172.04	3.51	23.30		54.87	1.98	10.25		354.39	3.62	92.70	1.65	32.45	1.53	8.45	0.401
			10		17.167	13.476	0.353	208.39	3.48	28.54		65.88	1.96	12.48		443.13	3.70	116.83	1.72	39.20	1.51	10.29	0.397
12.5/8	125	80	7	11	14.096	11.066	0.403	277.98	4.02	26.86		74.42	2.30	12.01		454.99	4.01	120.32	1.80	43.81	1.76	9.92	0.408
			8		15.989	12.551	0.403	256.77	4.01	30.41		83.49	2.28	13.56		519.99	4.06	137.85	1.84	49.15	1.75	11.18	0.407
			10		19.712	15.474	0.402	312.04	3.98	37.33		100.67	2.26	16.56		650.09	4.14	173.40	1.92	59.45	1.74	13.64	0.404
			12		23.351	18.330	0.402	364.41	3.95	44.01		116.67	2.24	19.43		780.39	4.22	209.67	2.00	69.35	1.72	16.01	0.400
14/9	140	90	8	12	18.038	14.160	0.453	365.64	4.50	38.48		120.69	2.59	17.34		730.53	4.50	195.79	2.04	70.83	1.98	14.31	0.411
			10		22.261	17.475	0.452	445.50	4.47	47.31		146.03	2.56	21.22		913.20	4.58	245.92	2.12	85.82	1.96	17.48	0.409
			12		26.400	20.724	0.451	521.59	4.44	55.87		169.79	2.54	24.95		1096.09	4.66	296.89	2.19	100.21	1.95	20.54	0.406
			14		30.456	23.908	0.451	594.10	4.42	64.18		192.10	2.51	28.54		1279.26	4.74	348.82	2.27	114.13	1.94	23.52	0.403
16/10	160	100	10	13	25.315	19.872	0.512	668.69	5.14	62.13		205.03	2.85	26.56		1362.89	5.24	336.59	2.28	121.74	2.19	21.92	0.390
			12		30.054	23.592	0.511	784.91	5.11	73.49		239.06	2.82	31.28		1635.56	5.32	405.94	2.36	142.33	2.17	25.79	0.388
			14		34.709	27.247	0.510	896.30	5.08	84.56		271.20	2.80	35.83		1908.50	5.40	476.42	2.43	162.23	2.16	29.56	0.385
			16		39.281	30.835	0.510	1003.04	5.05	95.33		301.60	2.77	40.24		2181.79	5.48	548.22	2.51	182.57	2.16	33.44	0.382

续表

角钢号数	尺寸/mm				截面面积/cm²	理论重量/(kg/m)	外表面积/(m²/m)	参考数值												
								$x-x$			$y-y$			x_1-x_1	y_1-y_1		$u-u$			
	B	b	d	r				I_x/cm⁴	i_x/cm	W_x/cm³	I_y/cm⁴	i_y/cm	W_y/cm³	I_{x1}/cm⁴	y_0/cm	I_{y1}/cm⁴	x_0/cm	I_u/cm⁴	i_u/cm	W_u/cm³	$\tan\alpha$
18/11	180	110	10	14	28.373	22.273	0.571	956.25	5.80	78.96	278.11	3.13	32.49	1940.40	5.89	447.22	2.44	166.50	2.42	26.88	0.376
			12		33.712	26.464	0.571	1124.72	5.78	93.53	325.03	3.10	38.32	2328.38	5.98	538.94	2.52	194.87	2.40	31.66	0.374
			14		38.967	30.589	0.570	1286.91	5.75	107.76	369.55	3.08	43.97	2716.60	6.06	631.95	2.59	222.30	2.39	36.32	0.372
			16		44.139	34.649	0.569	1443.06	5.72	121.64	411.85	3.06	49.44	3105.15	6.14	726.46	2.67	248.94	2.38	40.87	0.369
20/12.5	200	125	12	14	37.912	29.761	0.641	1570.90	6.44	116.73	483.16	3.57	49.99	3193.85	6.54	787.74	2.83	285.79	2.74	41.23	0.392
			14		43.867	34.436	0.640	1800.97	6.41	134.65	550.83	3.54	57.44	3726.17	6.62	922.47	2.91	326.58	2.73	47.34	0.390
			16		49.739	39.045	0.639	2023.35	6.38	152.18	615.44	3.52	64.69	4258.86	6.70	1058.86	2.99	366.21	2.71	53.32	0.388
			18		55.526	43.588	0.639	2238.30	6.35	169.33	677.19	3.49	71.74	4792.00	6.78	1197.13	3.06	404.83	2.70	59.10	0.385

注:1. 括号内型号不推荐使用。2. 截面图中的 $r_1 = \frac{1}{3}d$ 及表中 r 的数据用于孔型设计,不作交货条件。

表 3 热轧工字钢 (GB 706—88)

符号意义:
- h——高度;
- b——腿宽度;
- d——腰厚度;
- t——平均腿厚度;
- r——内圆弧半径;
- r_1——腿端圆弧半径;
- I——惯性矩;
- W——截面模量;
- i——惯性半径;
- S——半截面的静矩

型号	尺寸/mm						截面面积/cm²	理论重量/(kg/m)	参考数值						
									$x-x$				$y-y$		
	h	b	d	t	r	r_1			I_x/cm⁴	W_x/cm³	i_x/cm	$I_x:S_x$/cm	I_y/cm⁴	W_y/cm³	i_y/cm
10	100	68	4.5	7.6	6.5	3.3	14.3	11.2	245	49	4.14	8.59	33	9.72	1.52
12.6	126	74	5	8.4	7	3.5	18.1	14.2	488.43	77.529	5.195	10.85	46.906	12.677	1.609
14	140	80	5.5	9.1	7.5	3.8	21.5	16.9	712	102	5.76	12	64.4	16.1	1.73
16	160	88	6	9.9	8	4	26.1	20.5	1130	141	6.58	13.8	93.1	21.2	1.89
18	180	94	6.5	10.7	8.5	4.3	30.6	24.1	1660	185	7.36	15.4	122	26	2
20a	200	100	7	11.4	9	4.5	35.5	27.9	2370	237	8.15	17.2	158	31.5	2.12
20b	200	102	9	11.4	9	4.5	39.5	31.1	2500	250	7.96	16.9	169	33.1	2.06
22a	220	110	7.5	12.3	9.5	4.8	42	33	3400	309	8.99	18.9	225	40.9	2.31
22b	220	112	9.5	12.3	9.5	4.8	46.4	36.4	3570	325	8.78	18.7	239	42.7	2.27
25a	250	116	8	13	10	5	48.5	38.1	5023.54	401.88	10.18	21.58	280.046	48.283	2.403
25b	250	118	10	13	10	5	53.5	42	5283.96	422.72	9.938	21.27	309.297	52.423	2.404
28a	280	122	8.5	13.7	10.5	5.3	55.45	43.4	7114.14	508.15	11.32	24.62	345.051	56.565	2.495
28b	280	124	10.5	13.7	10.5	5.3	61.05	47.9	7480	534.29	11.08	24.24	379.496	61.209	2.493

续表

型号	尺寸/mm						截面面积/cm²	理论重量/(kg/m)	参考数值						
									$x-x$				$y-y$		
	h	b	d	t	r	r_1			I_x/cm^4	W_x/cm^3	i_x/cm	$I_x:S_x/\text{cm}$	I_y/cm^4	W_y/cm^3	i_y/cm
32a	320	130	9.5	15	11.5	5.8	67.05	52.7	11075.5	629.2	12.84	27.46	459.93	70.758	2.619
32b	320	132	11.5	15	11.5	5.8	73.45	57.7	11621.4	726.33	12.58	27.09	501.53	75.989	2.614
32c	320	134	13.5	15	11.5	5.8	79.95	62.8	12167.5	760.47	12.34	26.77	543.81	81.166	2.608
36a	360	136	10	15.8	12	6	76.3	59.9	15760	875	14.4	30.7	552	81.2	2.69
36b	360	138	12	15.8	12	6	83.5	65.6	16530	919	14.1	30.3	582	84.3	2.64
36c	360	140	14	15.8	12	6	90.7	71.2	17310	962	13.8	29.9	612	87.4	2.6
40a	400	142	10.5	16.5	12.5	6.3	86.1	67.6	21720	1090	15.9	34.1	660	93.2	2.77
40b	400	144	12.5	16.5	12.5	6.3	94.1	73.8	22780	1140	15.6	33.6	692	96.2	2.71
40c	400	146	14.5	16.5	12.5	6.3	102	80.1	23850	1190	15.2	33.2	727	99.6	2.65
45a	450	150	11.5	18	13.5	6.8	102	80.4	32240	1430	17.7	38.6	855	114	2.89
45b	450	152	13.5	18	13.5	6.8	111	87.4	33760	1500	17.4	38	894	118	2.84
45c	450	154	15.5	18	13.5	6.8	120	94.5	35280	1570	17.1	37.6	938	122	2.79
50a	500	158	12	20	14	7	119	93.6	46470	1860	19.7	42.8	1120	142	3.07
50b	500	160	14	20	14	7	129	101	48560	1940	19.4	42.4	1170	146	3.01
50c	500	162	16	20	14	7	139	109	50640	2080	19	41.8	1220	151	2.96
56a	560	166	12.5	21	14.5	7.3	135.25	106.2	65585.6	2342.31	22.02	47.73	1370.16	165.08	3.182
56b	560	168	14.5	21	14.5	7.3	146.45	115	68512.5	2446.69	21.63	47.17	1486.75	174.25	3.162
56c	560	170	16.5	21	14.5	7.3	157.85	123.9	71439.4	2551.41	21.27	46.66	1558.39	183.34	3.158
63a	630	176	13	22	15	7.5	154.9	121.6	93916.2	2981.47	24.62	54.17	1700.55	193.24	3.314
63b	630	178	15	22	15	7.5	167.5	131.5	98083.6	3163.38	24.2	53.51	1812.07	203.6	3.289
63c	630	180	17	22	15	7.5	180.1	141	102251.1	3298.42	23.82	52.92	1924.91	213.88	3.268

注：截面图和表中标注的圆弧半径 r、r_1 的数据用于孔型设计，不作交货条件。

附录 A 型钢规格表

表 4 热轧槽钢（GB 707—88）

符号意义：
h—高度；
b—腿宽度；
d—腰厚度；
t—平均腿厚度；
r—内圆弧半径；
r_1—腿端圆弧半径；
I—惯性矩；
W—截面模量；
i—惯性半径；
z_0—$y-y$轴与y_1-y_1轴间距

型号	尺寸/mm						截面面积/cm²	理论重量/(kg/m)	参 考 数 值							
	h	b	d	t	r	r_1			$x-x$			$y-y$			y_1-y_1	z_0/cm
									W_x/cm³	I_x/cm⁴	i_x/cm	W_y/cm³	I_y/cm⁴	i_y/cm	I_{y1}/cm⁴	
5	50	37	4.5	7	7	3.5	6.93	5.44	10.4	26	1.94	3.55	8.3	1.1	20.9	1.35
6.3	63	40	4.8	7.5	7.5	3.75	8.444	6.63	16.123	50.786	2.453	4.50	11.872	1.185	28.38	1.36
8	80	43	5	8	8	4	10.24	8.04	25.3	101.3	3.15	5.79	16.6	1.27	37.4	1.43
10	100	48	5.3	8.5	8.5	4.25	12.74	10	39.7	198.3	3.95	7.8	25.6	1.41	54.9	1.52
12.6	126	53	5.5	9	9	4.5	15.69	12.37	62.137	391.466	4.953	10.242	37.99	1.567	77.09	1.59
14a	140	58	6	9.5	9.5	4.75	18.51	14.53	80.5	563.7	5.52	13.01	53.2	1.7	107.1	1.71
14b	140	60	8	9.5	9.5	4.75	21.31	16.73	87.1	609.4	5.35	14.12	61.1	1.69	120.6	1.67
16a	160	63	6.5	10	10	5	21.95	17.23	108.3	866.2	6.28	16.3	73.3	1.83	144.1	1.8
16	160	65	8.5	10	10	5	25.15	19.74	116.8	934.5	6.1	17.55	83.4	1.82	160.8	1.75

续表

型号	尺寸/mm						截面面积/cm²	理论重量/(kg/m)	参考数值							
									x—x			y—y			$y_1—y_1$	z_0
	h	b	d	t	r	r_1			W_x/cm³	I_x/cm⁴	i_x/cm	W_y/cm³	I_y/cm⁴	i_y/cm	I_{y1}/cm⁴	/cm
18a	180	68	7	10.5	10.5	5.25	25.69	20.17	141.4	1272.7	7.04	20.03	98.6	1.96	189.7	1.88
18	180	70	9	10.5	10.5	5.25	29.29	22.99	152.2	1369.9	6.84	21.52	111	1.95	210.1	1.84
20a	200	73	7	11	11	5.5	28.83	22.63	178	1780.4	7.86	24.2	128	2.11	244	2.01
20	200	75	9	11	11	5.5	32.83	25.77	191.4	1913.7	7.64	25.88	143.6	2.09	268.4	1.95
22a	220	77	7	11.5	11.5	5.75	31.84	24.99	217.6	2393.9	8.67	28.17	157.8	2.23	298.2	2.1
22	220	79	9	11.5	11.5	5.75	36.24	28.45	233.8	2571.4	8.42	30.05	176.4	2.21	326.3	2.03
25a	250	78	7	12	12	6	34.91	27.47	269.597	3369.62	9.823	30.607	175.529	2.243	322.256	2.065
25b	250	80	9	12	12	6	39.91	31.39	282.402	3530.04	9.405	32.657	196.421	2.218	353.187	1.982
25c	250	82	11	12	12	6	44.91	35.32	295.236	3690.45	9.065	35.926	218.415	2.206	384.133	1.921
28a	280	82	7.5	12.5	12.5	6.25	40.02	31.42	340.328	4764.59	10.91	35.718	217.989	2.333	387.566	2.097
28b	280	84	9.5	12.5	12.5	6.25	45.62	35.81	366.46	5130.45	10.6	37.929	242.144	2.304	427.589	2.016
28c	280	86	11.5	12.5	12.5	6.25	51.22	40.21	392.594	5496.32	10.35	40.301	267.602	2.286	426.597	1.951
32a	320	88	8	14	14	7	48.7	38.22	474.879	7598.06	12.49	46.473	304.787	2.502	552.31	2.242
32b	320	90	10	14	14	7	55.1	43.25	509.012	8144.2	12.15	49.157	336.332	2.471	592.933	2.158
32c	320	92	12	14	14	7	61.5	48.28	543.145	8690.33	11.88	52.642	374.175	2.467	643.299	2.092
36a	360	96	9	16	16	8	60.89	47.8	659.7	11874.2	13.97	63.54	455	2.73	818.4	2.44
36b	360	98	11	16	16	8	68.09	53.45	702.9	12651.8	13.63	66.85	496.7	2.7	880.4	2.37
36c	360	100	13	16	16	8	75.29	50.1	746.1	13429.4	13.36	70.02	536.4	2.67	947.9	2.34
40a	400	100	10.5	18	18	9	75.05	58.91	878.9	17577.9	15.30	78.83	592	2.81	1067.7	2.49
40b	400	102	12.5	18	18	9	83.05	65.19	932.2	18644.5	14.98	82.52	640	2.78	1135.6	2.44
40c	400	104	14.5	18	18	9	91.05	71.47	985.6	19711.2	14.71	86.19	687.8	2.75	1220.7	2.42

注：截面图和表中标注的圆弧半径 r、r_1 的数据用于孔型设计，不作交货条件。

附录 B 习题答案

第 1 章 （略）

第 2 章

2-1 (a) 2. $\sigma_{AB}=95.5\text{MPa}, \sigma_{BC}=113\text{MPa}$
   3. $\Delta l=1.06\text{mm}$
   (b) 2. $\sigma_{AB}=44.1\text{MPa}$
      $\sigma_{BC}=-18.1\text{MPa}$
   3. $\Delta l=0.0881\text{mm}$

2-2 $\Delta l_{AC}=2.947\text{mm}, \Delta l_{AD}=5.286\text{mm}$

2-3 钢杆 C 端向下移动 4.50mm

2-4 1. $\sigma_A=200\text{MPa}, \sigma_B=100\text{MPa}, \sigma_E=150\text{MPa}$
   2. $\sigma_{\max}=\sigma_A=200\text{MPa}(A\text{ 截面})$

2-5 $\sigma_A=13.8\text{MPa}<[\sigma]$，安全。
   $\sigma_B=25.53\text{MPa}<[\sigma]$，安全。

2-6 $h=118\text{mm}, b=35.4\text{mm}$

2-7 $[F_P]=67.4\text{kN}$

2-8 $[F_P]=\min(57.6\text{kN}, 60\text{kN})=57.6\text{kN}$

2-9 钢板：$\sigma_s=-175\text{MPa}(\text{压})$，铝板：$\sigma_a=-61.25\text{MPa}(\text{压})$

2-10 1. 所加荷载：$F_P=172.1\text{kN}$； 2. 铜芯应力 $\sigma_{Cu}=84\text{MPa}$

2-11 $x=\dfrac{5}{6}b$

2-12～2-18 （略）

第 3 章

3-1 $d\geqslant15.2\text{mm}$

3-2 $[F_P]=134.4\text{kN}$

3-3 $l=158\text{mm}$

3-4 $b\geqslant178.6\text{mm}$

3-5 1. $\sigma_c=3.33\text{MPa}$； 2. $b\geqslant525\text{mm}$

3-6　$l=100\text{mm}$；$a=10\text{mm}$

第 4 章

4-1～4-3　（略）

4-4　$\tau_{\max}(BC)=47.7\text{MPa}$；$\varphi_{\max}=2.271\times10^{-2}\text{rad}$

4-5　1. $\tau_{1\max}=70.7\text{MPa}$

2. $M_r=\dfrac{2\pi M_x}{I_p}\cdot\dfrac{r^4}{4}$，$\dfrac{M_r}{M_x}=6.25\%$

3. $\tau_{2\max}=75.4\text{MPa}$，$\dfrac{\Delta\tau}{\tau}=6.67\%$

4-6　$M_{e\max}=2.883\text{kN}\cdot\text{m}$

4-7　1. 提示：由于是薄壁，所以圆环横截面上的剪应力可以认为沿壁厚均匀分布。

2. 提示：根据狭长矩形扭转剪应力公式

4-8　（略）

4-9　1. 卸载后，薄壁管横截面上的最大剪应力为：$\tau_{2\max}=6.38\text{MPa}$

2. 卸载后，轴横截面上的最大剪应力为：$\tau_{1\max}=21.86\text{MPa}$

4-10　（略）

4-11　（略）

第 5 章

5-1～5-3　（略）

5-4　(a)题：A 截面：$F_Q=\dfrac{b}{a+b}F_P,M=0$；

C 截面：$F_Q=\dfrac{b}{a+b}F_P,M=\dfrac{ab}{a+b}F_P$

D 截面：$F_Q=-\dfrac{a}{a+b}F_P,M=\dfrac{ab}{a+b}F_P$；

B 截面：$F_Q=-\dfrac{a}{a+b}F_P,M=0$

(b)题：A 截面：$F_Q=\dfrac{M_0}{a+b},M=0$；

C 截面：$F_Q=\dfrac{M_0}{a+b},M=\dfrac{a}{a+b}M_0$；

D 截面：$F_Q=\dfrac{M_0}{a+b},M=-\dfrac{b}{a+b}M_0$；

B 截面：$F_Q = \dfrac{M_0}{a+b}, M = 0$

(c)题：A 截面：$F_Q = \dfrac{5}{3}qa, M = 0$；

C 截面：$F_Q = \dfrac{2}{3}qa, M = \dfrac{7}{6}qa^2$；

B 截面：$F_Q = -\dfrac{1}{3}qa, M = 0$

(d)题：A 截面：$F_Q = \dfrac{1}{2}ql, M = -\dfrac{3}{8}qa^2$；

C 截面：$F_Q = \dfrac{1}{2}ql, M = -\dfrac{1}{8}qa^2$；

D 截面：$F_Q = \dfrac{1}{2}ql, M = -\dfrac{1}{8}qa^2$；

B 截面：$F_Q = 0, M = 0$

(e)题：A 截面：$F_Q = -2F_P, M = F_P l$；

C 截面：$F_Q = -2F_P, M = 0$；

B 截面：$F_Q = F_P, M = 0$

(f)题：A 截面：$F_Q = 0, M = \dfrac{F_P l}{2}$；

C 截面：$F_Q = 0, M = \dfrac{F_P l}{2}$；

D 截面：$F_Q = -F_P, M = \dfrac{F_P l}{2}$；

B 截面：$F_Q = -F_P, M = 0$

5-5 (a)题：

1. $F_Q(x) = -\dfrac{M}{2l}, M(x) = -\dfrac{M}{2l}x \quad (0 \leqslant x \leqslant l)$

2. $F_Q(x) = -\dfrac{M}{2l}, M(x) = -\dfrac{M}{2l}x + M \quad (l \leqslant x \leqslant 2l)$

3. $F_Q(x) = -\dfrac{M}{2l}, M(x) = -\dfrac{M}{2l}x + 3M \quad (2l \leqslant x \leqslant 3l)$

4. $F_Q(x) = -\dfrac{M}{2l}, M(x) = -\dfrac{M}{2l}x + 2M \quad (3l \leqslant x \leqslant 4l)$

(b)题：

1. $F_Q(x) = -\dfrac{1}{4}ql - qx, M(x) = ql^2 - \dfrac{1}{4}qlx - \dfrac{1}{2}qx^2 \quad (0 \leqslant x \leqslant l)$

2. $F_Q(x)=-\dfrac{1}{4}ql$, $M(x)=\dfrac{1}{4}ql(2l-x)$ ($l\leqslant x\leqslant 2l$)

(c)题：

1. $F_Q(x)=ql-qx$, $M(x)=qlx+ql^2-\dfrac{1}{2}qx^2$ ($0\leqslant x\leqslant 2l$)

2. $F_Q(x)=0$, $M(x)=ql^2$ ($2l\leqslant x\leqslant 3l$)

(d)题：

1. $F_Q(x)=\dfrac{5}{4}ql-qx$, $M(x)=\dfrac{5}{4}qlx-\dfrac{1}{2}qx^2$ ($0\leqslant x\leqslant 2l$)

2. $F_Q(x)=-ql+q(3l-x)$, $M(x)=ql(3l-x)-\dfrac{1}{2}q(3l-x)^2$

   ($2l\leqslant x\leqslant 3l$)

(e)题：

1. $F_Q(x)=qx$, $M(x)=\dfrac{1}{2}qx^2$ ($0\leqslant x\leqslant l$)

2. $F_Q(x)=ql-q(x-l)$, $M(x)=ql\left(x-\dfrac{l}{2}\right)-\dfrac{1}{2}q(x-l)^2$

   ($l\leqslant x\leqslant 2l$)

(f)题：

1. $F_Q(x)=-\dfrac{ql}{2}+qx$, $M(x)=-\dfrac{1}{2}qlx+\dfrac{1}{2}qx^2$ ($0\leqslant x\leqslant l$)

2. $F_Q(x)=-\dfrac{ql}{2}+q(2l-x)$, $M(x)=\dfrac{ql}{2}(2l-x)-\dfrac{1}{2}q(2l-x)^2$

   ($l\leqslant x\leqslant 2l$)

5-6 (a) $|F_Q|_{\max}=\dfrac{M}{2l}$, $|M|_{\max}=2M$

(b) $|F_Q|_{\max}=\dfrac{5ql}{4}$, $|M|_{\max}=ql^2$

(c) $|F_Q|_{\max}=ql$, $|M|_{\max}=\dfrac{3ql^2}{2}$

(d) $|F_Q|_{\max}=\dfrac{5ql}{4}$, $|M|_{\max}=\dfrac{25ql^2}{32}$

(e) $|F_Q|_{\max}=ql$, $|M|_{\max}=ql^2$

(f) $|F_Q|_{\max}=\dfrac{ql}{2}$, $|M|_{\max}=\dfrac{ql^2}{8}$

5-7～5-8 （略）

5-9 (a) $|F_Q|_{\max}=F_P$, $|M|_{\max}=2F_Pl$

(b) $|F_Q|_{max}=ql$, $|M|_{max}=ql^2$

(c) $|F_Q|_{max}=ql$, $|M|_{max}=ql^2$

(d) $|F_Q|_{max}=\dfrac{3ql}{2}$, $|M|_{max}=ql^2$

5-10 （略）

5-11 (a) $F_N(\theta)=F\sin\theta$, $F_Q(\theta)=F\cos\theta$, $M(\theta)=Fr\sin\theta$;

(b) AC 段：$F_N(x)=0$, $F_Q(x)=F$, $|M(x)|=Fx$

CB 段：$F_N(\theta)=F\sin\theta$, $F_Q(\theta)=F\cos\theta$, $|M(\theta)|=Fr\sin\theta$

第 6 章

6-1 $I_y=\dfrac{bh^3}{4}$, $I_z=\dfrac{hb^3}{12}$, $I_{yz}=-\dfrac{b^2h^2}{8}$

6-2 (a) $I_y=5.84\times10^6\text{mm}^4$, $I_z=1.792\times10^6\text{mm}^4$;

(b) $I_z=1.674\times10^6\text{mm}^4$, $I_y=4.239\times10^6\text{mm}^4$

6-3 1. $\alpha_0=45.65°$ 2. $I_{max}=1.765\times10^{-5}\text{m}^4$; $I_{min}=1.199\times10^{-6}\text{m}^4$

6-4 $b=111.1\text{mm}$

6-5～6-10 （略）

第 7 章

7-1 $\sigma_A=2.54\text{MPa}$, $\sigma_B=-1.62\text{MPa}$

7-2 $\sigma_{max}=24.71\text{MPa}$

7-3 截面横放时梁内的最大正应力 3.91MPa，竖放时梁内的最大正应力 1.95MPa

7-4 $\sigma_{max}(\text{实})=113.8\text{MPa}$, $\sigma_{max}(\text{空})=100.3\text{MPa}$，强度是安全的。

7-5 C 截面：$\sigma_{max}^+=28.35\text{MPa}$, $\sigma_{max}^-=45.18\text{MPa}$, D 截面：$\sigma_{max}^+=60.2\text{MPa}>[\sigma]$, $\sigma_{max}^-=37.8\text{MPa}$，梁的强度不安全。

7-6 $[q]=15.68\text{kN/m}$

7-7 No.16 工字钢

7-8 $[F_P]=40.56\text{kN}$

7-9 $h=242\text{mm}$; $b=161\text{mm}$

7-10 $a=1.384\text{m}$

7-11～7-16 （略）

7-17 1. （略）；2. $\sigma_{max}^+=114.4\text{MPa}$, $\sigma_{max}^-=-133\text{MPa}$;

3. $\tau_{max}=11.9\text{MPa}$；4. （略）

7-18 $F_{QA}=224\text{N}$, $F_{QB}=658\text{N}$

7-19 （略）

7-20 $\sigma_A=-6\text{MPa}$, $\sigma_B=-1\text{MPa}$, $\sigma_C=11\text{MPa}$, $\sigma_D=6\text{MPa}$

7-21 1. $h=2b\geqslant 71.1\text{mm}$； 2. $d\geqslant 52.4\text{mm}$

7-22 No.16 工字钢

7-23 $\dfrac{\sigma_a}{\sigma_b}=\dfrac{4}{3}$

7-24 1. $\sigma_{\max}^+=13.73\text{MPa}$, $\sigma_{\max}^-=-15.32\text{MPa}$

   2. $\sigma_{\max}^+=14.43\text{MPa}$, $\sigma_{\max}^-=-16.55\text{MPa}$

   3. $\dfrac{\sigma_2^-}{\sigma_1^-}=1.08$

7-25 $\sigma_{\max}=140\text{MPa}$，危险点位于开有切槽的横截面的左上角。

7-26 1. $\sigma_A=\sigma_B=-8\text{MPa}$； 2. $\sigma_A=-15.3\text{MPa}$, $\sigma_B=4.7\text{MPa}$；

   3. $\sigma_A=-12.67\text{MPa}$, $\sigma_B=7.33\text{MPa}$

7-27 1. $\dfrac{h}{b}=\sqrt{2}$（正应力尽可能小）； 2. $\dfrac{h}{b}=\sqrt{3}$（曲率半径尽可能大）

7-28 上半部分布力系合力大小为 143kN（压力），作用位置离中心轴 $y=70$mm 处，即位于腹板与翼缘交界处。

7-29 1. $\sigma_a=\dfrac{6lF_P}{b^2h^2}(b\cos\beta-h\sin\beta)$； 2. $\beta=\arctan\dfrac{b}{h}$

7-30～7-31 （略）

7-32 (a) 截面核心与形心主轴的交点坐标 $y_P=-182\text{mm}$, $z_P=0$；$y_P=182\text{mm}$, $z_P=0$；$y_P=0$, $z_P=-182\text{mm}$；$y_P=0$, $z_P=182\text{mm}$

   (b) 截面核心与形心主轴的交点坐标：1(0,33), 2(−50,0), 3(0,−24.3), 4(50,0)

第 8 章

8-1～8-3 （略）

8-4 (a) $w_A=-\dfrac{7ql^4}{384EI}(\uparrow)$, $\theta_B=-\dfrac{ql^3}{12EI}$（逆时针）；

   (b) $w_A=\dfrac{5ql^4}{24EI}(\downarrow)$, $\theta_B=\dfrac{ql^3}{12EI}$（顺时针）

8-5 （略）

8-6 （略）

8-7 $w_C=0.0246\text{mm}$，刚度安全

8-8　$d \geqslant 0.1117\text{m}$，取 $d=112\text{mm}$

8-9　No.22a 槽钢

8-10　(a) $F_{QA}=\dfrac{9M_0}{8l}(\downarrow), F_{QB}=\dfrac{9M_0}{8l}(\uparrow)$；

(b) $F_{QA}=F_{QC}=\dfrac{3ql}{32}, F_{QB}=-\dfrac{13ql}{32}, M_A=-\dfrac{5ql^2}{192}$，

$M_B=-\dfrac{11ql^2}{192}, M_C=\dfrac{ql^2}{48}$，

$M_{\max}=0.0252ql^2\left(\text{离 }C\text{ 截面：}\dfrac{3}{32}l\right)$

8-11　约束力：

$F_{RA}=20\times 4-8.75=71.25\text{kN}(\uparrow), M_A=8.75\times 4-20\times\dfrac{1}{2}\times 4^2$

$=-125\text{kN}\cdot\text{m}(\text{逆时针})$；

$F_{RC}=40+8.75=48.75\text{kN}(\uparrow), M_C=-40\times 2-8.75\times 4$

$=-115\text{kN}\cdot\text{m}(\text{顺时针})$；

剪力与弯矩：

$F_{QA}=71.25\text{kN}, F_{QB}=-8.75\text{kN}, F_{QC}=-48.75\text{kN}$，

$M_A=-125\text{kN}\cdot\text{m}, M_B=0, M_C=-115\text{kN}\cdot\text{m}$，

$M_{\max}=1.91\text{kN}\cdot\text{m}\left(x=\dfrac{57}{16}\text{m 处}\right)$

8-12　CD 梁：

$F_{RD}=F=1.144\text{kN}(\uparrow)$

$M_D=1.144\times 250=286\text{N}\cdot\text{m}(\text{顺时针})$

AB 梁：

$F_{RA}=10.856\text{kN}(\uparrow), F_{RD}=1.144\text{kN}(\uparrow), M_A=1.942\text{kN}\cdot\text{m}(\text{逆时针}), M_D=2.86\text{kN}\cdot\text{m}(\text{逆时针})$

第 9 章

9-1　(a)题：$\sigma=-3.84\text{MPa}, \tau=0.60\text{MPa}$；

(b)题：$\sigma=-0.625\text{MPa}, \tau=-1.08\text{MPa}$；

9-2　$|\tau_{x'y'}|=1.59\text{MPa}>1\text{MPa}$，不满足

9-3　$\sigma_x=-33.3\text{MPa}, \tau_{xy}=-57.7\text{MPa}$

9-4　$\sigma_x=37.97\text{MPa}, \tau_{yx}=-74.25\text{MPa}$

9-5　(a) $\sigma_1=390\text{MPa}, \sigma_2=90\text{MPa}, \sigma_1=50\text{MPa}; \tau_{\max}=170\text{MPa}$

(b) $\sigma_1=290\text{MPa}, \sigma_2=-50\text{MPa}, \sigma_3=-90\text{MPa}; \tau_{\max}=190\text{MPa}$

9-6 1. $\sigma_{x'}=-30.09\text{MPa}, \tau_{x'y'}=-10.95\text{MPa}$

2. $\sigma_{x'}=50.97\text{MPa}, \tau_{x'y'}=-14.66\text{MPa}$

3. $\sigma_{x'}=20.88\text{MPa}, \tau_{x'y'}=-25.6\text{MPa}$

9-7 1. $\nu=1/3, E=68.7\text{GPa}$

2. $\gamma_{xy}=3.1\times10^{-3}$

9-8 $\Delta D=2.81\times10^{-2}\text{mm}$

9-9 $\Delta r=0.34\text{mm}$

9-10～9-12 (略)

9-13 1. $\sigma_{r3}=135\text{MPa}$; 2. $\sigma_{r1}=30\text{MPa}$

9-14 1. $\sigma_{r3}=120\text{MPa}, \sigma_{r4}=111.4\text{MPa}$; 2. $\sigma_{r3}=161\text{MPa}, \sigma_{r4}=139.8\text{MPa}$; 3. $\sigma_{r3}=90\text{MPa}, \sigma_{r4}=78.1\text{MPa}$; 4. $\sigma_{r3}=90\text{MPa}, \sigma_{r4}=77.9\text{MPa}$

9-15 $b=72.28\text{mm}$;强度全面校核安全

9-16 小梁：No.20b 工字钢；大梁：No.45c 工字钢强度全面校核安全

9-17 $d=37.6\text{mm}$

9-18 a 点：$\sigma_{r4}=35.74\text{MPa}$；$b$ 点：$\sigma_{r4}=34.0\text{MPa}$

第 10 章

10-1～10-8 (略)

10-9 $F_{\text{Pcr}}=861\text{N}$

10-10 1. $F_{\text{Pcr}}=118\text{kN}$; 2. $n_w=1.685$,不安全; 3. $F_{\text{Qcr}}=73.5\text{kN}$

10-11 $n_w=1.645$,不安全

10-12 $[F_P]=160\text{kN}$

10-13 1. $[F_P]=187.6\text{N}$; 2. $[F_P]=68.9\text{kN}$

10-14 梁的安全因数：$n_{st}=3.03$,柱的安全因数 $n_{st}=3.86$

10-15 $[F_P]=180\text{kN}$

10-16 温度升高到 59.43℃时发生屈曲

10-17 $b=416\text{mm}; a=1080\text{mm}$

第 11 章

11-1 (略)

11-2 $\Delta V(F)=\dfrac{1-2\nu}{E}Fl$

11-3～11-5 (略)

11-6 (a) $w_A = \dfrac{5Fl^3}{6EI}(\downarrow), \theta_B = -\dfrac{Fl^2}{EI}$(顺时针)

(b) $w_A = -\dfrac{Ml^2}{4EI}(\uparrow), \theta_B = -\dfrac{5Ml}{12EI}$(顺时针)

(c) $w_A = \dfrac{29ql^4}{384EI}(\downarrow), \theta_B = \dfrac{9ql^2}{24EI}$(顺时针)

(d) $w_A = \dfrac{7ql^4}{3EI}(\downarrow), \theta_B = \dfrac{3ql^3}{2EI}$(逆时针)

11-7 (a) $\theta_A = \dfrac{ql^3}{2EI}$(顺时针)$, \Delta_{Bx} = \dfrac{11ql^4}{24EI}(\rightarrow), \Delta_{Cy} = \dfrac{ql^4}{16EI}(\downarrow)$

(b) $\theta_A = \dfrac{ql^3}{24EI}$(顺时针)$, \Delta_{Cy} = \dfrac{5ql^4}{384EI}(\downarrow)$

(c) $\Delta_{AB} = \dfrac{16Fl^3}{3EI}$(分开)

(d) $\theta_{CD} = \dfrac{21Fl^2}{4EI}$(分开)

11-8 $\Delta_{Ay} = 4.29\dfrac{F_P l}{EA}$

11-9～11-11 （略）

11-12 $\Delta_{Bx} = \dfrac{FR^3}{2EI}, \Delta_{By} = \dfrac{\pi FR^3}{4EI}$

第 12 章

12-1～12-4 （略）

12-5 $F_{N1} = F_{N3} = \dfrac{\sqrt{2}}{4}F$(拉)$, F_{N2} = \dfrac{F}{2}$(拉)

12-6 $F_{Ax} = \dfrac{11}{10}F_P(\leftarrow), M_A = F_P l$(逆时针)

12-7 (a) $F_{By} = \dfrac{7ql}{16}(\uparrow), F_{Ax} = \dfrac{ql}{16}(\rightarrow), F_{Ay} = \dfrac{9ql}{16}(\uparrow), M_{max} = \dfrac{49ql^2}{512}$

(b) $F_{Cx} = \dfrac{ql}{28}(\rightarrow), F_{Cy} = \dfrac{4}{7}ql(\uparrow), M_C = -\dfrac{3}{28}ql^2$(逆时针)$, M_{max} = -\dfrac{3}{28}ql^2$

(c) $F_{Ax} = \dfrac{5}{3}ql(\leftarrow), M_A = \dfrac{5}{3}ql^2$(顺时针)$, F_{Ay} = 0$

12-8 1. $F_{Ax} = \dfrac{F_P}{2}(\leftarrow), F_{Ay} = X_1 = \dfrac{3}{7}F_P(\downarrow), M_A = \dfrac{2}{7}F_P l$(逆时针)

2. $M_{max} = \dfrac{2}{7} F_P l$

3. $\Delta_{Ex} = \dfrac{5 F_P l^3}{84 EI}$

第 13 章

13-1　$\sigma_{dmax} = 59.1 \text{MPa}$

13-2　$\sigma_{dmax} = 67.2 \text{MPa}$

13-3　$F_B = \dfrac{mg}{4l}(\sqrt{3}l - h)$, $F_A = \dfrac{mg}{4l}(\sqrt{3}l + h)$

13-4　140MPa（叶片根部应力最大）

13-5　$\sigma_{dmax} = \dfrac{mgl}{4W}\left(1 + \sqrt{1 + \dfrac{48EI(v^2 + gl)}{mg^2 l^3}}\right)$

13-6　$\sigma_d = 157 \text{MPa}$

13-7　1. $r = 1$;　2. $r = -1$

13-8　1. $r = -1$;　2. $r = 1$;　3. $r = \dfrac{\delta - a}{\delta + a}$;　4. $r = 0$

第 14 章

14-1　1. $\sigma_a = \dfrac{F_{Na}}{bh} = \dfrac{E_a}{E_a + E_b} \dfrac{F_P}{bh}$, $\sigma_b = \dfrac{F_{Nb}}{bh} = \dfrac{E_b}{E_a + E_b} \dfrac{F_P}{bh}$;

　　2. $E_c = \dfrac{E_a + E_b}{2}$;

　　3. $F_{RH} = \dfrac{F_P h}{2a} \dfrac{E_a - E_b}{E_a + E_b}$, $F_{RD} = F_{RH} = \dfrac{F_P h}{2a} \dfrac{E_a - E_b}{E_a + E_b}$

14-2　$E_y = 6.11 \text{GPa}$; $E_x = 20.47 \text{GPa}$

14-3　$V_f = 64.65\%$

14-4　$\sigma_{cb} = 64.93 \text{MPa}$

14-5　$\lambda = \dfrac{\eta}{k}$ 是粘度与弹性模量之比

14-6　再经过 50 天（一共经过 100 天），应力减小到 2.5MPa

14-7　容器的最大内压 $p \leqslant 0.71 \text{MPa}$

14-8　1. $F_P = 93 \text{N}$;　2. $t = 5.0 \times 10^5 \text{s}$

附录C 索 引

B

本构方程(constitutive equation)　204,371
比例极限(proportional limit)　35
变形协调方程(compatibility equation)　204
泊松比(Poisson ratio)　32
不连续(discontinuity)　42
不稳定的(unstable)　258
玻璃纤维/环氧树脂(Glass/Epoxy)　362

C

材料的力学行为(behaviours of materials)　3
材料科学(materials science)　3
材料力学(strength of materials)　3
侧向屈曲(lateral buckling)　275
长度系数(coefficient of length)　261
长细比(slenderness ratio)　262
持久极限(endurance limit)　351
冲击力或冲击荷载(impact load)　342
纯剪应力状态(shearing state of stress)　219
纯剪应力状态或纯剪切应力状态(stress state of the pure shear)　63
纯弯曲(pure banding)　127
脆性材料(brittle materials)　37

D

单位荷载法(unit-load method)　299
单位力(unit-force)　298
单位力法(unit-force method)　299
单位力系(unit-force system)　298
单向应力状态(one dimensional state of stress)　219
等幅交变应力(alternative stress with equal amplitude)　355
等时线(isometric curve)　374
等应变线(isochronous curve)　374

叠层复合材料(laminated composite) 362
动荷系数或动载系数(coefficient in dynamic load) 338
动荷载(dynamical load) 337
动应力(dynamics stress) 337
对称结构(symmetric structure) 319
对称面(symmetric plane) 127
对称循环(symmetrical reversed cycle) 347

F

芳伦纤维/环氧树脂(Kvelar/Epoxy) 362
非线性粘弹性(non-linear viscoelasticity) 369
分叉荷载(bifurcation load) 259
分叉屈曲(bifurcation buckling) 259
复合材料(composite materials) 361

G

杆或杆件(bars 或 rods) 3
杆件(element) 3
刚度(rigidity) 5
刚度(stiffness) 3
刚架(rigid frame)或框架(frame) 99
割线模量(secant modulus) 36
各向同性(isotropy) 7
各向同性假定(isotropy assumption) 7
各向异性(anisotropy) 7
工程设计(engineering design) 3
功的互等定理(reciprocal theorem of work) 292
固体力学(solid mechanics) 3
惯性半径(radius of gyration) 115
惯性积(product of inertia) 114
惯性矩(moment of inertia) 114
光弹性(photoelastic) 42
广义胡克定律(generalization Hooke law) 230

H

横向弯曲(transverse bending) 128
横向荷载(transverse load) 150

宏观裂纹(macrocrack)　350
胡克定律(Hooke law)　12,30
滑移带(slip bands)　349
环向应力(hoop stress)　246

J

畸变能密度(strain-energy density corresponding to the distortion)　232
畸变能密度准则(criterion of strain energy density corresponding to distortion)　236
极惯性矩(polar moment of inertia for cross section)　67
极限速度(limited velocity)　340
极限应力或危险应力(critical stress)　23
极限转速(limited rotational velocity)　340
极值点屈曲(limited point buckling)　263
挤压应力(bearing stresses)　51
剪力方程(equation of shearing force)　87
剪力图(diagram of shearing force)　90
剪力中心(shearing center)　148
剪切(shearing)　4
剪应力成对定理(pairing principle of shear stresses)　63
剪应力或切应力(shearing stress)　10
剪应力流(shearing stress flow)　143
简支梁(simple supported beam)　88
交变应力(alternative stress)　337
结晶各向异性(anisotropy of crystallographic)　7
截面二次轴矩(second moment of an area)　114
截面核心(kern of cross section)　169
截面收缩率(percentage reduction in area of cross-section)　38
截面一次矩(first moment of an area)　113
颈缩(necking)　38
静荷载(statics load)　338
静矩(static moment)　113
静力学准则(statical criterion for elastic stability)　258
静应力(statical stress)　348
静载应力(statical stress)　337
局部应力(localized stresses)　42
聚合物(polymer)　361
均匀连续性假定(homogenization and continuity assumption)　7

K

卡氏定理(Castigliano's theorem)　305
开尔文模型(Kelvin-Voigt model)　371
控制面(control cross-section)　85
框架(frame)　99

L

拉伸或压缩(tension or compression)　4
拉伸或压缩刚度(tensile or compression rigidity)　30
力法(force method)　211
力学性能(mechanical properties)　3
梁(beam)　5,83
临界点(critical point)　259
临界荷载(critical load)　259
临界应力(critical stress)　262
临界应力总图(figures of critical stresses)　264

M

麦克斯韦模型(Maxwell model)　371
脉冲循环(fluctuating cycle)　348
面内位移(displacement in plane)　322
面内最大剪应力(maximum shearing stresses in plane)　223
面外位移(displacement out of plane)　322
名义应力(nominal stress)　348
莫尔法(Mohr method)　299
莫尔积分(Mohr integration)　299
莫尔圆(Mohr circle)　226

N

挠度(deflection of beam)　186
挠度方程(deflection equation)　186
挠度曲线(deflection curve)　184
扭矩(twist moment)　60
扭转(torsion)　4,60
扭转刚度(torsional rigidity)　67

扭转截面模量(section modulus in torsion) 68
粘弹性(viscoelasticity) 369
粘性元件(viscous element) 370

P

疲劳(fatigue) 337
平衡构形(equilibrium configuration) 257
平衡构形分叉(bifurcation of equilibrium configuration) 258
平衡路径(equilibrium path) 258
平衡路径分叉(bifurcation of equilibrium path) 258
平均应力(average stress) 232
平均应力(mean stress) 347
平面假定(plane assumption) 129
平面假定(plane assumption) 65
平面弯曲(plane bending) 127
平面应力状态(plane state of stresses) 219

Q

强度(strength) 3,5
强度极限(strength limit) 37
强度设计(strength design) 22
强度设计准则(criterion for strength design) 23
翘曲(warping) 76
切变模量(shear modulus) 12,64
切线模量(tangent modulus) 36
切应变或剪应变(shearing strain) 12
屈服(yield) 37
屈服应力(yield stress) 37
屈曲(buckling) 259
屈曲模态(buckling mode) 261
屈曲模态幅值(amplitude of buckling mode) 261
屈曲失效(failure by buckling) 257,259
缺口敏感因数(notch sensitivity factor) 353

R

扰动(disturbance) 258
热应力(thermal stress) 212

韧性材料(ductile materials)　37
蠕变(creep)　369
蠕变曲线族(a family of creep curves)　374
软化阶段(softing stage)　38

S

圣维南原理(Saint-Venant principle)　42
失稳(lost stability)　259
失效(failure)　3
松弛(relaxation)　369
塑性变形(plastic deformation)　37

T

弹性(elasticity)　36
弹性变形(elastic deformation)　36
弹性极限(elastic limit)　36
弹性模量(modulus of elasticity)　12
弹性模量(杨氏模量)(modulus of elasticity or Young modulus)　36
弹性元件(elastic element)　370
碳纤维/环氧树脂(Carbon Fibre/Epoxy)　362
特征性能(characteristic properties)　35
体积改变能密度(strain-energy density corresponding to the change of volume)　232
条件屈服应力(conditional yield stress)　37

W

外伸梁(overhanding beam)　95
弯矩方程(equation of bending moment)　87
弯矩图(diagram of bending moment)　90
弯曲(bend)　4
弯曲(bending)　83
弯曲刚度(bending rigidity)　133
弯曲截面模量(section modulus in bending)　132
微裂纹(microcrack)　350
伪弹性设计方法(pseudoelastic design method)　375
位错(dislocation)　350
位移(displacement)　185
位移互等定理(reciprocal theorem of displacement)　293

稳定的(stable)　258
稳定性(stability)　3,5
稳定性设计(stability design)　267
稳定性设计准则(criterion of design for stability)　268
稳定性失效(failure by lost stability)　257

X

纤维(fibre,filament)　362
纤维增强复合材料(fibre-reinforced composite materials)　362
纤维增强临界体积比(critical volume fraction of fibres necessary to give reinforcement)　368
线性粘弹性(linear viscoelasticity)　369
相当泊松比(equivalent Poisson ratio)　375
相当弹性模量(equivalent elastic modulus)　375
相当弯矩(equivalent bending moment)　243
相当应力(equivalent stress)　251
协调(compatibility)　8
斜弯曲(skew bending)　137
形心(centroid of an area)　113
虚位移原理(principle of virtual displacement)　296
许用荷载(allowable load)　23
许用应力(allowable stress)　23
悬臂梁(cantilever beam)　86

Y

压杆或柱(column)　5
延伸率(percentage elongation)　38
杨氏模量(Young modulus)　12
应变能(elastic energy)　289
应变能(strain energy)　231
应变能密度(strain-energy density)　231
应力(stresses)　10
应力比(stress ratio)　347
应力分析(stress analysis)　3
应力幅值(stress amplitude)　347
应力集中(stress concentration)　42
应力集中因数(factor of stress concentration)　42
应力强度(stress strength)　251

应力循环(stress cycle) 347
应力圆(stress circle) 226
应力状态(stress-state) 217
应力-应变曲线(stress-strain curve) 35
永久变形(permanent deformation) 37
有效长度(effective length) 261
有效应力集中因数(efective stress concentration factor) 352

Z

增强(reinforcement) 366
正应变或线应变(normal strain) 11
正应力(normal stress) 10
中性面(neutral surface) 129
中性轴(neutral axis) 129
轴(shaft) 5
轴力图(diagram of normal forces) 17
轴向应力或纵向应力(longitudinal stress) 246
主方向(principal directions) 222
主惯性矩(principal moment of inertia) 120
主平面(principal plane) 222
主应力(principal stress) 222
主轴(principal axes) 120
主轴平面(plane including principal axis) 127
转角(slope of cross section) 186
装配应力(assemble stress) 212
纵向应力(longitudinal stress) 246
组合受力与变形(complex loads and deformation) 5
最大剪应力准则(maximum shearing stress criterion) 235
最大拉应变准则(maximum tensile strain criterion) 234
最大拉应力准则(maximum tensile stress criterion) 233
最大应力(maximum Stress) 347
最小应力(minimum stress) 347

参 考 文 献

1. 范钦珊主编. 材料力学. 北京：清华大学出版社，2004
2. 范钦珊. 材料力学教程(Ⅰ). 北京：高等教育出版社，1995
3. 范钦珊. 材料力学教程(Ⅱ). 北京：高等教育出版社，1996
4. 范钦珊主编. 材料力学. 北京：高等教育出版社，2000
5. 别辽耶夫 H. M. 等. 材料力学. 王光远，干光瑜，顾震隆，等译. 第 15 版. 北京：高等教育出版社，1992
6. Beer, Johnston. Mechanics of Materials. 2nd ed. McGraw Hill, 1996
7. David Roylance. Mechanics of Materials. NewYork: John Wiley & Sons Inc, 1996
8. Benham P P, Crawford R J. Mechanics of Engineering Materials. London: Longman, 1987